广义正则半群

任学明　著

科学出版社

北　京

内 容 简 介

本书在半群理论的基础知识上, 介绍了近几十年来半群理论在广义正则半群方面的若干最新研究成果. 全书由三部分组成, 第一部分拟正则半群, 介绍了 E-矩形性拟正则半群、E-理想拟正则半群、Clifford 拟正则半群、拟矩形群、左 C-拟正则半群等半群的特性和代数结构; 第二部分富足半群和 rpp 半群, 介绍了超富足半群、$\mathcal{L}^*$-逆半群、$\mathcal{Q}^*$-逆半群、r-宽大半群等半群的性质、特征和结构. 第三部分 U-富足半群, 介绍了 U-纯正半群、U-超富足半群、U-充足 ω-半群的基本性质和代数结构.

本书适用于代数专业的研究生和有较好半群基础的高年级本科生, 对研究信息科学和理论计算机科学中的许多问题会有帮助.

图书在版编目(CIP)数据

广义正则半群/任学明著. —北京: 科学出版社, 2017. 9
ISBN 978–7–03–054616–6

Ⅰ. ①广… Ⅱ. ①任… Ⅲ. ①半群 Ⅳ. ①O152.7

中国版本图书馆 CIP 数据核字 (2017) 第 238276 号

责任编辑: 李 欣 / 责任校对: 邹慧卿
责任印制: 张 伟 / 封面设计: 陈 敬

科学出版社 出版
北京东黄城根北街 16 号
邮政编码: 100717
http://www.sciencep.com

北京建宏印刷有限公司 印刷
科学出版社发行 各地新华书店经销

*

2017 年 9 月第 一 版 开本: 720 × 1000 1/16
2019 年 1 月第三次印刷 印张: 14 3/4
字数: 297 000
定价: 88.00 元
(如有印装质量问题, 我社负责调换)

个 人 简 介

任学明, 博士, 二级教授, 博士生导师, 1954 年出生, 2001 年博士毕业于香港中文大学. 1999 年被学校评为第一层次跨世纪人才, 曾连续 4 届被学校聘为特聘教授. 从事半群代数理论及其应用的研究, 主持国家自然科学基金项目和陕西省自然科学基金项目 7 项. 在 *Journal of Algebra, Communications in Algebra, Science in China, Semigroup Forum* 等国内外重要刊物上发表科研论文 90 余篇. 研究成果获省级自然科学奖一等奖、原冶金部科技进步奖三等奖和陕西省教育厅科技进步奖二等奖等.

序

任学明教授是我的学生, 也是多年来我的学术研究合作者之一. 我十分乐意为他的专著《广义正则半群》作此序. 由于时间仓促, 我只匆匆翻阅, 但其鲜明的特色和严肃的撰著, 给我留下了深刻的印象.

与同类著作相比, 该书有许多令人眼前一亮的特点.

特点一, 内容崭新. 该书是国内外较为全面系统地介绍广义正则半群研究 (直至最新研究成果) 的首部著作. 至今已经问世的国内外有关半群理论的专著, 绝对占优地集中在正则半群范围内, 而该书则着眼于正则半群的若干广义, 立足于最重要最常见的几类, 诸如, 拟正则半群; 借助格林关系的层层推广, 从富足半群、r-宽大半群、宽大半群, 到主右投射半群 (简称 rpp 半群) 的系列广义; 以及横向的, 由 $E(S)$ 代之以子集 U 的所谓 U-富足半群等. 详尽地介绍了它们的代数理论, 在经由严密的逻辑推理构建抽象理论的过程中, 大量构作性证明, 注重给出具体实例, 以诠释这些构作技巧.

特点二, 侧重鲜明. 该书在处理各种广义正则半群时, 自始至终沿着代数结构伴以同余方法的途径展开.

特点三, 国内工作的展示较为全面. 本书较系统地收集、汇总和整理了近三十年国内关于广义正则半群研究的若干重要研究成果. 从该书的内容和参考文献中, 总体上大致可看出国内广义正则半群研究的发展历程, 同时也折射出作者力图使该书实现 "系统性、前沿性和高水平" 的基本理念, 这在该书的第二部分, 富足半群、r-宽大半群、主右投射半群, 以及第三部分, U-富足半群的阐述中, 表现尤为突出.

总之, 该书的出版无论是对于半群代数理论领域的人才培养, 还是学术研究, 都是十分及时并有价值的. 该书是一本可供代数专业研究生的 "半群理论" 课程使用的有特色的教材或参考书.

郭聿琦

2017 年 7 月于兰州大学

前　　言

在数学发展史上, "半群"的研究虽然可追溯到 1904 年, 但其系统的研究却始于 20 世纪 50 年代, 可谓一比较年轻的代数学科了. 由于数学诸学科 (包括分析学科和代数学科)、信息科学、自动机、形式语言、符号动力学、图论、密码学等学科对各种类型半群的广泛应用, 以及计算机科学的巨大推动, 时至今日半群代数理论已经成为基础数学的一个重要分支.

回顾半群的发展历程, 正则半群是半群代数理论的主流领域. 20 世纪 70 年代末以来, 以正则半群为出发点, 在各种意义下向非正则半群范围推广得来的各种广义正则半群, 包括拟正则 (或 π-正则、毕竟正则、幂正则) 半群, 主右投射 (或 rpp) 半群, 富足半群, U-富足半群等, 也已形成半群研究的十分活跃的领域, 著名半群专家 S. Bogdanovic 的 *Semigroups with System of Subsemigroups* 就是关于拟正则半群的第一本专著. 实际上, 目前国际上广义正则半群理论呈现出空前的迅猛发展情势. 然而, 与此不相适应的是国内涉及该领域研究生教材极为匮乏, 迄今仍无相关领域的教材或适当的参考读物. 本书的初衷就是介绍近几十年来, 广义正则半群代数理论的最新研究成果, 希望代数专业的研究生和具有较好代数基础的高年级本科生能够使用而从中受益.

广义正则半群代数理论, 就本身而言, 内容深刻丰富, 且面广纷繁, 有关参考文献极其庞大, 想在有限的篇幅内囊括其全部纵然是不可能的事情. 尽管如此, 本书在内容的宏观框架选材上, 秉持 "系统性、前沿性和高水平" 的基本理念, 体现 "少而精", 增加可读性, 达到由浅入深, 推理详尽, 自成体系, 让读者不必参考更多书籍便可顺利阅读的目的. 本书在内容的微观处理时, 注重讲述各类广义正则半群的代数结构乃至同余理论, 并适当添加了抽象半群的具体实例, 其原因是考虑到任何代数系统总以其对象的代数结构作为其主题.

本书由三部分组成. 第一部分是拟正则半群, 其中包括第 1 章至第 8 章, 介绍了 E-矩形性拟正则半群、E-理想拟正则半群、Clifford 拟正则半群、拟矩形群、左 C-拟正则半群、广义纯正群并半群等半群的特性和代数结构; 第二部分富足半群和 rpp 半群, 包括第 9 章至第 14 章, 介绍了超富足半群、纯正超富足半群、$\mathcal{L}^*$-逆半群、Q^*-逆半群、r-宽大半群等半群的性质、特征、同余理论和结构. 第三部分 U-富足半群, 由第 15 章至 18 章组成, 介绍了 U-纯正半群、U^{σ}-富足半群、U-超富足半群、U-充足 ω-半群的基本性质和代数结构.

本书得到了国家自然科学基金委面上项目 (11471255) 的资助, 作者在此表示衷心感谢；同时，向西安建筑科技大学数学系宫春梅副教授、袁莹博士、马思遥副教授、王艳副教授、李顺波副教授、孙燕副教授、殷清燕博士，以及山东科技大学数学与系统科学学院的王艳慧博士致谢，感谢她（他）们承担部分章节的编译工作.作者特别要向两位恩师 —— 兰州大学郭聿琦教授和香港中文大学岑嘉评教授表示深深的谢意，感谢他们长期的谆谆教诲和热情帮助.

　　限于作者的水平，书中难免有缺点和不妥之处，热忱欢迎读者惠予指正.

作　者

2017 年 6 月

目　　录

序
前言

第一部分　拟正则半群

第一部分

拟正则半群

第1章 E-矩形性拟正则半群

Von Neumann 意义上的正则性概念于 1936 年在环论中建立 [1] 不久, 平行于这种正则环, 正则半群的研究就开始了, 例如文献 [2]. 正则半群类及其若干子类 (诸如纯整半群类、逆半群类、完全正则半群类等) 的研究已经成为半群代数理论研究中的一个主流方向. 从 20 世纪 70 年代末开始, 为人们所关注的所谓拟正则 (或称幂正则、π-正则) 半群是目前非正则半群研究中的一个很活跃的领域. 本章在 1.1 节中定义了一类拟正则半群, 所谓 E-矩形性拟正则半群, 给出了它的若干特征和特例; 在 1.2 节中, 特别地, 给出了这类半群的 Green (格林) 关系上的特征; 在 1.3 节中讨论了它具左、右 E-矩形性的特殊情形; 最后, 在 1.4 节中建立了它们的结构及同构定理.

1.1 定义, 一般特征与若干特例

半群 S 的元素 a 称为正则的, 如果存在 $x \in S$, 使得 $axa = a$; 半群 S 的元素 a 称为拟正则的, 如果存在 $n \in N$ 使得 a^n 为 S 的正则元; 半群 S 称为正则 (拟正则) 的, 如果 S 的每个元素都正则 (拟正则).

仅含幂等元的半群 S 称为带, 由交换性的两个极端情形

$$(\forall a, b \in S) \quad ab = ba$$

与

$$(\forall a, b \in S) \quad ab = ba \Rightarrow a = b$$

(等价地, $(\forall a, b, c \in S) \ abc = ac$, 或 $(\forall a, b \in S) \ aba = a$) 定义起来的两类带分别称为交换带 (半格) 和矩形带.

半群 S 的元素 a 称为挠 (周期) 的, 如果存在 $n \in N$ 使得 a^n 为 S 的幂等元 (即 $|\langle a \rangle| < \infty$, 其中 $\langle a \rangle$ 表示 a 生成的单演 (循环) 半群); 仅含挠元的半群称为挠 (周期) 半群; 半群 S 称为 Archimedes 的, 如果关于任意 $a, b \in S$, 存在 $n \in N$, 使得 $a^n \in SbS$.

半群 S 的非空子集 I(子半群 B) 称为 S 的理想 (双理想), 如果 $SI \cup IS \subseteq I$ ($BSB \subseteq B$).

定理 1.1 令 S 为半群, E 为其幂等元集. 则下列诸款等价:

(i)　$E \neq \varnothing$, 且 S 为强 Archimedes 的, 即

$$(\forall a, b \in S)(\exists n \in N) \quad a^n \in \langle a \rangle b \langle a \rangle;$$

(ii)　S 为挠的, 且

$$(\forall e \in E)(\forall x \in S) \quad exe = e;$$

(iii)　S 为挠的, E 为 S 的单子半群, 且存在 $e \in E$ 使得 $\{e\}$ 为 S 的双理想;

(iv)　S 为挠的, 且

$$(\forall f, g \in E)(\forall x \in S) \quad fxg = fg;$$

(v)　S 为挠的, E 为矩形带, 且 E 为 S 的双理想;

(vi)　S 为挠的, E 为矩形带, 且 E 为 S 的理想;

(vii)　$(\forall a \in S)(\exists m \in N)(\forall x \in S) \quad a^m x a^m = a^m$;

(viii)　$(\forall a \in S)(\exists i, j, k \in N)(\forall x \in S) \quad a^i x a^j = a^k$.

证明　若 S 为强 Archimedes 的, 则关于所有 $e \in E, x \in S$, 有 $exe = e$, 从而 $x\dot{e}, ex \in E$, 即 E 为 S 的理想. 又由 S 的强 Archimedes 性, 关于所有 $a \in S$, 存在 $k \in N$, 使得 $a^k \in \langle a \rangle e \langle a \rangle$, 由 E 为 S 的理想知 $a^k \in E$, 即 a 为挠元, 从而 S 为挠半群. 这证明了 (i)$\Rightarrow$(ii).

若挠半群 S 满足

$$(\forall e \in E)(\forall x \in S) \quad exe = e,$$

则 E 的每一单元集为 S 的双理想, 而且取所有 $x \in E$ 时, 可知 E 为矩形带, 因此 E 为 S 的单子半群. 这就证明了 (ii)$\Rightarrow$(iii).

若在挠半群 S 中, 存在 $e \in E$, 使得 $\{e\}$ 为 S 的双理想, 则 $\{e\}$ 显然为极小双理想, 因此关于 S 中任意 u, v, $\{uev\}$ 都是 S 的极小双理想 [8], 但 E 为单半群, 从而 $E = EeE \subseteq SeS$, 于是 E 中元都构成单元双理想, 即关于所有 $e' \in E, x \in S$, 有 $e'xe' = e'$, 因此关于所有 $f, g \in E, x \in S$ 有

$$fxg = fx(gfg) = (fxgf)g = fg.$$

这证明了 (iii)$\Rightarrow$(iv).

若在挠半群 S 中, 关于所有 $f, g \in E, x \in S$, 有 $fxg = fg$, 则, 特别地, 取 $x = gf$ 时, 有 $(fg)^2 = fg$, 因此, E 为带而且显然为矩形带, 由 $ESE \subseteq E^2 = E$, E 为 S 的双理想. 这证明了 (iv)$\Rightarrow$(v).

若 E 为挠半群 S 的双理想, 即关于所有 $e, f \in E, x \in S$, 存在 $g \in E$, 使得 $exf = g$, 特别地, 当 $e = f$ 时, 有

$$exe = e^2 x e^2 = ege = e.$$

后一等号用到带 E 的矩形性. 于是 $ex, xe \in E$, 即 E 为理想. 这证明了 (v)⇒(vi).

若 S 为挠半群, 则关于所有 $a \in S$, 存在 $m \in N$, 使得 $a^m \in E$, 再由 E 为 S 的理想, 关于所有 $x \in S$ 有

$$a^m x a^m = e \in E.$$

于是

$$a^m x a^m = (a^m)^2 x (a^m)^2 = a^m e a^m = a^m.$$

最后一个等号用到 E 的矩形性. 这证明了 (vi)⇒(vii).

(vii) ⇒(viii) 是显然的.

若

$$(\forall a \in S)(\exists i, j, k \in N)(\forall x \in S) \quad a^i x a^j = a^k,$$

则 S 为强 Archimedes 的, 而且取 $x = a^l$ 使得 $i + j + l \neq k$ 时, 知单演半群 $\langle a \rangle$ 有限, 即 a 为挠元, 从而 E 不空. 这又证明了 (viii)⇒(i).

由上定理的款 (vii) 知, 这种半群是拟正则的, 款 (iv) 表现了它的 E-矩形性 (半群 S 称为矩形性的, 如果

$$(\forall x, y, z \in S) \quad xyz = xz).$$

于是我们给出如下定义.

定义 1.1 满足定理 1.1 八款中任一款的半群称为 E-矩形性拟正则半群.

推论 1.2 E-矩形性拟正则半群 S 的幂等元集 E 为 S 的核, 即极小理想 (由 E 为矩形带和 E 为 S 的理想可知).

推论 1.3 半群 S 为 E-矩形性拟正则半群, 当且仅当 S 为矩形带的幂零元半群–理想扩张 [8] (幂零元半群是指每一元素都幂零的带零半群).

推论 1.4 E-矩形性拟正则半群 S 是正则的, 当且仅当 S 为矩形带, 且此时, 显然 S 为完全正则的, 即 S 的每一元素属于 S 的一个子群.

推论 1.5 E-矩形性拟正则半群不含非平凡么半群 (monoid).

推论 1.6 E-矩形性拟正则半群是完全拟正则的, 即它的每一元素都有一个幂属于 S 的一个子群.

推论 1.7 E-矩形性拟正则半群是单演的, 当且仅当 S 为幂零单演半群 (存在 $n \in N$ 使得 $S^n = \{0\}$ 的带零半群 S 称为幂零的).

推论 1.8 E-矩形性拟正则半群是幂零元的, 当且仅当 $|E| = 1$.

双理想是通常诸理想概念的推广, 还可以将双理想再推广到 (m, n)-理想 [8], 其中 $m, n \in N^0$. 半群 S 的子半群 A 称为 S 的一个 (m, n)-理想, $m, n \in N^0$, 如果 $A^m S A^n \subseteq A$. 半群 S 称为 (m, n)-理想半群, 如果 S 的每一个子半群都是 S 的 (m, n)-理想.

定理 1.9　(m,n)-理想半群常为 E-矩形性拟正则半群; 但反之不然.

证明　由[8]知, (m,n)-理想半群是挠的, 其 E 为矩形带, 且为理想. 据定义 1.1 和定理 1.1, S 为 E-矩形性拟正则半群.

反之, 令 $\{S_i | i \in N\}$ 为一族半群, 其中 S_i 为 i 阶幂零单演半群 $\langle a_i \rangle$, $i \in N$. 令 S 为带零 "0" 的半群, 同时

$$S \backslash \{0\} = \dot{\bigcup}_{i \in N} S_i \backslash \{0_i\},$$

其中, $\dot{\cup}$ 为无交并, 0_i 为 S_i 的零元, $i \in N$, 且

$$a_i^1 = 0, \quad i \in N,$$

$$a_i^m a_j^n = a_k^{m+n}, \quad k = \min\{i, j\}.$$

易知 S 在上运算下成一交换半群, 且是幂零元的, 因此 S 为一 E-矩形性拟正则半群. 但它关于所有 $m, n \in N$ 都不是 (m, n)-理想半群, 这是因为关于每一对 $m, n \in N$, 取 $i_0 > m + n + 2$, 便有

$$a_{i_0}^m a_{i_0-1} a_{i_0}^n = a_{i_0-1}^{m+n+1} \in S_{i_0-1} \backslash \{0_{i_0-1}\},$$

因此, 关于作为 S 的子半群的 $\langle a_{i_0} \rangle$, 就有

$$\langle a_{i_0} \rangle^m S \langle a_{i_0} \rangle^n \nsubseteq \langle a_{i_0} \rangle.$$

于是, S 不是 (m, n)-理想半群.

注解 1.1　E-矩形性拟正则半群类除了以 (m, n)-理想半群类为其真子类外, 据推论又知, 它还以矩形带类和幂零元半群类为其两个极端情形. 因此, 特别地, 它以具理想化子条件的半群[5] 类为其真子类, 实际上这一类型的半群是局部幂零的 (每一有限生成子半群都幂零的带零半群), 从而是幂零元的.

1.2　格林关系上的特征

引理 1.10　令 S 为 E-矩形性拟正则半群, E 为其幂等元集. 则

(i)　$\mathcal{L}(S) = \mathcal{L}(E) \cup 1_{\bar{E}}$;

(ii)　$\mathcal{R}(S) = \mathcal{R}(E) \cup 1_{\bar{E}}$;

(iii)　$\mathcal{H}(S) = 1_S$;

(iv)　$\mathcal{D}(S) = \mathcal{L}(S)$, 且

$$\mathcal{D}(S) = E \times E \cup 1_{\bar{E}}.$$

实则我们还有如下结论.

定理 1.11　令 S 为半群, E 为其幂等元集. 则 S 为 E-矩形性拟正则半群, 当且仅当

(i) S 为拟正则的, S 含极小双理想, 且 $\mathcal{D}(S) = E \times E \cup 1_{\bar{E}}, \mathcal{L}(S) = \mathcal{L}(E) \cup 1_{\bar{E}}, \mathcal{H}(S) = 1_S$.

或,

(ii) S 为拟正则的, S 含极小双理想, 且 $\mathcal{D}(S) = E \times E \cup 1_{\bar{E}}, \mathcal{R}(S) = \mathcal{R}(E) \cup 1_{\bar{E}}, \mathcal{H}(S) = 1_S$.

定理 1.12　令 S 为半群, E 为其幂等元集. 则 S 为 E-矩形性拟正则半群, 当且仅当

(i) S 为挠半群, S 的极小左理想是且仅是 $Se, e \in E$, 且 $\mathcal{L}(S) \subseteq E \times E \cup \bar{E} \times \bar{E}$.

或,

(ii) S 为挠半群, S 的极小右理想是且仅是 $eS, e \in E$, 且 $\mathcal{R}(S) \subseteq E \times E \cup \bar{E} \times \bar{E}$.

1.3　左、右 E-矩形性

引理 1.13　若 S 为 E-矩形性拟正则半群, E 为其幂等元集, 则令

$$P(e) = \{x \in S \mid xe = ex = e\}, \quad e \in E$$

时, 有

(a) $P(e)$ 为幂零元半群, $e \in E$;

(b) $P(e) \cap P(f) = \varnothing, e, f \in E, e \neq f$;

(c) $S = \bigcup_{e \in E} P(e)$.

注解 1.2　引理 1.13 的反面不真, 即, 半群 S 为幂零元子半群的无交并时, S 未必为 E-矩形性拟正则半群.

例如, $S = \{a, e, 0\}$ 为乘法表如下的半群:

·	a	e	0
a	e	e	0
e	e	e	0
0	0	0	0

显然 $\{a, e\}, \{0\}$ 为 S 的幂零元子半群, 但 $e \cdot 0 \cdot e = 0 \neq e$, 即 S 不是 E-矩形性拟正则的.

注解 1.3　引理 1.13 中 E-矩形性拟正则半群 S 的无交并分解 $S = \bigcup_{e \in E} P(e)$ 中, S 的分划 $\{P(e) \mid e \in E\}$ 所相应的等价关系未必为同余, 即未必关于所有 $e, f \in$

E, 都有 $P(e)P(f) \subseteq P(ef)$, 亦即 S 未必为诸幂零元半群 $P(e)$ 的带 (从而为矩形带), 例如, 验算可知 $S = \{a, e, f, g\}$ 在如下乘法下成一半群:

·	a	e	f	g
a	e	e	g	e
e	e	e	e	e
f	f	f	f	f
g	g	g	g	g

而且易知 S 为 E-矩形性拟正则的, $S = P(e) \dot{\cup} P(f) \dot{\cup} P(g)$, 其中 $P(e) = \{a, e\}$, $P(f) = \{f\}$, $P(g) = \{g\}$, 但 $af = g \in P(g)$, $ef = e \in P(e)$.

针对上两注解, 有下面的两个定理.

定理 1.14　令半群 S 为半群 $\{S_e | e \in E\}$ 的并, 其中关于每个 $e \in E$, S_e 为以 e 为零元的幂零元半群. 则 S 为 E-矩形性拟正则半群, 当且仅当 E 为矩形带, 且 E 为 S 的双理想.

定义 1.2　令 S 为半群, E 为其幂等元集. 称 S 具左、右 E-矩形性, 如果

$$(\forall e \in E \ \& \ \forall x, y, y' \in S) \quad eyx = ey'x, \quad xye = xy'e.$$

具左、右 E-矩形性的挠半群称为左、右 E-矩形性拟正则半群.

据定理 1.1 和定义 1.1, 左、右 E-矩形性拟正则半群显然是 E-矩形性拟正则半群; 但据以下定理以及注解 1.3, E-矩形性拟正则半群未必是左、右 E-矩形性拟正则的.

定理 1.15　令 S 为半群, E 为其幂等元集. 称 S 具左、右 E-矩形性拟正则的, 当且仅当 S 为幂零元半群的矩形带, 且 E 为 S 的理想.

证明　**必要性**　由 S 为左、右 E-矩形性拟正则半群, 知 S 为 E-矩形性拟正则半群, 因此 E 为 S 的理想. 又据引理 1.13, 有

$$S = \dot{\bigcup}_{e \in E} P(e),$$

$$P(e) = \{x \in S \mid ex = xe = e\}, \quad e \in E.$$

关于 S 的这组幂零元子半群, 有

$$P(e)P(f) \subseteq P(ef).$$

这是因为, 若 $a \in P(e), b \in P(f)$, 则

$$(ab)(ef) = a(be)f = a(eb)f = (ae)(bf) = ef,$$

其中第二个等号用到了 S 的左、右 E-矩形性. 同理可知 $(ef)(ab) = ef$, 又由 E 为 S 的子半群, 知 $ef \in E$, 因此 $ab \in P(ef)$. 于是 $S_p = \{P(e)|e \in E\}$ 为 S 的幂半群 2^S 的子半群, 且为带. 又若在 S_p 中有 $P(e)P(f) = P(f)P(e)$, 则由在 S 中有 $P(e)P(f) \subseteq P(ef)$ 和 $P(f)P(e) \subseteq P(fe)$, 知 $P(ef) \cap P(fe) \neq \varnothing$, 于是 $P(ef) = P(fe)$, 从而 $ef = fe$, 但 E 为矩形带, 因此 $e = f$, 即 $P(e) = P(f)$. 这证明了作为 2^S 的子半群的带 $S_p = \{P(e) \mid e \in E\}$ 是矩形带.

充分性 若 $S = \bigcup_{e \in E} S_e$, 其中 S_e 为幂零元半群, $e \in E$, $\{S_e|e \in E\}$ 为 S 的幂半群 2^S 的子半群, 且为矩形带, 则诸 S_e 的幂零元性保证了 S 的挠性, 至于 S 的左、右 E-矩形性是因为, 关于所有 $e \in E$ 和所有 $x, y \in S$, 有 $x \in S_f, y \in S_g, f, g \in E$, 且 $eyx \in S_e S_g S_f$, 由 $\{S_e|e \in E\}$ 为矩形带, 知在这个矩形带里有 $S_e S_g S_f = S_e S_f$, 从而 $eyx \in S_e S_f = S_{ef}$, 但 E 为 S 的理想, 因此 $eyx \in E, ef \in E$, 从而由 S_{ef} 的幂零元性, 有 $eyx = ef$, 这一结果与 y 无关; 同理可证 $xye = fe$ 与 y 无关.

推论 1.16 令 S 为半群, E 为其幂等元集. 若 S 为左、右 E-矩形性拟正则半群, 且 S 为一族幂零元半群 $\{S_e \mid e \in E\}$ 的矩形带, 则 $S_e = P(e), e \in E$.

推论 1.17 令 S 为半群, E 为其幂等元集. 若 S 为左、右 E-矩形性拟正则半群, 且 E 为 P 型矩形带, 则 S 为 $\{P(e) \mid e \in E\}$ 的 P 型矩形带.

1.4 结 构

定理 1.9 已指出, (m, n)-理想半群是本章所定义的 E-矩形性拟正则半群的特例. 关于 (m, n)-理想半群, 已有一个很好的结构定理 [4]. 在这一节, 我们将其加以推广, 建立 E-矩形性拟正则半群的结构.

令 I, J 为非空集合, 易知 $E = I \times J$ 在下运算下成一矩形带:

$$(\forall i, i' \in I, j, j' \in J) \quad (i, j)(i', j') = (i, j').$$

又令 Q 为一幂歧部分半群, 即 Q 上定义有一部分运算, 且关于任意 $p, q, r \in Q$, $(pq)r \in Q$(有定义), 当且仅当 $p(qr) \in Q$, 且有定义时, 总有 $(pq)r = p(qr)$; 同时, 关于每个 $a \in Q$, 存在 $n \in N$, 使得 $a^n \notin Q$.

再令 $\mathcal{T}(I), \mathcal{T}(J)$ 分别为 I, J 上的全变换半群, 而 $\xi : p \mapsto \xi_p$ 与 $\eta : p \mapsto \eta_p$ 分别为 Q 到 $\mathcal{T}(I)$ 和 $\mathcal{T}(J)$ 的映射, 满足

(i) $(\forall p, q \in Q) \quad pq \in Q \Rightarrow \xi_{pq} = \xi_q \xi_p, \eta_{pq} = \eta_p \eta_q$;

(ii) $(\forall p, q \in Q) \quad pq \notin Q \Rightarrow \xi_q \xi_p$ 与 $\eta_p \eta_q$ 都为常值变换.

这样的映射 $\xi : Q \to \mathcal{T}(I)$ 和 $\eta : Q \to \mathcal{T}(J)$ 是存在的. 例如, 任取常值变换

$\xi_0 \in \mathcal{T}(I)$, $\eta_0 \in \mathcal{T}(J)$, 则映射

$$\xi : a \mapsto \xi_0, \ \forall a \in Q$$

与

$$\eta : a \mapsto \eta_0, \ \forall a \in Q,$$

即满足上述 (i),(ii).

记 $\Sigma = E \cup Q$, 在 Σ 上定义运算如下:

(1) $(i,j)(i',j') = (i,j'), \forall i,i' \in I, j,j' \in J$;

(2) $p(i,j) = (i\xi_p, j), (i,j)p = (i, j\eta_p), \forall i \in I, j \in J, p \in Q$;

(3) $pq = r \in Q$ 时, $pq = r(\in \Sigma)$,

$$pq \notin Q, \quad pq = (i\xi_q\xi_p, j\eta_p\eta_q), \quad \forall p, q \in Q, i \in I, \ j \in J.$$

记 Σ 连同上运算所构成之系统为 $\Sigma = \Sigma(I,J,Q,\xi,\eta)$. 可证它为半群, 即上述运算是结合的. 此时, 仅就 $p,q,r \in Q$ 的情形进行证明, 若 $(pq)r \in Q$, 则由 Q 为部分半群, 有 $p(qr) \in Q$, 且在 Q 中有 $(pq)r = p(qr)$, 据前述构作, 在 Σ 中也有 $(pq)r = p(qr)$. 否则, 便有 $(pq)r \notin Q, p(qr) \notin Q$ (因为 $(pq)r \notin Q$, 当且仅当 $p(qr) \notin Q$).

(a) 当 $qr \in Q$ 时,

$$p(qr) = (i\xi_{qr}\xi_p, j\eta_p\eta_{qr}) = (i\xi_r\xi_q\xi_p, j\eta_p\eta_q\eta_r),$$

若 $pq \in Q$, 则

$$(pq)r = (i\xi_r\xi_{pq}, j\eta_{pq}\eta_r) = (i\xi_r\xi_q\xi_p, j\eta_p\eta_q\eta_r),$$

若 $pq \notin Q$, 则

$$(pq)r = (i\xi_q\xi_p, j\eta_p\eta_q)r = (i\xi_q\xi_p, j\eta_p\eta_q\eta_r) = (i\xi_r\xi_q\xi_p, j\eta_p\eta_q\eta_r),$$

上面最后一式的最后一个等号是鉴于 $pq \notin Q$ 时, $\xi_q\xi_p$ 为 I 上的常值变换. 于是, 在 Σ 中, 有 $(pq)r = p(qr)$.

(b) 当 $qr \notin Q$ 时, 类似 (a) 可证, 在 Σ 中也有 $(pq)r = p(qr)$.

定理 1.18 令 S 为半群. 则 S 为 E-矩形性拟正则半群, 当且仅当 S 同构于某一 $\Sigma = \Sigma(I,J,Q,\xi,\eta)$ 型半群.

证明 **充分性** 由 $\Sigma = \Sigma(I,J,Q,\xi,\eta)$ 的构作, 可知矩形带 $E = I \times J$ 为半群 Σ 的理想, 而由 Q 的幂歧性, 又知 Rees 商半群 Σ/E 为幂零元半群, 从而 Σ 为一矩形带的幂零元半群-理想扩张, 据推论 1.3, Σ 为一 E-矩形性拟正则半群.

必要性　令 S 为一 E-矩形性拟正则半群, E 为其幂等元集. 据定义 1.1 和定理 1.1, E 为 S 的理想, S 为挠半群, 从而 $Q = S - E$ 为幂歧部分半群. 又据定义 1.1 和定理 1.1, E 为矩形带, 从而有 $I \times J$ 型矩形带, 使得 $E \simeq I \times J$. 今将 $I \times J$ 关于 S 作此同构嵌入, 而等同 E 与 $I \times J$, 从而有 $S = I \times J \dot{\cup} Q$.

据定理 1.12, 关于所有 $(i,j) \in I \times J = E, S(i,j)$ 为 S 的极小左理想, 又据定理 1.11, $\mathcal{L}^S = \mathcal{L}^E \cup 1_Q$. 因此, $S(i,j)$ 为 E 的一个 $\mathcal{L}$-类, 即

$$S(i,j) = \{(i',j')|i' \in I\},$$

于是关于所有 $p \in Q, (i,j) \in E$, 有 $p(i,j) = (i_p, j)$. 作 I 上的变换 $\xi_p : i \mapsto i_p$, 当且仅当 $p(i,j) = (i_p, j)$. 实际上, 这一 ξ_p 与 (i,j) 中的 j 无关, 因为, 关于所有 $j' \in J$, 有

$$p(i,j') = p[(i,j)(k,j')] = [p(i,j)](k,j') = (i_p, j)(k,j') = (i_p, j').$$

再建立映射 $\xi : Q \to \mathcal{T}(I)$, 在 ξ 下, $p \mapsto \xi_p$. 关于所有 $p, q \in Q, (i,j) \in E$, 若 $pq \in Q$, 则

$$(pq)(i,j) = (i\xi_{pq}, j),$$

$$p[q(i,j)] = p(i\xi_q, j) = (i\xi_q\xi_p, j),$$

因此 $\xi_{pq} = \xi_q\xi_p$. 若 $pq \notin Q$, 则 $pq = (k,l) \in E$, 而

$$(pq)(i,j) = (k,l)(i,j) = (k,l),$$

$$p[q(i,j)] = p(i\xi_q, j) = (i\xi_q\xi_p, j),$$

因此 $\xi_q\xi_p$ 为 I 上的常值变换. 总之, 所作之 $\xi : Q \to \mathcal{T}(J)$ 满足上面的条件 (i) 和 (ii).

对偶地, 依据定理 1.12 和定理 1.11, 我们可作出映射 $\eta : Q \to \mathcal{T}(J)$, 在 η 下, $\rho \mapsto \eta_p$, 而 $\eta_\rho : j \mapsto j_p$, 当且仅当 $(i,j)p = (i, j_p)$. 而且同样可证所作之 $\eta : Q \to \mathcal{T}(J)$ 满足上面的 (i),(ii).

以上的做法, 实际上是解释 E-矩形性拟正则半群 $S = E \cup Q = I \times J \cup Q$(注意, 我们已等同了 E 与 $I \times J$) 为半群 $\Sigma = \Sigma(I, J, Q, \xi, \eta)$. 这完成了必要性证明.

在上述 E-矩形性拟正则半群 $\Sigma = \Sigma(I, J, Q, \xi, \eta)$ 的构作中, 如果将条件 (ii) 改为下述条件:

(ii)$'$ $(\forall p \in Q)$ ξ_p, η_p 均为常值变换.

并记相应的系统为 $\Sigma_{l,r} = \Sigma_{l,r}(I, J, Q, \xi, \eta)$, 则易知 $\Sigma_{l,r}(I, J, Q, \xi, \eta)$ 为 E-矩形性拟正则半群, 而且还有如下定理.

定理 1.19   令 S 为半群. 则 S 为左、右 E-矩形性拟正则半群, 当且仅当 S 同构于某一 $\Sigma_{l,r} = \Sigma_{l,r}(I, J, Q, \xi, \eta)$ 型半群 (证明类似定理 1.18).

定理 1.20   令 $S = \Sigma(I, J, Q, \xi, \eta)$ 和 $S^* = \Sigma^*(I^*, J^*, Q^*, \xi^*, \eta^*)$ 是 E-矩形性拟正则半群. 则 S 与 S^* 是同构的, 当且仅当存在双射 $\varphi : I \to I^*$, 双射 $\psi : J \to J^*$ 和幂歧部分半群 Q 到 Q^* 上的同构 ω, 使得关于所有 $p \in Q$, 下两图可换.

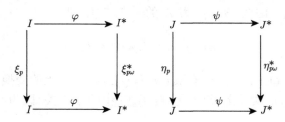

第 2 章　E-理想拟正则半群

20 世纪 70 年代末以来, 拟 (或 π-、幂、毕竟) 正则半群的研究已经成为半群代数理论研究中的一个相当活跃的领域. 然而, 从正则半群到拟正则半群, 人们所关注的半群的特征、结构等问题, 都已变得更复杂更困难了.

文献 [8],[9] 讨论了具完全单核的半群 (即, 其极小理想为完全单半群的半群), 特别地, 刻画了具完全单核的拟正则半群的特征和结构. 本章平行于具完全单核的拟正则半群, 讨论所谓 E-理想拟正则半群及其若干特殊情形 (这两个拟正则半群类的交恰为我们在第 1 章所讨论的 E-矩形性拟正则半群类). 我们将在 2.2 节中给出 E-理想拟正则半群的定义及特征; 在 2.3 节中建立它的结构定理, 并作为推论获得左正则带的结构以及带的结构.

这一讨论的背景是如下的事实: 若正则半群 S 含非幂等元, 则其幂等元不但不可能构成 S 的理想, 甚至不可能构成 S 的任何单侧理想、拟理想、(m,n)-理想, $m,n \in N$(其中每后一概念是每前一概念的推广). 尽管拟正则半群在非正则半群类里最接近 (在某种意义上) 正则半群, 但是在这方面却与正则半群很不相同: 一个拟正则半群 S 的幂等元集 E 甚至在构成 S 的理想的情形下, S 还可以含大量的非幂等元.

2.1　基 本 概 念

半群 S 的元素 a 称为完全正则的, 如果 a 是正则的, 而且存在 $a' \in V(a)$ 使得 $aa' = a'a$, 其中

$$V(a) = \{y \in S \mid aya = a, yay = y\}.$$

半群 S 称为完全正则 (拟完全正则, 或 GV-, 见 [8]) 半群, 如果 S 是正则 (拟正则)的, 而且每个正则元都是完全正则的.

仅含幂等元的半群 S 称为带; 带 S 称为半格 (交换带), 如果

$$(\forall a, b \in S) \quad ab = ba.$$

带 S 称为左正则带, 如果

$$(\forall a, b \in S) \quad aba = ab.$$

带 S 称为右正则带, 如果

$$(\forall a, b \in S) \quad aba = ba.$$

带 S 称为左零带, 如果

$$(\forall a, b \in S) \quad ab = a.$$

带 S 称为右零带, 如果

$$(\forall a, b \in S) \quad ab = b.$$

带 S 称为矩形带, 如果

$$(\forall a, b \in S) \quad ab = ba \Rightarrow a = b,$$

等价地

$$(\forall a, b, c \in S) \quad abc = ac.$$

用 E 表示半群 S 的幂等元集, $\mathrm{Reg}\, S$ 表示半群 S 的正则元集. 若 a 为 S 的拟正则元, 则记

$$r(a) = \min\{n \in N \mid a^n \in \mathrm{Reg}\, S\}.$$

$\mathcal{L}^*, \mathcal{R}^*, \mathcal{H}^*, \mathcal{J}^*$ 分别表示拟正则半群 S 上的如下等价关系 [8] :

$$a\mathcal{L}^*b \Leftrightarrow Sa^{r(a)} = Sb^{r(b)},$$

$$a\mathcal{R}^*b \Leftrightarrow a^{r(a)}S = b^{r(b)}S,$$

$$\mathcal{H}^* = \mathcal{L}^* \cap \mathcal{R}^*,$$

$$a\mathcal{J}^*b \Leftrightarrow Sa^{r(a)}S = Sb^{r(b)}S.$$

2.2   定义和特征

定义 2.1   半群 S 称为 E-理想拟正则半群, 如果 S 是拟正则的, 且 E 为 S 的理想.

定义 2.2   半群 S 称为 E-半格 (左正则、矩形) 性拟正则半群, 如果 S 是拟正则的, 且 E 为 S 的半格（左正则带、矩形带）理想.

由定义容易得到 E-理想拟正则半群的下述初等性质.

引理 2.1   若 S 为 E-理想拟正则半群, 则 $\mathcal{K}\mid_E = \mathcal{K}(S)\mid_E = \mathcal{K}(E)$, 其中 $\mathcal{K}$ 为任意格林关系 $\mathcal{J}, \mathcal{L}, \mathcal{R}, \mathcal{H}$.

引理 2.2 若 S 为 E-理想拟正则半群, 则每一 $\mathcal{H}^*$-类为幂零元半群.

引理 2.3 若 S 为 E-半格 (左正则) 性拟正则半群, 则 $\mathcal{J}^* = \mathcal{H}^*(\mathcal{L}^*)$.

引理 2.4[8] 若 S 为拟完全正则半群 (特别地, E-理想拟正则半群), 则 S 上的等价关系 $\mathcal{J}^*$ 为 S 上的半格同余.

下面给出 E-理想拟正则半群的一些特征.

定理 2.5 令 S 为半群. 则下列各款等价:

(i) S 为 E-半格性拟正则半群;

(ii) S 为幂零元半群的半格, 且

$$(\forall e \in E \ \& \ a \in S) \ ea = ae = a^2 e;$$

(iii) S 为挠的, 且

$$(\forall e \in E \ \& \ a \in S) \ ea = ae = a^2 e;$$

(iv) $(\forall a \in S)(\exists m \in N)(\forall x \in S \& \forall m' \geqslant m) \ a^{m'} x = x a^{m'} = a^{m'} x^2;$

(v) $(\forall a \in S)(\exists m \in N)(\forall x \in S) \ a^m x = x a^m = a^m x^2;$

(vi) S 为挠的, E 为 S 的半格理想;

(vii) S 为半格的幂零元半群-理想扩张.

证明 若 S 为 E-半格性拟正则半群, 据引理 2.4、引理 2.3 及引理 2.2, 知 S 为幂零元半群的半格, 即 $S = \bigcup_{\alpha \in Y} S_\alpha$, 其中 Y 为半格, S_α 为幂零元半群, $\alpha \in Y$. 于是, 关于任意 $a \in S, e \in E$, 存在 $\alpha, \beta \in Y$, 使得 $a \in S_\alpha, e \in S_\beta$, 从而 $ae \in S_\alpha S_\beta \subseteq S_{\alpha\beta}$. 又 E 为理想, 则 $ae \in S_{\alpha\beta} \cap E$. 同理 $ea, a^2 e \in S_{\alpha\beta} \cap E$, 但 $S_{\alpha\beta}$ 为幂零元半群, 从而幂等元唯一. 因此

$$ea = ae = a^2 e.$$

这证明了 (i)$\Rightarrow$(ii). (ii)$\Rightarrow$ (iii) 显然.

若 S 为挠半群, 则关于任意 $a \in S$, 存在 $m \in N$, 使得 $a^m \in E$. 若 (iii) 的另一内容也成立, 则关于任意 $i \in N$, 又有 $a^{m+1} = a^{m+i}$, 从而单演半群 $\langle a \rangle$ 含零, 且 a^m 即为其零元. 于是, 据假设, 关于任意 $x \in S$ 及 $m' \geqslant m$, 都有 $a^{m'} x = x a^{m'} = a^{m'} x^2$. 这证明了 (iii)$\Rightarrow$(iv). (iv)$\Rightarrow$ (v) 显然.

若 (v) 成立, 则显然 S 为挠半群, 从而 $E \neq \varnothing$, 而且 E 为半格. 又, 关于任意 $e \in E, b \in S$ 和 $n \in N$, 有 $eb = be = eb^2 = eb^n$, 再据 S 的挠性, 存在 $m \in N$ 使得 $b^m \in E$, 因此 $eb = be \in E$, 从而 E 为 S 的理想. 这证明了 (v)$\Rightarrow$(vi).

若在挠半群 S 中, E 为 S 的半格理想, 则关于任意 $a \in S$, 存在 $n \in N$ 使得 $a^n \in E$, 于是 S/E 是幂零元半群, 即 S 为半格的幂零元半群 - 理想扩张. 这证明了 (vi)$\Rightarrow$(vii).

若 S 为半格 B 的幂零元半群 - 理想扩张, 则显然 S 为拟正则的, 而且显然有 $B \subseteq E$. 又由 S/B 的幂零元性, 有 $E \subseteq B$. 因此 E 为 S 的半格理想. 这证明了 (vii)$\Rightarrow$(i).

定理 2.6   令 S 为半群. 则下列各款等价:

(i) S 为 E-左正则性拟正则半群;

(ii) S 为左零带的幂零元半群 - 理想扩张的半格, E 为 S 的左理想, 且

$$(\forall e \in E \ \& \ a \in S) \ \ eae = ea = ea^2;$$

(iii) S 为挠的, E 为 S 的左理想, 且

$$(\forall e \in E \ \& \ a \in S) \ \ eae = ea = ea^2;$$

(iv) E 为 S 的左理想, 且

$$(\forall a \in S)(\exists m \in N)(\forall x \in S \ \& \ \forall m' \geqslant m) \ \ a^{m'} x a^{m'} = a^{m'} x = a^{m'} x^2;$$

(v) E 为 S 的左理想, 且

$$(\forall a \in S)(\exists m \in N)(\forall x \in S) \ \ a^m x a^m = a^m x = a^m x^2;$$

(vi) S 为挠的, E 为 S 的左正则带理想;

(vii) S 为左正则带的幂零元半群-理想扩张.

证明类似定理 2.5.

定理 2.7   令 S 为半群. 则下列各款等价:

(i) S 为 E-理想拟正则半群;

(ii) S 为矩形带的幂零元半群 - 理想扩张的半格, 且

$$(\forall e \in E) \ \ \ SeS \subseteq E;$$

(iii) S 为挠的, 且 $a \in \text{Reg } S$ 时, $SaS \subseteq E$;

(iv) $(\forall a \in S)(\exists m \in N)(\forall m' \geqslant m) \ \ Sa^{m'}S \subseteq E$;

(v) $(\forall a \in S)(\exists m \in N) \ \ Sa^m S \subseteq E$;

(vi) S 为挠的, E 为 S 的理想;

(vii) S 为带的幂零元半群-理想扩张.

证明   仅证 (i)$\Rightarrow$(ii), 其余的证明类似定理 2.5.

若 S 为 E-理想拟正则半群, 据引理 2.4, 知 S 为其诸 $\mathcal{J}^*-$ 类的半格, 即 $S = \bigcup_{\alpha \in Y} S_\alpha$, 其中 Y 为半格, S_α 为 $\mathcal{J}^*-$ 类, $\alpha \in Y$. 又引理 2.1 指出, $\mathcal{J}^*|_E = \mathcal{J}(S)|_E = \mathcal{J}(E)$, 但任何带 E 上的格林关系 $\mathcal{J}(E)$ 为其上的半格同余, 且每一 $\mathcal{J}(E)$-类为矩

形带 (见 [6] 的第 iv 章), 因此每一 $\mathcal{J}^*$-类的幂等元集 $S_\alpha \cap E$ 恰为 E 的 $\mathcal{J}(E)$-类 E_α. 显然, 关于每一 $\alpha \in Y$, S_α 为拟正则半群, 其幂等元集 E_α 为其矩形带理想. 因此, S 的每一 $\mathcal{J}^*$-类为矩形带的幂零元半群-理想扩张 [8].

2.3 结　　构

Q 称为幂歧部分半群, 如果在集合 Q 上定义有一部分运算: 关于任意 $p, q, r \in Q$, $(pq)r \in Q$(有定义), 当且仅当 $p(qr) \in Q$, 且此时, 成立 $(pq)r = p(qr)$; 同时, 关于每个 $a \in Q$, 存在 $n \in N$, 使得 $a^n \notin Q$.

集合 T 上的左 (右) 变换半群记为 $\mathcal{T}^*(T)(\mathcal{T}(T))$.

半群 S 上的左 (右) 变换 $\lambda(\rho): S \to S$ 称为 S 上的左 (右) 平移, 如果关于任意 $s, t \in S$, 常有

$$\lambda(st) = (\lambda s)t \quad ((st)\rho = s(t\rho)).$$

引理 2.8[6] 令 $\lambda(\rho)$ 为矩形带 $E = I \times J$ 上的左 (右) 平移. 则 $\lambda(\rho)$ 唯一地确定 $I(J)$ 上的左 (右) 变换 $\phi(\psi)$, 且关于任意 $(i, j) \in E$, 有

$$\lambda(i, j) = (\phi i, j),$$

$$[(i, j)\rho = (i, j\phi)].$$

令 Y 为一半格, $\{E_\alpha = I_\alpha \times J_\alpha | \alpha \in Y\}$ 为一两两互不相交的矩形带族, Q 为一幂歧部分半群, 而且 φ 为 Q 到 $\bigcup_{\alpha \in Y} E_\alpha$ 的满足下性质的映射:

1° 关于任意 $a, b \in Q$, 若 $\varphi(a) \in E_\alpha, \varphi(b) \in E_\beta, \alpha\beta = \gamma$, 则 $ab \in Q$ 意味着 $\varphi(ab) \in E_\gamma$.

关于任意一对 $\alpha, \beta \in Y, \alpha \geqslant \beta$, 我们构作满足上述性质 (ii)—(iv) 的两个映射

$$\Psi_{\alpha,\beta}: \varphi^{-1}(E_\alpha) \to \mathcal{T}^*(I_\beta) \times \mathcal{T}(J_\beta),$$

$$a \mapsto (\phi_\beta^a, \psi_\beta^a)$$

和

$$\Phi_{\alpha,\beta}: E_\alpha \to \mathcal{T}^*(I_\beta) \times \mathcal{T}(J_\beta),$$

$$e \mapsto (\phi_\beta^e, \psi_\beta^e).$$

2° 若 $e = (i, j) \in E_\alpha$, 则 $\phi_\beta^e, \psi_\beta^e$ 分别为 I_α 和 J_α 上的常值变换, 且 $\langle \phi_\alpha^e \rangle = i, \langle \psi_\alpha^e \rangle = j$. 这里用符号 $\langle \phi_\alpha^e \rangle$ 表示常值变换 ϕ_α^e 的值.

3° (1) 若 $e \in E_\alpha, f \in E_\beta$, 且 $\delta \leqslant \gamma = \alpha\beta$, 则 $\phi_\gamma^e \phi_\gamma^f$ 和 $\psi_\gamma^e \psi_\gamma^f$ 分别为 I_γ 和 J_γ 上的常值变换; 且令 $\langle \phi_\gamma^e \phi_\gamma^f \rangle = i, \langle \psi_\gamma^e \psi_\gamma^f \rangle = j$ 时, 有

$$\phi_\delta^{(i,j)} = \phi_\delta^e \phi_\delta^f, \quad \psi_\delta^{(i,j)} = \psi_\delta^e \psi_\delta^f.$$

(2) 若 $e \in E_\alpha, a \in Q, \varphi(a) \in E_\beta$, 且 $\delta \leqslant \gamma = \alpha\beta$, 则 $\phi_\gamma^e \phi_\gamma^a, \phi_\gamma^a \phi_\gamma^e$ 及 $\psi_\gamma^e \psi_\gamma^a, \psi_\gamma^a \psi_\gamma^e$ 分别为 I_γ 和 J_γ 上的常值变换; 且令 $\langle \phi_\gamma^e \phi_\gamma^a \rangle = k, \langle \psi_\gamma^e \psi_\gamma^a \rangle = l, \langle \phi_\gamma^a \phi_\gamma^e \rangle = k', \langle \psi_\gamma^a \psi_\gamma^e \rangle = l'$ 时, 有

$$\phi_\delta^{(k,l)} = \phi_\delta^e \phi_\delta^a, \quad \psi_\delta^{(k,l)} = \psi_\delta^e \psi_\delta^a,$$

$$\phi_\delta^{(k',l')} = \phi_\delta^a \phi_\delta^e, \quad \psi_\delta^{(k',l')} = \psi_\delta^a \psi_\delta^e.$$

(3) 若 $a, b \in Q, ab \notin Q, \varphi(a) \in E_\alpha, \varphi(b) \in E_\beta$, 且 $\delta \leqslant \gamma = \alpha\beta$, 则 $\phi_\gamma^a \phi_\gamma^b$ 和 $\psi_\gamma^a \psi_\gamma^b$ 分别为 I_γ 和 J_γ 上的常值变换; 且令 $\langle \phi_\gamma^a \phi_\gamma^b \rangle = u, \langle \psi_\gamma^a \psi_\gamma^b \rangle = v$ 时, 有

$$\phi_\delta^{(u,v)} = \phi_\delta^a \phi_\delta^b, \quad \psi_\delta^{(u,v)} = \psi_\delta^a \psi_\delta^b.$$

4° 若 $a, b \in Q, ab \in Q, \varphi(a) \in E_\alpha, \varphi(b) \in E_\beta$, 且 $\delta \leqslant \gamma = \alpha\beta$, 则

$$\phi_\delta^{ab} = \phi_\delta^a \phi_\delta^b, \quad \psi_\delta^{ab} = \psi_\delta^a \psi_\delta^b.$$

今记 $\sum = Q \cup \bigcup_{\alpha \in Y} E_\alpha$, 并在 $\sum$ 上定义运算 $*$ 如下:

(1) 若 $a, b \in Q$, 且 $ab \in Q$, 则 $a * b = ab$;

若 $a, b \in Q$, 但 $ab \notin Q$, 则令 $\varphi(a) \in E_\alpha, \varphi(b) \in E_\beta$ 和 $\gamma = \alpha\beta$ 时,

$$a * b = (\langle \phi_\gamma^a \phi_\gamma^b \rangle, \langle \psi_\gamma^a \psi_\gamma^b \rangle).$$

(2) 若 $e \in E_\alpha, a \in Q$, 则令 $\varphi(a) \in E_\beta, \gamma = \alpha\beta$ 时,

$$a * e = (\langle \phi_\gamma^a \phi_\gamma^e \rangle, \langle \psi_\gamma^a \psi_\gamma^e \rangle),$$

$$e * a = (\langle \phi_\gamma^e \phi_\gamma^a \rangle, \langle \psi_\gamma^e \psi_\gamma^a \rangle).$$

(3) 若 $e \in E_\alpha, f \in E_\beta$, 则令 $\gamma = \alpha\beta$ 时,

$$e * f = (\langle \phi_\gamma^e \phi_\gamma^f \rangle, \langle \psi_\gamma^e \psi_\gamma^f \rangle).$$

我们表示 $\sum$ 连同这一运算所成系统为 $\sum = \sum(Q, \bigcup_{\alpha \in Y} E_\alpha, \Psi, \Phi, \varphi)$. 容易验证

$$\sum = \sum \left(Q, \bigcup_{\alpha \in Y} E_\alpha, \Psi, \Phi, \varphi \right)$$

成一半群, 即, $*$ 是结合的.

定理 2.9　令 S 为半群. 则 S 为 E-理想拟正则半群, 当且仅当 S 同构于某一型半群

$$\Sigma = \sum \left(Q, \bigcup_{\alpha \in Y} E_\alpha, \Psi, \Phi, \varphi \right).$$

证明　**充分性**　若 $e = (i, j) \in E_\alpha$, $f = (k, l) \in E_\beta$, $\gamma = \alpha\beta$, 则

$$e * f = (\langle \phi_\gamma^e \phi_\gamma^f \rangle, \langle \psi_\gamma^e \psi_\gamma^f \rangle) \in E_\gamma.$$

取 $\alpha = \beta$ 时, 有

$$e * f = (\langle \phi_\alpha^e \phi_\alpha^f \rangle, \langle \psi_\alpha^e \psi_\alpha^f \rangle) = (\langle \phi_\alpha^e \rangle, \langle \psi_\alpha^l \rangle) = (i, l) = ef,$$

$$e * e = (\langle \phi_\alpha^e \phi_\alpha^e \rangle, \langle \psi_\alpha^e \psi_\alpha^e \rangle) = (\langle \phi_\alpha^e \rangle, \langle \psi_\alpha^e \rangle) = (i, j) = e^2 = e.$$

因此, $E = \bigcup_{\alpha \in Y} E_\alpha$ 为 Σ 的子半群, 而且 Σ 的运算限制到诸 E_α 上与 E_α 的原运算一致, 从而, $E = \bigcup_{\alpha \in Y} E_\alpha$ 为带. 据构造, 又知 E 为 Σ 的理想. 由 Q 为幂歧部分半群, 关于每一 $a \in Q$, 存在 $n \in N$ 使得 $a^n \in E$, 于是半群 $\Sigma = \Sigma(Q, \dot{\bigcup}_{\alpha \in Y} E_\alpha, \Psi, \Phi, \varphi)$ 为带 E 的幂零元半群–理想扩张, 由定理 2.7 款 (vii), 知 Σ 为 E-理想拟正则半群.

必要性　若 S 为 E-理想拟正则半群, E 为其幂等元集, 则据定理 2.7, 有 $S = \bigcup_{\alpha \in Y} S_\alpha$, 其中 Y 为半格, S_α 为矩形带 E_α (令 E_α 为 S_α 的幂等元集) 的幂零元半群-理想扩张. 显然, E 为 $\{E_\alpha | \alpha \in Y\}$ 的半格. 再据 S 的拟正则性, 显然 $Q = S - E$ 为一幂歧部分半群.

关于任意 $\alpha \in Y$, 由 E_α 为矩形带, 存在 $I_\alpha \times J_\alpha$ 型矩形带, 使得 $E_\alpha \simeq I_\alpha \times J_\alpha$, 今将 $I_\alpha \times J_\alpha$ 关于 S_α 作此同构嵌入, 而等同 E_α 与 $I_\alpha \times J_\alpha$. 于是, 关于任意 $\alpha \in Y$, 有

$$S_\alpha = I_\alpha \times J_\alpha \dot{\cup} (S_\alpha - E_\alpha).$$

关于任意 $a \in Q$, 由 S 的拟正则性, 有 $a^{r(a)} \in E$. 从而存在 $\alpha \in Y$, 使得 $a^{r(a)} \in E_\alpha$. 我们建立映射 $\varphi : Q \to \bigcup_{\alpha \in Y} E_\alpha$, 如下:

$$a \mapsto a^{r(a)}.$$

这一映射 φ 满足 $1°$. 这是因为, 若 $a, b \in Q$, $\varphi(a) \in E_\alpha$, $\varphi(b) \in E_\beta$, 且 $ab \in Q$, $\alpha\beta = \gamma$, 则显然 $a \in S_\alpha$, $b \in S_\beta$, $ab \in S_\alpha S_\beta \subseteq S_{\alpha\beta} = S_\gamma$, 从而 $\varphi(ab) \in E_\gamma$.

令 $\alpha, \beta \in Y$, $\alpha \geqslant \beta$.

关于任意 $a \in \varphi^{(-1)}(E_\alpha)$, 有 $aE_\beta \subseteq S_\alpha S_\beta \subseteq S_{\alpha\beta} = S_\beta$, 但 E_β 为 S_β 的理想, 因此, $aE_\beta \subseteq E_\beta = I_\beta \times J_\beta$, 显然 a 左乘 E_β 导致 E_β 上一左平移 $\lambda_a : f \mapsto \lambda_a f = af$. 据引理 2.8, 矩形带 $E_\beta = I_\beta \times J_\beta$ 上的左平移 λ_a 唯一确定 I_β 上一左变换, 记其为 ϕ_β^a, 使得

$$af = \lambda_\alpha f = \lambda_\alpha (i, j) = (\phi_\beta^a i, j), \quad f = (i, j) \in E_\beta.$$

对偶地, 关于任意 $a \in \varphi^{(-1)}(E_\alpha)$, 有 $E_\beta a \subseteq E_\beta$, 从而 a 右乘 E_α 导致 E_β 上一右平移 $\rho_a : f \mapsto f\rho_a = fa$, 据引理 2.8, ρ_a 唯一确定 J_β 上一右变换, 记其为 ψ_β^a, 使得

$$fa = f\rho_\alpha = (i,j)\rho_\alpha = (i, j\psi_\beta^a), \quad f = (i,j) \in E_\beta.$$

于是, 建立映射

$$\Psi_{\alpha,\beta} : \varphi^{-1}(E_\alpha) \to \mathcal{T}^*(I_\beta) \times \mathcal{T}(J_\beta)$$

如下:

$$a \mapsto (\phi_\beta^a, \psi_\beta^a).$$

关于任意 $e \in E_\alpha$, 类似地, 利用 e 左 (右) 乘 E_β 得到 $I_\beta(J_\beta)$ 上一左 (右) 变换 $\phi_\beta^e(\psi_\beta^e)$. 我们又作映射

$$\Phi_{\alpha,\beta} : E_\alpha \to \mathcal{T}^*(I_\beta) \times \mathcal{T}(J_\beta)$$

如下:

$$e \mapsto (\phi_\beta^e, \psi_\beta^e),$$

其中, 关于任意 $f = (i,j) \in E_\beta = I_\beta \times J_\beta$, 有

$$e(i,j) = (\phi_\beta^e i, j), \quad (i,j)e = (i, j\psi_\beta^e).$$

下面证明, $\phi_{\alpha,\beta}$ 与 $\psi_{\alpha,\beta}$ 满足性质 2°—4°. 同时指出, 关于任意 $x,y \in S$, 有 $x * y = xy$, 从而完成了 S 同构于某一 $\Sigma = \Sigma(Q, \bigcup_{\alpha \in Y} E_\alpha, \Psi, \Phi, \varphi)$ 型半群的证明.

若 $e = (i,j)$, 则由 E_α 的矩形性, 关于任意 $f = (k,l) \in E_\alpha$, 有

$$ef = (i,j)(k,l) = (i,l),$$

但

$$ef = e(k,l) = (\phi_\alpha^e k, l),$$

从而关于任意 $k \in I_\alpha, \phi_\alpha^e k = i$, 即 ϕ_α^e 为 I_α 上的常值变换, 且 $\langle \phi_\alpha^e \rangle = i$. 同理可证, ψ_α^e 也为 J_α 上的常值变换, 且 $\langle \psi_\alpha^e \rangle = j$. 这证明了映射 $\phi_{\alpha,\beta}$ 满足性质 2°.

若 $a,b \in Q, ab \notin Q, \varphi(a) \in E_\alpha, \varphi(b) \in E_\beta$, 且 $\delta \leqslant \gamma \leqslant \alpha\beta$, 则由前证, 有 $a \in S_\alpha, b \in S_\beta, ab \in S_\alpha S_\beta \subseteq S_\gamma$. 但 $ab \notin Q$, 从而 $ab \in S_\gamma \cap E = E_\gamma$. 令 $ab = (u,v)$, 关于任意 $g = (u',v') \in E_\gamma$, 由

$$(ab)g = (u,v)(u',v') = (u,v')$$

和

$$a(bg) = a(\phi_\gamma^b u', v') = (\phi_\gamma^a \phi_\gamma^b u', v'),$$

知 $\phi_\gamma^a\phi_\gamma^b$ 为 I_γ 上的常值变换, 且 $\langle\phi_\gamma^a\phi_\gamma^b\rangle = u$. 同理可证, $\psi_\gamma^a\psi_\gamma^b$ 为 J_γ 上的常值变换, 且

$$\langle\psi_\gamma^a\psi_\gamma^b\rangle = v.$$

于是有

$$ab = (u,v) = (\langle\phi_\gamma^a\phi_\gamma^b\rangle, \langle\psi_\gamma^a\psi_\gamma^b\rangle).$$

这指出了, $a,b \in Q, ab \notin Q$ 时, $a*b = ab$, 而当 $\delta \leqslant \gamma = \alpha\beta$ 时, 关于任意 $h = (i,j) \in E_\delta$, 有

$$(ab)h = (ab)(i,j) = (\phi_\delta^{(u,v)}i, j)$$

和

$$a(bh) = a[b(i,j)] = a(\phi_\delta^b i, j) = (\phi_\delta^a\phi_\delta^b i, j).$$

从而 $\phi_\delta^{(u,v)} = \phi_\delta^a\phi_\delta^b$. 同理可得, $\psi_\delta^{(u,v)} = \psi_\delta^a\psi_\delta^b$. 这证明了 $\Psi_{\alpha,\beta}$ 满足 3° 的 (3).

至于映射 $\Psi_{\alpha,\beta}$ 和 $\Phi_{\alpha,\beta}$ 满足 3° 的 (1),(2), 以及 $e,f \in E$ 和 $e \in E, a \in Q$ 时的等式 $e*f = ef, e*a = ea, a*e = ae$, 类似可证.

若 $a,b \in Q, ab \in Q, \varphi(a) \in E_\alpha, \varphi(b) \in E_\beta$, 且 $\delta \leqslant \gamma = \alpha\beta$, 则由 φ 满足 1°, 知 $\varphi(ab) \in E_\gamma$, 从而 $\phi_\delta^{ab}, \psi_\delta^{ab}$ 有定义. 关于任意 $g = (i,j) \in E_\beta$, 有

$$(ab)g = (\phi_\delta^{ab}i, j)$$

和

$$a(bg) = (\phi_\delta^a\phi_\delta^b i, j),$$

从而 $\phi_\delta^{ab} = \phi_\delta^a\phi_\delta^b$. 同理可得, $\psi_\delta^{ab} = \psi_\delta^a\psi_\delta^b$, 这就证明了 $\Psi_{\alpha,\beta}$ 满足 4°.

作为定理 2.9 的一个推论, 可得带的结构.

在半群 $\Sigma = \Sigma(Q, \bigcup_{\alpha \in Y} E_\alpha, \Psi, \Phi, \varphi)$ 的构作中, 将 "$\{E_\alpha = I_\alpha \times J_\alpha | \alpha \in Y\}$ 为一两两互不相交的矩形带族" 改为 "$\{E_\alpha | \alpha \in Y\}$ 为一两两互不相交的左零带族"; 将有关 $\Psi_{\alpha,\beta}$ 的部分改为

$$\text{"}\Psi_{\alpha,\beta}^l : \varphi^{-1}(E_\alpha) \to \mathcal{T}^*(E_\beta),$$

$$a \mapsto \phi_\beta^a\text{"}.$$

关于 $\Phi_{\alpha,\beta}$ 也作相应的改动. 将所得的系统记为 $\Sigma^l = \Sigma^l(Q, \bigcup_{\alpha \in Y} E_\alpha, \Psi^l, \Phi^l, \varphi)$, 类似定理 2.9, 可证下面的定理.

定理 2.10　令 S 为半群. 则 S 为 E-左正则性拟正则半群, 当且仅当 S 同构于某一 $\Sigma^l = \Sigma^l(Q, \bigcup_{\alpha \in Y} E_\alpha, \Psi^l, \Phi^l, \varphi)$ 型半群.

作为定理 2.10 的推论, 可得到左正则带的一个结构.

推论 2.11　令 Y 为半格, $\{E_\alpha | \alpha \in Y\}$ 是一两两互不相交的左零带族. 关于任意 $\alpha, \beta \in Y, \alpha \geqslant \beta$, 若

$$\Phi^l_{\alpha,\beta} : E_\alpha \to \mathcal{T}^*(E_\beta),$$

$$a \mapsto \phi^a_\beta$$

是满足下述条件 (a)′, (b)′ 和 (c)′ 的映射 (此时, $\Psi^l_{\alpha,\beta}$ 显然是同态), 在 $B = \bigcup_{\alpha \in Y} E_\alpha$ 上定义运算 $*$:

$$a * b = \langle \phi^a_\gamma \phi^b_\gamma \rangle,$$

其中 $a \in E_\alpha, b \in E_\beta, \alpha\beta = \gamma$. 则 $(B, *)$ 是一个左正则带.

(a)′　$a \in E_\alpha$ 时, ϕ^a_α 为 E_α 上的常值变换, 且 $\langle \phi^a_\alpha \rangle = a$;

(b)′　$a \in E_\alpha, b \in E_\beta$, 且 $\alpha\beta = \gamma$ 时, $\phi^a_\gamma \phi^b_\gamma$ 为 E_γ 上的常值变换;

(c)′　$\delta \leqslant \gamma$, 且 $\langle \phi^a_\gamma \phi^b_\gamma \rangle = c \in E_\gamma$ 时, $\phi^c_\delta = \phi^a_\delta \phi^b_\delta$.

反过来, 每一左正则带都同构于某一用如上方式构造的半群.

令 E 为一半格, Q 为一幂歧部分半群, 而且 φ 为 Q 到 E 的满足下性质的映射:

1°′　关于任意 $a, b \in Q$, 若 $ab \in Q$, 则 $\varphi(ab) = \varphi(a)\varphi(b)$.

记 $\Sigma = Q \dot{\cup} E$, 在 Σ 上定义运算 $*$ 如下:

(1)′　若 $a, b \in Q$, 且 $ab \in Q$, 则 $a * b = ab$;

若 $a, b \in Q$, 但 $ab \notin Q$, 则 $a * b = \varphi(a)\varphi(b)$.

(2)′　若 $e \in E, a \in Q$, 则 $a * e = e * a = e\varphi(a)$.

(3)′　若 $e, f \in E$, 则 $e * f = ef$.

Σ 连同上述运算所成之系统记为 $\Sigma = \Sigma(Q, E, \varphi)$, 容易验证 $\Sigma(Q, E, \varphi)$ 成一半群, 且类似定理 2.9 可证.

定理 2.12　令 S 为半群. 则 S 为 E-半格性拟正则半群, 当且仅当 S 同构于某一 $\Sigma = \Sigma(Q, E, \varphi)$ 型半群.

第3章 Clifford 拟正则半群

拟正则半群和主右投射半群 (简称 rpp 半群) 是两类重要的广义正则半群. 文献 [15] 讨论了幂等元在其中心内的 rpp 半群, 这是 Clifford 半群在 rpp 半群类中的推广. 文献 [14] 与 [23] 所研究的左 Clifford 半群则是 Clifford 半群在正则半群类中的一种推广. 本章, 作为 Clifford 半群在拟正则半群范围内的第一步推广, 定义了 Clifford 拟正则半群 (简称 C-拟正则半群). 作为左 Clifford 半群和 Clifford 拟正则半群在拟正则半群类中的共同推广, 将在后面第 6 章讨论左 C-拟正则半群. 这样一来, 关于这两类广义正则半群的以正则半群为中心, 以 Clifford 半群为出发点的一个新的研究层次就形成了.

3.1 定义和特征

令 S 为拟正则半群. 用 $E(S)$(或 E) 表示 S 的幂等元集, G 表示 S 的完全正则元集.

下面的引理直接来自 [8].

引理 3.1[8]　令 S 为拟完全正则半群 ($\mathrm{Reg}\, S = G$ 的拟正则半群). 则 S 的每个非零幂等元都是本原的, 即在 E 的自然偏序下都是 O-极小的.

引理 3.2[8]　令 S 是幂等元都是本原的拟正则半群. 则 S 是完全拟正则的 (每个元总有一幂为完全正则元的拟正则半群), 且关于任何 $e \in E$, $G_e = eSe$, 其中 G_e 为 e 所在的 $\mathcal{H}$-类.

引理 3.3　令 S 为拟完全正则的, 且 G 为其子半群. 则 $\mathcal{J}^*|_G = \mathcal{J}(G)$, 其中 $\mathcal{J}(G)$ 为 G 上的格林关系 $\mathcal{J}$.

引理 3.4[8]　若拟正则半群的元素 x 满足 $x^{r(x)} \in G_e \subseteq S, e \in E$, 则

(i) $ex = xe \in G_e$;

(ii) 当 $q \geqslant r(x)$ 时, $x^q \in G_e$.

引理 3.5　拟群 (只含一个幂等元的拟正则半群) 为其唯一的极大群的诣零扩张 (带零半群 S 称为诣零的, 如果关于任意 $a \in S$, 存在 $n \in N$ 使得 $a^n = 0$; 若 T 为半群 S 的理想, Rees 商半群 S/T 为诣零半群, 则称 S 为 T 的诣零扩张).

定理 3.6　令 S 为拟正则半群. 则下列各款等价:

(1) $E \subseteq C(\mathrm{Reg}\, S)$;

(2) S 为拟完全正则的, $\mathcal{J}^*$ 为幂等元分离同余, E 为 S 的子半群;

(3) $\mathcal{H}^*$ 为 S 上的最小半格同余, E 为 S 的子半群;

(4) S 为拟群的半格, E 为 S 的子半群.

证明　(1)⇒(2). 据假设, 易证 S 为拟完全正则半群, 即, $\operatorname{Reg} S = G$.

若 $a, b \in G$, 则关于 $a' \in V(a), b' \in V(b)$, 由假设, 有

$$ab \cdot b'a' \cdot ab = a \cdot bb' \cdot a'a \cdot b = aa'a \cdot bb'b = ab.$$

这指出了 G 是拟完全正则半群 S 的子半群. 因此, 据引理 3.3, 有 $\mathcal{J}^*|_G = \mathcal{J}(G)$. 但由 (1), G 为 Clifford 半群. 因此, 又有 $\mathcal{J}(G) = \mathcal{H}(G)$. 于是, 当 $(e, f) \in \mathcal{J}^* \cap (E \times E)$ 时, 有 $(e, f) \in \mathcal{J}(G) = \mathcal{H}(G)$, 从而 $e = f$.

由 (1), $E^2 \subseteq E$ 是显然的.

(2)⇒(3). 若 S 为拟完全正则半群, 则 S 上的广义格林关系 $\mathcal{J}^*$ 为半格同余 [8]. 因此只需证明 $\mathcal{J}^* = \mathcal{H}^*$ 以及这一半格同余的最小性.

当 E 为拟完全正则半群 S 的子半群时, $\operatorname{Reg} S = G$ 为 S 的子半群. 这是因为, 关于任意 $a, b \in \operatorname{Reg} S$, 取 $x \in V(a), y \in V(b)$, 则有

$$abyxab = axabyxabyb = a(xaby)^2 b = axabyb = ab.$$

据引理 3.3, $\mathcal{J}^*|_G = \mathcal{J}(G)$. 由于 G 为 S 的完全正则子半群, 每个 $\mathcal{J}(G)$-类为完全单半群 [6]. 又由 $\mathcal{J}^*$ 为幂等元分离的, 若 $a\mathcal{J}^*b$, 则 $a^{r(a)}\mathcal{J}(G)b^{r(b)}$, 再据 $\mathcal{H}^*$ 的定义, $a\mathcal{H}^*b$. 于是有 $\mathcal{J}^* \subseteq \mathcal{H}^*$. 相反的包含关系是显然的. 因此, $\mathcal{J}^* = \mathcal{H}^*$.

下面再证半格同余 $\mathcal{H}^*$ 的最小性. 若 ρ 是 S 上的最小半格同余, 则 $\rho \subseteq \mathcal{J}^* = \mathcal{L}^* = \mathcal{H}^*$. 若 $(a, b) \in \mathcal{L}^*$, 则存在 $u, v \in S^1$, 使得 $a^{r(a)} = ub^{r(b)}, b^{r(b)} = va^{r(a)}$. 由 ρ 为半格同余, 有

$$a\rho = a^{r(a)}\rho = u\rho b^{r(b)}\rho = u\rho b\rho$$

和

$$b\rho = v\rho a\rho.$$

因此, $(a\rho, b\rho) \in \mathcal{L}_{S/\rho}$. 而 ρ 为 S 上的半格同余, 又因 $\mathcal{L}_{S/\rho} = \mathcal{H}_{S/\rho} = 1_{S/\rho}$, 从而 $a\rho = b\rho$, $\mathcal{H}^* = \mathcal{L}^* \subseteq \rho$, 所以 $\rho = \mathcal{H}^*$.

(3)⇒(4). 若 $\mathcal{H}^*$ 为拟正则半群 S 上的半格同余, 则存在半格 Y 使得 $S = \bigcup_{\alpha \in Y} S_\alpha$, 其中 S_α 为 S 的诸 $\mathcal{H}^*$-类. 易知每一子半群 $S_\alpha(\alpha \in Y)$ 是拟正则的, 因此 $E \cap S_\alpha \neq \varnothing, \alpha \in Y$. 但每一 $\mathcal{H}^*$-类至多含一个幂等元 [8], 据 [8], S_α 为拟群, 从而 S 为拟群的半格.

(4)⇒(1). 令 $S = \bigcup_{\alpha \in Y} S_\alpha$ 为拟正则半群 S 关于拟群 S_α 的半格分解, E 为 S 的子半群. 因此, 关于任意 $e \in E, a \in \operatorname{Reg} S$, 存在 $\alpha, \beta \in Y$ 使得 $e \in S_\alpha \cap E, a \in S_\beta$.

又 $S_\alpha, S_{\alpha\beta}$ 为拟群, 于是分别存在唯一的 $f \in S_\beta \cap E$ 和 $g \in S_{\alpha\beta} \cap E$, 使得 $ef = g, fg = gf = g$. 据引理 3.4, 关于 a 的唯一的群逆 a', 有

$$ea = eaa'a = efa = ga = gag.$$

同理可证 $ae = gag$. 因而 $ea = ae$, 即, 证明了 $E \subseteq C(\text{Reg } S)$.

定义 3.1 满足定理 3.6 任一款的拟正则半群称为弱 Clifford 拟正则半群.

定义 3.2 弱 Clifford 拟正则半群 S 称为 Clifford 拟正则的, 如果 $\text{Reg } S$ 为 S 的理想.

注解 3.1 显然 Clifford 拟正则半群是弱 Clifford 拟正则的. 但反之未必.

我们考虑 $S = \{a, b, c, e, f, g\}$ 按下列乘法表确定的半群.

$*$	a	e	b	f	c	g
a	e	e	c	c	g	g
e	e	e	g	g	g	g
b	c	g	f	f	c	g
f	c	g	f	f	c	g
c	g	g	c	c	g	g
g	g	g	g	g	g	g

易证 S 在运算 $*$ 下为一弱 Clifford 拟正则半群, $S_\alpha = \{a, e\}, S_\beta = \{b, f\}, S_{\alpha\beta} = \{c, g\}$ 是 S 的诸 $\mathcal{H}^*$-类, 且 $E = \{e, f, g\} = \text{Reg } S = G$. 由 $af = c$, 显然 S 不是 Clifford 拟正则半群.

定理 3.7 令 S 为半群. 则下列各款等价:

(1) S 为 Clifford 拟正则半群;

(2) S 为拟群的半格, 且 $\text{Reg } S$ 为 S 的理想;

(3) S 为拟正则的, $E \in C(S)$, 且 $\text{Reg } S$ 为 S 的理想;

(4) S 为拟正则的, $\text{Reg } S$ 为 S 的理想, 且

$$(\forall a \in S) \quad a^{r(a)} S = S a^{r(a)};$$

(5) S 为 Clifford 半群的诣零扩张.

注解 3.2 由定理 3.7 的款 (5), 显然诣零半群和 Clifford 半群是 Clifford 拟正则半群的两类特殊情形, 且除去单元群的公共情况, 分别为非正则与正则的.

注解 3.3 在 S 为群的半格的情形常有 E 为 S 的子半群. 但在 S 为拟群的半格的情形却未必如此.

例如, 令 $S = \{a, e, b, f, c, g\}$, 其乘法表为

.	a	e	b	f	c	g
a	e	e	c	c	c	g
e	e	e	c	c	c	g
b	g	g	f	f	g	g
f	g	g	f	f	g	g
c	g	g	c	c	g	g
g	g	g	g	g	g	g

显然 $S_\alpha = \{a, e\}, S_\beta = \{b, f\}, S_{\alpha\beta} = \{c, g\}$ 分别为非群的拟群, S 为 $S_\alpha, S_\beta, S_{\alpha\beta}$ 的半格. 由 $ef = c$, 知 E 不是 S 的子半群. 因此, 弱 Clifford 拟正则半群是拟群的半格的一类特殊情形.

3.2　结　　构

本节给出半群 θ-积的概念, 并用以建立 Clifford 拟正则半群的一种构造.

令 $T = [Y; T_\alpha, \varphi_{\alpha,\beta}]$, 即, 半群 T 为半群 T_α 的强半格 Y, 其结构同态为 $\varphi_{\alpha,\beta}, \alpha, \beta \in Y, \alpha \geqslant \beta$; Q 为一部分半群, $Q \cap T = \varnothing$; 映射 $\psi : Q \to Y$ 为 Q 到 Y 的部分同态. $\alpha \in \psi(Q)$ 时, 记 $Q_\alpha = \psi^{-1}(\alpha)$, 而 $\alpha \in Y \setminus \psi(Q)$ 时, 记 $Q_\alpha = \varnothing$; 又记 $S_\alpha = Q_\alpha \cup T_\alpha, \alpha \in Y$.

关于 $\alpha, \beta \in Y, \alpha \geqslant \beta$, 构作满足下述条件 (P1) − (P3) 的映射

$$\theta_{\alpha,\beta} : S_\alpha \to T_\beta.$$

(P1) $\theta_{\alpha,\beta} \mid_{T_\alpha} = \varphi_{\alpha,\beta}$;

(P2) 若 $\alpha \geqslant \beta \geqslant \gamma, a \in Q_\alpha$, 则 $a\theta_{\alpha,\beta}\theta_{\beta,\gamma} = a\theta_{\alpha,\gamma}$;

(P3) 若 $a \in Q_\alpha, b \in Q_\beta, ab \in Q_{\alpha\beta}$(即 ab 有意义), 则当 $\alpha\beta \geqslant \gamma$ 时,

$$(ab)\theta_{\alpha\beta,\gamma} = a\theta_{\alpha,\gamma} \cdot b\theta_{\beta,\gamma}.$$

易验证集合 $S = \bigcup_{\alpha \in Y} S_\alpha$ 关于下面式 (3.1) 定义的运算 $*$ 成一半群:

关于任意 $a \in S_\alpha, b \in S_\beta$,

1° 若 $a, b \in Q, ab \in Q$, 则 $a * b = ab$;

2° 其余情形,

$$a * b = a\theta_{\alpha,\alpha\beta}b\theta_{\beta,\alpha\beta}. \tag{3.1}$$

因此, 我们有如下定义.

定义 3.3　上述构造的半群 S 称为半群 T 与部分半群 Q 的 θ-积, 记为 $S = TU_\theta Q$.

定理 3.8　令 $T = [Y; G_\alpha, \varphi_{\alpha,\beta}]$ 为 Clifford 半群 T 关于群 G_α 的强半格, Q 为幂歧部分半群. 则 T 与 Q 的 θ-积 $S = TU_\theta Q$ 为 Clifford 拟正则半群.

反过来, 任意 Clifford 拟正则半群都可这样构作.

证明　假设 $S = TU_\theta Q$ 为 Clifford 半群 T 与幂歧部分半群 Q 的 θ-积, 则由映射 $\theta_{\alpha,\beta}$ 的定义及式 (3.1), 关于任意 $\alpha, \beta \in Y$, 有 $S_\alpha S_\beta \subseteq S_{\alpha\beta}$, 即, S 为半群 S_α 的半格. 又由部分半群 Q 的幂歧性, 关于任意 $a \in Q_\alpha$, 存在 $n \in N$ 使得 $a^n \notin Q_\alpha$, 但 $S_\alpha = Q_\alpha \cup G_\alpha$ 为子半群, 因此 $a^n \in G_\alpha$. 这表明 a 是拟正则的. 显然 S_α 以群 G_α 的单位元作为它的唯一的幂等元, 据 [8], 知 S_α 为一拟群, 且 $\operatorname{Reg} S = \bigcup_{\alpha \in Y} G_\alpha$. 据式 (3.1), 显然 $\operatorname{Reg} S$ 为 S 的理想, 又据定理 3.7 的款 (2), $S = TU_\theta Q$ 为 Clifford 拟正则半群.

下面来证定理的后半部分.

若 S 为一 Clifford 拟正则半群, 则据定理 3.7, 关于某一半格 Y, S 为拟群 S_α 的半格 Y. 又据引理 3.5, 任何拟群均为其极大群的诣零扩张. 因此, 关于每个 $\alpha \in Y, Q_\alpha = S_\alpha \backslash G_\alpha$ 为一幂歧部分半群, 其中 G_α 为 S_α 的极大群. 显然 $\operatorname{Reg} S = \bigcup_{\alpha \in Y} G_\alpha$. 由定理 3.7 的款 (3), S 的幂等元集 E 在 S 的中心里, 从而 $\operatorname{Reg} S$ 为 Clifford 半群, 即, $\operatorname{Reg} S$ 为群 G_α 的强半格, 且有 $Q = \bigcup_{\alpha \in Y} Q_\alpha (= S \backslash \operatorname{Reg} S)$ 为一幂歧部分半群.

若 $Q_\alpha \neq \varnothing$, 则关于任意 $a \in Q_\alpha$, 作映射 $\psi : a \mapsto \alpha$. 显然 ψ 是 Q 到 Y 的部分同态.

当 $\alpha, \beta \in Y, \alpha \geqslant \beta$ 时, 据定理 3.7, 关于任意 $a \in S_\alpha$, 有 $ae = ea \in G_\beta$, 其中 e 为群 G_β 的单位元. 由此诱导出如下的映射

$$\theta_{\alpha,\beta} : S_\alpha \to G_\beta, \quad a \mapsto a\theta_{\alpha,\beta} = ae.$$

可证映射 $\theta_{\alpha,\beta}$ 满足 θ-积构作中的条件 (P1), (P2) 和 (P3).

最后, 我们指出 Clifford 拟正则半群 S 恰好是 Clifford 半群 $\operatorname{Reg} S$ 与幂歧部分半群 Q 的 θ-积. 这只需证明关于任意 $a, b \in S$, 总有 $a * b = ab$. 为此, 令 $a \in S_\alpha, b \in S_\beta, \alpha, \beta \in Y$.

$1°$　若 $a, b \in Q, ab \in Q$, 则显然 $a * b = ab$.

$2°$　若 $a \in S_\alpha, b \in S_\beta, ab \notin Q$, 显然 $ab \in G_{\alpha\beta}$. 因此, 取群 $G_{\alpha\beta}$ 的单位元 h, 有

$$ab = abh = (ah)(bh) = a\theta_{\alpha,\alpha\beta}\theta_{\beta,\alpha\beta} = a * b.$$

3.3 拟群的强半格

我们知道, 半群 S 为 Clifford 半群, 当且仅当 S 是群的半格, 而群的半格必是群的强半格. 但我们将看到, 在拟正则半群的情形下, 拟群的半格却未必是拟群的强半格.

引理 3.9 若 $S = [Y; S_\alpha, \varphi_{\alpha,\beta}]$ 为拟正则半群 S 关于拟群 S_α 的强半格, 则 S 为 Clifford 拟正则半群.

注解 3.1 所给的半群, 显然是拟群的半群, 但这一半群 S 是非 Clifford 拟正则的, 因此, 据引理 3.9, 它不是拟群的强半格.

为给出 Clifford 拟正则半群为拟群的强半格的条件, 我们引入如下定义.

定义 3.4 假设 Q_α, Q_β 为二部分半群, 称 Q_α 到 Q_β 的部分映射 $\eta_{\alpha,\beta}$ 为双部分同态, 如果 $a, b \in Q_\alpha, \eta_{\alpha,\beta}$ 满足

$$a\eta_{\alpha,\beta}, b\eta_{\alpha,\beta}, a\eta_{\alpha,\beta}b\eta_{\alpha,\beta} \in Q_\beta \Longleftrightarrow ab \in Q_\alpha, (ab)\eta_{\alpha,\beta} \in Q_\beta,$$

且此时, 恒有 $a\eta_{\alpha,\beta}b\eta_{\alpha,\beta} = (ab)\eta_{\alpha,\beta}$.

定义 3.5 假设 Y 为一半格, $\{Q_\alpha | \alpha \in Y\}$ 为一族互不相交的幂歧部分半群; $\{\eta_{\alpha,\beta} : Q_\alpha \to Q_\beta \mid \alpha, \beta \in Y, \alpha \geq \beta\}$ 为一族双部分同态, 使得

(a) 关于任意 $\alpha \in Y, \eta_{\alpha,\alpha}$ 为 Q_α 上的恒等映射;

(b) 当 $\alpha, \beta, \gamma \in Y, \alpha \geq \beta \geq \gamma$ 时, 关于任意 $a \in Q_\alpha$,

$$a\eta_{\alpha,\beta} \in Q_\beta, \ a\eta_{\alpha,\beta}\eta_{\beta,\gamma} \in Q_\gamma \Longleftrightarrow a\eta_{\alpha,\gamma} \in Q_\gamma,$$

且此时, $a\eta_{\alpha,\beta}\eta_{\beta,\gamma} = a\eta_{\alpha,\gamma}$.

在集合 $Q = \bigcup_{\alpha \in Y} Q_\alpha$ 上定义部分运算 $*$ 如下

$$a * b = a\eta_{\alpha,\alpha\beta}b\eta_{\beta,\alpha\beta}, \quad \forall a \in Q_\alpha, b \in Q_\beta \ \& \ a\eta_{\alpha,\alpha\beta}b\eta_{\beta,\alpha\beta} \in Q_{\alpha\beta}.$$

易知 Q 连同 $*$ 成为一幂歧部分半群, 称它为幂歧部分半群 Q_α 的强半格, 记为 $Q = (Y; Q_\alpha, \eta_{\alpha,\beta})$, 又称 $\{\eta_{\alpha,\beta} \mid \alpha, \beta \in Y, \alpha \geq \beta\}$ 为 Q 的 Y-结构双部分同态.

定理 3.10 令 $T = [Y; G_\alpha, \varphi_{\alpha,\beta}]$ 为群 G_α 的强半格 Y, $Q = \bigcup_{\alpha \in Y} Q_\alpha$ 为幂歧部分半群, 其中 Q_α 如 θ-积中所述, $S = TU_\theta Q$ 为 T 与 Q 的 θ-积. 则 S 为拟群 $S_\alpha = G_\alpha \cup Q_\alpha$ 的强半格 Y, 当且仅当

(C1) $Q = [Y; Q_\alpha, \eta_{\alpha,\beta}]$ 为幂歧部分半群 Q_α 的强半格 Y;

(C2) 若 $\alpha, \beta \in Y, \alpha \geq \beta, a \in Q_\alpha, a\eta_{\alpha,\beta} \in Q_\beta$, 则 $a\eta_{\alpha,\beta}e_\beta = ae_\beta$, 其中 e_β 为 S_β 的幂等元.

证明 **必要性** 若 $S = [Y; S_\alpha, \zeta_{\alpha,\beta}]$ 为拟群 $S_\alpha = G_\alpha \cup Q_\alpha$ 的强半格，$\{\zeta_{\alpha,\beta} \mid \alpha, \beta \in Y, \alpha \geqslant \beta\}$ 为其强半格结构同态，记 $Q_\alpha^* = (Q_\alpha \zeta_{\alpha,\beta} \cap Q_\beta)\zeta_{\alpha,\beta}^{-1}, \zeta_{\alpha,\beta} \mid_{Q_\alpha^*} = \eta_{\alpha,\beta}, \alpha \geqslant \beta$，则 $\{\eta_{\alpha,\beta} \mid \alpha, \beta \in Y, \alpha \geqslant \beta\}$ 为幂歧部分半群 Q 的 Y-结构双部分同态，从而 (C1) 成立. 事实上，令 $a, b \in Q_\alpha, \alpha \geqslant \beta, \alpha, \beta \in Y$. 若 $a\eta_{\alpha,\beta}, b\eta_{\alpha,\beta}, a\eta_{\alpha,\beta}b\eta_{\alpha,\beta} \in Q_\beta$，则 $(ab)\zeta_{\alpha,\beta} = a\zeta_{\alpha,\beta}b\zeta_{\alpha,\beta} = a\eta_{\alpha,\beta}b\eta_{\alpha,\beta} \in Q_\beta$，且 $ab \in Q_\alpha$. 这是因为，若 $ab \notin Q_\alpha$，则 $ab \in G_\alpha$. 因此，关于拟群 S_α 的唯一幂等元 e_α，有 $ab = abe_\alpha$. 但 $e_\alpha \zeta_{\alpha,\beta}$ 为 S_β 的幂等元 e_β. 因此据引理 3.4，有

$$(ab)\zeta_{\alpha,\beta} = (abe_\alpha)\zeta_{\alpha,\beta} = (ab)\zeta_{\alpha,\beta} \cdot e_\alpha \zeta_{\alpha,\beta} = (ab)\zeta_{\alpha,\beta} \cdot e_\beta \in G_\beta,$$

矛盾. 类似可证若 $(ab) \in Q_\alpha, (ab)\eta_{\alpha,\beta} \in Q_\beta$，则 $a\eta_{\alpha,\beta}, b\eta_{\alpha,\beta}, a\eta_{\alpha,\beta}b\eta_{\alpha,\beta} \in Q_\beta$. 这指出了 $\eta_{\alpha,\beta}$ 为 Q_α 到 Q_β 的双部分同态. 类似地，可验证 $\{\eta_{\alpha,\beta} \mid \alpha, \beta \in Y, \alpha \geqslant \beta\}$ 满足定义 3.5 中条件 (a),(b).

若 $\alpha, \beta \in Y, \alpha \geqslant \beta, a \in Q_\alpha, a\eta_{\alpha,\beta} \in Q_\beta$，则关于 S_β 的幂等元 e_β，有

$$a\eta_{\alpha,\beta}e_\beta = a\zeta_{\alpha,\beta}e_\beta = ae_\beta,$$

因此，S 又满足条件 (C2).

充分性 若 $T = [Y; G_\alpha, \varphi_{\alpha,\beta}], Q = [Y; Q_\alpha, \eta_{\alpha,\beta}]$ 分别为群 G_α，幂歧部分半群 Q_α 的强半格 Y，则由 θ-积的构造，T 与 Q 的 θ-积 $S = T U_\theta Q$ 为 $S_\alpha = G_\alpha \cup Q_\alpha$ 的半格 Y，且 S 为 Clifford 拟正则半群. 因此，据定理 3.7，关于每个 $\alpha \in Y, G_\alpha$ 为 S_α 的理想，S_α 为一拟群.

现在，关于任意 $\alpha, \beta \in Y, \alpha \geqslant \beta$，构作 S_α 到 S_β 的映射 $\zeta_{\alpha,\beta}$：

$$a\zeta_{\alpha,\beta} = \begin{cases} a\eta_{\alpha,\beta}, & a \in Q_\alpha, a\eta_{\alpha,\beta} \in Q_\beta, \\ ae_\beta, & \text{否则}. \end{cases}$$

其中 e_β 为 S_β 的唯一幂等元.

这个 $\zeta_{\alpha,\beta}$ 就是拟群 S_α 的强半格结构同态，这是因为

1° 当 $\alpha = \beta$ 时，显然 $\zeta_{\alpha,\alpha}$ 为 S_α 上的恒等映射.

2° 当 $\alpha > \beta$ 时，

(i) 若 $a, b \in Q_\alpha, a\eta_{\alpha,\beta}, b\eta_{\alpha,\beta}, a\eta_{\alpha,\beta}b\eta_{\alpha,\beta} \in Q_\beta$，则据定义 3.4，$ab \in Q_\alpha, (ab)\eta_{\alpha,\beta} \in Q_\beta$，且 $(ab)\eta_{\alpha,\beta} = a\eta_{\alpha,\beta}b\eta_{\alpha,\beta}$. 显然，$(ab)\zeta_{\alpha,\beta} = a\zeta_{\alpha,\beta}b\zeta_{\alpha,\beta}$.

(ii) 若 $a, b \in Q_\alpha, a\eta_{\alpha,\beta} \in Q_\beta, b\eta_{\alpha,\beta} \notin Q_\beta$，则由定义 3.4，有 (I), $ab \in Q_\alpha, (ab)\eta_{\alpha,\beta} \notin Q_\beta$；或者 (II), $ab \notin Q_\alpha$. 当 (I) 时，令 $e_\beta \in S_\beta \cap E$，据定理 3.7 及条件 (C2)，有

$$(ab)\zeta_{\alpha,\beta} = (ab)e_\beta = ae_\beta \cdot be_\beta = a\eta_{\alpha,\beta}e_\beta \cdot be_\beta = a\eta_{\alpha,\beta}(be_\beta)$$
$$= a\eta_{\alpha,\beta}b\zeta_{\alpha,\beta} = a\zeta_{\alpha,\beta}b\zeta_{\alpha,\beta}.$$

当 (II) 时, 同理有 $(ab)\zeta_{\alpha,\beta} = a\zeta_{\alpha,\beta}b\zeta_{\alpha,\beta}$.

除上述 (i),(ii) 之外的其他情形, 均可类似证明, 从而 $\zeta_{\alpha,\beta}$ 为一同态.

3° 当 $\alpha \geqslant \beta \geqslant \gamma$ 时,

(i) 若 $a \in G_\alpha = S_\alpha \backslash Q_\alpha$, 则由 $T = \bigcup_{\alpha \in Y} G_\alpha$ 为 Clifford 半群及 $\zeta_{\alpha,\beta}$ 的定义, 可知 $a\zeta_{\alpha,\beta}\zeta_{\beta,\gamma} = a\zeta_{\alpha,\gamma}$.

(ii) 若 $a \in Q_\alpha, a\eta_{\alpha,\gamma} \in Q_\gamma$ 则据定义 3.5, 显然 $a\zeta_{\alpha,\beta}\zeta_{\beta,\gamma} = a\zeta_{\alpha,\gamma}$.

(iii) 若 $a \in Q_\alpha, a\eta_{\alpha,\gamma} \notin Q_\gamma$, 当 $a\eta_{\alpha,\beta} \in Q_\beta$ 时, 则据定义 3.5 和条件 (C2), 有

$$a\zeta_{\alpha,\beta}\zeta_{\beta,\gamma} = (a\eta_{\alpha,\beta})\zeta_{\beta,\gamma} = a\eta_{\alpha,\beta} \cdot e_\gamma = a\eta_{\alpha,\beta} \cdot e_\beta e_\gamma = ae_\beta \cdot e_\gamma = ae_\gamma = a\zeta_{\alpha,\gamma}.$$

同理可证, 当 $a\eta_{\alpha,\beta} \notin Q_\beta$ 时, 仍有 $a\zeta_{\alpha,\beta}\zeta_{\beta,\gamma} = a\zeta_{\alpha,\gamma}$.

最后, 我们指出关于任意 $a \in S_\alpha, b \in S_\beta$, 不难验证 $ab = a\zeta_{\alpha,\alpha\beta}b\zeta_{\beta,\alpha\beta}$. 这样证明了 S 为 S_α 的强半格.

第 4 章 完全正则半群的诣零扩张

4.1 基 本 概 念

一个带零半群 S 称为诣零半群, 如果关于任意 $a \in S$ 都存在一个自然数 n 使得 $a^n = 0$. 令 S 为半群, K 为 S 的理想使得商半群 S/K 同构于半群 Q, 则称半群 S 为借助半群 Q, 半群 K 的理想扩张. 进一步, 如果 Q 为一个诣零半群, 那么称 S 为借助半群 Q, 半群 K 的诣零扩张, 或称 S 为 K 的诣零扩张.

本章主要讨论关于完全正则半群的诣零扩张的同余问题. 为了方便, 总假设半群 S 为完全正则半群 K 的诣零扩张, $Q(= S/K)$ 为诣零半群. Reg S 表示 S 的所有正则元集合; $\mathcal{H}^*$ 表示 S 上的广义格林关系 (同于第 1 章); a^0 表示含元素 a 的 H^*-类中唯一幂等元; $\mathcal{C}(S)$ 表示 S 上的同余格. 若 $A \subseteq S, \sigma \in \mathcal{C}(S)$, 则记

$$A\sigma = \{a \in S \mid (\exists x \in A)(a, x) \in \sigma\},$$

ρ_k 表示由 S 的理想 K(完全正则半群) 诱导的 S 上的 Rees 同余.

4.2 可许同余对

引理 4.1 令 S 为完全正则半群 K 的诣零扩张. 则关于任意 $a \in S$, 存在唯一 $e \in E(S)$ 使得 $a \in H_e{}^*$, 且当 $n \geqslant r(a)$ 时, $a^n \in H_e$, 其中 $r(a)$ 表示 a 的正则指数.

证明 直接由 S 的定义和文献 [6] 得到.

引理 4.2 令 $\sigma \in \mathcal{C}(S)$. 则 $a \in K\sigma$, 当且仅当 $(a, aa^0) \in \sigma$.

证明 假设 $a \in K\sigma$. 若 $a \in K$, 则显然有 $(a, aa^0) \in \sigma$. 另一方面, 若 $a \notin K$, 则存在元素 $x \in K$ 使得 $(a, x) \in \sigma$. 因 S 是完全正则半群 K 的诣零扩张, 所以关于每个 $a \in S$, 总存在正整数 $n \in N$ 使得 $a^n \in K$. 这样 $a^n\sigma = x^n\sigma$. 由于 $a^n\sigma \cdot (a^n)^{-1}\sigma = a^0\sigma$, 其中 $(a^n)^{-1}$ 为元素 a^n 的群逆, 有 $(a^n\sigma)^{-1} = (a^n)^{-1}\sigma$. 从而 $(a^n)^{-1}\sigma = (a^n\sigma)^{-1} = (x^n\sigma)^{-1} = (x^n)^{-1}\sigma$. 于是 $(a^0, x^0) \in \sigma$. 这样, $(aa^0, xx^0) = (aa^0, x) \in \sigma$. 因此, 据 σ 的传递性, 知 $(a, aa^0) \in \sigma$. 反之, 假设 $(a, aa^0) \in \sigma$, 则有 $aa^0 \in K$. 因此, $a \in K\sigma$.

引理 4.3 令 $\sigma \in \mathcal{C}(S)$. 则关于任意 $(a, b) \in \sigma$, 有 $(a^0, b^0) \in \sigma$.

证明　因半群 S 为完全正则半群 K 的诣零扩张, 故由引理 4.1, 知关于任意 $(a,b) \in \sigma$, 存在 $m \in N$ 使得 $a^m, b^m \in K$. 因而 $(a^m, b^m) \in \sigma$. 据引理 4.2 的证明, 知 $(a^m\sigma)^{-1} = (a^m)^{-1}\sigma$. 于是 $(a^m)^{-1}\sigma = (b^m)^{-1}\sigma$. 因此, $(a^0, b^0) \in \sigma$.

为了刻画 S 上的同余, 我们引入如下定义.

定义 4.1　令 $\delta \in \mathcal{C}(Q), \omega \in \mathcal{C}(K)$. (δ, ω) 称为 S 的一个可许同余对, 如果 δ 和 ω 满足下列的条件:

(M1)　若 $e, f \in E, (e, f) \in \omega$, 则关于任意 $p \in Q$, 有 $(pe, pf) \in \omega$; 对偶地, $(ep, fp) \in \omega$.

(M2)　若 $(p, q) \in \delta \mid_{Q \setminus 0\delta}$, 则关于任意 $e \in E$, 有 $(pe, qe) \in \omega$; 对偶地, $(ep, eq) \in \omega$.

(M3)　若 $(p, q) \in \delta \mid_{Q \setminus 0\delta}, c \in S$, 则 $((pc)^0, (qc)^0) \in \omega$; 对偶地, $((cp)^0, (cq)^0) \in \omega$.

(M4)　若 $a \in 0\delta \setminus \{0\}, c \in S$, 则 $(aa^0 c, ac(ac)^0) \in \omega$; 对偶地, $(ca^0 a, (ca)^0 ca) \in \omega$.

令 S 为完全正则半群 K 借助 $Q(= S/K)$ 的诣零扩张. 关于任意 $\sigma \in \mathcal{C}(S)$, 建立从 $\mathcal{C}(S)$ 到 $\mathcal{C}(Q) \times \mathcal{C}(K)$ 的映射 $\Gamma : \sigma \to (\sigma_Q, \sigma_K)$, 其中 σ_K 为 σ 在完全正则半群 K 上的限制, 即, $\sigma_K = \sigma \mid_K, \sigma_Q = (\sigma \vee \rho_K)/\rho_K$.

定理 4.4　令 $\sigma, \tau \in \mathcal{C}(S)$. 则 $\sigma \subseteq \tau$, 当且仅当 $\sigma_Q \subseteq \tau_Q, \sigma_K \subseteq \tau_K$.

证明　必要性显然, 仅证充分性. 假设 $(a, b) \in \sigma$, 且 $\sigma_Q \subseteq \tau_Q, \sigma_K \subseteq \tau_K$. 为证 $\sigma \subseteq \tau$, 我们考虑下述几种情形:

(i) 当 $a, b \in Q \setminus K\sigma$ 时, 则由假设, $(a, b) \in \sigma_Q \subseteq \tau_Q$. 若 $(a, b) \in Q \setminus K\tau$, 则显然有 $(a, b) \in \tau$. 若 $a, b \notin Q \setminus K\tau$, 则 $a, b \in 0\tau_Q$. 又由引理 4.3, 有 $(a^0, b^0) \in \sigma$. 于是 $(aa^0, bb^0) \in \sigma_K \subseteq \tau_K$. 因此, $(aa^0, bb^0) \in \tau$. 由 $a \in 0\tau_Q$, 知 $(a, aa^0) \in \tau$. 类似地, 可证 $(b, bb^0) \in \tau$. 这证明了 $(a, b) \in \tau$.

(ii) 当 $a, b \in K$ 时, 则由假设, $(a, b) \in \sigma_K \subseteq \tau_K$. 从而, $(a, b) \in \tau$.

(iii) 当 $a, b \in K\sigma \cap Q$ 时, 据引理 4.2, 有 $(a, aa^0) \in \sigma$ 及 $(b, bb^0) \in \sigma$. 又由 $(a, b) \in \sigma$, 则 $(aa^0, bb^0) \in \sigma$. 这表明 $(aa^0, bb^0) \in \sigma_K \subseteq \tau_K$, 因此 $(aa^0, bb^0) \in \tau$. 另一方面, $a, b \in K\sigma \cap Q$, 这意味着 $a, b \in 0\sigma_Q$. 进而, $a, b \in 0\tau_Q$. 据引理 4.2, $(a, aa^0) \in \tau$ 及 $(b, bb^0) \in \tau$. 这证明了 $(a, b) \in \tau$.

(iv) 当 $a \in K\sigma \cap Q$ 及 $b \in K$ 时, 据引理 4.2, 显然有 $(b, bb^0) \in \sigma$ 及 $(a, aa^0) \in \sigma$. 因此, $(aa^0, bb^0) \in \sigma_K \subseteq \tau_K$. 由于 $a \in 0\sigma_Q \subseteq 0\tau_Q$. 再据引理 4.2, 知 $(a, aa^0) \in \tau$. 显然, $(b, bb^0) \in \tau$. 这证明了 $(a, b) \in \tau$.

综合上述, 我们已证 $\sigma \subseteq \tau$.

定理 4.5　令 $\sigma \in \mathcal{C}(S)$. 则同余对 (σ_Q, σ_K) 为 S 的一个可许同余对.

证明　假设 $\sigma \in \mathcal{C}(S)$, 易知 $\sigma_Q \in \mathcal{C}(Q)$ 及 $\sigma_K \in \mathcal{C}(K)$. 为证 (σ_Q, σ_K) 是 S 上的一个可许同余对, 仅需证明 (σ_Q, σ_K) 满足定义 4.1 中 (M1) 到 (M4) 的条件即可. 为此考虑下述四种情况.

(i) 令 $(e, f) \in \sigma_K$, $e, f \in E$. 则关于任意 $p \in Q$, 有 $(pe, pf) \in \sigma$. 易知 $pe, pf \in K$. 因此, $(pe, pf) \in \sigma_K$. 对偶地, 得 $(ep, fp) \in \sigma_K$. 因而 (σ_Q, σ_K) 满足条件 (M1).

(ii) 类似于 (i), 可证 (σ_Q, σ_K) 也满足条件 (M2).

(iii) 令 $(p, q) \in \sigma_Q|_{Q \backslash 0\sigma Q}$. 则据 σ_Q 的定义, $(p, q) \in \sigma$. 于是, 关于任意 $c \in S$, 有 $(pc, qc) \in \sigma$. 又据引理 4.3, $((pc)^0, (qc)^0) \in \sigma$. 因此, $((pc)^0, (qc)^0) \in \sigma_K$. 对偶地, 有 $((cp)^0, (cq)^0) \in \sigma_K$. 因而 (σ_Q, σ_K) 满足条件 (M3).

(iv) 令 $a \in 0\sigma_Q \backslash \{0\}$. 则据引理 4.2, $(a, aa^0) \in \sigma$. 因此, 关于任意 $c \in S$, 有

$$(ac, aa^0c) \in \sigma.$$

这蕴涵 $ac \in K\sigma$. 在这种情况下, $(ac, ac(ac)^0) \in \sigma$. 于是, 有 $(aa^0c, ac(ac)^0) \in \sigma$. 因此, $(aa^0c, ac(ac)^0) \in \sigma_K$. 对偶地, 可得 $(ca^0a, (ca)^0ca) \in \sigma_K$. 因而 (σ_Q, σ_K) 满足条件 (M4).

至此, 据定义 4.1, (σ_Q, σ_K) 确实为 S 上的一个可许同余对.

定理 4.6 令 (δ, ω) 为 S 的一个可许同余对. 关于任意 $a, b \in S$, 定义 S 上的一个二元关系 σ 为: $(a, b) \in \sigma$, 当且仅当

(1°) $(a, b) \in \delta$, $a, b \in S \backslash R$;

(2°) $(aa^0, bb^0) \in \omega$, $a, b \in R$, 其中 $R = K \cup \{0\delta \backslash \{0\}\}$.

则 σ 为 S 上的同余, 且 $K\sigma = R$.

证明 不难证明上述二元关系 σ 为 S 上的等价关系. 令 $a, b \in S$ 且 $(a, b) \in \sigma$, 则据 (1°), 可知若 $a, b \in S \backslash R$, 有 $(a, b) \in \delta$; 或由 (2°), 知若 $a, b \in R$, 有 $(aa^0, bb^0) \in \omega$. 现在, 仅需证 σ 为 S 上的同余.

(i) 假设 $a, b \in S \backslash R$, 使得 $(a, b) \in \sigma$, 当且仅当 $(a, b) \in \delta$. 则关于任意 $c \in S$, 有 $ac \in S \backslash R$ 或 $ac \in R$. 一方面, 若 $ac \in S \backslash R$, 则据 δ 为 Q 上同余, 知 $bc \in S \backslash R$. 从而 $(ac, bc) \in \delta$. 因此, $(ac, bc) \in \sigma$. 另一方面, 若 $ac \in R$, 则据 δ 的定义, $bc \in R$. 当 $c \in K$ 时, 得 $ac, bc \in K$. 而且关于任意 $a, b \in S \backslash R$, 据 $(a, b) \in \delta$ 及可许同余对的条件 (M2), 易知 $(ac^0, bc^0) \in \omega$. 又据 $\omega \in \mathcal{C}(K)$, 立即有 $(ac^0c, bc^0c) = (ac, bc) = (ac(ac)^0, bc(bc)^0) \in \omega$. 因此, 当 $c \in K$ 时, 有 $(ac, bc) \in \sigma$.

我们仍需证当 $c \notin K$, $(a, b) \in \delta$ 时, 有 $(ac, bc) \in \sigma$. 事实上, 若 $c \in Q$, 则据条件 (M3), $((ac)^0, (bc)^0) \in \omega$. 又据条件 (M1), 有

$$(c(ac)^0, c(bc)^0) \in \omega. \tag{4.1}$$

据引理 4.3, 知 $((c(ac)^0)^0, (c(bc)^0)^0) \in \omega$. 从而再据条件 (M1) 和 (M2), 知 $(b(c(ac)^0)^0, b(c(bc)^0)^0) \in \omega$ 及 $(a(c(ac)^0)^0, b(c(ac)^0)^0) \in \omega$. 因此, 有

$$(a(c(ac)^0)^0, b(c(bc)^0)^0) \in \omega.$$

从而结合式 (4.1), 又有

$$(a(c(ac)^0)^0c(ac)^0, b(c(bc)^0)^0c(bc)^0) = (ac(ac)^0, bc(bc)^0) \in \omega.$$

据款 (2°), 有 $(ac, bc) \in \sigma$.

(ii) 假设 $(aa^0, bb^0) \in \omega$, 其中 $a, b \in R$. 现在证明关于任意 $c \in S$, 都有 $(ac, bc) \in \sigma$. 据引理 4.3, $((aa^0)^0, (bb^0)^0) \in \omega$. 从而, 关于任意 $c \in S$, 据条件 (M1), 有

$$((aa^0)^0c, (bb^0)^0c) \in \omega.$$

再由假设, 得 $(aa^0c, bb^0c) \in \omega$. 现在考虑, 若 $a \in K$, 则 $aa^0c = ac$ 及 $(ac, ac(ac)^0) \in \omega$. 因此, $(aa^0c, ac(ac)^0) \in \omega$. 又若 $a \in 0\delta\backslash\{0\}$, 则由条件 (M4), $(aa^0c, ac(ac)^0) \in \omega$. 同理得, $(bb^0c, bc(bc)^0) \in \omega$. 从而由 ω 的传递性, $(ac(ac)^0, bc(bc)^0) \in \omega$. 至此, $(ac, bc) \in \sigma$. 从而 σ 是 S 上的右同余. 另外, σ 也是 S 上的左同余. 因此, σ 为 S 上同余, 且 $K\sigma = R$.

定理 4.7　令 S 为完全正则半群 K 的诣零扩张, $Q = S/K$, 且 (δ, ω) 是 S 上的一个可许同余对. 如果 σ 为定理 4.6 中所述的同余, 则 σ 为 S 上满足 $\sigma_Q = \delta, \sigma_K = \omega$ 的唯一同余.

证明　首先证 $\sigma_Q = \delta$. 为证 $\delta \subseteq \sigma_Q$, 假设 $a, b \in Q$, 且 $(a, b) \in \delta$. 则 $a, b \in Q\backslash R$ 或 $a, b \in 0\delta\backslash\{0\}$. 如果 $a, b \in Q\backslash R$, 那么由 σ 的定义, 知 $(a, b) \in \sigma_Q$, 当且仅当 $(a, b) \in \delta$. 另一方面, 若 $a, b \in 0\delta\backslash\{0\}$, 则由 σ 的定义, 有 $a, b \in K\sigma$, 因此, $a, b \in 0\sigma_Q$. 这证明了 $\delta \subseteq \sigma_Q$. 又因 $K\sigma = R$, 所以 $\delta = \sigma_Q$.

下面证 $\sigma_K = \omega$. 假设 $a, b \in K$, 且 $(a, b) \in \omega$. 则易知 $(aa^0, bb^0) \in \omega$. 从而由 σ 的定义, 知 $(a, b) \in \sigma_K$. 反之, 若关于 $a, b \in K, (a, b) \in \sigma_K$, 则有 $(a, b) \in \sigma$. 于是 $(a, b) = (aa^0, bb^0) \in \omega$. 因此, $\sigma_K = \omega$. 最后, 由定理 4.4, 知 σ 为 S 上满足 $\sigma_Q = \delta$ 及 $\sigma_K = \omega$ 的唯一同余.

综上所述, 我们有如下定理.

定理 4.8　令 S 为完全正则半群 K 的诣零扩张, $Q = S/K$. 则映射 $\Gamma : \sigma \to (\sigma_Q, \sigma_K)$ 为从 S 上的所有同余集合到 S 的所有可许同余对集合上的保序双射.

定理 4.9　令 S 为完全正则半群 K 的诣零扩张, $Q = S/K$. 则 S 上的同余 σ 是 S 上的正则同余, 当且仅当 $\sigma_Q = Q \times Q$.

证明　假设 $\sigma \in \mathcal{C}(S)$. 则 Q/σ_Q 同构于 $S/(\sigma \vee \rho_K)$, 其中 $S/(\sigma \vee \rho_K)$ 是 S/σ 的同态像. 因此, 如果 σ 是 S 上的正则同余, 那么 σ_Q 是 Q 上的正则同余. 因 Q 是诣零半群, 所以 Q/σ_Q 是正则的, 当且仅当它是一个平凡半群. 换句话说, $\sigma_Q = Q \times Q$. 反之, 若 $\sigma \in \mathcal{C}(S)$ 及 $\sigma_Q = Q \times Q$, 则每一个 σ-类必须包含 K 中的元素. 从而商半群 S/σ 同构于正则半群 K/σ_K. 因此, σ 一定是 S 上的正则同余.

推论 4.10 令 S 为完全正则半群 K 的诣零扩张, $Q = S/K$. 如果 ω 是 K 上使得 $(Q \times Q, \omega)$ 为可许同余对的最小同余, 那么由可许同余对 $(Q \times Q, \omega)$ 唯一确定的 S 上的同余 σ 为 S 上的最小正则同余.

证明 据定理 4.9, 易知 S/σ 是正则的. 为证 σ 为 S 上最小正则同余, 我们取 S 上任意同余 τ, 使得 S/τ 是正则的. 从而如果 $(a,b) \in \sigma$, 则据 σ 的定义和上述讨论, 有 $(aa^0, bb^0) \in \omega = \sigma_K \subseteq \tau_K$, 从而, $(a,b) \in \tau$. 这就证明了 $\sigma \subseteq \tau$. 因此, σ 为 S 上最小正则同余.

4.3 同 余 格

据定理 4.8, 由于任意同余 σ 是由 S 的一个可许同余对唯一确定的, 因此, 记 S 上的任意同余 $\sigma = [\sigma_Q, \sigma_K]$.

定理 4.11 令 $\sigma, \tau \in \mathcal{C}(S)$. 则 $\sigma \vee \tau = [\sigma_Q \vee \tau_Q, \sigma_K \vee \tau_K]$.

证明 仅需证 $\{\sigma_Q \vee \tau_Q, \sigma_K \vee \tau_K\}$ 是 S 上的一个可许同余对.

(i) 令 $e, f \in E$, 使得 $(e, f) \in \sigma_K \vee \tau_K$. 则存在元素 $x_1, x_2, \cdots, x_{2n-1} \in K$, 使得 $(e, x_1) \in \sigma_K, (x_1, x_2) \in \tau_K, \cdots, (x_{2n-1}, f) \in \tau_K$. 因此, 关于任意 $p \in Q$, 有 $(ep, x_1 p) \in \sigma_K, (x_1 p, x_2 p) \in \tau_K, \cdots, (x_{2n-1} p, fp) \in \tau_K$, 从而 $(ep, fp) \in \sigma_K \vee \tau_K$. 类似地, 可证 $(pe, pf) \in \sigma_K \vee \tau_K$. 因此, $\{\sigma_Q \vee \tau_Q, \sigma_K \vee \tau_K\}$ 满足可许同余对定义中的条件 (M1).

(ii) 由上述讨论, 类似地可以证明 $\{\sigma_Q \vee \tau_Q, \sigma_K \vee \tau_K\}$ 也满足可许同余对定义中的条件 (M2) 和 (M3).

(iii) 为证 $\{\sigma_Q \vee \tau_Q, \sigma_K \vee \tau_K\}$ 满足可许同余对定义中的条件 (M4), 首先, 令 $a \in 0(\sigma_Q \vee \tau_Q)$. 若 $a \in 0\sigma_Q \cup 0\tau_Q$, 则关于任意 $c \in S$, 显然有 $(aa^0 c, ac(ac)^0) \in \sigma_K \cup \tau_K$. 这意味着 $(aa^0 c, ac(ac)^0) \in \sigma_K \vee \tau_K$. 当 $a \notin 0\sigma_Q \cup 0\tau_Q$ 时, 不失一般性, 我们假设存在 $n \in N$ 及 $x_1, x_2, \cdots, x_{2n-1} \in Q$, 使得 $(a, x_1) \in \sigma_Q, (x_1, x_2) \in \tau_Q, \cdots, (x_{2n-2}, x_{2n-1}) \in \sigma_Q, (x_{2n-1}, 0) \in \tau_Q$ 及 $x_1 \notin 0\sigma_Q, x_1, x_2 \notin 0\tau_Q, \cdots, x_{2n-2}, x_{2n-1} \notin 0\sigma_Q$. 因此, 可得 $(a, x_1) \in \sigma, (x_1, x_2) \in \tau, \cdots, (x_{2n-2}, x_{2n-1}) \in \sigma$. 由引理 4.3, 有 $(a^0, x_1^0) \in \sigma, (x_1^0, x_2^0) \in \tau, \cdots, (x_{2n-2}^0, x_{2n-1}^0) \in \sigma$, 从而

$$(aa^0, x_1 x_1^0) \in \sigma_K, (x_1 x_1^0, x_2 x_2^0) \in \tau_K, \cdots, (x_{2n-2} x_{2n-2}^0, x_{2n-1} x_{2n-1}^0) \in \sigma_K.$$

因此, 关于任意 $c \in S$, 有

$$(aa^0 c, x_1 x_1^0 c) \in \sigma_K, (x_1 x_1^0 c, x_2 x_2^0 c) \in \tau_K, \cdots, (x_{2n-2} x_{2n-2}^0 c, x_{2n-1} x_{2n-1}^0 c) \in \sigma_K.$$
$$\tag{4.2}$$

因 $a, x_1 \notin 0\sigma_Q$ 及 $(a, x_1) \in \sigma_Q$, 由条件 (M3), 有 $((ac)^0, (x_1c)^0) \in \sigma_K$. 另外, 我们可得

$$((x_1c)^0, (x_2c)^0) \in \tau_K, \cdots, ((x_{2n-2}c)^0, (x_{2n-1}c)^0) \in \sigma_K. \tag{4.3}$$

现在, 由式 (4.3), 有

$$(c(ac)^0, c(x_1c)^0) \in \sigma_K, (c(x_1c)^0, c(x_2c)^0) \in \tau_K, \cdots, (c(x_{2n-2}c)^0, c(x_{2n-1}c)^0) \in \sigma_K. \tag{4.4}$$

从而,

$$\begin{aligned}
&(ac(ac)^0, x_1c(x_1c)^0) \in \sigma_K, (x_1c(x_1c)^0, x_2c(x_2c)^0) \in \tau_K, \cdots, \\
&(x_{2n-2}c(x_{2n-2}c)^0, x_{2n-1}c(x_{2n-1}c)^0) \in \sigma_K.
\end{aligned} \tag{4.5}$$

注意到 $x_{2n-1} \in 0\tau_Q$, 由可许同余对 (τ_Q, τ_K) 的条件 (M4), 立即有

$$(x_{2n-1}c(x_{2n-1}c)^0, x_{2n-1}x_{2n-1}^0c) \in \tau_K. \tag{4.6}$$

从而由式 (4.2), 式 (4.5) 及式 (4.6), 有

$(aa^0c, x_1x_1^0c) \in \sigma_K, \cdots, (x_{2n-2}x_{2n-2}^0c, x_{2n-1}x_{2n-1}^0c) \in \sigma_K,$
$(x_{2n-1}x_{2n-1}^0c, x_{2n-1}c(x_{2n-1}c)^0) \in \tau_K, (x_{2n-1}c(x_{2n-1}c)^0, x_{2n-2}c(x_{2n-2}c)^0) \in \sigma_K,$
$(x_1c(x_1c)^0, ac(ac)^0) \in \sigma_K, (ac(ac)^0, ac(ac)^0) \in \tau_K.$

因此, 得 $(aa^0c, ac(ac)^0) \in \sigma_K \vee \tau_K$.

至此, 证明了 $\{\sigma_Q \vee \tau_Q, \sigma_K \vee \tau_K\}$ 也满足定义 4.1 中的条件 (M4). 这样, $\{\sigma_Q \vee \tau_Q, \sigma_K \vee \tau_K\}$ 确实是 S 上的一个可许同余对, 从而, $\sigma \vee \tau = [\sigma_Q \vee \tau_Q, \sigma_K \vee \tau_K]$.

推论 4.12 令 $\mathcal{LAC}(S)$ 为 S 的所有可许同余对的集合. 定义 $(\delta_1, \omega_1) \leqslant (\delta_2, \omega_2)$, 当且仅当 $\delta_1 \subseteq \delta_2, \omega_1 \subseteq \omega_2$. 则在上述偏序下 $\mathcal{LAC}(S)$ 为一个上半格.

推论 4.13 令 $\mathcal{LC}(S)$ 为 S 上的同余格. 则映射 $\Gamma : \sigma \mapsto (\sigma_Q, \sigma_K)$ 为 $\mathcal{LC}(S)$ 到 $\mathcal{LAC}(S)$ 的上半格同构.

第 5 章 拟 矩 形 群

本章, 首先讨论拟矩形群的性质和特征. 然后, 建立拟矩形群的一个织积结构, 证明半群 S 为拟矩形群, 当且仅当 S 同构于拟左群和拟右群关于拟群的织积.

5.1 定义和特征

我们知道, 正则半群 S 称为矩形群, 如果它的幂等元集为矩形带. 因此, 我们有如下定义.

定义 5.1 拟正则半群称为拟矩形群, 如果它的幂等元集形成矩形带.

首先给出拟矩形群的某些特征.

定理 5.1 令 S 为半群. 则下列各款等价:

(i) S 为拟矩形群;

(ii) S 为 $\mathcal{J}^*$-单拟正则半群, 且 eSe 为半群 S 的同态像, 其中 $e \in E(S)$;

(iii) S 为 Archimedean 半群, 其核 $K(S)$ 为矩形群;

(iv) S 为矩形群的诣零扩张.

证明 (i)$\Rightarrow$(ii). 令 S 为拟矩形群. 由幂等元集合 E 为矩形带, 则 S 的幂等元为本原幂等元. 令 G_e 为具有恒等元 $e \in E$ 的 S 的极大子群. 据 [8] 知, 关于任意 $e \in E$, G_e 为 S 的最小双理想, 且 S 的核 $K(S)$ 可表示为 $K(S) = \bigcup_{e \in E} G_e$. 关于任意 $a \in \operatorname{Reg} S$, 存在 $x \in S$ 使得 $axa = a$. 因为 ax 和 xa 为 S 的幂等元且 E 为矩形带, 知 $a = axa = (axa)ax(xa) = a^2xa \in a^2S$. 类似地, 有 $a \in Sa^2$. 这样 S 的正则元为完全正则的, 因此, $K(S) = \operatorname{Reg} S = G_r(S)$, 其中 $G_r(S)$ 为 S 的完全正则元集合.

为了证明 S 为 $\mathcal{J}^*$-单的, 令 $a,b \in S$. 则由 S 的拟正则性, 存在 $m,n \in N$ 使得 $a^m, b^n \in \operatorname{Reg} S$. 因 $\operatorname{Reg} S$ 是完全正则的, 且 E 为拟矩形带, 由 $\mathcal{J}^*$ 定义知, $a^m \mathcal{J} b^n$, 即 $a\mathcal{J}^*b$. 因此, S 是 $\mathcal{J}^*$-单的.

为了证明关于任意 $e \in E$, eSe 为 S 的半群同态像, 我们考虑 ex 和 ye, 其中 x,y 为 S 的任意元素. 显然, 由于 $E \subseteq \operatorname{Reg} S$ 且 $\operatorname{Reg} S$ 为 S 的理想, ex 和 $ye \in \operatorname{Reg} S$.

取 $(ex)' \in V(ex)$ 和 $(ye)' \in V(ye)$, 则有

$$exe \cdot eye = ex(ex)'(ex)e(ye)(ye)'ye$$
$$= ex(ex)'(ex)(ye)(ye)'ye$$
$$= exye.$$

这证明映射 $\varphi : x \mapsto exe$ 为 S 到 eSe 的同态, 即, eSe 为 S 的同态像.

(ii)⇒(iii). 因 S 为 $\mathcal{J}^*$-单, 知关于任意 $a, b \in S$, 有 $a\mathcal{J}^*b$. 因此, 存在 $m, n \in N$ 使得 $a^m \mathcal{J} b^n$. 这意味着 $a^m \in J(b^n) \subseteq SbS$. 因此, S 为 Archimedean 半群. 为了证明 $K(S)$ 为矩形群, 我们首先证明 Reg S 为完全正则的. 为此, 令 $a \in$ Reg S. 则存在 $a' \in V(a)$ 使得 $a = aa'a$. 由 aa' 和 $a'a$ 为幂等元, 且关于任意 $e \in E$, 映射 $\varphi : x \mapsto exe$ 为从 S 到 eSe 的同态, 有

$$a = aa'a = a \cdot a'a \cdot a'a \cdot a'a = a \cdot a'a \cdot a' \cdot a'a \cdot a \cdot a'a = a(a')^2 a^2.$$

类似地, 可以证明 $a = a^2(a')^2 a$. 因此, $a \in a^2 S \cap Sa^2$. 这意味着 a 为完全正则的. 由 Reg S 为完全正则的, 知 S 为拟完全正则. 从而 S 为完全单核 $K(S)$ 的诣零扩张. 因 $\varphi : x \mapsto exe$ 为半群同态, 可证关于任意 $e, f \in E$ $(ef)^3 = (ef)^2$. 因 $ef \in K(S)$, 有 $(ef)^2 = ef$. 由 $K(S)$ 的弱可消性, 知 $K(S)$ 为 S 的子半群, 从而 $K(S)$ 为矩形群.

(iii)⇒(iv). 由 S 为 Archimedean 半群知, 关于任意 $a \in S$ 和 $b \in K(S)$ 存在正整数 $m \in N$ 使得 $a^m \in SbS \subset K(S)$. 这证明了 Rees 商集 $S/K(S)$ 为诣零的, 即 S 为矩形群 $K(S)$ 的诣零扩张.

(iv)⇒(i). 若 S 为拟群 K 的诣零扩张, 则关于任意 $a \in S$, 存在某个正整数 $m \in N$ 使得 $a^m \in K$, 从而 S 为拟正则半群. 显然, $E \subseteq K$, 从而 E 为矩形带. 因此, S 为拟矩形群.

5.2 织 积 结 构

令 M, T 为半群, 且 H 为它们的共同同态像, 即存在半群同态 $\varphi : M \to H$ 和 $\psi : T \to H$. 令 $S = \{(s, t) \in M \times T \mid s\varphi = t\psi\}$. 则 S 被称为半群 M 和 T 关于 H, φ 和 ψ 的织积.

令 φ 为从幂歧部分半群 Q 到另一个幂歧部分半群的映射. 若当 $ab \in Q$ 时, $(ab)\varphi = a\varphi b\varphi$, 则 φ 被称为部分半群同态.

现在我们陈述如何建立拟矩形群:

I. 令 I 和 Λ 分别为左零带和右零带. 令 $\mathcal{T}(I)$ 和 $\mathcal{T}^*(\Lambda)$ 分别为 I 和 Λ 上的左、右变换半群. 构造三元组 $(\mathcal{T}(I), G, \mathcal{T}^*(\Lambda))$, 其中 G 为群. 显然, 笛卡儿三元组 $(\mathcal{T}(I), G, \mathcal{T}^*(\Lambda))$ 在相应乘法下成为半群.

II. 令 Q 为幂歧部分半群. 令 φ 和 ψ 分别为从 Q 到 $\mathcal{T}(I)$ 和 $\mathcal{T}^*(\Lambda)$ 的部分半群同态, 且 φ 和 ψ 满足下列条件:

(i) 若 $a, b \in Q$, $ab \notin Q$, 则定义 $\varphi^a \varphi^b$ 为 I 上的常值映射, 并记其值为 $\langle \varphi^a \varphi^b \rangle$.

(ii) 若 $a, b \in Q$, $ab \notin Q$, 则定义 $\psi^a \psi^b$ 为 Λ 上的常值映射, 并记其值为 $\langle \psi^a \psi^b \rangle$.

(iii) 关于任意 $c \in Q$, 令 $\varphi^c \langle \varphi^a \varphi^b \rangle = \langle \varphi^c \varphi^a \rangle$ 和 $\langle \psi^a \psi^b \rangle \psi^c = \langle \psi^b \psi^c \rangle$.

III. 定义映射 $\omega : Q \to (\mathcal{T}(I), G, \mathcal{T}^*(\Lambda))$ 使得 $a \mapsto (\varphi^a, a\theta, \psi^a)$, 其中 θ 为从 Q 到 G 部分半群同态.

IV. 构造集合 $S = Q \cup (I \times G \times \Lambda)$. 定义 S 上二元运算 $*$ 如下:

(i) 若 $a, b \in Q$, $ab \in Q$, 则 $a * b = ab$.

(ii) 若 $a, b \in Q$, $ab \notin Q$, 则 $a * b = (\langle \varphi^a \varphi^b \rangle, a\theta b\theta, \langle \psi^a \psi^b \rangle)$.

(iii) 若 $a \in Q$ 和 $(i, g, \lambda) \in (I \times G \times \Lambda)$, 则 $a * (i, g, \lambda) = (\varphi^a i, a\theta g, \lambda)$ 且 $(i, g, \lambda) * a = (i, ga\theta, \lambda\psi^a)$.

(iv) 若 (i, g, λ) 和 $(j, h, \mu) \in (I \times G \times \Lambda)$, 则 $(i, g, \lambda) * (j, h, \mu) = (i, gh, \mu)$.

V. 只需验证从 $S \times S$ 到 S 的二元运算 $*$ 满足结合律, 就可证明 $(S, *)$ 为半群. 这个证明过程, 我们留给读者.

记上面的半群 $(S, *)$ 为 $S = S(Q, I, G, \Lambda; \omega)$. 称 ω 为结构部分同态.

定理 5.2 按上述方式构造的半群 $S = S(Q, I, G, \Lambda; \omega)$ 为拟矩形群. 反过来, 每个拟矩形群都同构于形如 $S = S(Q, I, G, \Lambda; \omega)$ 的半群.

证明 易见 $S = S(Q, I, G, \Lambda; \omega)$ 为拟矩形群. 这是因为 Q 为幂歧部分半群, 显然 S 为拟正则半群. 容易证明

$$E = \{(i, e, \lambda) \mid i \in I, \lambda \in \Lambda, \text{且 } e \text{ 为 } G \text{ 的恒等元}\}$$

为 $S = S(Q, I, G, \Lambda; \omega)$ 的幂等元集合. 可以证明 E 为矩形带. 由定理 5.1 知, S 为拟矩形群.

为了证明定理的后半部分, 令 S 为一拟矩形群. 由定理 5.1 知, 存在矩形群 M 使得 $Q = S \setminus M$ 为幂歧部分半群. 由 M 为矩形群, 知 $M \simeq I \times G \times \Lambda$, 其中 G 为群, I 为左零带及 Λ 为右零带. 下面只要证明存在从 Q 到 $(\mathcal{T}(I), G, \mathcal{T}^*(\Lambda))$ 的结构部分同态 ω 即可. 为了这个目的, 我们定义从 Q 到 $(\mathcal{T}(I), G, \mathcal{T}^*(\Lambda))$ 映射 ω 如下.

(i) 首先, 选定 $i_0 \in I$ 及 $\lambda_0 \in \Lambda$. 定义从 Q 到 G 映射 $\theta : a \mapsto a\theta$ 使得

$$a(i_0, e, \lambda_0) = (-, a\theta, -), \tag{5.1}$$

其中 e 为群 G 的恒等元.

(ii) 关于任意 $i \in I$, 定义从 Q 到 $\mathcal{T}(I)$ 映射 $\varphi : a \mapsto \varphi^a$ 使得

$$a(i, e, \lambda_0) = (\varphi^a i, -, -). \tag{5.2}$$

(iii) 类似于 (ii), 关于任意 $\lambda \in \Lambda$, 定义从 Q 到 $\mathcal{T}^*(\Lambda)$ 映射 $\psi : a \mapsto \psi^a$ 使得

$$(i_0, e, \lambda)a = (-, -, \lambda\psi^a). \tag{5.3}$$

(iv) 据 (i)—(iii), 有

$$a(i, e, \lambda) = (\varphi^a i, a\theta, \lambda) \tag{5.4}$$

且

$$(i, e, \lambda)a = (i, a\theta, \lambda\psi^a). \tag{5.5}$$

其次, 定义 $\omega : a \mapsto (\varphi^a, a\theta, \psi^a)$. 显然, ω 为从 Q 到 $(\mathcal{T}(I), G, \mathcal{T}^*(\Lambda))$ 的映射. 可证 ω 为部分半群同态. 利用式 (5.4), (5.5), 可证 ω 满足步骤 II 中的条件. 因此, 拟矩形半群 S 同构于构造的半群 $S = S(Q, I, G, \Lambda; \omega)$.

结合上面的记号, 我们现在建立拟矩形群的一个织积结构. 令 $S = S(Q, I, G, \Lambda; \omega)$ 为拟矩形群. 考虑 S 的如下的子半群.

$$S_l = S(Q, I, G, \{1\}; \omega),$$

$$S_r = S(Q, \{1\}, G, \Lambda; \omega)$$

及

$$S_0 = S(Q; \{1\}, G, \{1\}; \omega).$$

显然, S_l 为拟正则, 且 S_l 中的幂等元集合 E 为左零带. 同样地, S_r 为拟正则, 且 S_r 中幂等元集合 E 为右零带. 据 [8] 的结果, 知 S_l (或 S_r) 为拟左 (或拟右) 群.

现证 S_0 为拟群, 即 S_0 为拟正则半群, 且 $|E| = 1$. 为了证明 S_0 为拟群, 用 T 表示集合 $Q \cup G$. 据第 3 章结果知, 如果满足下列条件, 那么带有 $*$ 乘法的集合 $T = Q \cup G$ 为拟群:

(i) 若 $a, b \in Q$, $ab \in Q$, 则 $a * b = ab$.

(ii) 若 $a, b \in Q$, $ab \notin Q$, 则 $a * b = a\theta b\theta$.

(iii) 若 $a \in Q, g \in Q$, 则 $a * g = a\theta g, g * a = ga\theta$.

(iv) 若 $g, h \in G$, 则 $g * h = gh$. 这里, $\theta : a \mapsto a\theta$ 为从 Q 到 G 的部分半群同态, 且 gh 为在半群 G 中的乘积.

现在定义映射 $\Phi: S_0 \to T$ 使得

$$\Phi: \begin{cases} a \mapsto a, & a \in Q, \\ (1,g,1) \mapsto g, & (1,g,1) \in S_0 \setminus Q. \end{cases}$$

则易知 Φ 为从 S_0 到 T 的半群同构. 这证明了 S_0 为拟群.

类似地, 我们构造集合 $T_l = Q \cup (I \times G)$ 并在 T_l 上定义二元运算 $*$ 且满足下列条件:

(i) 若 $a, b \in Q$, $ab \in Q$, 则 $a * b = ab$.

(ii) 若 $a, b \in Q$, $ab \notin Q$, 则 $a * b = (\langle \varphi^a \varphi^b \rangle, a\theta b\theta)$.

(iii) 若 $a \in Q, (i,g) \in I \times G$, 则定义 $a * (i,g) = (\varphi^a i, a\theta g)$, 且 $(i,g) * a = (i, ga\theta)$.

(iv) 若 $(i,g), (j,h) \in I \times G$, 则定义 $(i,g) * (j,h) = (i, gh)$. 可证 $(T_l, *)$ 满足以上条件为群胚. 现定义双射 $F: S_l \to T_l$ 使得

$$F: \begin{cases} a \mapsto a, & a \in Q, \\ (i,g,1) \mapsto (i,g), & (i,g,1) \in I \times Q \times \{1\}. \end{cases}$$

由定理 5.2, 可知 T_l 为拟左群.

类似地, 可构作集合 $T_r = Q \cup (G \times \Lambda)$, 并在其上定义乘法 $*$ 使得 T_r 为拟右群.

令 $T = Q \cup G$. 下面, 我们分别定义从 T_l 和 T_r 到 T 的映射 η_1 和 η_2:

$$\eta_1: \begin{cases} a \mapsto a, & a \in Q, \\ (i,g) \mapsto g, & (i,g) \in I \times G, \end{cases}$$

$$\eta_2: \begin{cases} a \mapsto a, & a \in Q, \\ (g,\lambda) \mapsto g, & (g,\lambda) \in G \times \Lambda. \end{cases}$$

易知 η_1 和 η_2 分别为从 T_l 和 T_r 到 T 的满同态.

现在, 构造 T_l 和 T_r 的织积:

$$S^* = \{(s,t) \in T_l \times T_r \mid s\eta_1 = t\eta_2\}.$$

易知, 拟矩形群 $S(Q, I, G, \Lambda; \omega)$ 同构于拟左群 T_l 和拟右群 T_r 关于拟群 T 的织积 S^*, 即

$$S(Q, I, G, \Lambda; \omega) \simeq S^*.$$

总结以上讨论, 得到下面的结论.

定理 5.3 半群 S 为拟矩形群, 当且仅当 S 为拟左群和拟右群的一个织积.

第 6 章　左 C-拟正则半群

本章讨论的左 C-拟正则半群是一类重要的拟完全正则半群, 它是完全正则半群类中左 C-半群在拟正则半群类中的一个自然推广.

6.1　概念和特征

定义 6.1　正则半群 S 称为左 C-半群, 如果关于任意 $a \in S$, 有 $aS \subseteq Sa$.

定理 6.1　令半群 S 为纯正半群 (即幂等元集成子半群的正则半群). 则以下各款等价:

(i) S 为左 C-半群;

(ii) $(\forall e \in E)\ eS \subseteq Se$;

(iii) $(\forall e \in E)(\forall a \in S)\ eae = ea$;

(iv) $\mathcal{D}(S) \cap (E \times E) = \mathcal{L}(E)$;

(v) S 为左群的半格;

(vi) $\mathcal{L} = \mathcal{J}$ 为 S 上的半格同余.

证明　(i) $\Rightarrow$(ii) 及 (ii) $\Rightarrow$ (iii), 显然.

(iii) $\Rightarrow$ (iv). 假设 $e, f \in E, e\mathcal{D}(S)f$. 取 $a \in S, a' \in V(a)$ 使得 $aa' = e, a'a = f$. 于是

$$f = a'(aa'a) = a'(aa'aaa') = fe.$$

同理, 有 $e = ef$. 因此, $e\mathcal{L}(E)f$.

(iv) $\Rightarrow$(v). 假设 $a, b \in S, a\mathcal{R}b$. 若 $e \in L_a \cap E, f \in L_b \cap E$, 则显然 $e\mathcal{D}(S)f$. 由 (iv), 有 $e\mathcal{L}(E)f$. 但 $\mathcal{L}(E) \subseteq \mathcal{L}(S) \cap (E \times E)$, 从而 $e\mathcal{L}(S)f$, 于是 $a\mathcal{L}b$. 因此, $\mathcal{R} = \mathcal{H}$. 因此, S 是完全正则半群. 设 S 为完全单半群 S_α 的半格 Y. 因为 $\mathcal{D} = \mathcal{L}$, 所以 S_α 为左群. 从而, S 为左群的半格.

(v) $\Rightarrow$ (vi). 假设 $S = \bigcup_{\alpha \in Y} S_\alpha$ 为 S 关于左群 S_α 的半格分解. 关于任意 $a \in S_\alpha, b \in S_\beta$, 显然, $a\mathcal{L}b$, 当且仅当 $\alpha = \beta$. 因此, $\mathcal{L}$ 是半格同余. 若 $a, b \in S, a\mathcal{J}b$(即 $SaS = SbS$), 则关于任意 $x \in S$, 存在 $s, t \in S$ 使得 $xa = xa(a'a) = sbt$. 由 $\mathcal{L}$ 为半格同余, 有 $L_{tb} = L_{bt}$. 于是关于某个 $t' \in S$, 有 $bt = t'(tb)$. 因此 $xa = sbt = (st't)b$, 从而 $Sa \subseteq Sb$. 同理, 有 $Sa \supseteq Sb$. 总之, 有 $a\mathcal{L}b$. 这证明了 $\mathcal{L} = \mathcal{J}$.

(vi) ⇒ (i). 设 $\mathcal{L}$ 为半格同余. 则关于任意 $a, x \in S$, 有 $L_{ax} = L_{xa}$. 因此, 存在 $u \in S$ 使得 $ax = uxa \in Sa$. 这样, $aS \subseteq Sa$.

现令 S 为拟正则半群, $\mathrm{Reg}\, S$ 表示它的正则元集. 我们考虑下面的半群.

定义 6.2　拟正则半群 S 称为左 C-拟正则半群, 如果 $\mathrm{Reg}\, S$ 为左 C-半群, 且为 S 的理想.

下面的结论是定理 5.1 的特殊情形.

引理 6.2　令 S 为半群. 则下列各款等价:

(i) S 是拟正则半群, 且其幂等元集 E 是左零带;

(ii) S 是左群的诣零扩张;

(iii) S 是左阿基米德半群, 且 $E \neq \varnothing$.

定义 6.3　满足上述任意一款的半群称为拟左群.

引理 6.3　若 S 是左 C-拟正则半群, 则 S 是拟完全正则半群, 且 $\mathcal{L}^*(= \mathcal{J}^*)$ 为 S 上的半格同余.

证明　若 $\mathrm{Reg}\, S$ 是 S 的理想, 且为左 C-子半群, 则关于任意 $a \in S$, 有 $a^{r(a)} S \subseteq S a^{r(a)}$, 这意味着 S 为左 C-拟正则半群. 同时易证 $\mathrm{Reg}\, S$ 为 S 的纯正子半群. 因此, 由定理 6.1, 左 C-半群是完全正则半群, 从而 S 为拟完全正则半群. 根据引理 2.4, 我们知道半群 S 上的广义格林关系 $\mathcal{J}^*$ 是一个半格同余, 现仅需要证明 $\mathcal{L}^* = \mathcal{J}^*$. 假设 $a \mathcal{J}^* b$. 由定义存在 $x, y, u, v \in S$ 使得 $a^{r(a)} = x b^{r(b)} y$, $b^{r(b)} = u a^{r(a)} v$. 由于 $\mathrm{Reg}\, S$ 是 S 的理想, 则 $a^{r(a)} v \in \mathrm{Reg}\, S$. 又因为 $\mathrm{Reg}\, S$ 为左 C-半群, 所以存在 $c \in \mathrm{Reg}\, S$ 满足 $a^{r(a)} v = c a^{r(a)}$. 于是有 $b^{r(b)} = u(a^{r(a)} v) = u c a^{r(a)}$. 同理, 存在 $d \in \mathrm{Reg}\, S$ 满足 $a^{r(a)} = x d b^{r(b)}$, 即 $a \mathcal{L}^* b$. 因此 $\mathcal{J}^* \subseteq \mathcal{L}^*$. 显然 $\mathcal{L}^* \subseteq \mathcal{J}^*$. 所以 $\mathcal{J}^* = \mathcal{L}^*$.

引理 6.4　假设 S 为拟左群的半格, 如果 $\mathrm{Reg}\, S$ 是纯正的, 且为 S 的理想, 那么 S 是拟正则半群, 且关于任意 $e \in E$, 有 $eS \subseteq Se \subseteq \mathrm{Reg}\, S$.

证明　假设 $S = \bigcup_{\alpha \in Y} S_\alpha$ 为拟左群的半格, 由引理 6.2, 每个 S_α 是拟正则的, 且是左群 G_α 的诣零扩张. 记 $T = \bigcup_{\alpha \in Y} G_\alpha$, 显然 T 也是左群 G_α 的半格, 同时 $T = \mathrm{Reg}\, S$. 根据定理 6.1 知, T 为左 C-半群. 因此, 对任意 $e \in E$, $x \in S$, 有 $ex \in \mathrm{Reg}\, S$. 所以, 存在 $y \in \mathrm{Reg}\, S$ 满足 $ex = ye \in Se$, 即 $eS \subseteq Se$. 又由于 e 是正则的, $\mathrm{Reg}\, S$ 是 S 的理想, 有 $Se \subseteq \mathrm{Reg}\, S$. 因此 $eS \subseteq Se \subseteq \mathrm{Reg}\, S$.

关于左 C-拟正则半群, 有下面的刻画.

定理 6.5　令 S 为半群. 则下列各款等价:

(i) S 为左 C-拟正则半群;

(ii) S 为拟正则半群, $\mathrm{Reg}\, S$ 是 S 的理想, 且为左 C-子半群;

(iii) S 为拟完全正则半群, $\mathrm{Reg}\, S$ 是 S 的理想且为纯正子半群, 又 $\mathcal{L}^*$ 是 S 上的半格同余;

(iv) S 为拟左群的半格, $\mathrm{Reg}\, S$ 是 S 的理想, 且为 S 的纯正子半群;

(v) S 为拟正则半群, 且关于任意 $e \in E$, 有 $eS \subseteq Se \subseteq \text{Reg } S$;

(vi) S 为拟正则半群, 且关于任意 $a \in S$, 存在 $m, n \in N$ 使得 $a^m S \subseteq Sa^n \subseteq \text{Reg } S$;

(vii) S 为左 C-半群的诣零扩张.

证明　　(i)$\Rightarrow$(ii). 假设 S 为左 C-拟正则半群. 则 S 是拟正则的, 且关于任意 $e \in E$, 有 $eS \subseteq Se$. 为了证明 $\text{Reg } S$ 是 S 左 C-子半群, 令 $a \in \text{Reg } S$, $a' \in V(a)$, 其中 $V(a)$ 是半群 S 中 a 的一个逆元. 由于 $\text{Reg } S$ 是 S 的理想, 对任意 $x \in \text{Reg } S$, 存在 $y \in S$ 满足 $ax = (aa')ax = a(a'a)x = aya'a \subseteq (\text{Reg } S)a$, 即, $a(\text{Reg } S) \subseteq (\text{Reg } S)a$, 因此 $\text{Reg } S$ 是 S 的左 C-子半群.

(ii) $\Rightarrow$ (iii). 由引理 6.3 直接得到.

(iii) $\Rightarrow$ (iv). 记拟完全正则半群 S 的 $\mathcal{L}^*$- 类为 S_α, 其中 $\alpha \in Y$ 为半格. 对任意 $e, f \in S_\alpha \cap E$, 显然 $e\mathcal{L}^* f$. 因此, $ef = e$, $fe = f$. 这蕴涵着 $E_\alpha = S_\alpha \cap E$ 是左零带. 由引理 6.2 知, S_α 为拟左群. 因此, S 为拟左群的半格.

(iv)$\Rightarrow$(v). 可由引理 6.4 得.

(v)$\Rightarrow$(vi). 由 S 是拟正则半群, $\text{Reg } S$ 是 S 的理想, 可得 $a^{r(a)} \in \text{Reg } S$, 同时对每个 $m \geqslant r(a)$, 有 $a^m \in \text{Reg } S$. 因此, 当 $m \geqslant n \geqslant r(a)$ 时, $a^m S \subseteq Sa^n \subseteq \text{Reg } S$.

(vi)$\Rightarrow$(vii). 由 S 为拟正则半群, 显然 $\varnothing \neq E \subset \text{Reg } S \subset S$. 由 (vi) 知, 关于任意 $e \in E \subset \text{Reg } S$, 有 $e(\text{Reg } S) \subseteq eS \subseteq Se = Se \cdot e \subseteq (\text{Reg } S)e$. 因此, 由定理 6.1 知, $\text{Reg } S$ 为左 C-半群. 从而, S 是 $\text{Reg } S$ 的诣零扩张.

(vii) $\Rightarrow$(i). 假设 S 是左 C-半群 T 的诣零扩张. 这蕴涵 T 是 S 的理想, 且 $T = \text{Reg } S$. 因此, 关于任意 $a \in S$, $x \in V(a^{r(a)})$, 有

$$a^{r(a)}S = a^{r(a)} \cdot x \cdot a^{r(a)}S \subseteq a^{r(a)} \cdot x \cdot a^{r(a)}(\text{Reg } S) \subseteq a^{r(a)} \cdot (\text{Reg } S) \cdot xa^{r(a)} \subseteq Sa^{r(a)}.$$

这证明了 S 为左 C- 拟正则半群.

注解 6.1　　(i) 显然, 左 C-拟正则半群是左 C-半群的推广. 由定理 6.5 知, 左 C-拟正则半群也是 Clifford 拟正则半群的推广. 一般地, 左 C-拟正则半群既不是左 C-半群, 也不是 Clifford 拟正则半群.

(ii) 由第 3 章知道, Clifford 拟正则半群是拟群的半格但不是强半格. 因 Clifford 拟正则半群是左 C-拟正则半群的一个子类, 从而左 C-拟正则半群是拟左群的半格, 而非强半格.

6.2　左广义 Δ-积

本节, 首先给出半群左广义 Δ-积的概念. 令 Q 为幂歧部分半群, T 为一半群. 幂歧部分半群 Q 到 T 的一个映射 θ 称为部分同态, 如果关于任意 $a, b, ab \in Q$, 有

$(ab)\theta = a\theta b\theta.$

假设映射 $\theta: Q \to Y$ 是从幂歪部分半群 Q 到半格 Y 的部分同态.

(1) 关于任意 $\alpha \in Y$, 当 $\alpha \in Q\theta$ 时, 记 $Q_\alpha = \alpha\theta^{-1}$; 当 $\alpha \in Y\backslash Q\theta$ 时, 记 $Q_\alpha = \varnothing$.

(2) 令 $T = [Y; T_\alpha, \varphi_{\alpha,\beta}]$ 是半群 T_α 的强半格. 令 $I = \bigcup_{\alpha \in Y} I_\alpha$ 为集合 I 在半格 Y 上半格分解.

(3) 关于每个 $\alpha \in Y$, 形成下面三个集合:

$$S_\alpha^{(1)} = T_\alpha \times I_\alpha;$$

$$S_\alpha^{(2)} = Q_\alpha \cup T_\alpha;$$

$$S_\alpha^{(3)} = Q_\alpha \cup S_\alpha^{(1)}.$$

(4) 设集合 X 上的左变换半群为 $\mathcal{T}(X)$. 则关于任意 $\alpha, \beta \in Y, \alpha \geqslant \beta$, 定义如下映射:

(a) $\Phi_{\alpha,\beta}^{(1)}: S_\alpha^{(1)} \to \mathcal{T}(I_\beta), \ (u,i) \mapsto \psi_{\alpha,\beta}^{(u,i)}$;

(b) $\Phi_{\alpha,\beta}^{(2)}: S_\alpha^{(2)} \to T_\beta, \ a \mapsto a\theta_{\alpha,\beta}$;

(c) $\Phi_{\alpha,\beta}^{(3)}: Q_\alpha \to \mathcal{T}(I_\beta), \ a \mapsto \psi_{\alpha,\beta}^{a}$.

(5) 要求上述映射满足以下的条件:

(c1) 若 $(u,i) \in S_\alpha^{(1)} = T_\alpha \times I_\alpha, i^* \in I_\alpha$, 则 $\psi_{\alpha,\alpha}^{(u,i)} i^* = i$.

(c2) 若 $\alpha, \beta \in Y, a \in S_\alpha, b \in S_\beta$, 且如果 ab 在 Q 中没有定义. 则 $\psi_{\alpha,\alpha\beta}^{a} \psi_{\beta,\alpha\beta}^{b}$ 是 $I_{\alpha\beta}$ 上的常值映射, 记这个映射的值为 $\langle \psi_{\alpha,\alpha\beta}^{a} \psi_{\beta,\alpha\beta}^{b} \rangle$.

(c3) (i) $\Phi_{\alpha,\beta}^{(2)}|_{T_\alpha} = \varphi_{\alpha,\beta}$;

(ii) 设 $\alpha, \beta, \gamma \in Y, \alpha \geqslant \beta \geqslant \gamma$. 则关于任意 $a \in Q_\alpha, a\theta_{\alpha,\beta}\theta_{\beta,\gamma} = a\theta_{\alpha,\gamma}$.

(c4) 令 $\alpha, \beta, \delta \in Y, \alpha \geqslant \beta \geqslant \delta$. 考虑以下几种情况:

(i) 若 $a \in Q_\alpha, b \in Q_\beta, ab \in Q_{\alpha\beta}$, 则 (a) $(ab)\theta_{\alpha\beta,\delta} = a\theta_{\alpha,\delta}b\theta_{\beta,\delta}$; (b) $\psi_{\alpha\beta,\delta}^{ab} = \psi_{\alpha,\delta}^{a}\psi_{\beta,\delta}^{b}$.

(ii) 若 $a \in Q_\alpha, b \in Q_\beta, ab \notin Q_{\alpha\beta}$, 且记 $u = a\theta_{\alpha,\alpha\beta}b\theta_{\beta,\alpha\beta}, i = \langle \psi_{\alpha,\alpha\beta}^{a}\psi_{\beta,\alpha\beta}^{b} \rangle$, 则有 $\psi_{\alpha,\delta}^{a}\psi_{\beta,\delta}^{b} = \psi_{\alpha\beta,\delta}^{(u,i)}$.

(iii) 若 $a \in Q_\alpha, (v,j) \in S_\beta^{(1)}$, 且记 $u = a\theta_{\alpha,\alpha\beta}v\theta_{\beta,\alpha\beta}, i = \langle \psi_{\alpha,\alpha\beta}^{a}\psi_{\beta,\alpha\beta}^{(v,j)} \rangle, \overline{u} = v\theta_{\beta,\alpha\beta}a\theta_{\alpha,\alpha\beta}, \overline{i} = \langle \psi_{\beta,\alpha\beta}^{(v,j)}\psi_{\alpha,\alpha\beta}^{a} \rangle$, 则有 $\psi_{\alpha\beta,\delta}^{(u,i)} = \psi_{\alpha,\delta}^{a}\psi_{\beta,\delta}^{(v,j)}, \psi_{\alpha\beta,\delta}^{(\overline{u},\overline{i})} = \psi_{\beta,\delta}^{(v,j)}\psi_{\alpha,\delta}^{a}$.

(iv) 若 $(u,i) \in S_\alpha^{(1)}, (v,j) \in S_\beta^{(1)}$, 记 $k = \langle \psi_{\alpha,\alpha\beta}^{(u,i)}\psi_{\beta,\alpha\beta}^{(v,j)} \rangle$, 则有 $\psi_{\alpha,\delta}^{(u,i)}\psi_{\beta,\delta}^{(v,j)} = \psi_{\alpha\beta,\delta}^{(uv,k)}$, 其中 uv 是 u,v 在 T 里的乘积.

(6) 记三元组 $\Phi = \{\Phi_{\alpha,\beta}^{(1)}; \Phi_{\alpha,\beta}^{(2)}; \Phi_{\alpha,\beta}^{(3)}; \alpha \geqslant \beta, \alpha, \beta \in Y\}$. 称 Φ 为 S_α 到 S_β 的结构映射.

(7) 考虑集合 $S = \bigcup_{\alpha \in Y} S_\alpha$. 我们定义 S 上的运算 "$*$" 如下:

(M1) 若 $a \in Q_\alpha, b \in Q_\beta, ab \in Q_{\alpha\beta}$, 则

$$a * b = ab;$$

(M2) 若 $a \in Q_\alpha, b \in Q_\beta, ab \notin Q_{\alpha\beta}$, 则

$$a * b = (a\theta_{\alpha,\alpha\beta} b\theta_{\beta,\alpha\beta}, \langle \psi^a_{\alpha,\alpha\beta} \psi^b_{\beta,\alpha\beta} \rangle);$$

(M3) 若 $a \in Q_\alpha, (v,j) \in S^{(1)}_\beta$, 则

$$a * (v,j) = (a\theta_{\alpha,\alpha\beta} v\theta_{\beta,\alpha\beta}, \langle \psi^a_{\alpha,\alpha\beta} \psi^{(v,j)}_{\beta,\alpha\beta} \rangle),$$

$$(v,j) * a = (v\theta_{\beta,\alpha\beta} a\theta_{\alpha,\alpha\beta}, \langle \psi^{(v,j)}_{\beta,\alpha\beta} \psi^a_{\alpha,\alpha\beta} \rangle);$$

(M4) 若 $(u,i) \in S^{(1)}_\alpha, (v,j) \in S^{(1)}_\beta$, 则

$$(u,i) * (v,j) = (u\theta_{\alpha,\alpha\beta} v\theta_{\beta,\alpha\beta}, \langle \psi^{(u,i)}_{\alpha,\alpha\beta} \psi^{(v,j)}_{\beta,\alpha\beta} \rangle) = (uv, \langle \psi^{(u,i)}_{\alpha,\alpha\beta} \psi^{(v,j)}_{\beta,\alpha\beta} \rangle).$$

易证 $S = \bigcup_{\alpha \in Y} S_\alpha$ 上运算 "$*$" 满足结合律. 这样 $(S, *)$ 是一个半群.

总结以上结论, 我们给出如下定义.

定义 6.4 上述建立的半群 $(S, *)$ 被称为部分半群 Q, 半群 T 及集合 I 关于半格 Y 及结构映射 Φ 的左广义 Δ-积, 记为 $S = S(Q, T, I, Y; \Phi)$.

利用半群的左广义 Δ-积, 给出左 C-拟正则半群的一个结构.

定理 6.6 令 Y 是半格, Q 是幂歧部分半群, $T = [Y; G_\alpha, \varphi_{\alpha,\beta}]$ 是群 G_α 的强半格; $I = \bigcup_{\alpha \in Y} I_\alpha$ 是左正则带 I 到左零带 I_α 的半格分解, Φ 是结构映射. 则由定义 6.4 给出的左广义 Δ-积 $S = S(Q, T, I, Y; \Phi)$ 是一个左 C- 拟正则半群.

反过来, 任意一个左 C- 拟正则半群总可以表示成某种左广义 Δ-积 $S(Q, T, I, Y; \Phi)$.

关于定理 6.6 的证明, 我们分成几个引理来完成.

引理 6.7 假设 $S = S(Q, T, I, Y; \Phi)$ 为 Q, T 及 I 的一个左广义 Δ-积. 则集合 $E = \{(e_\alpha, i) \mid \alpha \in Y, i \in I_\alpha, e^2_\alpha = e_\alpha \in G_\alpha\}$ 是 S 所有幂等元形成的带.

证明 先指出 S 中每个幂等元都是 (e_α, i) 这样的形式, 其中 $e^2_\alpha = e_\alpha \in G_\alpha$, $i \in I_\alpha$. 易知, (e_α, i) 是 $(S, *)$ 的幂等元. 因为由 "$*$" 的定义,

$$(e_\alpha, i) * (e_\alpha, i) = (e_\alpha \theta_{\alpha,\alpha} \cdot e_\alpha \theta_{\alpha,\alpha}, \langle \psi^{(e_\alpha, i)}_{\alpha,\alpha} \psi^{(e_\alpha, i)}_{\alpha,\alpha} \rangle)$$
$$= (e_\alpha \cdot e_\alpha, i) = (e_\alpha, i).$$

另一方面, 如果 $a^2 = a \in (S, *)$, 则 a 是正则的, 从而 $a \notin Q$. 因此, 关于某个 $\alpha \in Y$, 有 $a = (u, i) \in G_\alpha \times I_\alpha$. 由 $a = a^2$, 有

$$(u, i) = (u, i) * (u, i) = (u\theta_{\alpha,\alpha} u\theta_{\alpha,\alpha}, \langle \psi_{\alpha,\alpha}^{(u,i)} \psi_{\alpha,\alpha}^{(u,i)} \rangle)$$
$$= (u^2, i),$$

这蕴涵着 $u^2 = u$, 其中 u 是 G_α 的单位元.

另外, 关于任意 $(e_\alpha, i) \in G_\alpha \times I_\alpha, (e_\beta, j) \in G_\beta \times I_\beta$, 有 $(e_\alpha, i) * (e_\beta, j) = (e_\alpha e_\beta, \langle \psi_{\alpha,\alpha\beta}^{(e_\alpha,i)} \psi_{\beta,\alpha\beta}^{(e_\beta,j)} \rangle)$.

又因 $T = [Y; G_\alpha, \varphi_{\alpha,\beta}]$ 是群 G_α 的强半格, 知 $e_{\alpha\beta}$ 是 $G_{\alpha\beta}$ 的单位元, 从而 $e_\alpha e_\beta = e_{\alpha\beta}$. 因此, E 是 S 的子半群.

满足左单($\mathcal{L} = S \times S$)右消的半群称为左群. 一个半群是左群, 当且仅当它同构于群和左零半群的直积. 根据这一结论, 我们可验证 S 的子集 $\operatorname{Reg} S$ 是左群的半格.

引理 6.8 半群 S 的子集 $\operatorname{Reg} S$ 是左群 $G_\alpha \times I_\alpha$ 的半格, 且为 S 的理想.

证明 假设 $H_\alpha = G_\alpha \times I_\alpha$. 若 $(u, i), (u', i')$ 是 H_α 的任意元素, 则

$$(u, i) * (u', i') = (uu', \langle \psi_{\alpha,\alpha}^{(u,i)} \psi_{\alpha,\alpha}^{(u',i')} \rangle)$$
$$= (uu', i) \in G_\alpha \times I_\alpha \quad (\text{由 } (c1)).$$

这表明 $H_\alpha = G_\alpha \times I_\alpha$ 是 S 的子半群, 且 H_α 是群 G_α 和左零带 I_α 的直积. 因此, $H_\alpha = G_\alpha \times I_\alpha$ 为左群.

令 $H = \bigcup_{\alpha \in Y} H_\alpha$. 我们来证明 $H = \operatorname{Reg} S$. 事实上, 若 $(u, i) \in G_\alpha \times I_\alpha, (v, j) \in G_\beta \times I_\beta$, 则有 $(u, i) * (v, j) \in G_{\alpha\beta} \times I_{\alpha\beta}$. 因此, H 是 H_α 的半格. 由左广义 Δ-积的定义知, H 是 S 的理想. 而且, 由于 $E \subseteq H$, 再由左广义 Δ-积的定义知, 对任意 $a \in \operatorname{Reg} S, E \subseteq H, aa' \in E$, 其中 $a' \in V(a)$, 则 $a = aa'a \in H$, 即 $\operatorname{Reg} S \subseteq H$. 另一方面, 若 $(u, i) \in H_\alpha = G_\alpha \times I_\alpha$, 则存在 $u^{-1} \in G_\alpha$ 满足 (u^{-1}, i) 是 (u, i) 在 H_α 中的逆. 这表明 (u, i) 是 S 的正则元, 即 $H \subseteq \operatorname{Reg} S$. 因此, 有 $H = \operatorname{Reg} S$.

利用以上的结果, 我们可以证明定理 6.6 的必要性, 即 S 是左 C-拟正则半群.

证明 因为 $\operatorname{Reg} S$ 是左群的半格, 据定理 6.1, 所以 $\operatorname{Reg} S$ 是左 C-半群. 据定理 6.5(ii), 要证明 S 是左 C-拟正则半群, 我们仅需要证明 S 是拟正则的. 由于 $S \setminus \operatorname{Reg} S = Q$ 是幂歧部分半群, 因此关于任意 $a \in Q$, 有 $a^{r(a)} \notin Q$. 这蕴涵着 $a^{r(a)} \in \operatorname{Reg} S$, 即 a 是拟正则的. 从而 S 是左 C-拟正则半群.

对于定理 6.6 后半部分的证明, 我们需要下面的几个引理.

引理 6.9 令 S 是左 C-拟正则半群. 则 $\operatorname{Reg} S$ 是 S 的左 C-子半群.

证明 为了证明 $\operatorname{Reg} S$ 是左 C-半群, 只需说明 $\operatorname{Reg} S$ 是左群的半格. 据定理 6.5, S 上的广义格林关系 $\mathcal{L}^*$ 为 S 上的半群同余. 因此, 存在半格 Y 和由 $\mathcal{L}^*$ 诱

导的自然同态 $\eta : S \to Y$. 令 $Q = S \backslash \operatorname{Reg} S$. 由 S 为拟正则的, 显然 Q 为幂歧部分半群. 设 $h = \eta|_Q$, 显然 h 是从 Q 到 Y 的部分同态. 记 S 的 $\mathcal{L}^*$- 类为 S_α, 且当 $\alpha \in h(Q) \in Y$ 时, 记 $Q_\alpha = h^{-1}(\alpha)$; 当 $\alpha \in Y \backslash h(Q)$ 时, $Q_\alpha = \varnothing$. 关于任意 $\alpha \in Y$, 记 $S_\alpha^{(1)} = S_\alpha \backslash Q_\alpha$. 由 Q 的定义, 有 $S_\alpha^{(1)} \subseteq \operatorname{Reg} S$. 这样, 若 $a \in S_\alpha^{(1)}$, 因 $S = \bigcup_{\alpha \in Y} S_\alpha$ 是半群 S_α 的半格, 则 a 的逆元集 $V(a)$ 一定包含在 $S_\alpha^{(1)}$ 中. 此外, 因为 $\operatorname{Reg} S$ 是 S 的理想, $S_\alpha^{(1)}$ 是 S_α 的正则子半群. 假设 $e, f \in S_\alpha^{(1)} \cap E$. 则 $e \mathcal{L}^* f$, 即 $ef = e, fe = f$. 这意味着在 $S_\alpha^{(1)}$ 中 $S_\alpha^{(1)} \cap E$ 是左零带. 据引理 6.2, 知 $S_\alpha^{(1)}$ 是左群. 因此, $\operatorname{Reg} S = \bigcup_{\alpha \in Y} S_\alpha^{(1)}$ 是左群的半格, 即 $\operatorname{Reg} S$ 是一个左 C-子半群.

进一步关于每个 $\alpha \in Y$, $S_\alpha^{(1)}$ 是左群, 由左群的定义, 知 $S_\alpha^{(1)}$ 同构于左零带 I_α 和群 G_α 的直积. 因此, 记 $S_\alpha^{(1)} = G_\alpha \times I_\alpha$, 且记 $I = \bigcup_{\alpha \in Y} I_\alpha$, $T = \bigcup_{\alpha \in Y} G_\alpha$.

显然 $E = \{(e_{\alpha,i}) \mid \alpha \in Y, i \in i_\alpha, e_\alpha^2 = e_\alpha \in G_\alpha\}$ 是 S 的所有幂等元的集合. 由于 $S_\alpha^{(1)} = G_\alpha \times I_\alpha$ 及 $S = \bigcup_{\alpha \in Y}(Q_\alpha \cup S_\alpha^{(1)})$, 且据定理 6.1 知, E 为左正则带. 因此, 关于任意 i, I_α, 从 I 到 E 的双射 $i \mapsto (e_\alpha, i)$ 使得 $I = \bigcup_{\alpha \in Y} I_\alpha$ 为左正则带 I 到左零带 I_α 的半格分解. 根据 [6], $T = \bigcup_{\alpha \in Y} G_\alpha$ 是群 G_α 的强半格 $T = [Y; G_\alpha, \varphi_{\alpha,\beta}]$.

现在, 我们来证明定理 6.6 的后半部分. 事实上, 我们需要构造左 C- 拟正则半群 S 为左广义 Δ-积 $S = S(Q, T, I, Y; \Phi)$, 其中 $T = \bigcup_{\alpha \in Y} G_\alpha$, $I = \bigcup_{\alpha \in Y} I_\alpha$, 建立结构映射 Φ, 使得定义 6.4 中的所有条件都被满足, 我们的步骤如下.

第 1 步 关于每个 $\alpha \in Y$, 令 $S_\alpha^{(2)} = Q_\alpha \cup G_\alpha$. 显然, $\operatorname{Reg} S = \bigcup_{\alpha \in Y} S_\alpha^{(1)}$. 为了建立从 $S_\alpha^{(2)}$ 到 G_β 的映射 $\Phi_{\alpha,\beta}^{(2)}$, 假设 $\alpha, \beta \in Y$, $\alpha \geqslant \beta$, 我们考虑以下的情况:

(i) 设 $a \in Q_\alpha$, $(e_\beta, j) \in S_\beta^{(1)} \cap E$, 这里 e_β 是群 G_β 的单位元. 则 $(e_\beta, j)a \in S_\beta^{(1)} = S_\beta \cap \operatorname{Reg} S$, 即存在某个 $u' \in G_\beta, j' \in I_\beta$ 使得 $(e_\beta, j)a = (u', j')$. 用 (e_β, j) 同乘以上等式的左边, 由于 I 是左零带, 则

$$(e_\beta, j)a = (e_\beta, j)(u', j')$$
$$= (u', jj') = (u', j).$$

这表明式 (6.1) 确定了一个从 Q_α 到 G_β 的映射 $\theta_{\alpha,\beta} : a \mapsto a\theta_{\alpha,\beta}$, 满足

$$(e_\beta, j)a = (a\theta_{\alpha,\beta}, j). \tag{6.1}$$

(ii) 设 $a = (u, i) \in S_\alpha^{(1)}$, $(e_\beta, j) \in S_\beta^{(1)} \cap E$. 则

$$(e_\beta, j)(u, i) = (u'', j) \in S_\beta^{(1)}. \tag{6.2}$$

另一方面, 设 $(e_\alpha, i) \in S_\alpha^{(1)} \cap E$, $i' \in I_\alpha$. 则

$$(e_\beta, j)(u, i') = [(e_\beta, j)(e_\alpha, i)](u, i')$$
$$= (e_\beta, j)[(e_\alpha, i)(u, i')]$$
$$= (e_\beta, j)(u, i). \tag{6.3}$$

因此, 结合式 (6.3), 可定义从 G_α 到 G_β 的一个映射 $\theta_{\alpha,\beta}: u \mapsto u\theta_{\alpha,\beta}$, 满足

$$(e_\beta, j)(u, i) = (u\theta_{\alpha,\beta}, j). \tag{6.4}$$

根据 (i) 和 (ii), 我们可以定义一个从 $S_\alpha^{(2)} = Q_\alpha \cup G_\alpha$ 到 G_β 的映射 $\Phi_{\alpha,\beta}^{(2)}: a \mapsto a\theta_{\alpha,\beta}$.

第 2 步 证明 $\Phi_{\alpha,\beta}^{(2)}$ 满足定义 6.4 中的条件 (c3) 和 (c4).

为了这个目的, 任意取定 $(e_\beta, j) \in S_\beta^{(1)} \cap E$. 则对任意 $(e_\gamma, k) \in S_\gamma^{(1)} \cap E, \beta \geqslant \gamma$, 由于 E 是一个子半群, 有 $(e_\gamma, k)(e_\beta, j) = (e_\gamma, k) \in S_\gamma^{(1)} \cap E$. 据式(6.2)和式(6.5), 关于任意 $a \in Q_\alpha, \alpha \geqslant \beta \geqslant \gamma$, 有

$$(e_\gamma, k)[(e_\beta, j)a] = (e_\gamma, k)(a\theta_{\alpha,\beta}, j) = (a\theta_{\alpha,\beta}\theta_{\beta,\gamma}, k)$$

和

$$(e_\gamma, k)a = (a\theta_{\alpha,\gamma}, k).$$

因此, $a\theta_{\alpha,\beta}\theta_{\beta,\gamma} = a\theta_{\alpha,\gamma}$. 这证明了 $\Phi_{\alpha,\beta}^{(2)}$ 满足条件 C(3) (ii).

同理, 我们可以证明关于任意 $(u, i) \in S_\alpha^{(1)}$,

$$u\theta_{\alpha,\beta}\theta_{\beta,\gamma} = u\theta_{\alpha,\gamma}. \tag{6.5}$$

假设 $a \in Q_\alpha, b \in Q_\beta, ab \in Q_{\alpha\beta}$ 及 $(e_\delta, l) \in S_\delta^{(1)} \cap E, \alpha\beta \geqslant \delta$. 则由式 (6.2) 和式 (6.5), 有

$$(e_\delta, l)ab = [(ab)\theta_{\alpha\beta,\delta}, l]$$

和

$$\begin{aligned}
[(e_\delta, l)a]b &= (a\theta_{\alpha,\delta}, l)(e_\delta, l)b \\
&= (a\theta_{\alpha,\delta}, l)(b\theta_{\beta,\delta}, l) \\
&= (a\theta_{\alpha,\delta} \cdot b\theta_{\beta,\delta}, l).
\end{aligned}$$

这意味着 $(ab)\theta_{\alpha\beta,\delta} = a\theta_{\alpha,\delta}b\theta_{\beta,\delta}$. 因此 $\Phi_\alpha^{(2)}$ 满足定义 6.4 中的条件 (c4)(i)(a). 而且, 若 $(u, i), (u', i') \in S_\alpha^{(1)}, \alpha \geqslant \beta$ 时, 可类似证明

$$(uu')\theta_{\alpha,\beta} = u\theta_{\alpha,\beta} \cdot u'\theta_{\alpha,\beta}. \tag{6.6}$$

利用式 (6.4), 直接得到

$$u\theta_{\alpha,\alpha} = u. \tag{6.7}$$

记 $\Phi_{\alpha,\beta}^{(2)}\,|_{G_\alpha}$ 为 $\varphi_{\alpha,\beta}$. 则容易看出 $\varphi_{\alpha,\beta}$ 是群 G_α 的强半格 $T = [Y; G_\alpha, \varphi_{\alpha,\beta}]$ 的结构同态. 因此, 条件 (c3)(i) 满足.

第 3 步 定义从 Q_α 到 $\mathcal{T}(I_\beta)$ 的映射 $\Phi_{\alpha,\beta}^{(3)}$.

任取 $(e_\beta, j) \in S_\beta^{(1)} \cap E$. 则关于任意 $a \in Q_\alpha$, $\alpha \geqslant \beta$, 显然 $a(e_\beta, j) \in S_\beta^{(1)}$. 记 $a(e_\beta, j) = (v, k)$. 给该式两边同时右乘 (e_β, k), 有 $a(e_\beta, j)(e_\beta, k) = (v, k)(e_\beta, k)$, 即

$$a(e_\beta, j) = (a\theta_{\alpha,\beta}, k) \in S_\beta^{(1)}. \tag{6.8}$$

换句话说, 若记 $k = \psi_{\alpha,\beta}^a j$, 则式 (6.9) 定义了从 Q_α 到 $\mathcal{T}(I_\beta)$ 的映射 $\Phi_{\alpha,\beta}^{(3)}: a \mapsto \psi_{\alpha,\beta}^a$, 满足

$$a(e_\beta, j) = (a\theta_{\alpha,\beta}, \psi_{\alpha,\beta}^a j). \tag{6.9}$$

第 4 步   定义从 $S_\alpha^{(1)}$ 到 $\mathcal{T}(I_\beta)$ 的映射 $\Phi_{\alpha,\beta}^{(1)}$.

与第 3 步类似, 令 $(u, i) \in S_\alpha^{(1)}$. 我们可定义从 $S_\alpha^{(1)}$ 到 $\mathcal{T}(I_\beta)$ 的映射 $\Phi_{\alpha,\beta}^{(1)}$: $(u, i) \mapsto \psi_{\alpha,\beta}^{(u,i)}$ 使得下式成立,

$$(u, i)(e_\beta, j) = (u\theta_{\alpha,\beta}, \psi_{\alpha,\beta}^{(u,i)} j). \tag{6.10}$$

若 $(u, i) \in S_\alpha^{(1)}, i' \in I_\alpha$, 则由式 (6.8) 和式 (6.11), 有

$$(u, i)(e_\alpha, i') = (u\theta_{\alpha,\alpha}, \psi_{\alpha,\alpha}^{(u,i)} i') = (u, \psi_{\alpha,\alpha}^{(u,i)} i'). \tag{6.11}$$

由于 $(u, i)(e_\alpha, i') = (u, i)$, 从而 $\psi_{\alpha,\alpha}^{(u,i)} i' = i$. 这表明映射 $\Phi_{\alpha,\beta}^{(1)}$ 也满足定义 6.4 的条件 (c1).

第 5 步   下面验证定义 6.4 中的条件 (c2) 也满足. 假设 $\alpha, \beta \in Y, a \in S_\alpha, b \in S_\beta$, 且 $ab \notin Q_{\alpha\beta}$, 则 $\psi_{\alpha,\alpha\beta}^a \psi_{\beta,\alpha\beta}^b$ 是常值映射, 其值为 $\langle \psi_{\alpha,\alpha\beta}^a \psi_{\beta,\alpha\beta}^b \rangle$.

为了证明上述结论, 注意到 $ab \notin Q_{\alpha\beta}$, 假设 $ab = (u, i)$. 显然 $ab = (u, i) \in S_{\alpha\beta}^{(1)}$. 取 $(e_{\alpha\beta}, k) \in S_{\alpha\beta}^{(1)} \cap E$, 则由式 (6.10), 有

$$\begin{aligned}
a[b(e_{\alpha\beta}, k)] &= a(b\theta_{\beta,\alpha\beta}, \psi_{\beta,\alpha\beta}^b k) \\
&= a(e_{\alpha\beta}, \psi_{\beta,\alpha\beta}^b k)(b\theta_{\beta,\alpha\beta}, \psi_{\beta,\alpha\beta}^b k) \\
&= (a\theta_{\alpha,\alpha\beta}, \psi_{\alpha,\alpha\beta}^a \psi_{\beta,\alpha\beta}^b k)(b\theta_{\beta,\alpha\beta}, \psi_{\beta,\alpha\beta}^b k) \\
&= (a\theta_{\alpha,\alpha\beta} b\theta_{\beta,\alpha\beta}, \psi_{\alpha,\alpha\beta}^a \psi_{\beta,\alpha\beta}^b k)
\end{aligned} \tag{6.12}$$

和

$$ab(e_{\alpha\beta}, k) = (u, i)(e_{\alpha\beta}, k) = (u, i). \tag{6.13}$$

这意味着 $i = \psi_{\alpha,\alpha\beta}^a \psi_{\beta,\alpha\beta}^b k$. 因此 $\psi_{\alpha,\alpha\beta}^a \psi_{\beta,\alpha\beta}^b$ 是 $I_{\alpha\beta}$ 上的常值映射.

第 6 步   为了证明 S 上乘法和定义在左广义 Δ-积 $S = S(Q, T, I, Y; \Phi)$ 上的乘法 "$*$" 一致, 我们需要验证条件 (M1)—(M4) 成立.

若 $a \in Q_\alpha, b \in Q_\beta, ab \notin Q_{\alpha\beta}$, 则由第 5 步中的式 (6.13) 和式 (6.14), 有

$$ab = (u,i) = (a\theta_{\alpha,\alpha\beta}b\theta_{\beta,\alpha\beta}, \langle\psi^{(a)}_{\alpha,\alpha\beta}\psi^{(b)}_{\beta,\alpha\beta}\rangle)$$
$$= c * b. \tag{6.14}$$

另外, 若 $a \in Q_\alpha, b \in Q_\beta, ab \in Q_{\alpha\beta}$, 则显然 $ab = a * b$. 这意味着条件 (M1) 和 (M2) 满足. 同样的方法可验证条件 (M3) 和 (M4) 也满足.

第 7 步 最后, 我们需要证明映射

$$\Phi = (\Phi^{(1)}_{\alpha,\beta}; \Phi^{(2)}_{\alpha,\beta}; \Phi^{(3)}_{\alpha,\beta} | \alpha \geqslant \beta, \alpha, \beta \in Y)$$

为结构映射. 由上面证明, 知条件 (c1),(c2) 和 (c3) 均满足. 现在我们仅需要证明条件 (c4) 满足.

假设 $a \in Q_\alpha, b \in Q_\beta, ab \notin Q_{\alpha\beta}, \alpha\beta \geqslant \delta$. 任取 $(e_\delta, l) \in S^{(1)}_\delta \cap E$. 则由式 (6.15), 有 $ab = (a\theta_{\alpha,\alpha\beta}b\theta_{\beta,\alpha\beta}, \langle\psi^a_{\alpha,\alpha\beta}\psi^b_{\beta,\alpha\beta}\rangle)$, 记该式为 (u,i). 利用式 (6.10)、式 (6.11) 和条件 (c3)(ii), 有

$$ab(e_\delta, l) = (u,i)(e_\delta, l) = \left(u\theta_{\alpha\beta,\delta}, \psi^{(u,i)}_{\alpha\beta,\delta}l \right)$$
$$= \left[(a\theta_{\alpha,\alpha\beta}b\theta_{\beta,\alpha\beta})\theta_{\alpha\beta,\delta}, \psi^{(u,i)}_{\alpha\beta,\delta}l \right]$$
$$= \left(a\theta_{\alpha,\delta}b\theta_{\beta,\delta}\psi^{(u,i)}_{\alpha\beta,\delta}l \right) \tag{6.15}$$

和

$$a[b(e_\delta, l)] = a(b\theta_{\beta,\delta}, \psi^b_{\beta,\delta}l)$$
$$= a(e_\delta, \psi^b_{\beta,\delta}l)(b\theta_{\beta,\delta}, \psi^b_{\beta,\delta}l)$$
$$= (a\theta_{\alpha,\delta}, \psi^a_{\alpha,\delta}\psi^b_{\beta,\delta}l)(b\theta_{\beta,\delta}, \psi^b_{\beta,\delta}l)$$
$$= (a\theta_{\alpha,\delta}b\theta_{\beta,\delta}, \psi^a_{\alpha,\delta}\psi^b_{\beta,\delta}l). \tag{6.16}$$

对照式 (6.16) 和式 (6.17), 有 $\psi^a_{\alpha,\delta}\psi^b_{\beta,\delta} = \psi^{(u,i)}_{\alpha\beta,\delta}$. 这意味着条件 (c4)(ii) 满足. 利用同样的方法, 可以证明条件 (c4) 的其他条款也满足. 这样, 定理 6.6 的后半部分证明完成.

现在, 左 C-半群作为左 C-拟正则半群的一个特例, 我们可以给出左 C-半群的一个结构. 事实上, 如果我们给定 $T = [Y; G_\alpha, \varphi_{\alpha,\beta}]$ 是群 G_α 的强半格, $I = \bigcup_{\alpha \in Y} I_\alpha$ 是左零带 I_α 的半格, $Q = \varnothing$, 且选择映射 $\psi_{\alpha,\beta} = \Phi^{(1)}_{\alpha,\beta}$, 我们可以构成 Δ-积 $T\Delta_{Y,\psi}I$. 这是因为映射 $\Phi^{(1)}_{\alpha,\beta}$ 满足左广义 Δ-积定义中的条件 (c1), (c2) 和 (c4)(iv), 则 ψ 满足必需的条件. 因此, 我们有如下结论.

推论 6.10 假设 $T = [Y; G_\alpha, \varphi_{\alpha,\beta}]$ 是群 G_α 的强半格, $I = \bigcup_{\alpha \in Y} I_\alpha$ 是左零带 I_α 的半格, 则 T 和 I 关于 $Y, \psi_{\alpha,\beta}$ 的 Δ-积, 即 $S = T\Delta_{Y,\psi}I$ 是左 C-半群.

反过来, 任意左 C-半群都可以用这种方式来构造.

6.3   一 个 例 子

本节我们构造一个非平凡左 C-拟正则半群的例子. 该构造完全按照左广义 Δ-积的方法进行, 其步骤如下:

第 1 步   选择任意半格 Y. 假设 $Y = \{\alpha, \beta, \alpha\beta\}$, 如下图所示.

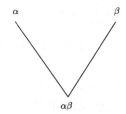

称半格 Y 为基础半格.

第 2 步   在基础半格 Y 的每个顶点构造一个群. 例如, 设 $G_\alpha = \{e_0\}$ 和 $G_\beta = \{g_0\}$ 是两个平凡群. 令 $G_{\alpha\beta} = \{w_0, a_0, b_0 \mid a_0^2 = b_0, a_0^3 = w_0\}$ 为三元循环群. 在基础半格 Y 的每个顶点处添加对应的群. 则 $T = [Y, G_\alpha; \varphi_{\alpha,\beta}]$ 为关于结构同态 $\varphi_{\alpha,\beta}$ 群的强半格, 如下图:

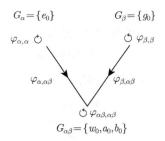

第 3 步   构造半格 Y 上的左正则带. 设 $I_\alpha = \{i, j\}, I_\beta = \{k, l\}$ 和 $I_{\alpha\beta} = \{m\}$ 是三个左零带. 则 $I = \bigcup_{\alpha \in Y} I_\alpha$ 自然地是一个左正则带.

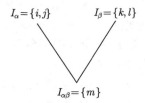

第 4 步   在半格 Y 的每个顶点, 作群和左零带的直积, 即 $S_\alpha^{(1)} = G_\alpha \times I_\alpha$,

$S_\beta^{(1)} = G_\beta \times I_\beta$ 和 $S_{\alpha\beta}^{(1)} = G_{\alpha\beta} \times I_{\alpha\beta}$. 记 $(e_0, i) = e, (e_0, j) = f, (g_0, k) = g, (g_0, l) = h, (w_0, m) = w, (a_0, m) = u, (b_0, m) = v$. 则有

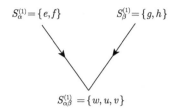

第 5 步 构造左广义 Δ-积 S 的映射 $\Phi_{\gamma,\delta}^{(1)} : S_\gamma^{(1)} \longrightarrow \mathcal{T}(I_\delta)$, 如下图:

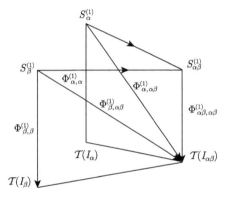

其中

$$\Phi_{\alpha,\alpha}^{(1)} : e = (e_0, i) \mapsto \begin{pmatrix} ij \\ ii \end{pmatrix}, \quad f = (e_0, j) \mapsto \begin{pmatrix} ij \\ jj \end{pmatrix},$$

$$\Phi_{\beta,\beta}^{(1)} : g = (g_0, l) \mapsto \begin{pmatrix} kl \\ kk \end{pmatrix}, \quad h = (g_0, k) \mapsto \begin{pmatrix} kl \\ ll \end{pmatrix},$$

$\Phi_{\alpha,\alpha\beta}^{(1)}$ 和 $\Phi_{\beta,\alpha\beta}^{(1)}$ 显然是平凡映射.

第 6 步 假设 $Q = Q_\alpha \cup Q_\beta \cup Q_{\alpha\beta}$ 为幂歧部分半群, 其中 $Q_\alpha = \{a\}$, $Q_\beta = \{b\}$, $Q_{\alpha\beta} = \varnothing$. 假设 a^2, b^2, ab 和 ba 不在 Q 中.

形成左广义 Δ-积 S 的组成成分, 即, $S_\alpha^{(2)} = Q_\alpha \cup G_\alpha, S_\beta^{(2)} = Q_\beta \cup G_\beta$ 和 $S_{\alpha\beta}^{(2)} = Q_{\alpha\beta} \cup G_{\alpha\beta}$. 则 $S_\alpha^{(2)} = \{a, e_0\}, S_\beta^{(2)} = \{b, g_0\}, S_{\alpha\beta}^{(2)} = G_{\alpha\beta} = \{w_0, a_0, b_0\}$.

设 S 的结构映射为 $\Phi_{\gamma,\delta}^{(2)} : S_\gamma^{(2)} \longrightarrow G_\delta$, 如下图:

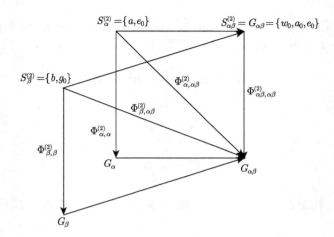

其中, 映射 $\Phi_{\alpha,\alpha}^{(2)}, \Phi_{\beta,\beta}^{(2)}$ 是显然的; $\Phi_{\alpha\beta,\alpha\beta}^{(2)}$ 是恒等映射, 且

$$\Phi_{\alpha,\alpha\beta}^{(2)} : x \mapsto w_0, x \in S_\alpha^{(2)},$$

$$\Phi_{\beta,\alpha\beta}^{(2)} : x \mapsto w_0, x \in S_\beta^{(2)}.$$

第 7 步 设 S 的结构映射为 $\Phi_{\gamma,\delta}^{(3)} : Q_\gamma \longrightarrow \mathcal{T}(I_\delta)$, 如下图:

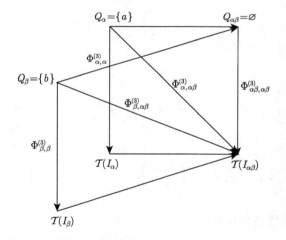

其中

$$\Phi_{\alpha,\alpha}^{(3)} : a \mapsto \begin{pmatrix} ij \\ ii \end{pmatrix},$$

$$\Phi_{\beta,\beta}^{(3)} : b \mapsto \begin{pmatrix} kl \\ kk \end{pmatrix}.$$

其他映射显然是恒等映射.

第 8 步 最后, 在半格 Y 上构造左广义 Δ-积 $S = \bigcup_{\alpha \in Y} S_\alpha$, 其中 $S_\alpha = Q_\alpha \cup S_\alpha^{(1)}, S_\beta = Q_\beta \cup S_\beta^{(1)}, S_{\alpha\beta} = Q_{\alpha\beta} \cup S_{\alpha\beta}^{(1)}$, 综合以上三个阶段的构造映射 $\Phi = (\Phi_{\gamma,\delta}^{(1)}, \Phi_{\gamma,\delta}^{(2)}, \Phi_{\gamma,\delta}^{(3)})$, 则 $S = \{a, e, f, b, g, h, w, u, v\}$ 就是我们需要的半群.

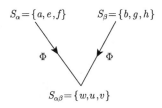

由以上各步骤, 按照左广义 Δ-积的乘法, 我们得到了左广义 Δ-积 S 的 Cayley 乘法表如下:

$*$	a	b	e	f	g	h	w	u	v
a	e	w	e	e	w	w	w	u	v
b	w	g	w	w	g	g	w	u	v
e	e	w	e	e	w	w	w	u	v
f	f	w	f	f	w	w	w	u	v
g	w	w	w	w	g	g	w	u	v
h	w	w	w	w	h	h	w	u	v
w	w	w	w	w	w	w	w	u	v
u	u	u	u	u	u	u	u	v	w
v	v	v	v	v	v	v	v	w	u

由上表易证 S 的确是一个左 C-拟正则半群. 有趣的是利用我们的构造方法, 不需要验证上表乘法的结合律!

第 7 章 C^*-拟正则半群

本章讨论的 C^*-拟正则半群是一类重要的拟完全正则半群, 它可以看作是正则群并半群 (regular orthogroups) 在拟正则半群范围内的一个推广.

7.1 定义和性质

定义 7.1 拟正则半群 S 称为 C^*-拟正则半群, 如果关于任意 $e \in E(S)$, 映射 $\psi_e : x \mapsto exe$ 为从 S^1 到 eS^1e 的半群同态, 且 Reg S 为 S 的理想.

我们从文献 [8] 直接得到下面的结论.

引理 7.1 若 S 为拟完全正则半群, 则 $\mathcal{J}^*$ 为 S 的半格同余.

首先给出 C^*-拟正则半群的若干等价刻画.

定理 7.2 令 S 为任意半群. 则下列各款等价:

(i) S 为 C^*-拟正则半群;

(ii) S 为拟完全正则半群, Reg S 为 S 的理想, 且 $E(S)$ 为正则带;

(iii) S 为拟完全正则半群, 关于任意 $e \in E(S)$, 有 $eS \cup Se \subseteq$ Reg S, 且映射 $\varphi_e : f \mapsto efe$ 为 $E(S)$ 到 $eE(S)e$ 的半群同态;

(iv) S 为拟矩形群的半格, $E(S)$ 为正则带, 且

$$(\forall a \in S)(\exists m \in N) \quad a^m S \cup Sa^m \subseteq \text{Reg } S;$$

(v) S 为正则群并半群的诣零扩张.

证明 (i) $\Rightarrow$ (ii). 假设 S 为 C^*-拟正则半群. 则由定义, 关于任意 $e \in E(S)$ 及任意 $a, b \in S$, 有 $eaebe = eabe$. 因此, 关于任意 $c \in$ Reg S, 存在 $c' \in V(c)$ 使得

$$c = cc'c = c \cdot c'c \cdot c' \cdot c \cdot c'c$$
$$= c \cdot c'c \cdot c' \cdot c'c \cdot c \cdot c'c$$
$$= c(c')^2 c^2.$$

这样, $c \in (\text{Reg } S)c^2$. 类似地, $c \in c^2(\text{Reg } S)$. 从而, $c \in c^2(\text{Reg } S) \cap (\text{Reg } S)c^2$. 因此, c 为完全正则元, 从而 S 为拟完全正则半群.

再由假设, 关于任意 $e, f \in E(S)$, 有 $(ef)^3 = (ef)^2$. 从而 $E(S)$ 为 S 的子半群. 显然, 由假设知, $E(S)$ 为正则带.

(ii) $\Rightarrow$ (iii). 据 [6], $E(S)$ 为正则带, 当且仅当关于任意 $e, f, g \in E(S)$,

$$efege = efge.$$

因此, (iii) 显然成立.

(iii) $\Rightarrow$ (iv). 若 S 为拟完全正则半群, 则由引理 7.1, $\mathcal{J}^*$ 为 S 上的半格同余. 因此, 存在半格 Y 使得 $S = \bigcup_{\alpha \in Y} S_\alpha$, 其中每个 S_α 为 S 的 $\mathcal{J}^*$-类.

现证 S 的每个 $\mathcal{J}^*$-类 S_α 为拟矩形群. 由 S_α 为拟完全正则的, 则关于任意 $a, b \in \text{Reg}\,(S_\alpha), (a, b) \in \mathcal{J}^*$, 当且仅当 $(a, b) \in \mathcal{J}$. 据假设和 [8], $\text{Reg}\,(S_\alpha)$ 为完全单子半群, 且 S_α 中的幂等元均是 $\mathcal{J}^*$-本原的. 因此, 若 $(e, f) \in \mathcal{J}^* \cap (E(S) \times E(S))$, 且满足 $ef = fe$. 记 $g = ef$, 则 $g^2 = g$ 且 $g = fg = gf$. 这表明 $g \leqslant f$. 又因 S_α 中的幂等元均是 $\mathcal{J}^*$ 本原的, 则 $g = f$. 类似地, $g = e$. 因此, S_α 的幂等元集为矩形带. 据定理 5.1, 知 S_α 为拟矩形群.

另由 S 的拟完全正则性知, 关于任意 $a \in S$, 存在 $m \in N$ 使得 a^m 是完全正则元. 由假设知, $a^m S \cup S a^m \subseteq \text{Reg}\,S$. 显然, $E(S)$ 为正则带. 因此 (iv) 得证.

(iv) $\Rightarrow$ (v). 令 S 为拟矩形群 S_α 的半格 Y, 即 $S = \bigcup_{\alpha \in Y} S_\alpha$. 则 S_α 的幂等元都是本原的. 由定理 5.1, S_α 的完全单核 K_α 为矩形群. 据假设, 易见 $G(S) = \bigcup_{\alpha \in Y} K_\alpha$ 为正则群并半群 (幂等元为正则带的完全正则半群). 因此, 据 [28], $G(S)$ 为正则群并半群. 又因 S 为拟正则的, 显然 S 为正则群并半群 $G(S)$ 的诣零扩张. 从而, (v) 得证.

(v) $\Rightarrow$ (i). 令 S 为正则群并半群 T 的诣零扩张. 显然, $\text{Reg}\,S \subseteq T$, 从而 $\text{Reg}\,S = T$. 同时, 关于任意 $x, y \in S, e \in E$, 有 $ex, ye \in T$. 又因 T 为正则群并半群, 易证映射 $\varphi_e : x \mapsto exe$ 为 S^1 到 eS^1e 的半群同态. 这证明了 S 为 C^*-拟正则半群.

7.2 广义 Δ-积

据 [30], 我们知道, 完全正则半群的代数结构可由半群的平移壳来刻画. 实际上, 我们同样可借助半群的平移壳来建立 C^*-拟正则半群的代数结构.

本节, 引入下面广义 Δ-积的概念.

(I) 令 τ 为从幂歧部分半群 Q 到半格 Y 的部分同态; 记 $Q_\alpha = \tau^{-1}(\alpha)$, 其中 $\alpha \in Y$.

(II) 令 $T = [Y; T_\alpha, \xi_{\alpha, \beta}]$ 为半群 T_α 的强半格, 其中 $\xi_{\alpha\beta}$ 为同态. 令 $I = \bigcup_{\alpha \in Y} I_\alpha$, $\Lambda = \bigcup_{\alpha \in Y} \Lambda_\alpha$ 分别为集合 I 和 Λ 在半格 Y 上的半格分解. 由 [6] 知, 若 T_α 为群, 则强半格 $T = [Y; T_\alpha, \xi_{\alpha, \beta}]$ 为 Clifford 半群.

关于每个 $\alpha \in Y$, 构造下面三个集合:

$$S_\alpha^0 = Q_\alpha \cup T_\alpha,$$
$$S_\alpha^l = Q_\alpha \cup (I_\alpha \times T_\alpha),$$
$$S_\alpha^r = Q_\alpha \cup (T_\alpha \times \Lambda_\alpha).$$

(III) 关于任意 $\alpha, \beta \in Y$, $\alpha \geqslant \beta$, 定义下面映射

$$\theta_{\alpha,\beta} : S_\alpha^0 \to T_\beta, \quad a \mapsto a\theta_{\alpha,\beta},$$

且要求 $\theta_{\alpha,\beta}$ 满足下面的条件:

(P1) (i) $\theta_{\alpha,\beta}|_{T_\alpha} = \xi_{\alpha,\beta}$.

(ii) 若 $a \in Q_\alpha$, $\alpha \geqslant \beta \geqslant \gamma$, 则 $a\theta_{\alpha,\beta}\theta_{\beta,\gamma} = a\theta_{\alpha,\gamma}$.

(iii) 若 $a \in Q_\alpha, b \in Q_\beta$, $ab \in Q_{\alpha\beta}$, $\alpha\beta \geqslant \delta$, 则

$$(ab)\theta_{\alpha\beta,\delta} = a\theta_{\alpha,\delta}b\theta_{\beta,\delta}.$$

(IV) 关于任意 $\alpha, \beta \in Y$, $\alpha \geqslant \beta$, 定义两个映射 $\varphi_{\alpha,\beta}$ 和 $\psi_{\alpha,\beta}$ 如下

$$\varphi_{\alpha,\beta} : \quad S_\alpha^l \to \mathcal{T}(I_\beta), \quad a \mapsto \varphi_{\alpha,\beta}^a;$$
$$\psi_{\alpha,\beta} : \quad S_\alpha^r \to \mathcal{T}^*(\Lambda_\beta), \quad a \mapsto \psi_{\alpha,\beta}^a,$$

且要求 $\varphi_{\alpha,\beta}$ 和 $\psi_{\alpha,\beta}$ 分别满足下列条件 (P2), (P3), (P2)* 及 (P3)*.

(P2) 若 $(i,g) \in I_\alpha \times T_\alpha$, 且 $j \in I_\alpha$, 则 $\varphi_{\alpha,\alpha}^{(i,g)}j = i$.

(P2)* 若 $(g,\lambda) \in T_\alpha \times \Lambda_\alpha$, 且 $\mu \in \Lambda_\alpha$, 则 $\mu\psi_{\alpha,\alpha}^{(g,\lambda)} = \lambda$.

(P3) 令 $\alpha, \beta, \delta \in Y$, $\alpha\beta \geqslant \delta$.

(i) 若 $a \in S_\alpha^l, b \in S_\beta^l$, $ab \in Q_{\alpha\beta}$, 则 $\varphi_{\alpha\beta,\delta}^{ab} = \varphi_{\alpha,\delta}^a\varphi_{\beta,\delta}^b$.

(ii) 若 $a \in S_\alpha^l, b \in S_\beta^l$, $ab \notin Q_{\alpha\beta}$, 则 $\varphi_{\alpha,\alpha\beta}^a\varphi_{\beta,\alpha\beta}^b$ 为集合 $I_{\alpha\beta}$ 上的常值映射. 令 $k = \langle \varphi_{\alpha,\alpha\beta}^a\varphi_{\beta,\alpha\beta}^b \rangle$ 为映射 $\varphi_{\alpha,\alpha\beta}^a\varphi_{\beta,\alpha\beta}^b$ 的常值, $g = a\theta_{\alpha,\alpha\beta}b\theta_{\beta,\alpha\beta}$. 则

$$\varphi_{\alpha\beta,\delta}^{(k,g)} = \varphi_{\alpha,\delta}^a\varphi_{\beta,\delta}^b.$$

(P3)* 令 $\alpha, \beta, \delta \in Y$, $\alpha\beta \geqslant \delta$.

(i) 若 $a \in S_\alpha^r, b \in S_\beta^r$, $ab \in Q_{\alpha\beta}$, 则 $\psi_{\alpha\beta,\delta}^{ab} = \psi_{\alpha,\delta}^a\psi_{\beta,\delta}^b$.

(ii) 若 $a \in S_\alpha^r, b \in S_\beta^r$, $ab \notin Q_{\alpha\beta}$, 则 $\psi_{\alpha,\alpha\beta}^a\psi_{\beta,\alpha\beta}^b$ 为集合 $\Lambda_{\alpha\beta}$ 上的常值映射. 令 $u = \langle \psi_{\alpha,\alpha\beta}^a\psi_{\beta,\alpha\beta}^b \rangle$ 为映射 $\psi_{\alpha,\alpha\beta}^a\psi_{\beta,\alpha\beta}^b$ 的常值, 且 $\nu = a\theta_{\alpha,\alpha\beta}b\theta_{\beta,\alpha\beta}$. 则

$$\psi_{\alpha\beta,\delta}^{(u,\nu)} = \psi_{\alpha,\delta}^a\psi_{\beta,\delta}^b.$$

(V) 构造集合 $S = \bigcup_{\alpha \in Y} S_\alpha = \bigcup_{\alpha \in Y}(Q_\alpha \cup (I_\alpha \times T_\alpha \times \Lambda_\alpha))$, 定义 S 上的二元运算 "$*$", 且满足下面的条件:

[M1] 若 $a \in Q_\alpha, b \in Q_\beta, ab \in Q_{\alpha\beta}$, 则 $a * b = ab$;

[M2] 若 $a \in Q_\alpha, b \in Q_\beta, ab \notin Q_{\alpha\beta}$, 则

$$a * b = (\langle \varphi^a_{\alpha,\alpha\beta} \varphi^b_{\beta,\alpha\beta} \rangle, a\theta_{\alpha,\alpha\beta} b\theta_{\beta,\alpha\beta}, \langle \psi^a_{\alpha,\alpha\beta} \psi^b_{\beta,\alpha\beta} \rangle);$$

[M3] 若 $a \in Q_\alpha, (i, g, \lambda) \in I_\beta \times T_\beta \times \Lambda_\beta$, 则

$$a * (i, g, \lambda) = (\langle \varphi^a_{\alpha,\alpha\beta} \varphi^{(i,g)}_{\beta,\alpha\beta} \rangle, a\theta_{\alpha,\alpha\beta} g\theta_{\beta,\alpha\beta}, \langle \psi^a_{\alpha,\alpha\beta} \psi^{(g,\lambda)}_{\beta,\alpha\beta} \rangle),$$

$$(i, g, \lambda) * a = (\langle \varphi^{(i,g)}_{\beta,\alpha\beta} \varphi^a_{\alpha,\alpha\beta} \rangle, g\theta_{\beta,\alpha\beta} a\theta_{\alpha,\alpha\beta}, \langle \psi^{(g,\lambda)}_{\beta,\alpha\beta} \psi^a_{\alpha,\alpha\beta} \rangle);$$

[M4] 若 $(i, g, \lambda) \in I_\alpha \times T_\alpha \times \Lambda_\alpha, (j, h, \mu) \in I_\beta \times T_\beta \times \Lambda_\beta$, 则

$$(i, g, \lambda) * (j, h, \mu) = (\langle \varphi^{(i,g)}_{\alpha,\alpha\beta} \varphi^{(j,h)}_{\beta,\alpha\beta} \rangle, g\xi_{\alpha,\alpha\beta} h\xi_{\beta,\alpha\beta}, \langle \psi^{(g,\lambda)}_{\alpha,\alpha\beta} \psi^{(h,\mu)}_{\beta,\alpha\beta} \rangle).$$

用通常的方法可验证 $(S, *)$ 为半群.

现在记 $\Sigma = \{\varphi_{\alpha,\beta}, \psi_{\alpha,\beta}, \theta_{\alpha,\beta} \mid \alpha, \beta \in Y, \alpha \geqslant \beta\}$, 并称其为半群

$$S = \bigcup_{\alpha \in Y}(Q_\alpha \cup (I_\alpha \times T_\alpha \times \Lambda_\alpha))$$

的结构映射.

现给出下面的定义.

定义 7.2 上面构造的半群 S 称为幂歧部分半群 Q, 半群 T, 集合 I 和 Λ 关于半格 Y 和结构映射 Σ 的广义 Δ-积. 记该半群为 $S = \Delta_{Y,\Sigma}(Q, I, T, \Lambda)$.

利用半群的广义 Δ-积, 可给出 C^*-拟正则半群的一个结构定理.

定理 7.3 令 Y 为半格, Q 为幂歧部分半群, $G = [Y; G_\alpha, \xi_{\alpha,\beta}]$ 为群 G_α 的强半格, $I = \bigcup_{\alpha \in Y} I_\alpha$ 和 $\Lambda = \bigcup_{\alpha \in Y} \Lambda_\alpha$ 分别为左正则带和右正则带. 则广义 Δ-积

$$\Delta_{Y,\Sigma}(Q, I, G, \Lambda)$$

为 C^*-拟正则半群.

反过来, 每个 C^*-拟正则半群都同构于某一广义 Δ-积 $\Delta_{Y,\Sigma}(Q, I, G, \Lambda)$.

7.3 构 造 方 法

本节, 将主要证明定理 7.3.

首先, 我们有如下引理.

引理 7.4   令 $S = \Delta_{Y \cdot \Sigma}(Q, I, G, \Lambda)$ 为广义 Δ-积. 则关于每个 $\alpha \in Y$, 有 $I_\alpha \times G_\alpha \times \Lambda_\alpha$ 为矩形群.

证明   令 $(i, g, \lambda), (j, h, \mu) \in I_\alpha \times G_\alpha \times \Lambda_\alpha$. 则由条件 [M4], (P2) 和 (P2)*, 有

$$(i, g, \lambda)(j, h, \mu) = (i, g\xi_{\alpha, \alpha} h\xi_{\alpha, \alpha}, \mu) = (i, gh, \mu).$$

因此, $I_\alpha \times G_\alpha \times \Lambda_\alpha$ 为矩形群.

引理 7.5   令 $S = \Delta_{Y \cdot \Sigma}(Q, I, G, \Lambda)$. 则集合 $E(S) = \{(i, 1_\alpha, \lambda) \mid i \in I_\alpha, \lambda \in \Lambda_\alpha, \alpha \in Y,$ 其中 1_α 为群 G_α 的单位元$\}$ 为正则带.

证明   由引理 7.4, 易知 $E(S)$ 为半群 S 的幂等元集合. 为了证明 $E(S)$ 为正则带, 由 [28] 知, 我们仅需证 $\mathcal{R}$ 和 $\mathcal{L}$ 分别是 $E(S)$ 上的同余即可.

注意到, 关于任意 $e = (i, 1_\alpha, \lambda)$ 和 $f = (j, 1_\beta, \mu) \in E(S)$, 有

$$e\mathcal{R}f \Leftrightarrow \alpha = \beta, \ i = j,$$
$$e\mathcal{L}f \Leftrightarrow \alpha = \beta, \ \lambda = \mu.$$

因此, 若 $(i, 1_\alpha, \lambda)\mathcal{R}(i, 1_\alpha, \mu)$, 则由广义 Δ-积定义中条件 (V) [M4], 易知 $(i, 1_\alpha, \lambda)$ $(k, 1_\beta, \nu)\mathcal{R}(i, 1_\alpha, \mu)(k, 1_\beta, \nu)$. 这意味 $\mathcal{R}$ 为 $E(S)$ 上的右同余. 显然, $\mathcal{R}$ 为左同余. 因此, $\mathcal{R}$ 是 $E(S)$ 上的同余. 类似地, $\mathcal{L}$ 也是 $E(S)$ 上同余. 这样, $E(S)$ 是正则带.

我们现在来证明定理 7.3 的必要性.

令 S 为广义 Δ-积 $\Delta_{Y \cdot \Sigma}(Q, I, G, \Lambda)$, 其中 Q 为幂歧部分半群, G 为 Clifford 半群, I 和 Λ 分别为左正则带和右正则带. 显然, 由 Q 的幂歧性知, 关于任意 $a \in Q$ 存在 $n \in N$ 使得 $a^n \notin Q$. 因此, 由半群 S 上的 "$*$" 运算知, a^n 为完全正则元, 从而 S 为拟完全正则半群. 此外, Reg $S = \bigcup_{\alpha \in Y}(I_\alpha \times G_\alpha \times \Lambda_\alpha)$, 且 Reg S 是 S 的理想. 由引理 7.5 和定理 7.2(ii) 知, 广义 Δ-积 $S = \Delta_{Y \cdot \Sigma}(Q, I, G, \Lambda)$ 为 C^*-拟正则半群.

为了证明定理 7.3 剩下的部分, 我们需要下面的一些引理.

引理 7.6   若 S 为 C^*-拟正则半群, 则存在半格 Y、幂歧部分半群 Q、Clifford 半群 G、左正则带 I 和右正则带 Λ 满足下面条件:

(a) $Q = \bigcup_{\alpha \in Y} Q_\alpha$ 和 $I = \bigcup_{\alpha \in Y} I_\alpha (\Lambda = \bigcup_{\alpha \in Y} \Lambda_\alpha)$ 分别为幂歧部分半群 Q_α 和左 (右) 正则带 $I_\alpha(\Lambda_\alpha)$ 的半格分解;

(b) $G = [Y; G_\alpha, \xi_{\alpha, \beta}]$ 为群 G_α 的强半格;

(c) $E(S) = \{(i, 1_\alpha, \lambda) \mid i \in I, \lambda \in \Lambda\}$ 为 S 的幂等元的集合, 其中 $\alpha \in Y$, 1_α 为群 G_α 的恒等元.

证明   令 S 为 C^*-拟正则半群. 显然, S 为拟完全正则半群. 由引理 7.1, $\mathcal{J}^*$ 为 S 上的半格同余. 因此, 存在半格 Y 使得 $S = \bigcup_{\alpha \in Y} S_\alpha$, 其中 S_α 为 S 的 $\mathcal{J}^*$-类. 显然, 每个 S_α 也是拟完全正则的. 由 [8] 知, S_α 为完全单半群的诣零扩张. 因 $E(S)$

为 S 的子半群, 再由定理 5.1 知, S_α 为拟矩形群. 因此, 关于任意 $\alpha \in Y$, 存在左 (右) 零带 $I_\alpha(\Lambda_\alpha)$ 和群 G_α 使得 $I_\alpha \times G_\alpha \times \Lambda_\alpha$ 为矩形群. 因此 Rees 商半群 $S_\alpha/I_\alpha \times G_\alpha \times \Lambda_\alpha$ 为诣零半群. 令 $Q_\alpha = S_\alpha/I_\alpha \times G_\alpha \times \Lambda_\alpha - \{0\}$, 易知 Q_α 为幂歧部分半群.

由 S 的拟完全正则性, 知 $\mathrm{Reg}\, S = \bigcup_{\alpha \in Y}(I_\alpha \times G_\alpha \times \Lambda_\alpha)$. 因此, 条件 (c) 显然满足. 由定理 7.2, $\mathrm{Reg}\, S$ 为 S 的理想. 因此, 我们令 $Q = S/\mathrm{Reg}\, S - \{0\}$, 显然 Q 为幂歧部分半群. 实际上, $Q = \bigcup_{\alpha \in Y} Q_\alpha$, 且关于任意 $a \in Q_\alpha$ 映射 $\tau : a \mapsto \alpha$ 为 Q 到 Y 的部分半群同态.

记 $I = \bigcup_{\alpha \in Y} I_\alpha, \Lambda = \bigcup_{\alpha \in Y} \Lambda_\alpha$, 且 $G = \bigcup_{\alpha \in Y} G_\alpha$, 据第 6 章知, $I(\Lambda)$ 为左 (右) 零带的半格, 且 G 为群 G_α 的强半格, 即 $G = [Y; G_\alpha, \xi_{\alpha,\beta}]$. 因此条件 (a) 和 (b) 都满足.

根据 M.Petrich[30] 中的结果, 我们有下面的引理.

引理 7.7 令 $S = \bigcup_{\alpha \in Y}(I_\alpha \times G_\alpha \times \Lambda_\alpha)$ 为正则群并半群. 则关于任意 $(i, g, \lambda) \in I_\alpha \times G_\alpha \times \Lambda_\alpha, (j, h, \mu) \in I_\beta \times G_\beta \times \Lambda_\beta$, 有

$$
\begin{aligned}
(i, g, \lambda) \cdot (j, h, \mu) &= (k(i, g, j), g\xi_{\alpha,\alpha\beta}h\xi_{\beta,\alpha\beta}, \nu(\lambda, h, \mu)) \\
&= (k(i, g, j), gh, \nu(\lambda, h, \mu)).
\end{aligned} \tag{7.1}
$$

为了定义广义 Δ-积中的结构映射 Σ, 关于每个 $\alpha \in Y$, 我们作下面三个集合:

$$
\begin{aligned}
S_\alpha^0 &= Q_\alpha \cup T_\alpha, \\
S_\alpha^l &= Q_\alpha \cup (I_\alpha \times T_\alpha), \\
S_\alpha^r &= Q_\alpha \cup (T_\alpha \times \Lambda_\alpha).
\end{aligned}
$$

引理 7.8 令 S 为 C^*-拟正则半群. 则关于任意 $\alpha, \beta \in Y, \alpha \geqslant \beta$, 存在映射

$$
\theta_{\alpha,\beta} : S_\alpha^0 \to G_\beta, \quad a \mapsto a\theta_{\alpha,\beta}
$$

满足广义 Δ-积的条件 (P1).

证明 令 S 为 C^*-拟正则半群. 根据引理 7.6, 关于任意 $\alpha \in Y, I_\alpha \times G_\alpha \times \Lambda_\alpha$ 为矩形群. 令 $\alpha, \beta \in Y, \alpha \geqslant \beta$. 取 $(1, 1_\beta, 1) \in (I_\beta \times G_\beta \times \Lambda_\beta) \cap E$. 则关于任意 $a \in S_\alpha^0$, 有

$$
a(1, 1_\beta, 1) = (-, a', -) \in I_\beta \times G_\beta \times \Lambda_\beta,
$$

其中, 1_β 为群 G_β 的恒等元, 1 表示 $I_\beta \cap \Lambda_\beta$ 的固定元素. 类似地, 由定理 7.2 和引理 7.7, 关于任意 $(i, g, \lambda) \in I_\beta \times G_\beta \times \Lambda_\beta$, 有

$$
(i, g, \lambda)(1, 1_\beta, 1) = (-, g', -) \in I_\beta \times G_\beta \times \Lambda_\beta.
$$

根据上面的等式, 定义从 S^0_α 到 G_β 映射 $\theta_{\alpha,\beta}: x \mapsto x\theta_{\alpha,\beta}$ 使得

$$a(1, 1_\beta, 1) = (-, a\theta_{\alpha,\beta}, -), \tag{7.2}$$

$$(i, g, \lambda)(1, 1_\beta, 1) = (-, g\theta_{\alpha,\beta}, -). \tag{7.3}$$

则有

$$a(1, 1_\beta, 1) = (-, a\theta_{\alpha,\beta}, 1), \tag{7.4}$$

$$(i, g, \lambda)(1, 1_\beta, 1) = (-, g\theta_{\alpha,\beta}, 1). \tag{7.5}$$

由引理 7.7 和式 (7.5), 可证 $g\theta_{\alpha,\beta} = g\xi_{\alpha,\beta}$, 其中 $\xi_{\alpha,\beta}$ 为强半格 $G = [Y; G_\alpha, \xi_{\alpha,\beta}]$ 结构同态. 这样, $\theta_{\alpha,\beta}$ 满足条件 (P1)(i).

为了完成证明, 我们需要证明关于任意 $a \in Q_\alpha$, $\alpha, \beta \in Y$, $\alpha \geqslant \beta$,

$$(1, 1_\beta, 1)a = (1, a\theta_{\alpha,\beta}, -). \tag{7.6}$$

因此, 令 $(1, 1_\beta, 1)a = (k, a^*, l) \in I_\beta \times G_\beta \times \Lambda_\beta$. 易见 $k = 1$. 再由式 (7.4), 有

$$(1, a^*, l) = (1, 1_\beta, 1)a(1, 1_\beta, l) = (1, 1_\beta, 1)(-, a\theta_{\alpha,\beta}, 1)(1, 1_\beta, l) = (1, a\theta_{\alpha,\beta}, l).$$

因此, 式 (7.6) 成立. 从而, 关于任意 $\alpha, \beta, \gamma \in Y$, $\alpha \geqslant \beta \geqslant \gamma$ 及任意 $a \in Q_\alpha$, 有

$$a(1, 1_\beta, 1)(1, 1_\gamma, 1) = (-, a\theta_{\alpha,\beta}\theta_{\beta,\gamma}, 1)$$

和

$$\begin{aligned}
a[(1, 1_\beta, 1)(1, 1_\gamma, 1)] &= a(k, 1_\gamma, 1) \\
&= (k', a', 1) \\
&= (k', 1_\gamma, 1)(1, a\theta_{\alpha,\gamma}, -)(k, 1_\gamma, 1) \\
&= (k', a\theta_{\alpha,\gamma}, 1).
\end{aligned}$$

因此, $a\theta_{\alpha,\beta}\theta_{\beta,\gamma} = a\theta_{\alpha,\gamma}$. 这样, 映射 $\theta_{\alpha,\beta}$ 满足条件 (P1)(ii). 再据式 (7.4) 和式 (7.6), 类似可证 $\theta_{\alpha,\beta}$ 满足 (P1)(iii).

　　引理 7.9　令 S 为 C^*-拟正则半群. 则关于任意 $\alpha, \beta \in Y$, $\alpha \geqslant \beta$,

　　1° 存在从 S^l_α 到 $\mathcal{I}(I_\beta)$ 的映射 $\varphi_{\alpha,\beta}: a \mapsto \varphi^a_{\alpha,\beta}$ 使其满足条件 (P2) 和 (P3) ;

　　2° 对偶地, 存在从 S^r_α 到 $\mathcal{I}^*(\Lambda_\beta)$ 的映射 $\psi_{\alpha,\beta}: a \mapsto \psi^a_{\alpha,\beta}$ 使其满足条件 (P2)* 和 (P3)*.

证明 令 $\alpha, \beta \in Y, \alpha \geqslant \beta$. 则关于任意 $a \in Q_\alpha$ 和 $i \in I_\beta$, 据定理 7.2, 有

$$a(i, 1_\beta, 1) = (k, -, -) \in I_\beta \times G_\beta \times \Lambda_\beta.$$

因此, 可以定义从 Q_α 到 $\mathcal{I}(I_\beta)$ 的映射 $\varphi_{\alpha,\beta} : a \mapsto \varphi_{\alpha,\beta}^a$ 使得

$$a(i, 1_\beta, 1) = (\varphi_{\alpha,\beta}^a i, -, -). \tag{7.7}$$

由式 (7.6), 有

$$\begin{aligned}
a(i, 1_\beta, 1) &= (\varphi_{\alpha,\beta}^a i, 1_\beta, 1)(i, 1_\beta, 1) \\
&= (\varphi_{\alpha,\beta}^a i, 1_\beta, 1)(1, 1_\beta, 1)a(i, 1_\beta, 1) \\
&= (\varphi_{\alpha,\beta}^a i, a\theta_{\alpha,\beta}, 1).
\end{aligned} \tag{7.8}$$

类似地, 若 $(i, g, \lambda) \in I_\alpha \times G_\alpha \times \Lambda_\alpha, j \in I_\beta$, 据定理 7.2 和引理 7.7, 有

$$(i, g, \lambda)(j, 1_\beta, 1) = (k(i, g, j), -, -) \in I_\beta \times G_\beta \times \Lambda_\beta.$$

由

$$(i, g, \lambda)(j, 1_\beta, 1) = (\varphi_{\alpha,\beta}^{(i,g)} j, -, -),$$

可定义从 $I_\alpha \times G_\alpha$ 到 $\mathcal{I}(I_\beta)$ 的映射 $\varphi_{\alpha,\beta} : a = (i, g) \mapsto \varphi_{\alpha,\beta}^{(i,g)}$, 且类似可证

$$(i, g, \lambda)(j, 1_\beta, 1) = (\varphi_{\alpha,\beta}^{(i,g)} j, g\theta_{\alpha,\beta}, 1). \tag{7.9}$$

由上讨论, 定义的从 $S_\alpha^l = Q_\alpha \cup (I_\alpha \times G_\alpha)$ 到 $\mathcal{I}(I_\beta)$ 的映射 $\varphi_{\alpha,\beta}$ 满足式 (7.8) 和式 (7.9).

对偶地, 定义从 $S_\alpha^r = Q_\alpha \cup (G_\alpha \times \Lambda_\alpha)$ 到 $\mathcal{I}^*(\Lambda_\beta)$ 的映射 $\psi_{\alpha,\beta} : a \mapsto \psi_{\alpha,\beta}^a$ 使得

$$(1, 1_\beta, \mu)a = (1, a\theta_{\alpha,\beta}, \mu\psi_{\alpha,\beta}^a), \tag{7.10}$$

$$(1, 1_\beta, \mu)(i, g, \lambda) = (1, g\theta_{\alpha,\beta}, \mu\psi_{\alpha,\beta}^{(g,\lambda)}). \tag{7.11}$$

其中 $\mu \in \Lambda_\beta, a \in Q_\alpha, (i, g, \lambda) \in I_\alpha \times G_\alpha \times \Lambda_\alpha$. 易证 $\varphi_{\alpha,\beta}, \psi_{\alpha,\beta}$ 分别满足条件 (P2) 和 (P2)*.

现证映射 $\varphi_{\alpha,\beta}$ 满足条件 (P3). 若 $a \in Q_\alpha, b \in Q_\beta, ab \notin Q_{\alpha\beta}$, 则由定理 7.2, 有 $ab \in I_{\alpha\beta} \times G_{\alpha\beta} \times \Lambda_{\alpha\beta}$. 令 $ab = (k, g, l)$, 则关于任意 $i \in I_{\alpha\beta}$, 有

$$\begin{aligned}
ab &= ab(i, 1_{\alpha\beta}, l) \\
&= a(\varphi_{\beta,\alpha\beta}^b i, b\theta_{\beta,\alpha\beta}, 1)(1, 1_{\alpha\beta}, l) \\
&= (\varphi_{\alpha,\alpha\beta}^a \varphi_{\beta,\alpha\beta}^b i, a\theta_{\alpha,\alpha\beta} b\theta_{\beta,\alpha\beta}, l).
\end{aligned} \tag{7.12}$$

因此, $k = \varphi^a_{\alpha,\alpha\beta}\varphi^b_{\beta,\alpha\beta}i$, $g = a\theta_{\alpha,\alpha\beta}b\theta_{\beta,\alpha\beta}$. 这样, $\varphi^a_{\alpha,\alpha\beta}\varphi^b_{\beta,\alpha\beta}$ 为 $I_{\alpha\beta}$ 上的常值映射. 若 $\alpha\beta \geqslant \delta$, 则由 S 的结合律, 有 $\varphi^{(k,g)}_{\alpha\beta,\delta} = \varphi^a_{\alpha,\delta}\varphi^b_{\beta,\delta}$. 类似地, 可证在其他情况中, $\varphi_{\alpha,\beta}$ 满足条件 (P3)(i) 和 (ii).

类似地, 亦可证 $\psi_{\alpha,\beta}$ 也满足条件 (P3)*. 至此, 已完成引理 7.9 的证明.

我们现在证明定理 7.3 的后半部分.

假定 S 为 C^*-拟正则半群. 据引理 7.6—引理 7.9 知, 在由条件 (M1)—(M4) 定义的乘法 "$*$" 下, $S = \bigcup_{\alpha \in Y}(Q_\alpha \cup I_\alpha \times G_\alpha \times \Lambda_\alpha)$ 为幂歧部分半群 Q, Clifford 半群 G 和左 (右) 正则带 $I(\Lambda)$ 关于半格 Y 和结构映射 $\Sigma = \{\varphi_{\alpha,\beta}, \psi_{\alpha,\beta}, \theta_{\alpha,\beta}\}$ 的广义 Δ-积

$$\Delta_{Y \cdot \Sigma}(Q, I, G, \Lambda).$$

为了证明 S 同构于广义 Δ-积 $\Delta_{Y \cdot \Sigma}(Q, I, G, \Lambda)$, 我们需证 S 上的乘法与广义 Δ-积上定义的乘法一致.

关于任意 $a, b \in S$, 存在 $\alpha, \beta \in Y$ 使得 $a \in S_\alpha, b \in S_\beta$, 其中 S_α, S_β 为 S 的 $\mathcal{J}^*$-类.

若 $a \in Q_\alpha, b \in Q_\beta$ 且 $ab \in Q$, 则结论成立.

若 $a \in Q_\alpha, b \in Q_\beta$, $ab \notin Q$, 则由定理 7.2, $ab = (k, g, l) \in I_{\alpha\beta} \times G_{\alpha\beta} \times \Lambda_{\alpha\beta}$.

据式 (7.12) 及其对偶结论, 有

$$ab = ((\langle \varphi^a_{\alpha,\alpha\beta}\varphi^b_{\beta,\alpha\beta}\rangle), a\theta_{\alpha,\alpha\beta}b\theta_{\beta,\alpha\beta}, \langle \psi^a_{\alpha,\alpha\beta}\psi^b_{\beta,\alpha\beta}\rangle)) = a * b.$$

其他情况的证明方法类似. 因此, 我们完成定理 1.4 的证明.

7.4　织　积　结　构

本节, 给出 C^*-拟正则半群的另一个代数结构, 即织积结构.

首先回忆左广义 Δ-积:

I. 令 Y 为半格, Q 为幂歧部分半群. 令映射 $h : Q \to Y$ 为部分半群同态. 关于任意 $\alpha \in Y$, 记 $Q_\alpha = h^{-1}(\alpha)$.

II. 令 $T = [Y; T_\alpha, \xi_{\alpha,\beta}]$ 为群 T_α 的强半格. 令 $I = \bigcup_{\alpha \in Y} I_\alpha$ 为 I 在 Y 上的划分. 构作集合: 关于任意 $\alpha \in Y$,

$$S^0_\alpha = Q_\alpha \cup T_\alpha, \quad S^l_\alpha = Q_\alpha \cup (I_\alpha \times T_\alpha).$$

III. 关于任意 $\alpha, \beta \in Y$, $\alpha \geqslant \beta$, 定义下列映射, 使其满足 7.2 节中的条件 (P1),(P2) 和 (P3):

$$\theta_{\alpha,\beta} : S^0_\alpha \to T_\beta, \quad a \mapsto a\theta_{\alpha,\beta}$$

及

$$\varphi_{\alpha,\beta}: S_\alpha^l \to \mathcal{I}(I_\beta), \quad a \mapsto a\varphi_{\alpha,\beta}^a.$$

IV. 在集合 $S_1 = \bigcup_{\alpha \in Y}(Q_\alpha \cup (I_\alpha \times T_\alpha))$ 上定义运算 "$\circ$".

(R1) 若 $a \in Q_\alpha, b \in Q_\beta, ab \in Q$, 则 $a \circ b = ab$;

(R2) 若 $a \in Q_\alpha,\ b \in Q_\beta,\ ab \notin Q$, 则 $a \circ b = (\langle \varphi_{\alpha,\alpha\beta}^a \varphi_{\beta,\alpha\beta}^b \rangle,\ a\theta_{\alpha,\alpha\beta} b\theta_{\beta,\alpha\beta})$;

(R3) 若 $a \in Q_\alpha,\ (i,g) \in I_\beta \times T_\beta$, 则

$$a \circ (i,g) = (\langle \varphi_{\alpha,\alpha\beta}^a \varphi_{\beta,\alpha\beta}^{(i,g)} \rangle,\ a\theta_{\alpha,\alpha\beta} g\theta_{\beta,\alpha\beta}),$$
$$(i,g) \circ a = (\langle \varphi_{\beta,\alpha\beta}^{(i,g)} \varphi_{\alpha,\alpha\beta}^a \rangle,\ g\theta_{\beta,\alpha\beta} a\theta_{\alpha,\alpha\beta});$$

(R4) 若 $(i,g) \in I_\alpha \times T_\alpha,\ (j,h) \in I_\beta \times T_\beta$, 则

$$(i,g) \circ (j,h) = (\langle \varphi_{\alpha,\alpha\beta}^{(i,g)} \varphi_{\beta,\alpha\beta}^{(j,h)} \rangle,\ g\xi_{\alpha,\alpha\beta} h\xi_{\beta,\alpha\beta})$$
$$= (\langle \varphi_{\alpha,\alpha\beta}^{(i,g)} \varphi_{\beta,\alpha\beta}^{(j,h)} \rangle,\ gh).$$

可证二元运算 "$\circ$" 满足结合律, 因此 $(S_1,\circ)$ 为半群. 称 $S_1 = (S_1,\circ)$ 为幂歧部分半群 Q, 半群 T 和集合 I 关于半格 Y 和映射 $\Sigma_1 = \{\varphi_{\alpha,\beta}, \theta_{\alpha,\beta}\}$ 的左广义 Δ-积. 记 S_1 为 $S_1 = S_1(Q,T,I,Y;\Sigma_1)$.

对偶地, 可定义右广义 Δ-积.

此外, 若在左广义 Δ-积中取 $|I| = 1$, 则称 S_1 为幂歧部分半群 Q 和半群 T 关于半格 Y 的 θ-积, 记为 $Q\bigcup_\theta T$.

现令 $S_1 = S_1(Q,T,I,Y;\Sigma_1)$ 和 $S_2 = S_2(Q,T,\Lambda,Y;\Sigma_2)$ 分别为左广义 Δ-积和右广义 Δ-积. 令 $H = Q\bigcup_\theta T$ 为 H 和 T 的 θ-积. 则映射

$$\xi: S_1 \to H, \quad \begin{cases} a \mapsto a\xi = a, & a \in Q, \\ (i,j) \mapsto g, & (i,g) \in I_\alpha \times T_\alpha \end{cases}$$

和

$$\eta: S_2 \to H, \quad \begin{cases} a \mapsto a\eta = a, & a \in Q, \\ (g,\lambda) \mapsto g, & (g,\lambda) \in T_\alpha \times \Lambda_\alpha \end{cases}$$

分别为半群同态. 因此, 我们可以得到 S_1 和 S_2 关于半群 H 的织积结构. 记为 $S_1\underline{\times}_H S_2$.

据定义 7.2 和定义 6.4, 易见广义 Δ-积 $S = \Delta_{Y,\Sigma}(Q,I,T,\Lambda)$ 与半群 $S_1\underline{\times}_H S_2$ 在下列映射下同构,

$$\varphi: \begin{cases} a \mapsto (a,a), & a \in Q, \\ (i,j,\lambda) \mapsto ((i,g),(g,\lambda)), & (i,g,\lambda) \in I_\alpha \times T_\alpha \times \Lambda_\alpha. \end{cases}$$

总结以上讨论, 得到下面的结论.

引理 7.10 广义 Δ-积 $S = \Delta_{Y \cdot \Sigma}(Q, I, T, \Lambda)$ 与左广义 Δ-积 $S_1 = S_1(Q, T, I, Y; \Sigma_1)$ 和右广义 Δ-积 $S_2 = S_2(Q, T, \Lambda, Y; \Sigma_2)$ 的织积 $S_1 \times_H S_2$ 同构.

这样, 得到下面 C^*-拟正则半群的另一个结构定理.

定理 7.11 S 为 C^*-拟正则半群, 当且仅当 S 为左 C-拟正则半群 S_1 和右 C-拟正则半群 S_2 关于 C-拟正则半群 H 的织积, 即, $S = S_1 \times_H S_2$.

7.5 例   子

这里, 我们给出一个 C^*-拟正则半群的例子.

例 7.1 令 $Y = \{\alpha, \beta, \alpha\beta\}$ 为半格. 令 $T_\alpha = \{e_\alpha\}, T_\beta = \{e_\beta\}$ 和 $T_{\alpha\beta} = \{w_0, u_0, v_0\}$ 分别为群. 令 $I_\alpha = \{i, j\}, I_\beta = \{k, l\}$ 和 $I_{\alpha\beta} = \{m\}$ 为左零带, $Q = \bigcup_{\alpha \in Y} Q_\alpha$ 为幂歧部分半群, 其中 $Q_\alpha = \{a\}, Q_\beta = \{b\}$ 和 $Q_{\alpha\beta} = \varnothing$. 现令 $e_1 = (i, e_\alpha), f_1 = (j, e_\alpha), g_1 = (k, e_\beta), h_1 = (l, e_\beta), w_1 = (m, w_0), u_1 = (m, u_0), v_1 = (m, v_0)$, 我们建立左 C-拟正则半群 $S_1 = \{a, b, e_1, f_1, g_1, h_1, w_1, u_1, v_1\}$, 其乘法表为表 7.1.

表 7.1

*	a	b	e_1	f_1	g_1	h_1	w_1	u_1	v_1
a	e_1	w_1	e_1	e_1	w_1	w_1	w_1	u_1	v_1
b	w_1	g_1	w_1	w_1	g_1	g_1	w_1	u_1	v_1
e_1	e_1	w_1	e_1	e_1	w_1	w_1	w_1	u_1	v_1
f_1	f_1	w_1	f_1	f_1	w_1	w_1	w_1	u_1	v_1
g_1	w_1	g_1	w_1	w_1	g_1	g_1	w_1	u_1	v_1
h_1	w_1	h_1	w_1	w_1	h_1	h_1	w_1	u_1	v_1
w_1	w_1	w_1	w_1	w_1	w_1	w_1	w_1	u_1	v_1
u_1	u_1	u_1	u_1	u_1	u_1	u_1	u_1	v_1	w_1
v_1	v_1	v_1	v_1	v_1	v_1	v_1	v_1	w_1	u_1

在表 7.1 中, 可见 a 和 b 为非正则元素, $E(S) = \{e_1, f_1, g_1, h_1, w_1\}$ 和 $\operatorname{Reg} S = S \backslash \{a, b\}$ 为 S 的理想.

对偶地, 令 $\Lambda_\alpha = \{i', j'\}, \Lambda_\beta = \{k', l'\}$ 和 $\Lambda_{\alpha\beta} = \{m'\}$ 为右零带. 令 $e_2 = (e_\alpha, i'), f_2 = (e_\alpha, j'), g_2 = (e_\beta, k'), h_2 = (e_\beta, l'), w_2 = (w_0, m'), u_2 = (u_0, m'), v_2 = (v_0, m')$. 则可建立右 C-拟正则半群 $S_2 = \{a, b, e_2, f_2, g_2, h_2, w_2, u_2, v_2\}$, 其乘法表为表 7.2.

表 7.2

*	a	b	e_2	f_2	g_2	h_2	w_2	u_2	v_2
a	e_2	w_2	e_2	f_2	w_2	w_2	w_2	u_2	v_2
b	w_2	g_2	w_2	w_2	g_2	h_2	w_2	u_2	v_2
e_2	e_2	w_2	e_2	f_2	w_2	w_2	w_2	u_2	v_2
f_2	e_2	w_2	e_2	f_2	w_2	w_2	w_2	u_2	v_2
g_2	w_2	g_2	w_2	w_2	g_2	h_2	w_2	u_2	v_2
h_2	w_2	g_2	w_2	w_2	g_2	h_2	w_2	u_2	v_2
w_2	w_2	w_2	w_2	w_2	w_2	w_2	w_2	u_2	v_2
u_2	u_2	u_2	u_2	u_2	u_2	u_2	u_2	v_2	w_2
v_2	v_2	v_2	v_2	v_2	v_2	v_2	v_2	w_2	u_2

据左 C-拟正则半群 S_1, 易得 C-拟正则半群 $H = \{a, b, e_\alpha, e_\beta, w_0, u_0, v_0\}$, 其乘法表为表 7.3.

表 7.3

$*$	a	b	e_α	e_β	w_0	u_0	v_0
a	e_α	w_0	e_α	w_0	w_0	u_0	v_0
b	w_0	e_β	w_0	e_β	w_0	u_0	v_0
e_α	e_α	w_0	e_α	w_0	w_0	u_0	v_0
e_β	w_0	e_β	w_0	e_β	w_0	u_0	v_0
w_0	w_0	w_0	w_0	w_0	w_0	u_0	v_0
u_0	u_0	u_0	u_0	u_0	u_0	v_0	w_0
v_0	v_0	v_0	v_0	v_0	v_0	w_0	u_0

此时, 令 $e = (e_1, e_2), f = (e_1, f_2), e' = (f_1, e_2), f' = (f_1, f_2), g = (g_1, g_2), h = (g_1, h_2), g' = (h_1, g_2), h' = (h_1, h_2), w = (w_1, w_2), u = (u_1, u_2)$ 及 $v = (v_1, v_2)$. 根据左 C-拟正则半群 S_1 和右 C-拟正则半群 S_2 关于公共同态像 H 的织积 $S_1 \underset{H}{\times} S_2$, 我们得到一个 C^*-拟正则半群 $S = \{a, b, e, f, e', f', g, h, g', h', w, u, v\}$, 它的乘法表为表 7.4.

表 7.4

$*$	a	b	e	f	e'	f'	g	h	g'	h'	w	u	v
a	e	w	e	f	e	f	w	w	w	w	w	u	v
b	w	e	w	w	w	w	g	h	g	h	w	u	v
e	e	w	e	f	e	f	w	w	w	w	w	u	v
f	e	w	e	f	e	f	w	w	w	w	w	u	v
e'	e'	w	e'	f'	e'	f'	w	w	w	w	w	u	v
f'	e'	w	e'	f'	e'	f'	w	w	w	w	w	u	v
g	w	g	w	w	w	w	g	h	g	h	w	u	v
h	w	g	w	w	w	w	g	h	g	h	w	u	v
g'	w	g'	w	w	w	w	g'	h'	g'	h'	w	u	v
h'	w	g'	w	w	w	w	g'	h'	g'	h'	w	u	v
w	w	w	w	w	w	w	w	u	w	w	w	u	v
u	u	u	u	u	u	u	u	u	u	u	u	v	w
v	v	v	v	v	v	v	v	v	v	v	v	w	u

第 8 章　广义纯正群并半群

从前面几章来看, 拟正则半群及其子类是对正则半群及其子类在某种意义下的一种推广. 我们知道纯正群并半群 (orthogroups) 是一类常见且重要的正则半群 (亦是完全正则半群). 本章讨论的广义纯正群并半群可以看作纯正群并半群在拟正则半群范围内的类似物.

8.1　概念和基本性质

本节, 我们给出广义纯正群并半群的性质和特征. 先看下面的定义.

定义 8.1　完全正则半群 S 称为纯正群并半群, 如果 S 的幂等元集形成子半群.

定义 8.2　拟完全正则半群 S 称为广义纯正群并半群, 如果 S 的幂等元集为子半群, 且正则元集 Reg S 为 S 的理想.

显然, 广义纯正群并半群是纯正群并半群在拟正则半群类中的一个推广.

回忆在第 5 章, 我们曾指出拟正则半群 S 称为拟矩形群, 如果它的幂等元集合形成矩形带, 即, E 为 S 的子半群, 且关于任意 $e, f \in E$ 满足 $efe = e$. 实际上, 从定理 5.1 的证明, 易知拟矩形群是拟完全正则半群.

引理 8.1　令拟完全正则半群 S 为拟矩形群的半格, Reg S 为 S 的理想. 则 S 的幂等元集为 S 的子半群.

证明　为了证明 S 的幂等元集为子半群, 令 e, f 为 S 的幂等元. 则由 $S = \bigcup_{\alpha \in Y} S_\alpha$, 知存在 $\alpha, \beta \in Y$ 使得 $e \in S_\alpha$ 及 $f \in S_\beta$. 由 Y 为半格及 S 为拟正则半群, 易知 ef 和 fe 都属于 Reg $S \cap S_{\alpha\beta}$. 由 S 的拟完全正则性, 知存在 $x \in V(ef)$ 和 $g \in E$ 使得 $efx = xef = g$, 其中 $V(ef)$ 表示 ef 的逆元集 (关于正则性). 则 $ef\mathcal{R}g\mathcal{L}ef$, 从而 $ef\mathcal{H}g$, 即, $ef \in H_g$, 其中 H_g 为含 g 的 $\mathcal{H}$-类. 类似地, 由 $fe \in \text{Reg } S \cap S_{\alpha\beta}$, 知存在 $y \in V(fe)$ 和 $h \in E$ 使得 $fey = yfe = h$ 和 $fe \in H_h$. 因此 $hfe = feh = fe$, 进而 $efe = efeh$. 因 g, h 属于同一拟矩形群 $S_{\alpha\beta}$, 且 $(g, h) \in \mathcal{D}^E$, 有 $ghg = g$ 和 $hgh = h$. 因此

$$ef = efg = ef \cdot efx$$
$$= (efe)(fx) = (efeh)(fx)$$
$$= (efe)h(fx) = efe(fey)(fx)$$

$$= (ef)^2 fey(fx) = (ef)^2 yfefx$$
$$= (ef)^2 yfeefx = (ef)^2 hg$$
$$= (ef)^2 ghg = (ef)^2.$$

这证明了 E 为 S 的子半群.

定理 8.2 令 S 为半群. 则下列各款等价:

(i) S 为广义纯正群并半群;

(ii) S 为拟完全正则半群, $\mathcal{D}^S\big|_E = \mathcal{D}^E$, 且 $\mathrm{Reg}\, S$ 为 S 的理想;

(iii) S 为拟正则半群, $\mathcal{D}^S\big|_E = \mathcal{D}^E$, 且 $\mathrm{Reg}\, S$ 为 S 的理想;

(iv) S 为拟矩形群 S_α 的半格, 且

$$(\forall\, a \in S)\ (\exists\, m \in N)\quad a^m S \cup S a^m \subseteq \mathrm{Reg}\, S;$$

(v) S 为拟矩形群 S_α 的半格, 且关于任意 $e \in E$, $eS \cup Se \subseteq \mathrm{Reg}\, S$;

(vi) S 为纯正群并半群的诣零扩张.

证明 (i) $\Rightarrow$ (ii). 由假设知, S 为拟完全正则半群, 且 $\mathrm{Reg}\, S$ 为 S 的理想. 我们只需证明 $\mathcal{D}^E = \mathcal{D}^S\big|_E$ 即可. 一般地, $\mathcal{D}^E \subseteq \mathcal{D}^S\big|_E$. 为了证明反包含成立, 令 $e, f \in E$, $(e, f) \in \mathcal{D}^S$. 据 $\mathcal{D}$ 的定义, 存在 $c \in S$ 使得 $e\mathcal{L}c\mathcal{R}f$. 由广义纯正群并半群的定义, 知 c 一定为 S 的完全正则元. 因此, 存在 $g \in E$ 使得 $c\mathcal{H}g$. 由正则 $\mathcal{D}$-类的蛋壳图, 显然 $e\mathcal{D}^E f$. 因此, $\mathcal{D}^S\big|_E \subseteq \mathcal{D}^E$, 从而 $\mathcal{D}^S\big|_E = \mathcal{D}^E$. 这证明了 (i) $\Rightarrow$ (ii).

(ii) $\Rightarrow$ (iii) 显然.

(iii) $\Rightarrow$ (iv). 令 S 为拟正则半群, 且 $\mathcal{D}^S\big|_E = \mathcal{D}^E$. 首先证明 S 为拟完全正则半群. 为此, 令 $a \in \mathrm{Reg}\, S$. 则由格林引理, 知存在 $a' \in V(a)$ 使得 $aa'\mathcal{R}a\mathcal{L}a'a$, 其中 $V(a)$ 为 a 的逆元集. 这表明 $(aa', a'a) \in \mathcal{D}^S\big|_E = \mathcal{D}^E$, 因此存在 $g \in E$ 使得 $aa'\mathcal{R}g\mathcal{L}a'a$. 从而 $a \in H_g$, 即, a 为完全正则的. 据引理 7.1, 知 $\mathcal{J}^*$ 为 S 上的半格同余, 且 S 的每个 $\mathcal{J}^*$-类为完全 Archimedean 半群. 换句话说, S 为完全 Archimedean 半群 S_α 的半格. 因此, 存在 S_α 的完全单核 K_α. 据定理 5.1, 知 K_α 为矩形群, S_α 为拟矩形群, 从而 S 为拟矩形群 S_α 的半格. 再由假设, $\mathrm{Reg}\, S$ 为 S 的理想. 因此关于任意 $a \in S$, 存在 $m \in N$ 使得 $a^m S \cup S a^m \subseteq \mathrm{Reg}\, S$. 这样 (iv) 成立.

(iv) $\Rightarrow$ (v) 显然.

(v) $\Rightarrow$ (vi). 令 $S = \bigcup_{\alpha \in Y} S_\alpha$ 为拟矩形群 S_α 的半格, 且关于任意 $e \in E$, $eS \cup Se \subseteq \mathrm{Reg}\, S$. 据定理 5.1, S_α 为拟矩形群, 且 S 为拟完全正则半群. 由假设知, $\mathrm{Reg}\, S$ 为 S 的理想. 由引理 8.1, S 的幂等元集 E 为子半群. 再由 S 的拟完全正则性, $\mathrm{Reg}\, S$ 为纯正群并半群. 这证明了 S 为纯正群并半群的诣零扩张.

(vi) $\Rightarrow$ (i). 令 S 为纯正群并半群 K 的诣零扩张. 则关于任意 $a \in S$, 存在 $m \in N$ 使得 $a^m \in K$. 因此 S 为拟完全正则半群. 由假设知, S 为广义纯正群并半群.

8.2 结 构

本节, 我们建立广义纯正群并半群的一种结构. 首先介绍幂歧部分半群的半格的概念.

令 τ 为从幂歧部分半群 Q 到另一个幂歧部分半群的映射. 若关于任意 $a, b, ab \in Q$, 有 $(ab)\tau = a\tau b\tau$, 则称 τ 为部分同态. 令 Y 为半格, 且令 $\tau : Q \to Y$ 为部分同态. 则用 $Q = \bigcup_{\alpha \in Y} Q_\alpha$ 表示在半格 Y 上的 Q_α 的无交并, 其中 $\alpha \in Y$, $Q_\alpha = \tau^{-1}(\alpha)$. 显然, 每个 Q_α 也是幂歧部分半群. 现称 $Q = \bigcup_{\alpha \in Y} Q_\alpha$ 为幂歧部分半群 Q_α 的半格.

令 Y 为半格. 关于每个 $\alpha \in Y$, 若 G_α 为群, I_α 为左零带, Λ_α 为右零带, 则直积 $K_\alpha = I_\alpha \times G_\alpha \times \Lambda_\alpha$ 为矩形群. 记 $K = \bigcup_{\alpha \in Y} K_\alpha$. 现令 Q_α 为幂歧部分半群, K_α 为矩形群, G_α 为群, 其中 $\alpha \in Y$. 令 $G = [Y; G_\alpha, \eta_{\alpha,\beta}]$ 为群 G_α 的强半格.

记 $S_\alpha^0 = Q_\alpha \cup G_\alpha$ 和 $S_\alpha = Q_\alpha \cup K_\alpha$. 记在半格 Y 上的 S_α 的无交并为 $S = \bigcup_{\alpha \in Y} S_\alpha$.

我们的目的是在 S 上定义乘法 "$*$", 并在 S 上建立结构映射 Σ, 从而使 $S = S(Y; Q, K, \Sigma)$ 为 S_α 的半格. 我们采取如下步骤:

(A) 关于任意 $\alpha, \beta \in Y$, $\alpha \geqslant \beta$, 定义映射 $\theta_{\alpha,\beta} : S_\alpha^0 \to G_\beta$, $a \mapsto a\theta_{\alpha,\beta}$, 且满足下列条件:

(i) $\theta_{\alpha,\beta} \mid_{G_\alpha} = \eta_{\alpha,\beta}$;

(ii) 若 $\alpha, \beta \in Y$, $\alpha \geqslant \beta \geqslant \gamma$, $a \in Q_\alpha$, 则 $a\theta_{\alpha,\beta}\theta_{\beta,\gamma} = a\theta_{\alpha,\gamma}$;

(iii) 若 $a \in Q_\alpha, b \in Q_\beta$, $ab \in Q_{\alpha\beta}$, 且 $\alpha\beta \geqslant \delta$, 则

$$(ab)\theta_{\alpha\beta,\delta} = a\theta_{\alpha,\delta}b\theta_{\beta,\delta}.$$

(B) 关于每个 K_α, 取定元素 $1_\alpha \in I_\alpha \cap \Lambda_\alpha$. 则关于 $\alpha \geqslant \beta$, 定义

$$\varphi_{\alpha,\beta} : S_\alpha \times I_\beta \to I_\beta, (a, i) \mapsto \langle a, i \rangle,$$
$$\psi_{\alpha,\beta} : \Lambda_\beta \times S_\alpha \to \Lambda_\beta, (\lambda, a) \mapsto [\lambda, a],$$

并要求 $\varphi_{\alpha,\beta}$ 和 $\psi_{\alpha,\beta}$ 满足以下 (C) 和 (D) 中的条件.

(C) 若 $a = (i, g, \lambda) \in K_\alpha = I_\alpha \times G_\alpha \times \Lambda_\alpha$, 则关于任意 $j \in I_\alpha$ 和任意 $\mu \in \Lambda_\alpha$, $\langle a, j \rangle = i$ 和 $[\mu, a] = \lambda$.

在 $S = \bigcup_{\alpha \in Y} S_\alpha$ 上定义如下乘法 "$*$":

关于任意 $a \in S_\alpha = Q_\alpha \cup K_\alpha$ 和 $b \in S_\beta = Q_\beta \cup K_\beta$, 则

(P1) 若 $ab \in Q \subseteq S = Q \cup K$, 则 $a * b = ab$, 其中 ab 为在 Q 中的乘积;

(P2) 若 $a \in Q_\alpha, b \in Q_\beta$, 但 $ab \notin Q$, 则 $a * b = (\langle a, \langle b, 1_{\alpha\beta} \rangle \rangle, a\theta_{\alpha,\alpha\beta} b\theta_{\beta,\alpha\beta}, [[1_{\alpha\beta}, a], b])$;

(P3) 若 $a \in Q_\alpha, b = (j, h, \mu) \in K_\beta$, 则

$$a * b = a * (j, h, \mu) = (\langle a, \langle b, 1_{\alpha\beta} \rangle \rangle, a\theta_{\alpha,\alpha\beta} h\theta_{\beta,\alpha\beta}, [[1_{\alpha\beta}, a], b])$$

及

$$b * a = (j, h, \mu) * a = (\langle b, \langle a, 1_{\alpha\beta} \rangle \rangle, h\theta_{\beta,\alpha\beta} a\theta_{\alpha,\alpha\beta}, [[1_{\alpha\beta}, b], a]);$$

(P4) 若 $a = (i, g, \lambda) \in K_\alpha, b = (j, h, \mu) \in K_\beta$, 则

$$a * b = (i, g, \lambda) * (j, h, \mu) = (\langle a, \langle b, 1_{\alpha\beta} \rangle \rangle, gh, [[1_{\alpha\beta}, a], b]).$$

(D) 当 $\alpha, \beta, \delta \in Y, \alpha\beta \geqslant \delta, k \in I_\delta$, 且 $\nu \in \Lambda_\delta$ 时, 则

$$\langle a, \langle b, k \rangle \rangle = \langle a * b, k \rangle, \quad [[\nu, a], b] = [\nu, a * b].$$

现在, 我们得到一个映射集 $\Sigma = \{\varphi_{\alpha,\beta}, \psi_{\alpha,\beta}, \theta_{\alpha,\beta} \mid \alpha, \beta \in Y, \alpha \geqslant \beta\}$. 利用条件 (P1)–(P4) 可证明在运算 "$*$" 下, $S = \bigcup_{\alpha \in Y} S_\alpha$ 是半群, 并记为 $S(Y; Q, K, \Sigma)$. 首先有下面引理.

引理 8.3　集合 $S = \bigcup_{\alpha \in Y} S_\alpha$ 在如上定义运算 "$*$" 下为半群.

证明　我们需要证明定义在 S 上的乘法 "$*$" 满足结合律. 假定 $a \in S_\alpha, b \in S_\beta$, $c \in S_\gamma$, 其中 $\alpha, \beta, \gamma \in Y, \alpha\beta\gamma = \delta$. 我们现分别考虑以下情况:

(1) $a \in Q_\alpha, b \in Q_\beta, c \in Q_\gamma, a(bc) \in Q$ 或 $a(bc) \in Q$.

在这种情况下, 由幂歧部分半群的定义有

$$a * (b * c) = (a * b) * c.$$

(2) $a \in Q_\alpha, b \in Q_\beta, c \in Q_\gamma$ 和 $ab \in Q_{\alpha\beta}, (ab)c \notin Q$.

在这种情况下, 若 $bc \in Q$, 则由映射 $\psi_{\alpha,\beta}, \psi_{\alpha,\beta}$ 和 $\theta_{\alpha,\beta}$ 的定义 (见 (A) (iii) 和 (C)), 有

$$(a * b) * c = (\langle ab, \langle c, 1_\delta \rangle \rangle, (ab)\theta_{\alpha\beta,\delta} c\theta_{\gamma,\delta}, [[1_\delta, ab], c])$$
$$= (\langle a, \langle b, \langle c, 1_\delta \rangle \rangle \rangle, a\theta_{\alpha,\delta} b\theta_{\beta,\delta} c\theta_{\gamma,\delta}, [[[1_\delta, a], b], c])$$

和

$$a * (b * c) = (\langle a, \langle bc, 1_\delta \rangle \rangle, a\theta_{\alpha,\delta} (bc)\theta_{\beta\gamma,\delta}, [[1_\delta, a], bc])$$
$$= (\langle a, \langle b, \langle c, 1_\delta \rangle \rangle \rangle, a\theta_{\alpha,\delta} b\theta_{\beta,\delta} c\theta_{\gamma,\delta}, [[[1_\delta, a], b], c]).$$

因此, $(a * b) * c = a * (b * c)$.

另一方面, 若 $bc \notin Q$, 则有

$$
\begin{aligned}
a * (b * c) &= a * (\langle b, \langle c, 1_{\beta\gamma}\rangle\rangle, b\theta_{\beta,\beta\gamma}c\theta_{\gamma,\beta\gamma}, [[1_{\beta\gamma}, b], c]) \\
&= (\langle a, \langle b * c, 1_\delta\rangle\rangle, a\theta_{\alpha,\delta}(b\theta_{\beta,\beta\gamma}c\theta_{\gamma,\beta\gamma})\theta_{\beta\gamma,\delta}, [[1_\delta, a], b * c]) \\
&= (\langle a, \langle b, \langle c, 1_\delta\rangle\rangle\rangle, a\theta_{\alpha,\delta}b\theta_{\beta,\delta}c\theta_{\gamma,\delta}, [[[1_\delta, a], b], c]) \\
&= (a * b) * c.
\end{aligned}
$$

因此, $a * (b * c) = (a * b) * c$.

(3) 关于其他情况, 运算 "$*$" 的结合性可类似证明, 我们略去细节.

因此, $S = S(Y; Q, K, \Sigma)$ 成为半群.

我们现在证明以上建立的半群 $S(Y; Q, K, \Sigma)$ 为广义纯正群并半群.

定理 8.4　$S(Y; Q, K, \Sigma)$ 为广义纯正群并半群, 其中 $\operatorname{Reg} S$ 为 S 的纯正群并子半群.

证明　由于 $S = \bigcup_{\alpha \in Y} S_\alpha$ 在运算 "$*$" 下为半群, 其中 $S_\alpha = Q_\alpha \cup K_\alpha$. 首先我们指出 K_α 在运算 "$*$" 下为矩形群. 令 (i, g, λ) 和 $(j, h, \mu) \in K_\alpha = I_\alpha \times G_\alpha \times \Lambda_\alpha$, 则由条件 (C)(P4), 有

$$(i, g, \lambda) * (j, h, \mu) = (i, gh, \mu).$$

这证明了 K_α 为 S 的子半群, 且为矩形群. 下面, 我们证明 S 为拟完全正则半群. 为此, 令 $a \in S$, 则存在某个 $\alpha \in Y$, $a \in S_\alpha = Q_\alpha \cup K_\alpha$. 若 $a \in K_\alpha$, 则显然 a 为完全正则的. 若 $a \in Q_\alpha$, 则存在自然数 m 使得 $a^m \notin Q$. 因此 $a^m \in K_\alpha$. 这证明了 a 在 S 中为拟完全正则元. 这样 S 为拟完全正则的. 又因 $Q = \bigcup_{\alpha \in Y} Q_\alpha$ 为幂歧部分半群, 由 $S = \bigcup_{\alpha \in Y} S_\alpha = \bigcup_{\alpha \in Y}(Q_\alpha \cup K_\alpha)$, 有 $\operatorname{Reg} S = \bigcup_{\alpha \in Y} K_\alpha$. 据 "$*$" 的定义, 易证 $\operatorname{Reg} S$ 为 S 的理想. 为了证明 S 为广义纯正群并半群, 我们需要证明 S 中幂等元的集合为子半群. 首先证明 $E = \{(i, e_\alpha, \lambda) \mid i \in I_\alpha, \lambda \in \Lambda_\alpha$ 和 e_α 为群 G_α 的恒等元, $\alpha \in Y\}$ 为 S 的幂等元集合. 实际上, 若 $e = (i, e_\alpha, \lambda)$ 和 $f = (j, e_\beta, k)$ 为 S 的幂等元, 则由条件 (P4), 有

$$ef = (i, e_\alpha, \lambda)(j, e_\beta, k) = (\langle e, \langle f, 1_{\alpha\beta}\rangle\rangle, e_\alpha e_\beta, [[1_{\alpha\beta}, e], f]).$$

由 $G = \bigcup_{\alpha \in Y} G_\alpha$, 易见 $e_\alpha e_\beta$ 为 $G = \bigcup_{\alpha \in Y} G_\alpha$ 的幂等元. 这证明了 ef 为 S 的幂等元. 因此, $E(S)$ 为 S 的子半群. 从而, S 为广义纯正群并半群.

我们自然要问上面这个定理的逆命题是否成立. 换句话说, 是否每个广义纯正群并半群 S 可以如此构造, 即, S 能否表示成 $S(Y; Q, K, \Sigma)$ 的形式? 下面我们将讨论这种情况, 鉴于此证明的复杂性, 我们先引入下列引理.

引理 8.5　令 S 为广义纯正群并半群. 则

(i) 存在半格 Y 使得 $S/\mathcal{J}^* \simeq Y$, 其中 $\mathcal{J}^*$ 为 S 上的广义格林关系;

(ii) 存在部分同态 $\tau: Q \to Y$, 其中 Q 为幂歧部分半群;

(iii) 关于任意 $\alpha \in Y$, 存在矩形群 $K_\alpha = I_\alpha \times G_\alpha \times \Lambda_\alpha$, 使得 $G = \bigcup_{\alpha \in Y} G_\alpha$ 为群的半格.

证明　(i) 因 S 为广义纯正群并半群, 显然 S 为拟完全正则半群. 据引理 7.1, 广义格林关系 $\mathcal{J}^*$ 为 S 上的半格同余. 从而, $S/\mathcal{J}^* \simeq Y$.

(ii) 令 ω 为从 S 到 Y 由同余 $\mathcal{J}^*$ 诱导的自然同态. 由定义知, $\mathrm{Reg}\, S$ 为 S 的理想. 由定理 8.2 (vi), 知 $S/\mathrm{Reg}\, S$ 为诣零半群. 若记 $Q = S \setminus \mathrm{Reg}\, S$, 则由 S 的拟完全正则性, 知 Q 为幂歧部分半群. 令 $\tau = \omega\,|_Q$. 则易知 τ 为从 Q 到 Y 的部分同态. 这证明了 (ii).

(iii)　由定理 8.2 (iv), 知 S 为拟矩形群 S_α 的半格, 其中 S_α 是 S 的 $\mathcal{J}^*$-类. 因此, 关于每个 $\alpha \in Y$, S_α 为矩形群 $K_\alpha = I_\alpha \times G_\alpha \times \Lambda_\alpha$ 的诣零扩张. 若记 $Q_\alpha = S_\alpha \setminus K_\alpha$, 则由部分同态 $\tau: Q \to Y$, 知 $Q_\alpha = \tau^{-1}(\alpha)$. 从而 Q_α 为幂歧部分半群. 记 $K = \bigcup_{\alpha \in Y} K_\alpha$. 则由 S 为拟完全正则半群, 知 $K(= \mathrm{Reg}\, S)$ 为 S 的理想. 再由 [28] 知, K 为纯正群并半群, 且 $G = \bigcup_{\alpha \in Y} G_\alpha$ 为群 G_α 的半格.

下面我们将利用半群 $(\bigcup_{\alpha \in Y} S_\alpha, *)$, 建立结构映射 Σ, 其中 $\alpha \in Y$, $S_\alpha = Q_\alpha \cup K_\alpha$. 从而, 构造出 $S(Y; Q, K, \Sigma)$.

引理 8.6　令 S 为广义纯正群并半群. 假设 $\alpha, \beta \in Y$, $\alpha \geqslant \beta$, 定义映射

$$\theta_{\alpha,\beta}: S^0 = Q_\alpha \cup G_\alpha \to G_\alpha, \ a \mapsto a\theta_{\alpha,\beta},$$

$$\varphi_{\alpha,\beta}: S_\alpha \times I_\beta \to I_\beta, \ (a, i) \mapsto \langle a, i \rangle,$$

$$\psi_{\alpha,\beta}: \Lambda_\beta \times S_\alpha \to \Lambda_\beta, \ (\lambda, a) \mapsto [\lambda, a].$$

则 $\theta_{\alpha,\beta}, \varphi_{\alpha,\beta}$ 和 $\psi_{\alpha,\beta}$ 满足在本节开始列出的 (A), (C), (D) 中的条件, 且

$$\Sigma = \{\theta_{\alpha,\beta}, \varphi_{\alpha,\beta}, \psi_{\alpha,\beta} \mid \alpha, \beta \in Y, \alpha \geqslant \beta\}$$

为所要求的结构映射.

证明　由定理 8.2 和引理 8.5 知, 广义纯正群并半群 S 可表示为 $S = \bigcup_{\alpha \in Y} S_\alpha$, 其中 $S_\alpha = Q_\alpha \cup K_\alpha$, $K_\alpha = I_\alpha \times G_\alpha \times \Lambda_\alpha$. 令 $K = \bigcup_{\alpha \in Y} K_\alpha$. 因 S 为拟完全正则半群, 则 $K = \mathrm{Reg}\, S$, 从而 K 为纯正群并半群. 现选取固定元素 $1_\alpha \in I_\alpha \cap \Lambda_\alpha$. 则关于 $\alpha, \beta \in Y$, $\alpha \geqslant \beta$, $a \in Q_\alpha$, 有

$$a(1_\beta, e_\beta, 1_\beta) = (-, a', -) \in K_\beta = I_\beta \times G_\beta \times \Lambda_\beta,$$

其中 e_β 为群 G_β 的恒等元. 因此, 定义从 Q_α 到 G_β 的映射. 令 $a' = a\theta_{\alpha\beta} \in G_{\alpha\beta}$

使得

$$a(1_\beta, e_\beta, 1_\beta) = (-, a\theta_{\alpha,\beta}, -). \tag{8.1}$$

另一方面, 因 K_β 为矩形群, 用 $(1_\beta, e_\beta, 1_\beta)$ 乘上式的右边, 得到

$$a(1_\beta, e_\beta, 1_\beta) = (-, a\theta_{\alpha,\beta}, 1_\beta). \tag{8.2}$$

类似地, 关于 $\alpha, \beta \in Y$, $\alpha \geqslant \beta$ 和任意 $g \in G_\alpha$, 有

$$(1_\alpha, g, 1_\alpha)(1_\beta, e_\beta, 1_\beta) = (-, g', -) \in K_\beta. \tag{8.3}$$

由上式, 定义从 $S_\alpha^0 = Q_\alpha \cup G_\alpha$ 到群 G_β 的映射 $\theta_{\alpha,\beta}: a \mapsto a\theta_{\alpha,\beta}$ 使得

$$a(1_\beta, e_\beta, 1_\beta) = (-, a\theta_{\alpha,\beta}, 1_\beta) \tag{8.4}$$

及

$$(1_\alpha, g, 1_\alpha)(1_\beta, e_\beta, 1_\beta) = (-, g\theta_{\alpha,\beta}, 1_\beta). \tag{8.5}$$

进一步, 若 $(1_\beta, e_\beta, 1_\beta)(1_\alpha, g, 1_\alpha) = (1_\beta, x, \nu) \in K_\beta$, 则从式 (8.5) 得到

$$\begin{aligned}
(1_\beta, x, \nu) &= (1_\beta, x, \nu)(1_\beta, e_\beta, \nu) \\
&= (1_\beta, x, \nu)(1_\beta, e_\beta, 1_\beta)(1_\beta, e_\beta, \nu) \\
&= (1_\beta, e_\beta, 1_\beta)(1_\alpha, g, 1_\alpha)(1_\beta, e_\beta, 1_\beta)(1_\beta, e_\beta, \nu) \\
&= (1_\beta, e_\beta, 1_\beta)(-, g\theta_{\alpha,\beta}, 1_\beta)(1_\beta, e_\beta, \nu) \\
&= (1_\beta, g\theta_{\alpha,\beta}, \nu).
\end{aligned}$$

总结以上, 有

$$(1_\beta, e_\beta, 1_\beta)(1_\alpha, g, 1_\alpha) = (1_\beta, g\theta_{\alpha,\beta}, -). \tag{8.6}$$

由于 S 的幂等元集 $E(S)$ 为广义纯正群并半群 S 的带, 由式 (8.5) 和式 (8.6), 有

$$(1_\alpha, g, \mu)(1_\beta, e_\beta, 1_\beta) = (-, g\theta_{\alpha,\beta}, 1_\beta). \tag{8.7}$$

因此, 关于任意 $j \in I_\alpha$, $\mu \in \Lambda_\alpha$, $\alpha \geqslant \beta$, 有

$$(j, g, \mu)(1_\beta, e_\beta, 1_\beta) = (-, g\theta_{\alpha,\beta}, 1_\beta). \tag{8.8}$$

根据类似讨论, 关于任意 $a \in Q_\alpha$, $\alpha \geqslant \beta$, 有

$$(1_\beta, e_\beta, 1_\beta)a = (1_\beta, a\theta_{\alpha,\beta}, -), \tag{8.9}$$

且关于任意 $j \in I_\alpha$, $\mu \in \Lambda_\alpha$, $\alpha \geqslant \beta$, 有

$$(1_\beta, e_\beta, 1_\beta)(j, g, \mu) = (1_\beta, g\theta_{\alpha,\beta}, -). \tag{8.10}$$

关于映射 $\varphi_{\alpha,\beta}$, 我们考虑当 $\alpha, \beta \in Y$, $\alpha \geqslant \beta$, $a \in S_\alpha = Q_\alpha \cup (I_\alpha \times G_\alpha \times \Lambda_\alpha)$ 时, 有

$$a(i, e_\beta, 1_\beta) = (i^*, -, -) \in K_\beta.$$

显然在上述等式中, $(i^*, -, -) \in K_\beta$ 中第一个分量 i^* 仅与 a 和 i 有关, 因此自然定义从 $S_\alpha \times I_\beta$ 到 I_β 的映射 $\varphi_{\alpha,\beta} : (a, i) \mapsto \langle a, i \rangle$ 使得

$$a(i, e_\beta, 1_\beta) = (\langle a, i \rangle, -, -). \tag{8.11}$$

在式 (8.11) 右乘幂等元 $(1_\beta, e_\beta, 1_\beta)$, 有

$$a(i, e_\beta, 1_\beta) = (\langle a, i \rangle, -, 1_\beta). \tag{8.12}$$

对偶地, 关于 $\alpha \geqslant \beta$, 定义从 $\Lambda_\beta \times S_\alpha$ 到 Λ_β 的映射 $\psi_{\alpha,\beta} : (\lambda, a) \mapsto [\lambda, a]$ 使得

$$(1_\beta, e_\beta, \lambda)a = (1_\beta, -, [\lambda, a]). \tag{8.13}$$

因此, 关于任意 $a \in Q_\alpha$ 和 $\alpha \geqslant \beta$, 假设存在 $x \in G_\beta$ 使得

$$a(i, e_\beta, 1_\beta) = (\langle a, i \rangle, x, 1_\beta).$$

则, 由式 (8.9), 有

$$\begin{aligned}
a(i, e_\beta, 1_\beta) &= (\langle a, i \rangle, e_\beta, 1_\beta)(\langle a, i \rangle, x, 1_\beta) \\
&= (\langle a, i \rangle, e_\beta, 1_\beta)\big((1_\beta, e_\beta, 1_\beta)a(i, e_\beta, 1_\beta)\big) \\
&= (\langle a, i \rangle, e_\beta, 1_\beta)(1_\beta, a\theta_{\alpha,\beta}, -)(i, e_\beta, 1_\beta) \\
&= (\langle a, i \rangle, a\theta_{\alpha,\beta}, 1_\beta). \tag{8.14}
\end{aligned}$$

类似地, 关于 $a = (j, g, \mu) \in K_\alpha = I_\alpha \times G_\alpha \times \Lambda_\alpha$ 和 $\alpha \geqslant \beta$, 有

$$(j, g, \mu)(i, e_\beta, 1_\beta) = (\langle a, i \rangle, g\theta_{\alpha,\beta}, 1_\beta). \tag{8.15}$$

关于 $a \in Q_\alpha$, $b = (j, g, \mu) \in K_\alpha$, $\alpha \geqslant \beta$, 有类似于式 (8.14) 和 (8.15) 的结果:

$$(1_\beta, e_\beta, \lambda)a = (1_\beta, a\theta_{\alpha,\beta}, [\lambda, a]) \tag{8.16}$$

和

$$(1_\beta, e_\beta, \lambda)(j, g, \mu) = (1_\beta, g\theta_{\alpha,\beta}, [\lambda, b]). \tag{8.17}$$

下面我们验证映射 $\theta_{\alpha,\beta}, \varphi_{\alpha,\beta}$ 和 $\psi_{\alpha,\beta}$ 满足 (A), (C), (D) 中的条件.

(I)　若 $a \in Q_\alpha$, $\alpha \geqslant \beta \geqslant \gamma$, 则有

$$[a(1_\beta, e_\beta, 1_\beta)](1_\gamma, e_\gamma, 1_\gamma) = (-, a\theta_{\alpha,\beta}, 1_\beta)(1_\gamma, e_\gamma, 1_\gamma) \qquad \text{(由 (8.2))}$$
$$= (-, a\theta_{\alpha,\beta}\theta_{\beta,\gamma}, 1_\gamma) \qquad \text{(由 (8.7))}$$

及

$$a[(1_\beta, e_\beta, 1_\beta)(1_\gamma, e_\gamma, 1_\gamma)] = a(-, e_\gamma, 1_\gamma)$$
$$= (-, a\theta_{\alpha,\gamma}, 1_\gamma). \qquad \text{(由 (8.14))}$$

因此, $a\theta_{\alpha,\beta}\theta_{\beta,\gamma} = a\theta_{\alpha,\gamma}$, 且 $\theta_{\alpha,\beta}$ 满足条件 (A)(ii).

类似地, 利用式 (8.2) 可证条件 (A)(iii) 满足, 利用式 (8.5), 式 (8.6) 和式 (8.8) 可证条件 (A) (i) 也满足, 细节略去.

(II)　若 $a = (i, g, \lambda) \in K_\alpha = I_\alpha \times G_\alpha \times \Lambda_\alpha$, 有

$$(i, g, \lambda)(j, e_\alpha, 1_\alpha) = (i, g, 1_\alpha)$$

及

$$(i, g, \lambda)(j, e_\alpha, 1_\alpha) = (\langle a, j \rangle, g, 1_\alpha). \qquad \text{(由 (8.12))}$$

因此, 关于任意 $j \in I_\alpha$, $i = \langle a, j \rangle$. 类似地, 关于任意 $\mu \in \Lambda_\alpha$, 可证 $\lambda = [\mu, a]$. 这样, 我们证明了映射 $\varphi_{\alpha,\beta}$ 和 $\psi_{\alpha,\beta}$ 满足条件 (C).

(III)　据广义纯正群并半群 S 上乘法的结合律, 易知上面映射 $\varphi_{\alpha,\beta}$ 和 $\psi_{\alpha,\beta}$ 满足条件 (D).

最后, 令 $\Sigma = \{\theta_{\alpha,\beta}, \varphi_{\alpha,\beta}, \psi_{\alpha,\beta} \mid \alpha, \beta \in Y, \alpha \geqslant \beta\}$. 可证给定的广义纯正群 S 上的乘法满足条件 (P1)—(P4), 为了证明 S 同构于 $S(Y; Q, K, \Sigma)$, 我们只验证满足条件 (P2), 其他条件可类似验证. 为此, 令 $a \in Q_\alpha, b \in Q_\beta$, 且 $ab \notin Q_{\alpha\beta}$. 因 Q 为幂歧部分半群, 则存在某个 $k \in I_{\alpha\beta}$, $x \in G_{\alpha\beta}$ 和 $\ell \in \Lambda_{\alpha\beta}$, 有 $ab = (k, x, \ell)$. 据式 (8.14), 有

$$ab = (k, x, \ell)(1_{\alpha\beta}, e_{\alpha\beta}, \ell)$$
$$= a[b(1_{\alpha\beta}, e_{\alpha\beta}, 1_{\alpha\beta})](1_{\alpha\beta}, e_{\alpha\beta}, \ell)$$
$$= a(\langle b, 1_{\alpha\beta} \rangle, b\theta_{\beta,\alpha\beta}, 1_{\alpha\beta})(1_{\alpha\beta}, e_{\alpha\beta}, \ell)$$
$$= a(\langle b, 1_{\alpha\beta} \rangle, e_{\alpha\beta}, 1_{\alpha\beta})(\langle b, 1_{\alpha\beta} \rangle, b\theta_{\beta,\alpha\beta}, \ell)$$
$$= (\langle a, \langle b, 1_{\alpha\beta} \rangle \rangle, a\theta_{\alpha,\alpha\beta}, 1_{\alpha\beta})(\langle b, 1_{\alpha\beta} \rangle, b\theta_{\beta,\alpha\beta}, \ell)$$
$$= (\langle a, \langle b, 1_{\alpha\beta} \rangle \rangle, a\theta_{\alpha,\alpha\beta}b\theta_{\beta,\alpha\beta}, \ell).$$

类似地, 可证 $ab = (k, a\theta_{\alpha,\alpha\beta}b\theta_{\beta,\alpha\beta}, [[1_{\alpha\beta}, a], b])$, 及

$$ab = (\langle a, \langle b, 1_{\alpha\beta} \rangle \rangle, a\theta_{\alpha,\alpha\beta}b\theta_{\beta,\alpha\beta}, [[1_{\alpha\beta}, a], b]) = a * b.$$

至此, 我们完成了引理 8.6 的证明.

据引理 8.5 和引理 8.6, 我们建立广义纯正群并半群的结构定理.

定理 8.7 半群 $S(Y; Q, K, \Sigma)$ 为广义纯正群并半群.

反过来, 每个广义纯正群并半群 S 总可以表示成某个 $S(Y; Q, K, \Sigma)$ 型半群.

下面, 我们考虑广义纯正群并半群的一个重要的特例 —— 纯正群并半群. 易知, 若在广义纯正群并半群的构造中, 取 $Q = \varnothing$, 则纯正群并半群的结构定理如下:

推论 8.8 令 Y 为半格. 关于每个 $\alpha \in Y$, 令 $S_\alpha = I_\alpha \times G_\alpha \times \Lambda_\alpha$, 其中 I_α 为左零带, G_α 为群, Λ_α 为右零带, 且若 $\alpha \neq \beta$ 时, $S_\alpha \cap S_\beta = \varnothing$. 关于每个 $\alpha \in Y$, 固定 $1_\alpha \in I_\alpha \cap \Lambda_\alpha$, 当 $\alpha \geqslant \beta$ 时, 定义映射

$$\langle \, , \, \rangle : S_\alpha \times I_\beta \to I_\beta,$$

$$[\, , \,] : \Lambda_\beta \times S_\alpha \to \Lambda_\beta.$$

再令 G 为群 G_α 的半格. 假定关于任意 $a = (i, g, \lambda) \in S_\alpha$, $b = (j, b, \mu) \in S_\beta$, 下列条件满足:

(A)′ 若 $k \in I_\alpha, \nu \in \Lambda_\alpha$, 则 $\langle a, k \rangle = i$, $\langle \nu, a \rangle = \lambda$.

在 $S = \bigcup_{\alpha \in Y} S_\alpha$ 上定义运算

$$a * b = (\langle a, \langle b, 1_{\alpha\beta} \rangle \rangle, gh, [[1_{\alpha\beta}, a], b]).$$

(B)′ 若 $\gamma \leqslant \alpha\beta, k \in I_\gamma, \nu \in \Lambda_\gamma$, 则

$$\langle a, \langle b, k \rangle \rangle = \langle a * b, k \rangle, \quad [[\nu, a], b] = [\nu, a * b].$$

那么 S 为纯正群并半群, 且满足 $S/\mathcal{D} \simeq Y$, 其上运算限制到每个 S_α 上与给定运算一致.

反过来, 每个纯正群并半群都同构于如上构造的半群.

8.3 一 个 例 子

本节我们通过举例, 借此描述非平凡的广义纯正群并半群是如何构造的.

(I) 令 $Y = \{\alpha, \beta, \gamma, \delta\}$ 为如下给定半格, 其中 $\alpha \geqslant \beta, \alpha \geqslant \gamma, \delta = \beta\gamma$.

(II) 令 $Q = \bigcup_{\alpha \in Y} Q_\alpha$ 为幂歧部分半群, 其中 $Q_\alpha = \{a\}$, $Q_\beta = \{b\}$, $Q_\gamma = Q_\delta = \varnothing$, 即, $Q = \{a, b\} = \bigcup_{\alpha \in Y} Q_\alpha$.

(III) 令 $I_\alpha = \{1, 2\}$ 和 $\Lambda_\alpha = \{1, 2\}$ 分别为左零带和右零带. 令 $G_\alpha = \{e_\alpha\}$ 为平凡群. 则构造矩形群 $K_\alpha = I_\alpha \times G_\alpha \times \Lambda_\alpha$, 即, $K_\alpha = \{e, f, e', f'\}$, 其中 $e = \{1, e_\alpha, 1\}$, $f = \{1, e_\alpha, 2\}$, $e' = \{2, e_\alpha, 1\}$ 及 $f' = \{2, e_\alpha, 2\}$.

添加相应的幂歧部分半群, 有 $S_\alpha = Q_\alpha \cup K_\alpha = \{a, e, f, e', f'\}$.

类似地, 令 $I_\beta = \{i, j\} = \Lambda_\beta$, $I_\gamma = \{\ell, k\} = \Lambda_\gamma$, $G_\beta = \{e_\beta\}$, $G_\gamma = \{e_\gamma\}$, $Q_\beta = \{b\}$ 和 $Q_\gamma = \varnothing$, 则分别得到下列半群

$$S_\beta = \{b, g, h, g', h'\} \quad \text{和} \quad S_\gamma = \{\mu, \nu, \mu', \nu'\},$$

其中 $g = \{i, e_\beta, i\}$, $h = \{i, e_\beta, j\}$, $g' = \{j, e_\beta, i\}$, $h' = \{j, e_\beta, j\}$, $u = \{\ell, e_\gamma, \ell\}$, $\nu = \{\ell, e_\gamma, k\}$, $\mu' = \{k, e_\gamma, \ell\}$ 及 $\nu' = \{k, e_\gamma, k\}$.

再令 $I_\delta = \{m\}$, $\Lambda_\delta = \{m, n\}$ 分别为左零带和右零带, $G_\delta = \{e_\delta, \omega, \omega'\}$ 为群, 且恒等元为 e_δ. 则 $S_\delta = \{x, y, z, x', y', z'\}$, 其中 $x = \{m, e_\delta, m\}$, $y = \{m, \omega, m\}$, $z = \{m, \omega' m\}$, $x' = \{m, e_\delta, n\}$, $y' = \{m, \omega, n\}$ 及 $z' = \{m, \omega', n\}$.

(IV) 关于每个 $\alpha \in Y$, $S_\alpha^0 = Q_\alpha \cup G_\alpha$. 当 $\alpha \geqslant \beta$ 时, 关于 $x \in S_\alpha^0$, 定义从 S_α^0 到 G_β 映射 $\theta_{\alpha,\beta}$: $x \mapsto e_\beta$, 其中 e_α 为群 G_β 的恒等元. 易知映射 $\theta_{\alpha,\beta}$ 满足 (A) 中的条件.

(V) 关于 $\alpha, \beta \in Y$, $\alpha \geqslant \beta$, 定义映射 $\varphi_{\alpha,\beta} : S_\alpha \times I_\beta \to I_\beta$, $(x, i) \mapsto \langle x, i \rangle$. 我们考虑下列情况:

(i) 关于任意 $\alpha \in Y$, 若 $x = (i, a, \lambda) \in K_\alpha = I_\alpha \times G_\alpha \times \Lambda_\alpha, j \in I_\alpha$, 则 $\langle x, j \rangle = i$.

(ii) 当 $\alpha > \beta$ 时, 关于任意 $x \in S_\alpha = \{a, e, f, e', f'\}$, 则 $\langle x, i \rangle = i$ 和 $\langle x, j \rangle = j$.

(iii) 当 $\alpha > \gamma$ 时, 关于任意 $x \in S_\alpha$, 则 $\langle x, \ell \rangle = \ell$ 和 $\langle x, k \rangle = k$.

(iv) 当 $\alpha > \delta$, $\beta > \delta$ 和 $\gamma > \delta$ 时, 关于任意 $x \in S_\alpha \cup S_\beta \cup S_\gamma$, 则 $\langle x, m \rangle = m$.

类似地, 定义映射 $\psi_{\alpha,\beta} : \Lambda_\beta \times S_\alpha \to \Lambda_\beta$, $(\lambda, x) \mapsto [\lambda, x]$.

我们有 (i)—(iv) 的情况.

(i)′ 关于任意 $\alpha \in Y$ 和 $\mu \in \Lambda_\alpha$, 若 $x = (i, a, \lambda) \in K_\alpha = I_\alpha \times G_\alpha \times \Lambda_\alpha$, 则 $[\mu, x] = \lambda$.

(ii)′ $\alpha > \beta$, 则

$$\begin{cases} [i, x] = [j, x] = j, & x \in \{a, e, e'\}, \\ [i, x] = [j, x] = i, & x \in \{f, f'\}. \end{cases}$$

(iii)′ $\alpha > \gamma$, 则

$$\begin{cases} [\ell, x] = [k, x] = k, & x \in \{a, e, e'\}, \\ [\ell, x] = [k, x] = \ell, & x \in \{f, f'\}. \end{cases}$$

(iv)′ $\alpha > \delta, \beta > \delta$ 及 $\gamma > \delta$, 则

$$[m, x] = m, \quad [n, x] = n, \quad x \in S_\alpha \cup S_\beta \cup S_\delta.$$

(VI) 最后, 在 $S = \bigcup_{\alpha \in Y} S_\alpha$ 上根据条件 (P1)—(P4) 定义运算 "$*$". 我们可验证映射 $\varphi_{\alpha,\beta}$ 和 $\psi_{\alpha,\beta}$ 满足 (C), (D) 中的条件.

这样, 我们构造出一个广义纯正群并半群, 其乘法表为表 8.1.

表 8.1

*	a	e	f	e'	f'	b	g	h	g'	h'	u	v	u'	v'	x	x'	y	z	y'	z'
a	e	e	f	e	f	g	g	h	g'	h'	u	v	u'	v'	x	x'	y	z	y'	z'
e	e	e	f	e	f	g	g	h	g'	h'	u	v	u'	v'	x	x'	y	z	y'	z'
f	e	e	f	e	f	g	g	h	g'	h'	u	v	u'	v'	x	x'	y	z	y'	z'
e'	e'	e'	f'	e'	f'	g	g	h	g'	h'	u	v	u'	v'	x	x'	y	z	y'	z'
f'	e'	e'	f'	e'	f'	g	g	h	g'	h'	u	v	u'	v'	x	x'	y	z	y'	z'
b	h	h	g	h	g	g	g	h	g	h	x	x	x	x	x	x'	y	z	y'	z'
g	h	h	g	h	g	g	g	h	g	h	x	x	x	x	x	x'	y	z	y'	z'
h	h	h	g	h	g	g	g	h	g	h	x'	x'	x'	x'	x	x'	y	z	y'	z'
g'	h'	h'	g'	h'	g'	g'	g'	h'	g'	h'	x	x	x	x	x	x'	y	z	y'	z'
h'	h'	h'	g'	h'	g'	g'	g'	h'	g'	h'	x'	x'	x'	x'	x	x'	y	z	y'	z'
u	v	v	u	v	u	x	x	x'	x	x'	u	v	u	v	x	x'	y	z	y'	z'
v	v	v	u	v	u	x	x	x'	x	x'	u	v	u	v	x	x'	y	z	y'	z'
u'	v'	v'	u'	v'	u'	x	x	x'	x	x'	u'	v'	u'	v'	x	x'	y	z	y'	z'
v'	v'	v'	u'	v'	u'	x	x	x'	x	x'	u'	v'	u'	v'	x	x'	y	z	y'	z'
x	x	x	x	x	x	x	x	x'	x	x'	x	x	x	x	x	x'	y	z	y'	z'
x'	x'	x'	x'	x'	x'	x	x	x'	x	x'	x'	x'	x'	x'	x	x'	y	z	y'	z'
y	y	y	y	y	y	y	y	y'	y	y'	y	y	y	y	y	y'	z	x	z'	x'
z	z	z	z	z	z	z	z	z'	z	z'	z	z	z	z	z	z'	x	y	x'	y'
y'	y'	y'	y'	y'	y'	y	y	y'	y	y'	y'	y'	y'	y'	y	y'	z	x	z'	x'
z'	z'	z'	z'	z'	z'	z	z	z'	z	z'	z'	z'	z'	z'	z	z'	x	y	x'	y'

第二部分

富足半群和 rpp 半群

第9章　超富足半群

正则半群在半群代数理论中处于主导地位, 完全正则半群在正则半群理论中扮演十分重要的角色. 1941 年, Clifford 最先证明了完全正则半群可以表示为完全单半群的半格, 即著名的 Clifford 定理. 基于这一定理, 许多作者先后对完全正则半群的结构做了深入地研究, 分别给出了完全正则半群类及其子类的各种不同的代数结构, 如 Yamada, Warne, Petrich 及 Clifford 等, 其中 Petrich [30] 给出的完全正则半群结构定理或许是最简单最优美的. 1979 年, Fountain[32] 首先引入了富足半群和超富足半群的概念. 二者分别可以看作是正则半群和完全正则半群的一个自然推广. 本章主要讨论超富足半群的性质和它的代数结构, 通过引进正规 Rees 矩阵半群的概念, 借助可消幺半群上的正规 Rees 矩阵半群的半格, 从而建立超富足半群的一个结构定理.

9.1　基　本　概　念

在富足半群的理论中, 下述关系 $\mathcal{L}^*$, $\mathcal{R}^*$,$\mathcal{H}^*$,$\mathcal{D}^*$ 和 $\mathcal{J}^*$ 起着重要作用. 我们统称 $\mathcal{L}^*$, $\mathcal{R}^*$,$\mathcal{H}^*$,$\mathcal{D}^*$ 和 $\mathcal{J}^*$ 为 *-格林关系.

令 S 为半群, 且 $a, b \in S$. 现定义 $a\mathcal{L}^*b$, 当且仅当

$$(\forall x, y \in S^1)\ ax = ay \Longleftrightarrow bx = by.$$

对偶地, 在半群 S 上, 可定义关系 $\mathcal{R}^*$. 容易看出, 关系 $\mathcal{L}^*$ 和 $\mathcal{R}^*$ 为半群 S 上的等价关系.

令 $\mathcal{H}^* = \mathcal{L}^* \wedge \mathcal{R}^*$ 和 $\mathcal{D}^* = \mathcal{L}^* \vee \mathcal{R}^*$. 我们用符号 $L_a^*(S)$ 或 L_a^* 表示半群 S 的含元素 a 的 $\mathcal{L}^*$- 类. 类似地, $R_a^*(S)$, $H_a^*(S)$ 及 $D_a^*(S)$ 分别表示半群 S 的含元素 a 的 $\mathcal{R}^*$-类, $\mathcal{H}^*$-类及 $\mathcal{D}^*$-类等.

容易验证 $\mathcal{L} \subseteq \mathcal{L}^*$ 和 $\mathcal{R} \subseteq \mathcal{R}^*$, 这里 $\mathcal{L}$ 和 $\mathcal{R}$ 分别表示半群 S 上通常的格林关系.

注解 9.1　易知, 如果 a, b 是半群 S 的正则元, 那么 $(a, b) \in \mathcal{L}^*$, 当且仅当 $(a, b) \in \mathcal{L}$. 特别地, 如果 S 是一个正则半群, 那么在 S 上总有 $\mathcal{L}^* = \mathcal{L}$.

注解 9.2　易验证等价关系 $\mathcal{L}^*$ 为半群 S 上的右同余, 即, 关于任意 $c \in S$, 如果 $(a, b) \in \mathcal{L}^*$, 那么有 $(ac, bc) \in \mathcal{L}^*$.

为了清楚起见, 用 $\mathcal{L}^*(S)$ 来表示半群 S 上的等价关系 $\mathcal{L}^*$. 易知, 若 T 是半群 S 的子半群, 则 $\mathcal{L}^*(S) \cap (T \times T) \subseteq \mathcal{L}^*(T)$. 因此, 当 T 是 S 的正则子半群时, 据注解 9.1 和事实 $\mathcal{L}(T) \subseteq \mathcal{L}(S) \cap (T \times T)$, 则有 $\mathcal{L}^*(T) = \mathcal{L}^*(S) \cap (T \times T)$.

引理 9.1 令 S 为一半群, 且 $a, b \in S$. 则下列各款等价:

(i) $(a, b) \in \mathcal{L}^*$;

(ii) 关于任意 $x, y \in S^1$, $ax = ay$, 当且仅当 $bx = by$;

(iii) 存在一个 S^1-同构 $\varphi : aS^1 \to bS^1$ 使得 $a\varphi = b$.

推论 9.2 若 e 为半群 S 的一个幂等元, 则关于任意 $a \in S$, 以下二款等价:

(i) $(e, a) \in \mathcal{L}^*$;

(ii) $ae = a$, 且关于任意 $x, y \in S^1$, $ax = ay$ 蕴涵 $ex = ey$.

注解 9.3 据推论 9.2, 易知半群 S 的幂等元 e 总是它所在 $\mathcal{L}^*$-类的右恒等元. 以上讨论中, 关于 $\mathcal{L}^*$ 成立的结论, 对偶地关于 $\mathcal{R}^*$ 亦成立.

现在我们介绍半群 S 的 $*$-理想的概念. 半群 S 的一个左（右）理想 I 称为 S 的一个左（右）$*$-理想, 如果关于任意 $a \in I$, 那么 $L_a^* \subseteq I$ ($R_a^* \subseteq I$). 半群 S 的子集 I 称为 S 的 $*$-理想, 如果 I 既是 S 的左 $*$-理想, 也是 S 的右 $*$-理想.

令 a 为半群 S 的一个元素. 则存在含 a 的一个最小 $*$-理想, 称其为由 a 生成的 $*$-理想, 记为 $J^*(a)$. 现在定义半群 S 上关系 $\mathcal{J}^*$ 如下: 关于任意 $a, b \in S$

$$(a, b) \in \mathcal{J}^* \iff J^*(a) = J^*(b).$$

至此, 我们已经在半群 S 上建立了一套新的等价关系 $\mathcal{L}^*$, $\mathcal{R}^*$, $\mathcal{H}^*$, $\mathcal{D}^*$ 和 $\mathcal{J}^*$, 且可证 $\mathcal{H}^* \subseteq \mathcal{L}^* \subseteq \mathcal{D}^* \subseteq \mathcal{J}^*$ 和 $\mathcal{H}^* \subseteq \mathcal{R}^* \subseteq \mathcal{D}^* \subseteq \mathcal{J}^*$.

定义 9.1 半群 S 称为富足半群, 如果 S 的每一 $\mathcal{L}^*$-类和每一 $\mathcal{R}^*$-类均含有幂等元.

定义 9.2 半群 S 称为超富足半群, 如果 S 的每个 $\mathcal{H}^*$-类含有幂等元.

显然, 正则半群是富足半群, 完全正则半群是超富足半群, 反之不然. 实际上, 富足半群和超富足半群分别是正则半群和完全正则半群的一个自然推广.

9.2 基 本 性 质

本节给出超富足半群的一些基本性质.

引理 9.3 在任意超富足半群 S 上, 恒有

(i) $\mathcal{D}^* = \mathcal{L}^* \circ \mathcal{R}^* = \mathcal{R}^* \circ \mathcal{L}^*$;

(ii) $\mathcal{J}^* = \mathcal{D}^*$.

证明 为了证明 (i), 我们首先证明如果 e, f 为超富足半群 S 的幂等元, 且满足 $e\mathcal{D}^* f$, 那么有 $e\mathcal{D} f$. 假设 $e\mathcal{D}^* f$. 则存在 S 的元素 $a_1, \cdots, a_k$ 使得 $e\mathcal{L}^* a_1 \mathcal{R}^* a_2$

$a_k\mathcal{R}^*f$. 因为 S 为超富足半群, 所以存在幂等元 $e_1, \cdots, e_k$ 使得 $e_i\mathcal{H}^*a_i$, 其中 $i = 1, 2, \cdots, k$. 因此, 有 $e\mathcal{L}^*e_1\mathcal{R}^*e_2 \cdots e_k\mathcal{R}^*f$. 据注解 9.1, 有 $e\mathcal{L}e_1\mathcal{R}e_2 \cdots e_k\mathcal{R}f$, 即 $e\mathcal{D}f$.

现在来证明 (i). 假设 $a, b \in S$, 且 $a\mathcal{D}^*b$. 则存在幂等元 e, f 使得 $a\mathcal{H}^*e$ 和 $b\mathcal{H}^*f$. 由上面的证明, 知 $e\mathcal{D}f$. 这样存在 $c, d \in S$ 使得 $e\mathcal{L}c\mathcal{R}f$ 及 $e\mathcal{R}d\mathcal{L}f$. 因此 $a\mathcal{L}^*c\mathcal{R}^*b$ 和 $a\mathcal{R}^*d\mathcal{L}^*b$. 这证明了 (i).

为了证明 (ii), 先证明下述两个结论: ① 若 a 是超富足半群 S 的元素, 则 $J^*(a) = SeS$, 其中 $e^2 = e \in H_a^*$. ② 若 e, f 是超富足半群 S 的幂等元, 且 $e\mathcal{J}f$, 则 $e\mathcal{D}f$. 现在我们来证明 (1). 显然 $e \in J^*(a)$, 因此 $SeS \subseteq J^*(a)$. 我们来证明理想 SeS 恰好是一个 $*$-理想. 显然 $a = ae \in SeS$. 令 $b = xey \in SeS(x, y \in S)$ 及 $k^2 = k \in H_{ey}^*$. 由 $eey = key$, 据引理 9.1 的对偶, 知 $ek = k^2 = k$. 又因 $\mathcal{R}^*$ 为一个左同余, 故 $xey\mathcal{R}^*xk$. 现令 $h^2 = h \in H_{xk}^*$. 则 $xkh = xkk$, 所以 $h = h^2 = hk = hek \in SeS$ 和 $xey\mathcal{D}^*h$. 令幂等元 $g \in H_{xey}^*$. 则 $g\mathcal{D}^*h$, 据上面 (i) 的证明, 有 $g\mathcal{D}h$. 因此 $g \in SeS$. 这样, 如果 $c \in L_b^*, d \in R_b^*$, 那么 $c = cg, d = gd \in SeS$. 因此 SeS 是一个 $*$-理想, 即有 $J^*(a) = SeS$.

下面我们证明结论②. 假设 e, f 是超富足半群 S 的幂等元, 且 $e\mathcal{J}f$. 显然, $SeS = SfS$. 则存在 $x, y, s, t \in S$ 使得 $f = set, e = xfy$. 令幂等元 $h \in H_{fy}^*$ 和幂等元 $k \in H_{se}^*$. 则 $hfy = fy = ffy$ 及 $sek = se = see$, 因此 $h = h^2 = fh$ 和 $k = k^2 = ke$, 从而 hf, ek 为幂等元, 且 $hf\mathcal{R}h$ 和 $ek\mathcal{L}k$. 因此 $ehf\mathcal{R}eh$ 和 $ekf\mathcal{L}kf$. 因为 $eh = xfyh = xfy = e, kf = kset = set = f$, 所以 $e\mathcal{R}ef\mathcal{L}f$, 即 $e\mathcal{D}f$.

最后我们证明 (ii). 假设 $a, b \in S$, 且 $a\mathcal{J}^*b$. 令幂等元 $e \in H_a^*, f \in H_b^*$. 则据上面结论①, $SeS = SfS$. 再据结论②, 有 $e\mathcal{D}f$, 从而 $a\mathcal{D}^*b$.

引理 9.4 令 S 为超富足半群, 且 a, b 为 S 的正则元. 则 $a\mathcal{J}^*b$ 蕴涵 $a\mathcal{D}b$.

证明 假设 a 和 b 都是超富足半群 S 的正则元, 且 $a\mathcal{J}^*b$, 则据引理 9.3, 有 $a\mathcal{D}^*b$, 且存在 $c \in S$, 使得 $a\mathcal{R}^*c\mathcal{L}^*b$. 因 S 是超富足的, 从而存在幂等元 e, 使得 $c \in \mathcal{H}_e^*$. 这表明 $a\mathcal{R}^*e\mathcal{L}^*b$. 因而 $a\mathcal{R}e\mathcal{L}b$, 亦即 $a\mathcal{D}b$.

引理 9.5 令 S 为超富足的. 则 S 的每个正则元均为完全正则的.

证明 若 a 为 S 的一个正则元, 则因 S 为超富足的, 存在幂等元 e, 使得 $a \in \mathcal{H}_e^*$, 因此 $a \in \mathcal{H}_e$. 这表明 a 为完全正则的.

引理 9.6 令 e, f 为超富足半群 S 的幂等元. 则下列两款成立:

(i) 若 $a\mathcal{R}^*b$, 且 $a \in \mathcal{H}_e^*, b \in \mathcal{H}_f^*$, 则关于任意正则元 $c \in \mathcal{H}_a^*$, 存在 c 的唯一逆元 $c' \in \mathcal{H}_b^*$, 使得 $cc' = f$ 及 $c'c = e$.

(ii) 若 $a\mathcal{L}^*b$, 且 $a \in \mathcal{H}_e^*, b \in \mathcal{H}_f^*$, 则关于任意正则元 $c \in \mathcal{H}_a^*$, 存在 c 的唯一逆元 $c' \in \mathcal{H}_b^*$, 使得 $cc' = e$ 及 $c'c = f$.

证明 因 (ii) 的证明类似 (i), 仅证 (i). 若 e, f 为 S 的幂等元, 且 $a \in H_e^*$, $b \in H_f^*$ 及 $a\mathcal{R}^*b$, 则显然 $e\mathcal{R}^*f$, 据注解 9.1, 知 $e\mathcal{R}f$.

特别地, 关于任意正则元 $c \in H_a^*$, 有 $c\mathcal{H}e$. 这样, 据文献 [6](第 II 章) 的定理 3.5, 在 $\mathcal{H}$-类 H_f 中, 含 c 的唯一的逆元 c', 使得 $cc' = f$ 和 $c'c = e$. 又显然 $H_f \subseteq H_f^* = H_b^*$, 因此 (i) 得证.

引理 9.7   若 S 为超富足半群, $a, b \in S$, 且 $a\mathcal{R}^*b$, 则存在正则元 $c \in H_a^*$ 和 $c' \in H_b^*$, 使得右平移 $\rho_c|_{L_b^*} : x \mapsto x\rho_c = xc$ 及 $\rho_{c'}|_{L_a^*} : x \mapsto x\rho_{c'} = xc'$ 分别为从 L_b^* 到 L_a^* 及从 L_a^* 到 L_b^* 的互逆保持 $\mathcal{R}^*$-关系的双射.

证明   若 S 为超富足半群, 且 $a\mathcal{R}^*b$, 则据定义, 存在幂等元 e 和 f, 使得 $a \in H_e^*$ 和 $b \in H_f^*$. 令 c 为 H_a^* 中的一个正则元, 则据引理 9.6, 在 H_b^* 中存在 c 的唯一逆元 c', 使得 $cc' = f$ 及 $c'c = e$.

若 $x \in L_b^*$, 则显然 $x\mathcal{L}^*f$. 但 $\mathcal{L}^*$ 为 S 上的右同余, 从而有 $xc\mathcal{L}^*fc = c$, 因而 $x\rho_c = xc \in L_c^* = L_a^*$, 这表明 $\rho_c : x \mapsto x\rho_c = xc$ 为从 L_b^* 到 L_a^* 的映射. 类似地, $\rho_{c'}|_{L_a^*} : x \mapsto x\rho_{c'} = xc'$ 为从 L_a^* 到 L_b^* 的映射. 考虑复合映射 $\rho_c|_{L_b^*} \circ \rho_{c'}|_{L_a^*} : L_b^* \mapsto L_b^*$, 则关于任意 $x \in L_b^*$, $x\rho_c\rho_{c'} = xcc' = xf = x$, 后一等式成立是因为 $x\mathcal{L}^*b\mathcal{L}^*f$ 且 f 为它所在 $\mathcal{L}^*$-类的右恒等元, 因此 $\rho_c|_{L_b^*}$ 和 $\rho_{c'}|_{L_a^*}$ 分别为从 L_b^* 到 L_a^* 及从 L_a^* 到 L_b^* 的互逆双射.

现证这些映射保持 $\mathcal{R}^*$-关系. 假设 $x_1, x_2 \in L_b^*$, 且 $x_1\mathcal{R}^*x_2$, 可断定 $x_1c\mathcal{R}^*x_2c$. 因为, 若对于任意 $u, v \in S^1$, $ux_1c = vx_1c$, 则由 $x_1\mathcal{L}^*b\mathcal{L}^*f = cc'$, 有 $ux_1 = ux_1cc' = vx_1cc' = vx_1$. 又据 $x_1\mathcal{R}^*x_2$, 有 $ux_2 = vx_2$, 从而 $ux_2c = vx_2c$.

类似地, 若对于任意 $u, v \in S^1$, $ux_2c = vx_2c$, 则有 $ux_1c = vx_1c$, 据引理 9.1 的对偶, 即有 $x_1c\mathcal{R}^*x_2c$. 这意味着右平移 $\rho_c|_{L_b^*}$ 为从 L_b^* 到 L_a^* 上的保持 $\mathcal{R}^*$-关系的双射. 类似地, 可证 $\rho_{c'}|_{L_a^*}$ 为从 L_a^* 到 L_b^* 上的保持 $\mathcal{R}^*$-关系的双射.

下述引理为引理 9.7 的对偶, 证明类似.

引理 9.8   若 S 为超富足半群, $a, b \in S$, 且 $a\mathcal{L}^*b$, 则存在正则元 $c \in H_a^*$ 及 $c' \in H_b^*$, 使得左平移 $\lambda_c|_{R_b^*} : x \mapsto x\lambda_c = cx$ 及 $\lambda_{c'}|_{R_a^*} : x \mapsto x\lambda_{c'} = c'x$ 分别为从 R_b^* 到 R_a^* 及从 R_a^* 到 R_b^* 的互逆保持 $\mathcal{L}^*$-关系的双射.

引理 9.9   令 H^* 为半群 S 的一个 $\mathcal{H}^*$-类. 若 H^* 含幂等元, 则 H^* 为 S 的一个可消幺半群.

证明   令 e 为 H^* 的一个幂等元. 据注解 9.3, 显然 e 是 H^* 的幺元. 若 $a, b \in H^*$, 则据 $\mathcal{L}^*$ 为右同余和 $\mathcal{R}^*$ 为左同余, 由 $a\mathcal{L}^*e$ 和 $b\mathcal{R}^*e$, 有 $ab\mathcal{L}^*eb = b$ 及 $ab\mathcal{R}^*ae = a$. 因此, $ab \in H^*$, 即 H^* 是 S 的一个子半群.

若 $a, b, c \in H^*$, 且 $ac = bc$, 则由 $a\mathcal{L}^*e$, 得到 $eb = ec$, 从而 $b = c$. 类似地, 如果 $ca = cb$, 那么有 $a = b$. 这证明了 H^* 是一个可消幺半群.

这里举例说明完全正则半群类为超富足半群类的真子类.

例 9.1 令

$$a_{11} = \begin{pmatrix} 1 & 1 & 0 \\ 0 & 0 & 0 \\ 0 & 0 & 0 \end{pmatrix}, \quad a_{12} = \begin{pmatrix} 1 & 1 & 1 \\ 0 & 0 & 0 \\ 0 & 0 & 0 \end{pmatrix},$$

$$a_{21} = \begin{pmatrix} 0 & 0 & 0 \\ 1 & 1 & 0 \\ 0 & 0 & 0 \end{pmatrix}, \quad a_{22} = \begin{pmatrix} 0 & 0 & 0 \\ 1 & 1 & 1 \\ 0 & 0 & 0 \end{pmatrix}.$$

又令

$$S_{ij} = \{2^n a_{ij} | n \geqslant 0, n \in N\}, \quad i, j = 1, 2,$$

则易验证集合 $S_\alpha = S_{11} \cup S_{12} \cup S_{21} \cup S_{22}$ 在通常的矩阵乘法下为半群, 其中 a_{11}, a_{12}, a_{21} 及 a_{22} 为幂等元, S_{11}, S_{12}, S_{21} 及 S_{22} 分别为由 a_{11}, a_{12}, a_{21} 及 a_{22} 生成的 S_α 的子半群.

此外, 构造半群 $S_\beta = \{a, b, c, d, e, f, g, h, i, j, s, t, u, v, w, x, y, z\}$, 其中 Cayley 表为表 9.1.

表 9.1

$*$	a	b	c	d	e	f	g	h	i	j	s	t	u	v	w	x	y	z
a	a	b	c	a	b	c	g	h	i	g	h	i	u	v	w	u	v	w
b	a	b	c	a	b	c	g	h	i	g	h	i	u	v	w	u	v	w
c	a	b	c	a	b	c	g	h	i	g	h	i	u	v	w	u	v	w
d	d	e	f	d	e	f	j	s	t	j	s	t	x	y	z	x	y	z
e	d	e	f	d	e	f	j	s	t	j	s	t	x	y	z	x	y	z
f	d	e	f	d	e	f	j	s	t	j	s	t	x	y	z	x	y	z
g	g	h	i	g	h	i	u	v	w	u	v	w	a	b	c	a	b	c
h	g	h	i	g	h	i	u	v	w	u	v	w	a	b	c	a	b	c
i	g	h	i	g	h	i	u	v	w	u	v	w	a	b	c	a	b	c
j	j	s	t	j	s	t	x	y	z	x	y	z	d	e	f	d	e	f
s	j	s	t	j	s	t	x	y	z	x	y	z	d	e	f	d	e	f
t	j	s	t	j	s	t	x	y	z	x	y	z	d	e	f	d	e	f
u	u	v	w	u	v	w	a	b	c	a	b	c	g	h	i	g	h	i
v	u	v	w	u	v	w	a	b	c	a	b	c	g	h	i	g	h	i
w	u	v	w	u	v	w	a	b	c	a	b	c	g	h	i	g	h	i
x	x	y	z	x	y	z	d	e	f	d	e	f	j	s	t	j	s	t
y	x	y	z	x	y	z	d	e	f	d	e	f	j	s	t	j	s	t
z	x	y	z	x	y	z	d	e	f	d	e	f	j	s	t	j	s	t

易验证 S_β 为正则的, 且 a, b, c, d, e, f 为 S_β 的全体幂等元.

现令 $S = S_\alpha \cup S_\beta$ 并定义 S 上的乘法 "$*$" 为 S_α 及 S_β 上原有乘法的扩充, 且关于任意 $a \in S_\alpha$ 及任意 $b \in S_\beta$, $a*b = b*a = b$. 易验证, S 连同乘法 "$*$" 为一半群.

据引理 9.1 及其对偶, 易验证 S 中的 $\mathcal{L}^*$-类为集合 $\{2^n a_{11}, 2^n a_{21}\}, \{2^n a_{12}, 2^n a_{22}\},$ $\{a, d, g, j, u, x\}, \{b, e, h, s, v, y\}, \{c, f, i, t, w, z\}$, S 中的 $\mathcal{R}^*$-类为集合 $\{2^n a_{11}, 2^n a_{12}\},$ $\{2^n a_{21}, 2^n a_{22}\}, \{a, b, c, g, h, i, u, v, w\}, \{d, e, f, j, s, t, x, y, z\}$, 其中 n 为非负整数.

因此, 易知 S 中的 $\mathcal{H}^*$-类分别为 $\{2^n a_{11}\}, \{2^n a_{12}\}, \{2^n a_{21}\}, \{2^n a_{22}\}, \{a, g, u\},$ $\{b, h, v\}, \{c, i, w\}, \{d, j, x\}, \{e, s, y\}$ 及 $\{f, t, z\}$. 据定义, 易知 S 为富足半群, 且 S 的每一 $\mathcal{H}^*$-类含幂等元, 从而 S 为超富足半群. 因 $S \setminus \{S_\beta \cup \{a_{11}, a_{12}, a_{21}, a_{22}\}\}$ 中的每个元都是非正则的, 从而 S 不是完全正则半群. 这表明, 完全正则半群为超富足半群的真子类.

9.3　完全 $\mathcal{J}^*$-单半群

定义 9.3　富足半群 S 称为完全 $\mathcal{J}^*$-单半群, 如果 S 为本原的, 且 S 的幂等元生成正则子半群.

引理 9.10[32]　在任意半群 S 上, 下列各款等价:

(i) S 为完全 $\mathcal{J}^*$-单半群;

(ii) S 为超富足的和 $\mathcal{J}^*$-单的;

(iii) S 同构于可消幺半群 T 上的 Rees 矩阵半群 $\mu(T, I, \Lambda; P)$, 其中 P 中的每个元均为 T 的单位元.

现在给出下面的定义.

定义 9.4　令 $\mu(T, I, \Lambda; P)$ 为 Rees 矩阵半群, $P = (p_{\lambda i})$ 为可消幺半群 T 上的 $\Lambda \times I$ 矩阵. 称 P 为正规的, 如果存在 $1 \in I \cap \Lambda$, 关于任意 $i \in I$ 和 $\lambda \in \Lambda$, 使得 $p_{1i} = p_{\lambda 1} = e$, 其中 e 为可消幺半群 T 的恒等元. 称 Rees 矩阵半群为正规的, 如果 P 为正规的.

引理 9.11　令 S 为完全 $\mathcal{J}^*$-单半群. 则

(i) S 具有与 $\mathcal{D}$-类构造相似的 "蛋盒" 图, 即在 S 的 $\mathcal{D}^*$-类中, 每一行为 $\mathcal{R}^*$-类, 每一列为 $\mathcal{L}^*$-类, 而每一行与每一列的交为 $\mathcal{H}^*$-类.

(ii) S 的每个 $\mathcal{H}^*$-类均同构于一个可消幺半群.

证明　(i) 假设 S 为完全 $\mathcal{J}^*$-单半群, $a, b \in S$, 则据引理 9.10 (ii), 显然 $a \mathcal{J}^* b$. 又据引理 9.3, 有 $a \mathcal{D}^* b$, 这表明 S 仅有一个 $\mathcal{D}^*$-类. 再据引理 9.3 (i), 知 S 的每个 $\mathcal{H}^*$-类非空, 因此, 在 S 的唯一 $\mathcal{D}^*$-类中, 每一行为 S 的 $\mathcal{R}^*$-类, 每一列为 S 的 $\mathcal{L}^*$-类, 每一行与每一列的交即为 S 的 $\mathcal{H}^*$-类.

(ii) 若 H_a^* 和 H_b^* 分别为包含元素 a 和 b 的 $\mathcal{H}^*$-类, 则由 (i) 的讨论, 知存在 $d \in S$, 使得 $a \mathcal{R}^* d \mathcal{L}^* b$. 考虑 $\mathcal{H}^*$-类 H_a^*, H_d^* 及 H_b^*, 据 S 的超富足性, 存在幂等元 e, g 和 f, 使得 $H_a^* = H_e^*, H_d^* = H_g^*$ 及 $H_b^* = H_f^*$.

又据引理 9.6, 知关于任意正则元 $c \in H_d^*$, 存在 c 的唯一逆元 $c^* \in H_b^*$, 使得 $cc^* = g$. 再据引理 9.7 和引理 9.8, $\rho_c|_{H_a^*} : x \mapsto x\rho_c = xc$ 为从 H_a^* 到 H_d^* 上的双射. 类似地, $\lambda_{c^*}|_{H_d^*} : x \mapsto x\lambda_{c^*} = c^*x$ 为从 H_d^* 到 H_b^* 上的双射, 因此映射 $\varphi = \rho_c\lambda_{c^*} : x \mapsto x\varphi = c^*xc$ 为从 H_a^* 到 H_b^* 上的双射. 下证 φ 实则为同构映射, 关于任意 $x \in H_a^*$, 由于 $x\mathcal{R}^*g$ 及 g 为其所在 $\mathcal{R}^*$- 类的左恒等元, 显然有 $gx = x$, 从而关于任意 $x_1, x_2 \in H_a^*$, 有

$$x_1\varphi x_2\varphi = c^*x_1cc^*x_2c = c^*x_1gx_2c = c^*x_1x_2c = (x_1x_2)\varphi.$$

这证明了 φ 为同构映射. 又据引理 9.9, 易知 H_a^* 和 H_b^* 为同构的可消幺半群.

定理 9.12 令 T 为带恒等元 e 的可消幺半群, I, Λ 为非空集, $P = (p_{\lambda i})$ 为正规的 $\Lambda \times I$ 矩阵, 则正规 Rees 矩阵半群 $M = \mu(T, I, \Lambda; P)$ 为一完全 $\mathcal{J}^*$-单半群.

反过来, 每个完全 $\mathcal{J}^*$-单半群同构于可消幺半群 T 上的正规 Rees 矩阵半群 $\mu(T, I, \Lambda; P)$.

证明 据引理 9.10, 定理的直接部分得证. 仅需证明每一完全 $\mathcal{J}^*$-单半群可表示为正规 Rees 矩阵半群.

令 S 为完全 $\mathcal{J}^*$-单半群. 用 I 和 Λ 分别表示 S 的 $\mathcal{R}^*$-类和 $\mathcal{L}^*$-类的集合. 并用 $R_i^*(i \in I)$ 和 $L_\lambda^*(\lambda \in \Lambda)$ 分别表示 S 的 $\mathcal{R}^*$-类和 $\mathcal{L}^*$-类. 关于任意 $(i, \lambda) \in I \times \Lambda$, 记 $H_{i\lambda}^* = R_i^* \cap L_\lambda^*$, 则据引理 9.11, 知 S 的每个 $H_{i\lambda}^*$ 均同构于一个可消幺半群, 且 $S = \cup\{H_{i\lambda}^* | (i, \lambda) \in I \times \Lambda\}$, 因此可任选 $i \in I$ 及 $\lambda \in \Lambda$, 使得 $H_{i\lambda}^*$ 为可消幺半群 T. 为方便起见, 记所选 $\mathcal{H}^*$-类为 H_{11}^*, e 表示其恒等元, 因此关于任意 $i \in I$ 及 $\lambda \in \Lambda$, 可断定存在完全正则元 $r_i \in H_{i1}^*$ 及完全正则元 $q_\lambda \in H_{1\lambda}^*$, 使得 $q_\lambda r_1 = q_1 r_i = e$. 事实上, 关于任意完全正则元 $c \in H_{11}^*$, 令 $r_1 = c$ 及 $q_1 = c'$, 其中 c' 为 c 在 H_{11}^* 中的唯一逆元, 因此据引理 9.6(i), 关于每个 $\lambda \in \Lambda$, 易知 $H_{1\lambda}^*$ 含 r_1 的唯一逆元 q_λ, 使得 $q_\lambda r_1 = e$. 类似地, 关于每个 $i \in I$, 可选取完全正则元 $r_i \in H_{i1}^*$, 使得 $q_1 r_i = e$. 这样, 我们有集合 $\{q_\lambda \mid \lambda \in \Lambda\}$ 及 $\{r_i \mid i \in I\}$, 其中 q_λ 和 r_i 均为 S 的完全正则元. 又据引理 9.7, 知关于任意 $x \in H_{11}^*$, 映射 $x \mapsto xq_\lambda$ 为从 H_{11}^* 到 $H_{1\lambda}^*$ 上的双射. 类似地, 据引理 9.8, 映射 $y \mapsto r_i y$ $(y \in H_{1\lambda}^*)$ 为从 $H_{1\lambda}^*$ 到 $H_{i\lambda}^*$ 上的双射. 因此 $H_{i\lambda}^*$ 的每个元素均可唯一地表示为 $r_i x q_\lambda$ $(x \in H_{11}^*)$. 令 $H_{11}^* = T$, 并定义 $P = (p_{\lambda i})$ 为 $\Lambda \times I$ 矩阵, 其中 $p_{\lambda i} = q_\lambda r_i$. 若 f 为 H_{i1}^* 的恒等元, 则 $r_i\mathcal{R}^*f$ 且 $fr_i = r_i$. 又据引理 9.7, 知映射 $x \mapsto xr_i$ 为 L_λ^* 到 L_1^* 上的保持 $\mathcal{R}^*$-关系的双射, 从而 $p_{\lambda i} = q_\lambda r_i \in H_{11}^*$. 因 q_λ 和 r_i 都为完全正则元, 从而据 S 的定义和引理 9.5, 知 $p_{\lambda i}$ 为完全正则的, 亦即为可消幺半群 T 的单位元. 这样, 得到可消幺半群 T 上的正规 Rees 矩阵半群 $\mu(T, I; \Lambda; P)$.

现考虑从 $I \times T \times \Lambda$ 到 S 的映射 $\varphi : (i, a, \lambda) \mapsto (i, a, \lambda)\varphi = r_i a q_\lambda$, 其中 $a \in T$. 显然 φ 为双射, 这是因为 $S = \cup\{H_{i\lambda}^* \mid i \in I, \lambda \in \Lambda\}$. 易验证 φ 为正规 Rees 矩阵

半群 $\mu(T, I, \Lambda; P)$ 到完全 $\mathcal{J}^*$-单半群 S 的同构.

引理 9.13　令 $\mu(T, I, \Lambda; P)$ 为可消幺半群 T 上的正规 Rees 矩阵半群. 则下列各款成立:

(i) $(i, x, \lambda)\mathcal{L}^*(j, y, \nu)$, 当且仅当 $\lambda = \nu$;

(ii) $(i, x, \lambda)\mathcal{R}^*(j, y, \nu)$, 当且仅当 $i = j$;

(iii) 若关于任意 $a, b, c \in S = \mu(T, I, \Lambda; P)$, $ab = ac$, $ba = ca$, 则 $b = c$.

证明　(i) 和 (ii) 直接验证可得. 由 T 为可消幺半群, (iii) 立得.

引理 9.14[32]　半群 S 为超富足的, 当且仅当 S 为完全 $\mathcal{J}^*$-半群 $S_\alpha(\alpha \in Y)$ 的半格 Y, 且关于任意 $\alpha \in Y$ 和 $a \in S_\alpha$, $L_a^*(S) = L_a^*(S_\alpha)$ 及 $R_a^*(S) = R_a^*(S_\alpha)$.

9.4　结　构　定　理

本节将给出超富足半群的一种结构, 作为推论将获得 Petrich[30] 建立的完全正则半群的一个结构定理.

(1) 令 Y 为一半格.

(2) 关于每一 $\alpha \in Y$, 令 $S_\alpha = \mu(T_\alpha, I_\alpha, \Lambda_\alpha; P_\alpha)$ 为可消幺半群 T_α 上的正规 Rees 矩阵半群, 其中 P_α 在 $1_\alpha \in I_\alpha \cap \Lambda_\alpha$ 正规.

(3) 关于任意 $\alpha, \beta \in Y$, 假设 $S_\alpha \cap S_\beta = \varnothing$, $\alpha \neq \beta$, 并构成集合 $S = \cup_{\alpha \in Y} S_\alpha$.

(4) 关于任意 $\alpha, \beta \in Y$, $\alpha \geqslant \beta$, 定义映射

$$\theta_{\alpha,\beta}: \quad S_\alpha \longrightarrow T_\beta, \quad a \longmapsto a_\beta,$$

$$\varphi_{\alpha,\beta}: \quad S_\alpha \times I_\beta \longrightarrow I_\beta, \quad (a, i) \longmapsto \langle a, i \rangle,$$

$$\phi_{\alpha,\beta}: \quad \Lambda_\beta \times S_\alpha \longrightarrow \Lambda_\beta, \quad (\lambda, a) \longmapsto [\lambda, a].$$

满足下述条件:

(I) 关于任意 $a \in S_\alpha, b \in S_\beta$ 及 $c \in S_\gamma$, 若 $\alpha\beta\gamma = \delta$ 且 $1_\delta \in I_\delta \cap \Lambda_\delta$, 则

$$p_{[1_\delta, a]\langle b, \langle c, 1_\delta \rangle \rangle} b_\delta p_{[1_\delta, b]\langle c, 1_\delta \rangle} = p_{[1_\delta, a]\langle b, 1_\delta \rangle} b_\delta p_{[[1_\delta, a], b]\langle c, 1_\delta \rangle}.$$

(II) 若 $i \in I_\alpha, \lambda \in \Lambda_\alpha$ 及 $a \in S_\alpha$, 则

$$a = (\langle a, i \rangle, a_\alpha, [\lambda, a]).$$

在集合 $S = \bigcup_{\alpha \in Y} S_\alpha$ 上定义运算 "$\circ$" 如下: 关于任意 $a \in S_\alpha, b \in S_\beta$,

$$a \circ b = (\langle a, \langle b, 1_{\alpha\beta} \rangle \rangle, a_{\alpha\beta} p_{[1_{\alpha\beta}, a]\langle b, 1_{\alpha\beta} \rangle} b_{\alpha\beta}, [[1_{\alpha\beta}, a], b]). \tag{9.1}$$

(III) 关于任意 $i \in I_\gamma, \lambda \in \Lambda_\gamma$ 及 $\alpha\beta \geqslant \gamma$, 有

$$(\langle a, \langle b, i \rangle\rangle, a_\gamma p_{[1_\gamma, a]\langle b, 1_\gamma\rangle} b_\gamma, [[\lambda, a], b]) = (\langle a \circ b, i\rangle, (a \circ b)_\gamma, [\lambda, a \circ b]),$$

其中 $a \in S_\alpha$, $b \in S_\beta$.

(IV) (i) 若 $a = (i, x, \lambda), b = (j, y, \lambda) \in S_\alpha$, 即 $a\mathcal{L}^*(S_\alpha)b$, 则关于任意 $u, v \in S^1$,

$$a \circ u = a \circ v \Longleftrightarrow b \circ u = b \circ v.$$

(ii) 若 $a = (i, x, \lambda), b = (i, y, \nu) \in S_\alpha$, 即 $a\mathcal{R}^*(S_\alpha)b$, 则关于任意 $u, v \in S^1$,

$$u \circ a = v \circ a \Longleftrightarrow u \circ b = v \circ b.$$

下证集合 $S = \bigcup_{\alpha \in Y} S_\alpha$ 连同式 (9.1) 定义的运算成为一超富足半群.

引理 9.15 集合 $S = \bigcup_{\alpha \in Y} S_\alpha$ 上定义的 "$\circ$" 是结合的.

证明 假设 $a \in S_\alpha, b \in S_\beta, c \in S_\gamma$ 且 $\alpha, \beta, \gamma \in Y$, $\alpha\beta\gamma = \delta$. 则据条件 (I) 和 (III), 有

$$\begin{aligned}
a \circ (b \circ c) &= (\langle a, \langle b \circ c, 1_\delta\rangle\rangle, a_\delta p_{[1_\delta, a]\langle b \circ c, 1_\delta\rangle} (b \circ c)_\delta, [[1_\delta, a], b \circ c]) \\
&= (\langle a, \langle b, \langle c, 1_\delta\rangle\rangle\rangle, a_\delta p_{[1_\delta, a]\langle b, \langle c, 1_\delta\rangle\rangle} b_\delta p_{[1_\delta, b]\langle c, 1_\delta\rangle} c_\delta, [[[1_\delta, a], b], c])
\end{aligned}$$

和

$$\begin{aligned}
(a \circ b) \circ c &= (\langle a \circ b, \langle c, 1_\delta\rangle\rangle, (a \circ b)_\delta p_{[1_\delta, a \circ b]\langle c, 1_\delta\rangle} c_\delta, [[1_\delta, a \circ b], c]) \\
&= (\langle a, \langle b, \langle c, 1_\delta\rangle\rangle\rangle, a_\delta p_{[1_\delta, a]\langle b, 1_\delta\rangle} b_\delta p_{[[1_\delta, a], b]\langle c, 1_\delta\rangle} c_\delta, [[[1_\delta, a], b], c]).
\end{aligned}$$

因此据条件 (I), 立即有 $a \circ (b \circ c) = (a \circ b) \circ c$.

现记如上构作的半群为 $S = \Sigma(Y; S_\alpha, \Phi_{\alpha,\beta})$, 其中 $\Phi_{\alpha,\beta} = \{\theta_{\alpha,\beta}, \varphi_{\alpha,\beta}, \phi_{\alpha,\beta} | \alpha, \beta \in Y, \alpha \geqslant \beta\}$. 称 $\Phi_{\alpha,\beta}$ 为半群 $S = \Sigma(Y; S_\alpha, \Phi_{\alpha,\beta})$ 的结构映射.

引理 9.16 半群 $S = \Sigma(Y, S_\alpha, \Phi_{\alpha,\beta})$ 为超富足半群, 且 S 的运算限制到每一正规 Rees 矩阵半群 $S_\alpha = \mu(T_\alpha, I_\alpha, \Lambda_\alpha; P_\alpha)$ 上, 与 S_α 上的原运算一致.

证明 若 $a = (i, x, \lambda), b = (j, y, \nu) \in S_\alpha$, 则由 (II) 及式 (9.1), 有

$$\begin{aligned}
a \circ b &= (\langle a, \langle b, 1_\alpha\rangle\rangle, a_\alpha p_{[1_\alpha, a]\langle b, 1_\alpha\rangle} b_\alpha, [[1_\alpha, a], b]) \\
&= (\langle a, j\rangle, x p_{\lambda j} y, [\lambda, b]) \\
&= (i, x p_{\lambda j} y, \nu) \\
&= (i, x, \lambda)(j, y, \nu) \\
&= ab.
\end{aligned}$$

这证明了 S 上的运算限制在诸 S_α 上时, 与 S_α 上的原运算一致.

由式 (9.1), 显然半群 $S = \Sigma(Y, S_\alpha, \Phi_{\alpha\beta})$ 为半群 S_α 的半格, 又据引理 9.10, 每一 S_α 同构于某个完全 $\mathcal{J}^*$ 单半群.

据引理 9.14, 为证 S 是超富足半群, 仅需证明关于任意 $a \in S_\alpha$ 和任意 $\alpha \in Y$, $L_a^*(S) = L_a^*(S_\alpha)$ 及 $R_a^*(S) = R_a^*(S_\alpha)$. 现假设 $a \in S_\alpha, b \in S_\beta$, 且 $a\mathcal{L}^*(S)b$, 因 S_α 为完全 $\mathcal{J}^*$-单半群, 从而 S_α 为富足的. 记 $L_a^*(S_\alpha) \cap E(S_\alpha)$ 的一个代表元为 a^*. 由于 $a \circ a^* = aa^* = a$ 及 $a\mathcal{L}^*(S)b$, 据引理 9.1, 有 $b \circ a^* = b$. 因此有 $\alpha\beta = \beta$. 类似地可证 $\alpha\beta = \alpha$. 这表明 $a\mathcal{L}^*(S_\alpha)b$, 从而 $L_a^*(S) \subseteq L_a^*(S_\alpha)$. 为证相反的包含, 假设 $a, b \in S_\alpha$, 且 $a\mathcal{L}^*(S_\alpha)b$. 据引理 9.13, 有 $a = (i, x, \lambda)$ 及 $b = (j, y, \lambda)$. 又据引理 9.1 及条件 (IV)(i), 立即有 $a\mathcal{L}^*(S)b$, 这导致 $L_a^*(S_\alpha) \subseteq L_a^*(S)$. 因此 $L_a^*(S) = L_a^*(S_\alpha)$. 类似可证 $R_a^*(S) = R_a^*(S_\alpha)$. 这证明了 $S = \Sigma(Y, S_\alpha, \Phi_{\alpha,\beta})$ 为超富足半群. 证毕.

综合引理 9.15 及引理 9.16, 我们已证下述结构定理的直接部分.

定理 9.17 半群 $S = \Sigma(Y, S_\alpha, \Phi_{\alpha,\beta})$ 为超富足半群, 且 S 上的运算在 S_α 上的限制与 S_α 上的原运算一致.

反过来, 每一超富足半群都同构于如上构作的半群.

引理 9.18 令 S 为超富足半群, 则下列各款成立:

(i) 存在半格 Y, 使得关于每个 $\alpha \in Y$ 对应可消幺半群 T_α 上的正规 Rees 矩阵半群 $S_\alpha = \mu(T_\alpha, I_\alpha, \Lambda_\alpha; P_\alpha)$, 且 $S = \bigcup_{\alpha \in Y} S_\alpha$ 为 S_α 的半格分解.

(ii) 关于任意 $\alpha, \beta \in Y, \alpha \geqslant \beta$, 存在结构映射

$$\theta_{\alpha,\beta}: \quad S_\alpha \longrightarrow T_\beta, \qquad a \longmapsto a_\beta,$$

$$\varphi_{\alpha,\beta}: \quad S_\alpha \times I_\beta \longrightarrow I_\beta, \qquad (a, i) \longmapsto \langle a, i \rangle,$$

$$\phi_{\alpha,\beta}: \quad \Lambda_\beta \times S_\alpha \longrightarrow \Lambda_\beta \qquad (\lambda, a) \longmapsto [\lambda, a],$$

使关于任意 $i \in I_\beta, \lambda \in \Lambda_\beta$ 及任意 $a \in S_\alpha$, 有

$$(1_\beta, e_\beta, \lambda)a = (1_\beta, p_{\lambda\langle a, 1_\beta \rangle} a_\beta, [\lambda, a]), \tag{9.2}$$

$$a(i, e_\beta, 1_\beta) = (\langle a, i \rangle, a_\beta p_{[1_\beta, a]i}, 1_\beta), \tag{9.3}$$

其中 $1_\beta \in I_\beta \cap \Lambda_\beta$, 且 e_β 为可消幺半群 T_β 的恒等元.

证明 假设 S 为超富足半群, 则据引理 9.14, S 为完全 $\mathcal{J}^*$-单半群 $S_\alpha(\alpha \in Y)$ 的半格 Y. 又据引理 9.10, 知 S_α 可表示为可消幺半群 T_α 上的正规 Rees 矩阵半群 $\mu(T_\alpha, I_\alpha, \Lambda_\alpha; P_\alpha)$. 显然 $S = \bigcup_{\alpha \in Y} S_\alpha$, 且关于任意 $\alpha, \beta \in Y$, 若 $\alpha \neq \beta$, 则 $S_\alpha \cap S_\beta = \varnothing$. 这样就证明了 (i).

假设 $\alpha, \beta \in Y, \alpha \geqslant \beta$ 且 $a \in S_\alpha$. 又假设 $S_\beta = \mu(T_\beta, I_\beta, \Lambda_\beta; P_\beta)$ 为正规 Rees 矩阵半群, 其中 P_β 在 $1_\beta \in I_\beta \cap \Lambda_\beta$ 正规, 即 $p_{\lambda 1_\beta} = p_{1_\beta i} = e_\beta, e_\beta$ 为 T_β 的恒等元. 显

然, 关于任意 $i \in I_\beta, \lambda \in \Lambda_\beta$, 有 $a(1_\beta, e_\beta, 1_\beta), a(i, e_\beta, 1_\beta)$ 及 $(1_\beta, e_\beta, \lambda)a \in S_\beta$, 因此考虑下述映射:

$$\theta_{\alpha,\beta}: \quad S_\alpha \longrightarrow T_\beta, \quad a \longmapsto a_\beta,$$

$$\varphi_{\alpha,\beta}: \quad S_\alpha \times I_\beta \longrightarrow I_\beta, \quad (a, i) \longmapsto \langle a, i \rangle$$

和

$$\phi_{\alpha,\beta}: \Lambda_\beta \times S_\alpha \longrightarrow \Lambda_\beta, \quad (\lambda, a) \longmapsto [\lambda, a],$$

使得

$$a(1_\beta, e_\beta, 1_\beta) = (-, a_\beta, -), \tag{9.4}$$

$$a(i, e_\beta, 1_\beta) = (\langle a, i \rangle, -, -), \tag{9.5}$$

$$(1_\beta, e_\beta, \lambda)a = (-, -, [\lambda, a]). \tag{9.6}$$

式 (9.4) 右乘 $(1_\beta, e_\beta, 1_\beta)$, 并由式 (9.5), 有

$$a(1_\beta, e_\beta, 1_\beta) = (\langle a, 1_\beta \rangle, a_\beta, 1_\beta). \tag{9.7}$$

类似地, 又有

$$a(i, e_\beta, 1_\beta) = (\langle a, i \rangle, -, 1_\beta) \tag{9.8}$$

和

$$(1_\beta, e_\beta, \lambda)a = (1_\beta, -, [\lambda, a]). \tag{9.9}$$

由于 $(1_\beta, e_\beta, \lambda)a \in S_\beta$, 从而存在唯一的 $x \in T_\beta$ 使得

$$(1_\beta, e_\beta, \lambda)a = (1_\beta, x, [\lambda, a]).$$

但由式 (9.7), 有

$$(1_\beta, e_\beta, \lambda)[a(1_\beta, e_\beta, 1_\beta)] = (1_\beta, e_\beta, \lambda)(\langle a, 1_\beta \rangle, a_\beta, 1_\beta)$$
$$= (1_\beta, p_{\lambda \langle a, 1_\beta \rangle} a_\beta, 1_\beta)$$

和

$$[(1_\beta, e_\beta, \lambda)a](1_\beta, e_\beta, 1_\beta) = (1_\beta, x, [\lambda, a])(1_\beta, e_\beta, 1_\beta)$$
$$= (1_\beta, x, 1_\beta).$$

因此得到 $x = p_{\lambda \langle a, 1_\beta \rangle} a_\beta$, 从而

$$(1_\beta, e_\beta, \lambda)a = (1_\beta, p_{\lambda \langle a, 1_\beta \rangle} a_\beta, [\lambda, a]).$$

类似地, 利用式 (9.8), 又有

$$a(i, e_\beta, 1_\beta) = (\langle a, i \rangle, a_\beta p_{[1_\beta, a]i}, 1_\beta).$$

这样, 引理 9.18(ii) 得证.

引理 9.19　上述映射 $\theta_{\alpha,\beta}, \varphi_{\alpha,\beta}$ 及 $\phi_{\alpha,\beta}$ 满足半群 $S = \Sigma(Y; S_\alpha, \Phi_{\alpha,\beta})$ 的结构映射 $\Phi_{\alpha,\beta}$ 的条件 (I) 和 (II).

证明　假设 S 为超富足半群, 且映射 $\theta_{\alpha,\beta}, \varphi_{\alpha,\beta}$ 及 $\phi_{\alpha,\beta}$ 如上定义, 则据引理 9.18, 知 S 为正规 Rees 矩阵半群 $S_\alpha = \mu(T_\alpha, I_\alpha, \Lambda_\alpha; P_\alpha)$ 的半格 Y.

若 $a = (j, x, \nu) \in S_\alpha$, 则关于任意 $i \in I_\alpha$, 据式 (9.3), 有

$$a(i, e_\alpha, 1_\alpha) = (\langle a, i \rangle, -, -), \tag{9.10}$$

另一方面, 易知

$$a(i, e_\alpha, 1_\alpha) = (j, x, \nu)(i, e_\alpha, 1_\alpha)$$
$$= (j, -, -). \tag{9.11}$$

因此得到 $\langle a, i \rangle = j$. 类似可证, 关于任意 $\lambda \in \Lambda_\alpha$, $[\lambda, a] = \nu$ 及 $a_\alpha = x$. 这证明了 $a = (\langle a, i \rangle, a_\alpha, [\lambda, a])$, 从而映射 $\theta_{\alpha,\beta}, \varphi_{\alpha,\beta}$ 及 $\phi_{\alpha,\beta}$ 满足条件 (II).

为证这些映射满足条件 (I), 关于任意 α, β, γ 及 $\delta \in Y$, 且 $\alpha\beta\gamma = \delta$. 令 $a \in S_\alpha, b \in S_\beta$ 及 $c \in S_\gamma$. 则由式 (9.7) 和式 (9.3), 有

$$abc(1_\delta, e_\delta, 1_\delta)$$
$$= ab(\langle c, 1_\delta \rangle, c_\delta, 1_\delta)$$
$$= ab(\langle c, 1_\delta \rangle, e_\delta, 1_\delta)(\langle c, 1_\delta \rangle, c_\delta, 1_\delta)$$
$$= a(\langle b, \langle c, 1_\delta \rangle \rangle, b_\delta p_{[1_\delta, b]\langle c, 1_\delta \rangle}, 1_\delta)(\langle c, 1_\delta \rangle, c_\delta, 1_\delta)$$
$$= a(\langle b, \langle c, 1_\delta \rangle \rangle, b_\delta p_{[1_\delta, b]\langle c, 1_\delta \rangle} c_\delta, 1_\delta)$$
$$= a(\langle b, \langle c, 1_\delta \rangle \rangle, e_\delta, 1_\delta)(\langle b, \langle c, 1_\delta \rangle \rangle, b_\delta p_{[1_\delta, b]\langle c, 1_\delta \rangle} c_\delta, 1_\delta)$$
$$= (\langle a, \langle b, \langle c, 1_\delta \rangle \rangle \rangle, a_\delta p_{[1_\delta, a]\langle b, \langle c, 1_\delta \rangle \rangle}, 1_\delta)(\langle b, \langle c, 1_\delta \rangle \rangle, b_\delta p_{[1_\delta, b]\langle c, 1_\delta \rangle} c_\delta, 1_\delta)$$
$$= (\langle a, \langle b, \langle c, 1_\delta \rangle \rangle \rangle, a_\delta p_{[1_\delta, a]\langle b, \langle c, 1_\delta \rangle \rangle} b_\delta p_{[1_\delta, b]\langle c, 1_\delta \rangle} c_\delta, 1_\delta)$$
$$= (\langle a, \langle b, \langle c, 1_\delta \rangle \rangle \rangle, a_\delta p_{[1_\delta, a]\langle b, \langle c, 1_\delta \rangle \rangle} b_\delta p_{[1_\delta, b]\langle c, 1_\delta \rangle} c_\delta, [[[1_\delta, a], b], c])(1_\delta, e_\delta, 1_\delta).$$

对称地, 又有

$$(1_\delta, e_\delta, 1_\delta)abc$$
$$= (1_\delta, e_\delta, 1_\delta)(\langle a, \langle b, \langle c, 1_\delta \rangle \rangle \rangle, a_\delta p_{[1_\delta, a]\langle b, 1_\delta \rangle} b_\delta p_{[[1_\delta, a], b]\langle c, 1_\delta \rangle} c_\delta, [[[1_\delta, a], b], c]).$$

显然, $(1_\delta, e_\delta, 1_\delta), abc \in S_\delta$, 据引理 9.13(iii),

$$a_\delta p_{[1_\delta,a]\langle b,\langle c,1_\delta\rangle\rangle} b_\delta p_{[1_\delta,b]\langle c,1_\delta\rangle} c_\delta = a_\delta p_{[1_\delta,a]\langle b,1_\delta\rangle} b_\delta p_{[[1_\delta,a],b]\langle c,1_\delta\rangle} c_\delta.$$

但 T_δ 为可消幺半群, 因此有

$$p_{[1_\delta,a]\langle b,\langle c,1_\delta\rangle\rangle} b_\delta p_{[1_\delta,b]\langle c,1_\delta\rangle} = p_{[1_\delta,a]\langle b,1_\delta\rangle} b_\delta p_{[[1_\delta,a],b]\langle c,1_\delta\rangle}.$$

这证明了结构映射 $\Phi_{\alpha,\beta}$ 满足条件 (I).

引理 9.20 假设 S 为超富足半群, 且记号如上. 则式 (9.1) 定义的运算与 S 中的原运算一致.

证明 若 $a \in S_\alpha$, $b \in S_\beta$, 则由式 (9.7) 和式 (9.3), 有

$$
\begin{aligned}
&ab(1_{\alpha\beta}, e_{\alpha\beta}, 1_{\alpha\beta})\\
=&a(\langle b, 1_{\alpha\beta}\rangle, b_{\alpha\beta}, 1_{\alpha\beta})\\
=&a(\langle b, 1_{\alpha\beta}\rangle, e_{\alpha\beta}, 1_{\alpha\beta})(1_{\alpha\beta}, b_{\alpha\beta}, 1_{\alpha\beta})\\
=&(\langle a, \langle b, 1_{\alpha\beta}\rangle\rangle, a_{\alpha\beta} p_{[1_{\alpha\beta},a]\langle b, 1_{\alpha\beta}\rangle}, 1_{\alpha\beta})(1_{\alpha\beta}, b_{\alpha\beta}, 1_{\alpha\beta})\\
=&(\langle a, \langle b, 1_{\alpha\beta}\rangle\rangle, a_{\alpha\beta} p_{[1_{\alpha\beta},a]\langle b, 1_{\alpha\beta}\rangle} b_{\alpha\beta}, 1_{\alpha\beta})\\
=&(\langle a, \langle b, 1_{\alpha\beta}\rangle\rangle, a_{\alpha\beta} p_{[1_{\alpha\beta},a]\langle b, 1_{\alpha\beta}\rangle} b_{\alpha\beta}, [[1_{\alpha\beta},a],b])(1_{\alpha\beta}, e_{\alpha\beta}, 1_{\alpha\beta}).
\end{aligned}
$$

对偶地, 又有

$$(1_{\alpha\beta}, e_{\alpha\beta}, 1_{\alpha\beta})ab = (1_{\alpha\beta}, e_{\alpha\beta}, 1_{\alpha\beta})(\langle a, \langle b, 1_{\alpha\beta}\rangle\rangle, a_{\alpha\beta} p_{[1_{\alpha\beta},a]\langle b, 1_{\alpha\beta}\rangle} b_{\alpha\beta}, [[1_{\alpha\beta},a],b]).$$

因 $S_{\alpha\beta}$ 为正规 Rees 矩阵半群, 据引理 9.13 (iii), 立即得到

$$ab = (\langle a, \langle b, 1_{\alpha\beta}\rangle\rangle, a_{\alpha\beta} p_{[1_{\alpha\beta},a]\langle b, 1_{\alpha\beta}\rangle} b_{\alpha\beta}, [[1_{\alpha\beta},a],b]) = a \circ b.$$

引理得证.

引理 9.21 映射 $\theta_{\alpha,\beta}, \varphi_{\alpha,\beta}$ 及 $\phi_{\alpha,\beta}$ 满足半群 $S = \Sigma(Y; S_\alpha, \Phi_{\alpha,\beta})$ 结构映射 $\Phi_{\alpha,\beta}$ 的条件 (III) 和 (IV).

证明 假设 $a \in S_\alpha$, $b \in S_\beta$. 则对任意 $\gamma \in Y$ 且 $\alpha\beta \geqslant \gamma$, 由式 (9.3) 及引理 9.21,

$$
\begin{aligned}
ab(i, e_\gamma, 1_\gamma) &= (\langle ab, i\rangle, -, -)\\
&= (\langle a \circ b, i\rangle, -, -),
\end{aligned}
$$

其中 $i \in I_\gamma$. 但因为

$$
\begin{aligned}
a[b(i, e_\gamma, 1_\gamma)] &= a(\langle b, i \rangle, -, -) \\
&= a(\langle b, i \rangle, e_\gamma, 1_\gamma)(\langle b, i \rangle, -, -) \\
&= (\langle a, \langle b, i \rangle \rangle, -, -).
\end{aligned}
$$

从而得到

$$
\langle a \circ b, i \rangle = \langle a, \langle b, i \rangle \rangle. \tag{9.12}
$$

类似地, 对于任意 $\lambda \in \Lambda_\gamma$, 有

$$
[\lambda, a \circ b] = [[\lambda, a], b]. \tag{9.13}
$$

此外, 一方面由式 (9.4) 及引理 9.20, 可得

$$
\begin{aligned}
ab(1_\gamma, e_\gamma, 1_\gamma) &= (-, (ab)_\gamma, -) \\
&= (-, (a \circ b)_\gamma, -).
\end{aligned}
$$

另一方面, 由式 (9.7) 及式 (9.3), 又得

$$
\begin{aligned}
a[b(1_\gamma, e_\gamma, 1_\gamma)] &= a(\langle b, 1_\gamma \rangle, b_\gamma, 1_\gamma) \\
&= a(\langle b, 1_\gamma \rangle, e_\gamma, 1_\gamma)(\langle b, 1_\gamma \rangle, b_\gamma, 1_\gamma) \\
&= (\langle a, \langle b, 1_\gamma \rangle \rangle, a_\gamma p_{[1_\gamma, a]\langle b, 1_\gamma \rangle} b_\gamma, 1_\gamma).
\end{aligned}
$$

因此得

$$
(a \circ b)_\gamma = a_\gamma p_{[1_\gamma, a]\langle b, 1_\gamma \rangle} b_\gamma. \tag{9.14}
$$

由式 (9.12)—(9.14), 知结构映射 $\Phi_{\alpha, \beta}$ 满足条件 (III).

最后指出结构映射 $\Phi_{\alpha, \beta}$ 还满足条件 (IV). 因为 S 为超富足半群, 据引理 9.14, 知关于任意 $a \in S_\alpha$ 和任意 $\alpha \in Y$, $L_a^*(S) = L_a^*(S_\alpha)$ 及 $R_a^*(S) = R_a^*(S_\alpha)$. 因此据引理 9.13 (i) 及引理 9.1, 易验证结构映射满足条件 (IV)(i). 类似地, 关于 $\mathcal{R}^*$-关系, 相应结论也成立, 因而条件 (IV)(ii) 亦满足.

综合引理 9.18— 引理 9.21, 完成了结构定理 9.17 的后半部分证明. 从而定理证毕.

注解 9.4　据引理 9.16 的证明, 易知半群 $S = \Sigma(Y; S_\alpha, \Phi_{\alpha, \beta})$ 中的条件 (IV) 是为保证 S 的富足性. 事实上, 这一条件是不可缺少的. 举例来说明这一点.

例 9.2　令

$$
a = \begin{pmatrix} 1 & 1 \\ 0 & 0 \end{pmatrix}, \quad S_\alpha = \{3^n a \mid n \geqslant 0, n \in N\}.
$$

显然, 在通常矩阵乘法下, S_α 为可消幺半群, 且 a 为 S_α 的恒等元.

又令 $S = \{e, f, g, h, u, v, a, a_n \mid n \geqslant 1\}$ 的乘法表如下, 其中 $a_n = 3^n a, a_m = 3^m a$.

$*$	a	a_n	e	f	g	h	u	v
a	a	a_n	e	f	g	h	u	v
a_m	a_m	a_{m+n}	e	f	g	h	u	v
e	e	e	e	f	g	h	u	v
f	f	e	e	f	g	h	u	v
g	g	g	g	h	u	v	e	f
h	h	g	g	h	u	v	e	f
u	u	u	u	v	e	f	g	h
v	v	u	u	v	e	f	g	h

由上表知 $S_\beta = \{e, f, g, h, u, v\}$ 为半群 S 的正则子半群. 由于 S_β 中仅有的幂等元 e, f 都是本原的, 因此 S_β 为 S 的完全单子半群, 从而 S_β 为完全 $\mathcal{J}^*$-单半群. 显然, $S_\alpha S_\beta \subseteq S_\beta$ 及 $S_\beta S_\alpha \subseteq S_\beta$, 又由于 S_α 和 S_β 均为特殊的完全 $\mathcal{J}^*$-单半群, 据引理 9.10, S 可以看作可消幺半群上的正规 Rees 矩阵半群的半格.

令 $x \in S_\alpha \setminus \{a\}$, 则易知 $a \mathcal{R}^*(S_\alpha) x$. 但由于 $ex = fx$ 及 $e = ea \neq fa = f$, 知道 $(x, a) \notin \mathcal{R}^*(S)$. 显然, 半群 S 不满足结构定理 9.17 中的条件 (IV)(ii). 此时, 易验证 $(e, x) \notin \mathcal{R}^*(S)$ 及 $(f, x) \notin \mathcal{R}^*(S)$. 这表明 S 的包含元素 x 的 $\mathcal{R}^*$-类 R_x^* 不含任何幂等元, 因此 S 不是超富足半群. 此外, 还可看到可消幺半群上的正规 Rees 矩阵半群的半格未必为富足半群.

注解 9.5 在超富足半群 $S = \Sigma(Y; S_\alpha, \Phi_{\alpha,\beta})$ 的构作中, 如果取 $S_\alpha = \mu(G_\alpha, I_\alpha, \Lambda_\alpha; P_\alpha)$ 为群 G_α 上的正规 Rees 矩阵半群, 即 S_α 为完全单半群, 那么条件 (I)-(IV) 可减弱为条件 (I)—(III). 在这种情形下, 半群 $S = \Sigma(Y; S_\alpha, \Phi_{\alpha,\beta})$ 将成为完全正则半群, 这是因为完全单半群的半格总是完全正则的. 这样, Petrich[30] 建立的完全正则半群的结构定理便为定理 9.17 的直接推论.

第10章 纯正超富足半群

完全正则半群及其子类在正则半群理论中占据重要地位. 我们称幂等元成子半群的完全正则半群为纯正群并半群. 本章主要讨论的纯正超富足半群, 就是完全正则半群的重要子类——纯正群并半群, 在富足半群类中的一个自然推广.

10.1 定义和基本性质

假设 $\mu(T, I, \Lambda; P)$ 是一个 Rees 矩阵半群, P 为可消幺半群 T 上的 $\Lambda \times I$ 矩阵. P 称为在 1 处正规, 如果存在元素 $1 \in I \cap \Lambda$, 使得关于任意 $i \in I$ 和 $\lambda \in \Lambda$, 都有 $p_{1i} = p_{\lambda 1} = e$, 其中 e 是可消幺半群 T 的恒等元. 此时, Rees 矩阵半群 $\mu(T, I, \Lambda; P)$ 称为已正规化.

定义 10.1 超富足半群 S 称为纯正超富足半群, 如果它的所有幂等元集形成子半群.

假设 T 为可消幺半群, I 和 Λ 分别是一个左零带和右零带. 则称 T, I 和 Λ 的直积 $I \times T \times \Lambda$ 为矩形幺半群.

引理 10.1 令 S 为完全 $\mathcal{J}^*$-单半群 S. 则 S 的幂等元集为子半群, 当且仅当 S 为矩形幺半群.

证明 我们仅需证明必要性, 因充分性是显然的. 假设 S 是一个完全 $\mathcal{J}^*$-单半群. 则据定理 9.12, S 可表示成一个可消幺半群 T 上的正规化的 Rees 矩阵半群 $\mu(T, I, \Lambda, P)$, 其中 P 中每个赋值都一定是 T 的单位. 假设 $a = (1, p_{\lambda 1}^{-1}, \lambda), b = (i, p_{1i}^{-1}, 1) \in E(S)$, 是 S 的幂等元. 因为 P 在 $1 \in \Lambda \times I$ 处是正规的, 所以有 $p_{1i}^{-1} = p_{\lambda 1}^{-1} = e$, 其中 e 是可消幺半群 T 的恒等元. 因 $E(S)$ 是 S 的一个子半群, 故有

$$ab = (1, e, \lambda)(i, e, 1) = (1, ep_{\lambda i}e, 1) \in E(S),$$

并且 $p_{\lambda i} = p_{11} = e$. 因此, 从 Rees 矩阵到 I, T 与 Λ 的直积的映射 $\phi: \mu(T, I, \Lambda; P) \to I \times T \times \Lambda, (i, x, \lambda)\phi = (i, x, \lambda)$, 是一个半群同构. 这证明了 $S \cong I \times T \times \Lambda$.

定理 10.2 半群 S 为纯正超富足半群, 当且仅当 S 为矩形幺半群 $S_\alpha = I_\alpha \times T_\alpha \times \Lambda_\alpha (\alpha \in Y)$ 的半格 Y, 使得关于任意 $\alpha \in Y$ 和 $a = (i, x, \lambda) \in S_\alpha, a\mathcal{H}^*(S)a^0$, 其中 $a^0 = (i, e_\alpha, \lambda)$, e_α 为 T_α 的恒等元.

证明　假设 S 为纯正超富足半群, 显然 S 为超富足的. 据定理 9.12 和引理 9.14, 知 S 是矩形幺半群 $S_\alpha = I_\alpha \times T_\alpha \times \Lambda_\alpha$ 的一个半格 Y.

假设 $a = (i, x, \lambda) \in S_\alpha = I_\alpha \times T_\alpha \times \Lambda_\alpha$ 和 $a^0 = (i, e_\alpha, \lambda)$, 其中 e_α 是可消幺半群 T_α 的幂等元. 据引理 9.14, 容易证明 $a\mathcal{H}^*(S_\alpha)a^0$, 因而 $a\mathcal{H}^*(S)a^0$.

反过来, 关于任意 $\alpha \in Y$ 和任意 $a \in S_\alpha$, 存在幂等元 a^0 使得 $a\mathcal{H}^*(S)a^0$. 这样, S 为超富足半群. 下面需要证明 S 的幂等元集形成一个子半群. 假设 S 是 $S_\alpha(\alpha \in Y)$ 的一个半格 Y, 其中 $S_\alpha(\alpha \in Y)$ 为矩形幺半群, 且 $e, f \in E(S)$. 则存在 $\alpha, \beta \in Y$ 使得 $e \in E(S_\alpha)$, $f \in E(S_\beta)$ 及 $(ef)^0 \in E(S_{\alpha\beta})$. 因 $ef \cdot f = ef$ 和 $ef\mathcal{L}^*(S)(ef)^0$, 故, 据引理 9.1, $(ef)^0 f = (ef)^0$. 对偶地, 有 $e(ef)^0 = (ef)^0$. 假设 $g = f(ef)^0$ 及 $h = (ef)^0 e$. 则有 $h, g \in S_{\alpha\beta}$ 和 $g^2 = f(ef)^0 f(ef)^0 = f(ef)^0 = g$, $h^2 = (ef)^0 e(ef)^0 e = h$. 这样 $g, h \in E(S_{\alpha\beta})$. 但是 $hg = (ef)^0 ef(ef)^0 = ef$, 由于 $E(S_{\alpha\beta})$ 为矩形带, 则 $ef \in E(S_{\alpha\beta}) \subseteq E(S)$.

现在给出纯正超富足半群的一个例子.

例 10.1　令

$$
a_{11} = \begin{pmatrix} 1 & 1 & 0 & 0 \\ 0 & 0 & 0 & 0 \\ 0 & 0 & 0 & 0 \\ 0 & 0 & 0 & 0 \end{pmatrix}, \quad
a_{12} = \begin{pmatrix} 1 & 1 & 1 & 0 \\ 0 & 0 & 0 & 0 \\ 0 & 0 & 0 & 0 \\ 0 & 0 & 0 & 0 \end{pmatrix}, \quad
a_{13} = \begin{pmatrix} 1 & 1 & 1 & 1 \\ 0 & 0 & 0 & 0 \\ 0 & 0 & 0 & 0 \\ 0 & 0 & 0 & 0 \end{pmatrix},
$$

$$
a_{21} = \begin{pmatrix} 0 & 0 & 0 & 0 \\ 1 & 1 & 0 & 0 \\ 0 & 0 & 0 & 0 \\ 0 & 0 & 0 & 0 \end{pmatrix}, \quad
a_{22} = \begin{pmatrix} 0 & 0 & 0 & 0 \\ 1 & 1 & 1 & 0 \\ 0 & 0 & 0 & 0 \\ 0 & 0 & 0 & 0 \end{pmatrix}, \quad
a_{23} = \begin{pmatrix} 0 & 0 & 0 & 0 \\ 1 & 1 & 1 & 1 \\ 0 & 0 & 0 & 0 \\ 0 & 0 & 0 & 0 \end{pmatrix}.
$$

令

$$S_{ij} = \{3^n a_{ij} \mid n \geqslant 0 \text{ 和 } n \in N\}, \quad \text{其中}, \ i = 1, 2; \ j = 1, 2, 3.$$

很容易验证集合 $S_\alpha = S_{11} \cup S_{12} \cup S_{13} \cup S_{21} \cup S_{22} \cup S_{23}$ 在通常的矩阵乘法下形成半群, 其中元素 $a_{11}, a_{12}, a_{13}, a_{21}, a_{22}$ 及 a_{23} 为幂等元. $S_{11}, S_{12}, S_{13}, S_{21}, S_{22}$ 和 S_{23} 为 S_α 的子半群, 且每一个都分别由幂等元 $a_{11}, a_{12}, a_{13}, a_{21}, a_{22}$ 和 a_{23} 生成. 易验证, S_α 的幂等元集形成一个矩形带.

下面我们构作一个乘法表为表 10.1 的半群 $S_\beta = \{e_{11}, e_{12}, e_{13}, e_{21}, e_{22}, e_{23}, a, b, c, d, e, f, g, h, s, t, u, v\}$. 容易验证 S_β 是完全正则半群, 元素 $e_{11}, e_{12}, e_{13}, e_{21}, e_{22}, e_{23}$ 是 S_β 的所有幂等元, 且在 S_β 中成为一个矩形带. 因此 S_β 确实是一个矩形群. 此时, 我们形成了集合 $S = S_\alpha \cup S_\beta$, 且在 S 上定义一个乘法 "$*$" 为: 保持在 S_α 和 S_β 上的乘法并将其扩充, 使得关于任意 $a \in S_\alpha$ 和 $b \in S_\beta$, $a * b = b * a = b$. 容易看出, S 上乘法 "$*$" 是结合的.

表 10.1

*	e_{11}	e_{12}	e_{13}	e_{21}	e_{22}	e_{23}	a	b	c	d	e	f	g	h	s	t	u	v
e_{11}	e_{11}	e_{12}	e_{13}	e_{11}	e_{12}	e_{13}	a	b	c	a	b	c	g	h	s	g	h	s
e_{12}	e_{11}	e_{12}	e_{13}	e_{11}	e_{12}	e_{13}	a	b	c	a	b	c	g	h	s	g	h	s
e_{13}	e_{11}	e_{12}	e_{13}	e_{11}	e_{12}	e_{13}	a	b	c	a	b	c	g	h	s	g	h	s
e_{21}	e_{21}	e_{22}	e_{23}	e_{21}	e_{22}	e_{23}	d	e	f	d	e	f	t	u	v	t	u	v
e_{22}	e_{21}	e_{22}	e_{23}	e_{21}	e_{22}	e_{23}	d	e	f	d	e	f	t	u	v	t	u	v
e_{23}	e_{21}	e_{22}	e_{23}	e_{21}	e_{22}	e_{23}	d	e	f	d	e	f	t	u	v	t	u	v
a	a	b	c	a	b	c	g	h	s	g	h	s	e_{11}	e_{12}	e_{13}	e_{11}	e_{12}	e_{13}
b	a	b	c	a	b	c	g	h	s	g	h	s	e_{11}	e_{12}	e_{13}	e_{11}	e_{12}	e_{13}
c	a	b	c	a	b	c	g	h	s	g	h	s	e_{11}	e_{12}	e_{13}	e_{11}	e_{12}	e_{13}
d	d	e	f	d	e	f	t	u	v	t	u	v	e_{21}	e_{22}	e_{23}	e_{21}	e_{22}	e_{23}
e	d	e	f	d	e	f	t	u	v	t	u	v	e_{21}	e_{22}	e_{23}	e_{21}	e_{22}	e_{23}
f	d	e	f	d	e	f	t	u	v	t	u	v	e_{21}	e_{22}	e_{23}	e_{21}	e_{22}	e_{23}
g	g	h	s	g	h	s	e_{11}	e_{12}	e_{13}	e_{11}	e_{12}	e_{13}	a	b	c	a	b	c
h	g	h	s	g	h	s	e_{11}	e_{12}	e_{13}	e_{11}	e_{12}	e_{13}	a	b	c	a	b	c
s	g	h	s	g	h	s	e_{11}	e_{12}	e_{13}	e_{11}	e_{12}	e_{13}	a	b	c	a	b	c
t	t	u	v	t	u	v	e_{21}	e_{22}	e_{23}	e_{21}	e_{22}	e_{23}	d	e	f	d	e	f
u	t	u	v	t	u	v	e_{21}	e_{22}	e_{23}	e_{21}	e_{22}	e_{23}	d	e	f	d	e	f
v	t	u	v	t	u	v	e_{21}	e_{22}	e_{23}	e_{21}	e_{22}	e_{23}	d	e	f	d	e	f

据引理 9.1 及其对偶, 可证 S 的 $\mathcal{L}^*$-类集合为 $\{3^n a_{11}, 3^n a_{21}\}$, $\{3^n a_{12}, 3^n a_{22}\}$, $\{3^n a_{13}, 3^n a_{23}\}$, $\{e_{11}, e_{21}, a, d, g, t\}$, $\{e_{12}, e_{22}, b, e, h, u\}$, $\{e_{13}, e_{23}, c, f, s, v\}$.

S 的 $\mathcal{R}^*$-类集合为 $\{3^n a_{11}, 3^n a_{12}, 3^n a_{13}\}$, $\{3^n a_{21}, 3^n a_{22}, 3^n a_{23}\}$, $\{e_{11}, e_{12}, e_{13}, a, b, c, g, h, s\}$, $\{e_{21}, e_{22}, e_{23}, d, e, f, t, u, v\}$, 其中 $n \geqslant 0, n \in N$.

因此 S 的 $\mathcal{H}^*$-类是 $\{3^n a_{11}\}$, $\{3^n a_{12}\}$, $\{3^n a_{13}\}$, $\{3^n a_{21}\}$, $\{3^n a_{22}\}$, $\{3^n a_{23}\}$, $\{e_{11}, a, g\}$, $\{e_{12}, b, h\}$, $\{e_{13}, c, s\}$, $\{e_{21}, d, t\}$, $\{e_{22}, e, u\}$, $\{e_{23}, f, v\}$, 这里 $n \geqslant 0$, $n \in N$.

显然, S 为富足半群, 且 S 的每个 $\mathcal{H}^*$-类包含一个幂等元, 因此, S 是超富足的. 由于它的幂等元集是子半群, 则 S 是一个纯正超富足半群. 此外, 因为每个 $S \setminus \{S_\beta \cup \{a_{11}, a_{12}, a_{13}, a_{21}, a_{22}, a_{23}\}\}$ 的元素为非正则的, 显然 S 不是纯正群并半群. 这个例子表明, 纯正群并半群类是纯正超富足半群类的一个真子类.

10.2　结　　构

本节, 给出纯正超富足半群的一个结构定理.

定理 10.3　令 Y 为一个半格. 关于每个 $\alpha \in Y$, 假设 $S_\alpha = I_\alpha \times T_\alpha \times \Lambda_\alpha$ 为一

个矩形幺半群使得当 $\alpha \neq \beta$ 时, $S_\alpha \cap S_\beta = \varnothing$. 假设 $T = \bigcup_{\alpha \in Y} T_\alpha$ 为可消幺半群 T_α 的强半格, 且 $S = \bigcup_{\alpha \in Y} S_\alpha$ 为 S_α 的无交并.

关于每个 $\alpha \in Y$, 假设 1_α 为 $I_\alpha \cap \Lambda_\alpha$ 中的固定元素. 关于任意 $\alpha, \beta \in Y, \alpha \geqslant \beta$, 设映射

$$\varphi_{\alpha,\beta}: \quad S_\alpha \times I_\beta \to I_\beta, \quad (a, i) \mapsto \langle a, i \rangle,$$

$$\phi_{\alpha,\beta}: \quad \Lambda_\beta \times S_\alpha \to \Lambda_\beta, \quad (\lambda, a) \mapsto [\lambda, a]$$

满足下面的条件 (I)—(III). 假设 $a = (i, x, \lambda) \in S_\alpha$ 和 $b = (j, y, \mu) \in S_\beta$,

(I) 若 $k \in I_\alpha, \nu \in \Lambda_\alpha$, 则 $\langle a, k \rangle = i, [\nu, a] = \lambda$.

在集合 $S = \bigcup_{\alpha \in Y} S_\alpha$ 定义乘法 "∘":

$$a \circ b = (\langle a, \langle b, 1_{\alpha\beta} \rangle \rangle, \ xy, \ [[1_{\alpha\beta}, a], b]). \tag{10.1}$$

(II) 若 $\alpha, \beta, \gamma \in Y, \alpha\beta \geqslant \gamma, k \in I_\gamma, \nu \in \Lambda_\gamma$, 则

$$\langle a, \langle b, k \rangle \rangle = \langle a \circ b, k \rangle, \qquad [[\nu, a], b] = [\nu, a \circ b].$$

(III) 关于任意 $a = (i, x, \lambda) \in S_\alpha$, 记 $a^0 = (i, e_\alpha, \lambda)$, 其中 e_α 为可消幺半群 T_α 的恒等元, 则关于任意 $u, v \in S^1$,

(i) $a \circ u = a \circ v$ 蕴涵 $a^0 \circ u = a^0 \circ v$;

(ii) $u \circ a = v \circ a$ 蕴涵 $u \circ a^0 = v \circ a^0$.

这样, S 在乘法 "∘" 下为纯正超富足半群, 记 $S = S(Y, S_\alpha, \varphi_{\alpha,\beta}, \phi_{\alpha,\beta})$, 且乘法 "∘" 限制到每个矩形幺半群 S_α 上与原有的乘法一致.

反过来, 每个纯正超富足半群都同构于用这种方式构造的一个半群

$$S(Y, S_\alpha, \varphi_{\alpha,\beta}, \phi_{\alpha,\beta}).$$

证明　首先证明定理 10.3 的直接部分.

关于 $\alpha, \beta, \gamma \in Y$, 假设 $a = (i, x, \lambda) \in S_\alpha, b = (j, y, \mu) \in S_\beta, c = (k, z, \nu) \in S_\gamma$, 且 $\alpha\beta\gamma = \delta$. 据式 (10.1), 有

$$a \circ b = (\langle a, \langle b, 1_{\alpha\beta} \rangle \rangle, \ xy, \ [[1_{\alpha\beta}, a]b]),$$

其中 xy 是元素 x 和 y 在 T 中的乘积. 因此, 据条件 (II) 和式 (10.1)

$$(a \circ b) \circ c = (\langle a \circ b, \langle c, 1_\delta \rangle \rangle, (xy)z, [[1_\delta, a \circ b], c])$$

$$= (\langle a, \langle b, \langle c, 1_\delta \rangle \rangle \rangle, xyz, [[[1_\delta, a], b], c]).$$

类似地, 又有

$$a \circ (b \circ c) = (\langle a, \langle b \circ c, 1_\delta \rangle \rangle, x(yz), [[1_\delta, a], b \circ c])$$
$$= (\langle a, \langle b, \langle c, 1_\delta \rangle \rangle \rangle, xyz, [[[1_\delta, a], b], c]).$$

这表明 $(a \circ b) \circ c = a \circ (b \circ c)$. 因此, S 形成一个半群.

据条件 (I), 关于任意 $a = (i, x, \lambda)$ 和 $b = (j, y, \mu) \in S_\alpha$, 有

$$a \circ b = (\langle a, \langle b, 1_\alpha \rangle \rangle, xy, [[1_\alpha, a], b])$$
$$= (i, xy, \mu)$$
$$= (i, x, \lambda)(j, y, \nu)$$
$$= ab.$$

这表明 S 上的乘法 "$\circ$" 限制到每个 S_α $(\alpha \in Y)$ 与 S_α 上原有的乘法是一致的. 这样, 证明了 S 是矩形幺半群 S_α 的一个半格.

为了证明 S 为纯正超富足半群, 据定理 10.2, 我们仅需证明关于任意 $\alpha \in Y$, $a = (i, x, \lambda) \in S_\alpha, a\mathcal{H}^*(S)a^0$, 其中 $a^0 = (i, e_\alpha, \lambda)$, e_α 为 T_α 的恒等元.

假设 $a = (i, x, \lambda) \in S_\alpha = I_\alpha \times T_\alpha \times \Lambda$. 容易验证, $a\mathcal{H}^*(S_\alpha)a^0$, 其中 $a^0 = (i, e_\alpha, \lambda) \in E(S)$, e_α 为可消幺半群 T_α 的恒等元.

据条件 (II), 引理 9.1 和它的对偶, 知 $a\mathcal{L}^*(S)a^0$, $a\mathcal{R}^*(S)a^0$, 因而 $a\mathcal{H}^*(S)a^0$.

为了证明定理 10.3 的后半部分, 我们需要下面的引理.

引理 10.4　令 S 为纯正超富足半群. 则下面条款成立:

(i) 存在半格 Y 和一族矩形幺半群 $S_\alpha = I_\alpha \times T_\alpha \times \Lambda_\alpha$ $(\alpha \in Y)$ 使得 $S = \bigcup_{\alpha \in Y} S_\alpha$ 为矩形幺半群 S_α 的一个半格.

(ii) 若记 $T = \bigcup_{\alpha \in Y} T_\alpha$, 其中 T_α 是具有恒等元 e_α 的可消幺半群, 则 T 为 T_α $(\alpha \in Y)$ 的一个强半格 $[Y; T_\alpha, \theta_{\alpha,\beta}]$, 使得关于任意 $\alpha, \beta \in Y$, $\alpha \geqslant \beta$ 及任意 $a = (i, g, \lambda) \in S_\alpha = I_\alpha \times T_\alpha \times \Lambda_\alpha, j \in I_\beta$,

$$(i, g, \lambda)(j, e_\beta, 1_\beta) = (-, g\theta_{\alpha,\beta}, 1_\beta) \in S_\beta. \tag{10.2}$$

证明　假设 S 为纯正超富足半群, 则据定理 10.2, S 为矩形幺半群 S_α $(\alpha \in Y)$ 的半格, 其中 S_α 为由左零带 I_α, 可消幺半群 T_α 和一个右零带 Λ_α 的直积, 即, $S_\alpha = I_\alpha \times T_\alpha \times \Lambda_\alpha$. 这证明了引理 10.4(i).

关于任意 $\alpha, \beta \in Y$, $\alpha \geqslant \beta$ 及任意 $a = (i, g, \lambda) \in S_\alpha = I_\alpha \times T_\alpha \times \Lambda_\alpha$, 容易看出 $(i, g, \lambda)(1_\beta, e_\beta, 1_\beta) \in S_\beta$, 其中 e_β 为可消幺半群 T_β 的恒等元.

现在考虑集合 $T = \bigcup_{\alpha \in Y} T_\alpha$, 并定义映射 $\theta_{\alpha,\beta} : T_\alpha \to T_\beta, g \mapsto g\theta_{\alpha,\beta}$, 使得

$$(i, g, \lambda)(1_\beta, e_\beta, 1_\beta) = (-, g\theta_{\alpha,\beta}, -). \tag{10.3}$$

容易看出

$$(i, g, \lambda)(1_\beta, e_\beta, 1_\beta) = (-, g\theta_{\alpha,\beta}, 1_\beta). \tag{10.4}$$

因 S_β 为矩形幺半群, 且 $(1_\beta, e_\beta, 1_\beta)(i, g, \lambda) \in S_\beta$, 故存在唯一的元素 $x \in T_\beta$, 使得

$$(1_\beta, e_\beta, 1_\beta)(i, g, \lambda) = (1_\beta, x, -). \tag{10.5}$$

因此, 据式 (10.4) 和式 (10.5), 有

$$(1_\beta, e_\beta, 1_\beta)[(i, g, \lambda)(1_\beta, e_\beta, 1_\beta)]$$
$$= (1_\beta, e_\beta, 1_\beta)(-, g\theta_{\alpha,\beta}, 1_\beta)$$
$$= (1_\beta, g\theta_{\alpha,\beta}, 1_\beta)$$

和

$$[(1_\beta, e_\beta, 1_\beta)(i, g, \lambda)](1_\beta, e_\beta, 1_\beta)$$
$$= (1_\beta, x, -)(1_\beta, e_\beta, 1_\beta)$$
$$= (1_\beta, x, 1_\beta).$$

这样, $x = g\theta_{\alpha,\beta}$, 且

$$(1_\beta, e_\beta, 1_\beta)(i, g, \lambda) = (1_\beta, g\theta_{\alpha,\beta}, -). \tag{10.6}$$

下面, 证明关于任意 $j \in I_\beta$,

$$a(j, e_\beta, 1_\beta) = (-, g\theta_{\alpha,\beta}, 1_\beta),$$

其中 $a = (i, g, \lambda) \in S_\alpha$.

因 $a(j, e_\beta, 1_\beta) \in S_\beta$, 则存在唯一的 $u \in T_\beta$ 和 $k \in I_\beta$, 使得

$$a(j, e_\beta, 1_\beta) = (k, u, 1_\beta).$$

结合式 (10.6), 得到

$$(1_\beta, e_\beta, 1_\beta)[a(j, e_\beta, 1_\beta)]$$
$$= (1_\beta, e_\beta, 1_\beta)(k, u, 1_\beta)$$
$$= (1_\beta, u, 1_\beta)$$

和

$$[(1_\beta, e_\beta, 1_\beta)a](j, e_\beta, 1_\beta)$$
$$= (1_\beta, g\theta_{\alpha,\beta}, -)(j, e_\beta, 1_\beta)$$
$$= (1_\beta, g\theta_{\alpha,\beta}, 1_\beta).$$

因此, 有 $u = g\theta_{\alpha,\beta}$. 这证明了式 (10.2) 成立. 现在证明映射 $\theta_{\alpha,\beta}$ 为一个半群同态. 因 S_α 为矩形幺半群, 故由式 (10.3), 显然 $\theta_{\alpha,\alpha}$ 为 T_α 上的恒等映射.

关于任意 $\alpha, \beta \in Y$, $\alpha \geqslant \beta$ 和任意 $a = (i, g, \lambda), b = (i', h, \lambda') \in S_\alpha$, 据式 (10.2), 有

$$a[b(1_\beta, e_\beta, 1_\beta)$$
$$= (i, g, \lambda)[(i', h, \lambda')(1_\beta, e_\beta, 1_\beta)]$$
$$= (i, g, \lambda)(j, h\theta_{\alpha,\beta}, 1_\beta) \qquad (\text{某个 } j \in I_\beta)$$
$$= (i, g, \lambda)(j, e_\beta, 1_\beta)(j, h\theta_{\alpha,\beta}, 1_\beta)$$
$$= (-, g\theta_{\alpha,\beta}, 1_\beta)(j, h\theta_{\alpha,\beta}, 1_\beta)$$
$$= (-, g\theta_{\alpha,\beta}h\theta_{\alpha,\beta}, 1_\beta)$$

和

$$(ab)(1_\beta, e_\beta, 1_\beta)$$
$$= [(i, g, \lambda)(i', h, \lambda')](1_\beta, e_\beta, 1_\beta)$$
$$= (i, gh, \lambda')(1_\beta, e_\beta, 1_\beta)$$
$$= (-, (gh)\theta_{\alpha,\beta}, 1_\beta).$$

从而, $(gh)\theta_{\alpha,\beta} = g\theta_{\alpha,\beta}h\theta_{\alpha,\beta}$. 这证明了 $\theta_{\alpha,\beta}$ 是从 T_α 到 T_β 的一个同态.

关于任意 $\alpha, \beta, \gamma \in Y$, $\alpha \geqslant \beta \geqslant \gamma$, 由式 (10.2), 得到

$$(i, g, \lambda)[(1_\beta, e_\beta, 1_\beta)(1_\gamma, e_\gamma, 1_\gamma)]$$
$$= (i, g, \lambda)(k, e_\gamma, 1_\gamma) \qquad (\text{某个 } k \in I_\gamma)$$
$$= (-, g\theta_{\alpha,\gamma}, 1_\gamma)$$

和

$$[(i, g, \lambda)(1_\beta, e_\beta, 1_\beta)](1_\gamma, e_\gamma, 1_\gamma)$$
$$= (-, g\theta_{\alpha,\beta}, 1_\beta)(1_\gamma, e_\gamma, 1_\gamma)$$
$$= (-, (g\theta_{\alpha,\beta})\theta_{\beta,\gamma}, 1_\gamma)$$
$$= (-, g\theta_{\alpha,\beta}\theta_{\beta,\gamma}, 1_\gamma).$$

这证明了 $g\theta_{\alpha,\beta}\theta_{\beta,\gamma} = g\theta_{\alpha,\gamma}$. 因此, 这些映射是 $T = \bigcup_{\alpha \in Y} T_\alpha$ 的结构同态, 使 T 成为可消幺半群 T_α $(\alpha \in Y)$ 的强半格.

引理 10.5　令 Y 为一个半格. 令 $S = \bigcup_{\alpha \in Y} S_\alpha$ 为由直积 $I_\alpha \times T_\alpha \times \Lambda_\alpha$ 构成的矩形幺半群 S_α $(\alpha \in Y)$ 的半格. 则关于任意 $\alpha, \beta \in Y$, $\alpha \geqslant \beta$, 存在下面的映射

$$\varphi_{\alpha,\beta} : S_\alpha \times I_\beta \to I_\beta, \quad (a,i) \mapsto \langle a,i \rangle,$$
$$\phi_{\alpha,\beta} : \Lambda_\beta \times S_\alpha \to \Lambda_\beta, \quad (\lambda,a) \mapsto [\lambda,a],$$

使得关于任意 $a = (i,g,\lambda) \in S_\alpha$, $j \in I_\beta, \mu \in \Lambda_\beta$, 有

$$(1_\beta, e_\beta, \mu)a = (1_\beta, g\theta_{\alpha,\beta}, [\mu,a]), \tag{10.7}$$
$$a(j, e_\beta, 1_\beta) = (\langle a,j \rangle, g\theta_{\alpha,\beta}, 1_\beta), \tag{10.8}$$

其中 e_β 为可消幺半群 T_β 的恒等元.

证明　假设 $S = \bigcup_{\alpha \in Y} S_\alpha$ 为由直积 $I_\alpha \times T_\alpha \times \Lambda_\alpha$ $(\alpha \in Y)$ 构成的矩形幺半群 S_α 的半格分解.

若 $\alpha, \beta \in Y$, $\alpha \geqslant \beta$, 则关于任意 $a = (i,g,\lambda) \in S_\alpha$ 和任意 $j \in I_\beta$, $\mu \in \Lambda_\beta$, 我们立刻有 $a(j, e_\beta, 1_\beta), (1_\beta, e_\beta, \mu)a \in S_\beta$, 其中 e_β 为可消幺半群 T_β 的恒等元. 因此, 定义映射

$$\varphi_{\alpha,\beta} : S_\alpha \times I_\beta \to I_\beta, \quad (a,j) \mapsto \langle a,j \rangle,$$
$$\phi_{\alpha,\beta} : \Lambda_\beta \times S_\alpha \to \Lambda_\beta, \quad (\mu,a) \mapsto [\mu,a],$$

使其满足下式

$$a(j, e_\beta, 1_\beta) = (\langle a,j \rangle, -, -), \tag{10.9}$$
$$(1_\beta, e_\beta, \mu)a = (-, -, [\mu,a]). \tag{10.10}$$

给式 (10.10) 左边乘幂等元 $(1_\beta, e_\beta, 1_\beta)$, 得到

$$(1_\beta, e_\beta, \mu)a = (1_\beta, -, [\mu,a]).$$

因 $(1_\beta, e_\beta; \mu)a \in S_\beta$, 故在可消幺半群 T_β 中有唯一的元素 u 使得

$$(1_\beta, e_\beta, \mu)a = (1_\beta, u, [\mu,a]).$$

另一方面, 据引理 10.4 和式 (10.4), 有

$$[(1_\beta, e_\beta, \mu)a](1_\beta, e_\beta, 1_\beta)$$
$$=(1_\beta, u, [\mu, a])(1_\beta, e_\beta, 1_\beta)$$
$$=(1_\beta, u, 1_\beta)$$

和

$$(1_\beta, e_\beta, \mu)[a(1_\beta, e_\beta, 1_\beta)]$$
$$=(1_\beta, e_\beta, \mu)(\langle a, 1_\beta\rangle, g\theta_{\alpha,\beta}, 1_\beta)$$
$$=(1_\beta, g\theta_{\alpha,\beta}, 1_\beta).$$

这表明 $u = g\theta_{\alpha,\beta}$, 从而有

$$(1_\beta, e_\beta, \mu)a = (1_\beta, g\theta_{\alpha,\beta}, [\mu, a]).$$

这证明了式 (10.7) 成立.

由式 (10.9) 和引理 10.4, 类似可得

$$a(j, e_\beta, 1_\beta) = (\langle a, j\rangle, g\theta_{\alpha,\beta}, 1_\beta).$$

这样, 式 (10.8) 成立.

引理 10.6　假设记号与引理 10.4 和引理 10.5 相同. 则

(1) 映射 $\varphi_{\alpha,\beta}$ 和 $\phi_{\alpha,\beta}$ 满足条件 (I) 和 (II).

(2) 关于任意 $a = (i, g, \lambda) \in S_\alpha$ 和 $b = (j, h, \mu) \in S_\beta$, 有

$$ab = (\langle a, \langle b, 1_{\alpha\beta}\rangle\rangle, gh, [[1_{\alpha\beta}, a], b]) = a \circ b.$$

证明　首先假设 $\alpha, \beta \in Y$ 且 $\alpha\beta = \gamma$. 则对于任意 $a = (i, g, \lambda) \in S_\alpha$ 和 $b = (j, h, \mu) \in S_\beta$, 据引理 10.4 和引理 10.5, 得到

$$ab(1_\gamma, e_\gamma, 1_\gamma) = a(\langle b, 1_\gamma\rangle, h\theta_{\beta,\gamma}, 1_\gamma)$$
$$= a(\langle b, 1_\gamma\rangle, e_\gamma, 1_\gamma)(\langle b, 1_\gamma\rangle, h\theta_{\beta,\gamma}, 1_\gamma)$$
$$= (\langle a, \langle b, 1_\gamma\rangle\rangle, g\theta_{\alpha,\gamma}, 1_\gamma)(\langle b, 1_\gamma\rangle, h\theta_{\beta,\gamma}, 1_\gamma)$$
$$= (\langle a, \langle b, 1_\gamma\rangle\rangle, g\theta_{\alpha,\gamma}h\theta_{\beta,\gamma}, [[1_\gamma, a], b])(1_\gamma, e_\gamma, 1_\gamma).$$

类似地, 有

$$(1_\gamma, e_\gamma, 1_\gamma)ab = (1_\gamma, e_\gamma, 1_\gamma)(\langle a, \langle b, 1_\gamma\rangle\rangle, g\theta_{\alpha,\gamma}h\theta_{\beta,\gamma}, [[1_\gamma, a], b]).$$

因 S_γ 是一个矩形幺半群, 容易验证

$$ab = (\langle a, \langle b, 1_\gamma \rangle \rangle, g\theta_{\alpha,\gamma} h\theta_{\beta,\gamma}, [[1_\gamma, a], b]). \tag{10.11}$$

据引理 10.4, 知 $T = \bigcup_{\alpha \in Y} T_\alpha$ 为可消幺半群 T_α 的强半格, 因此, $g\theta_{\alpha,\gamma} h\theta_{\beta,\gamma} = gh$, 从而有

$$ab = (\langle a, \langle b, 1_\gamma \rangle \rangle, gh, [[1_\gamma, a], b]) = a \circ b. \tag{10.12}$$

这证明了引理 10.6(ii). 为了证明引理 10.6(i), 假设 $\alpha, \beta, \gamma \in Y$, $\alpha\beta \geqslant \gamma$. 则关于任意 $a \in S_\alpha$ 和 $b \in S_\beta$, 据引理 10.4, 引理 10.5 和式 (10.12), 关于任意 $k \in I_\gamma$, 有

$$ab(k, e_\gamma, 1_\gamma) = (\langle ab, k \rangle, -, -)$$
$$= (\langle a \circ b, k \rangle, -, -).$$

然而, 由于

$$a[b(k, e_\gamma, 1_\gamma)] = a(\langle b, k \rangle, -, -)$$
$$= a(\langle b, k \rangle, e_\gamma, 1_\gamma)(\langle b, k \rangle, -, -)$$
$$= (\langle a, \langle b, k \rangle \rangle, -, -),$$

我们得到

$$\langle a \circ b, k \rangle = \langle a, \langle b, k \rangle \rangle. \tag{10.13}$$

类似地, 关于任意 $\lambda \in \Lambda_\gamma$, 也有

$$[\lambda, a \circ b] = [[\lambda, a], b]. \tag{10.14}$$

这样, 映射 $\varphi_{\alpha,\beta}$ 和 $\phi_{\alpha,\beta}$ 满足条件 (II). 关于任意 $k \in I_\alpha$, $a = (i, g, \lambda) \in S_\alpha$, 显然

$$(i, g, \lambda)(k, e_\alpha, 1_\alpha) = (i, g, 1_\alpha)$$

和

$$a(k, e_\alpha, 1_\alpha) = (\langle a, k \rangle, -, 1_\alpha).$$

这证明了 $\langle a, k \rangle = i$. 类似地, 关于任意 $\nu \in \Lambda_\alpha$, 可证明 $[\nu, a] = \lambda$. 因此, 映射 $\varphi_{\alpha,\beta}$ 和 $\phi_{\alpha,\beta}$ 也满足条件 (I).

我们现在返回到定理 10.3 的后半部分证明上来. 假设 S 为一个给定的纯正超富足半群. 为了证明 S 是同构于形如 $S = S(Y, S_\alpha, \varphi_{\alpha,\beta}, \phi_{\alpha,\beta})$ 的半群, 据引理 10.4—引理 10.6, 我们仅需要证明条件 (III) 成立.

据定义, 显然 S 为超富足半群. 因此关于任意 $a = (i, g, \lambda) \in S_\alpha\ (\alpha \in Y)$, 存在唯一的幂等元 $a^0 = (i, e_\alpha, \lambda) \in S_\alpha$ 使得 $a\mathcal{H}^*(S)a^0$. 显然, $a\mathcal{L}^*(S)a^0$ 和 $a\mathcal{R}^*(S)a^0$. 据引理 9.4, 引理 9.1 和它的对偶, 容易看出在 S 上条件 (III) 成立.

综上所述, 我们已经证明了纯正超富足半群 S 可表示成形如 $S(Y, S_\alpha, \varphi_{\alpha,\beta}, \phi_{\alpha,\beta})$ 的半群.

注解 10.1　定理 10.3 中的条件 (III) 用以保证所构造的半群 S 为富足半群. 因此, 一般而言, 这个条件不可去掉. 我们给出下面的例子来说明这点.

例 10.2　假设

$$a = \begin{pmatrix} 1 & 1 & 1 \\ 0 & 0 & 0 \\ 0 & 0 & 0 \end{pmatrix}, \quad S_\alpha = \{5^n a \mid n \geqslant 0,\ n \in N\}.$$

显然, 在通常矩阵乘法下, S_α 形成一个可消幺半群, 其中 a 为它的恒等元.

现在得到一个具有下面乘法表的半群 $S = \{b, c, d, e, f, g, a, a_n \mid n \geqslant 1\}$, 这是半群 S_α 的扩张, 其中 $a_n = 5^n a, a_m = 5^m a, n, m \geqslant 1$.

$*$	a	a_n	e	f	b	c	d	g
a	a	a_n	e	f	b	c	d	g
a_m	a_m	a_{m+n}	e	f	b	c	d	g
e	e	e	e	f	b	c	d	g
f	f	e	e	f	b	c	d	g
b	b	b	b	c	d	g	e	f
c	c	c	b	c	d	g	e	f
d	d	d	d	g	e	f	b	c
g	g	d	d	g	e	f	b	c

由上乘法表, 可以验证 $S_\beta = \{b, c, d, e, f, g\}$ 为一个矩形群. 显然, $S_\alpha S_\beta \subseteq S_\beta$ 和 $S_\beta S_\alpha \subseteq S_\beta$. 由于 S_α 和 S_β 都为矩形幺半群, 因此 S 为矩形幺半群的半格.

假设 x 为 $S_\alpha \setminus \{a\}$ 的任意元素. 则可看出 $a\mathcal{R}^*(S_\alpha)x$. 然而, 因 $ex = fx$ 和 $e = ea \neq fa = f$, 故元素 x 和 a 在 S 中没有 $\mathcal{R}^*$-关系. 显然, 半群 S 不满足定理 10.3 的条件 (III)(ii).

实际上, 容易验证 $(e, x) \notin \mathcal{R}^*(S)$ 和 $(f, x) \notin \mathcal{R}^*(S)$. 这证明了包含元素 x 的 S 的 $\mathcal{R}^*$-类 $R_x^*(S)$ 不包含 S 的任意幂等元. 因此, S 不是富足的, 自然也不是纯正超富足半群.

10.3 特 殊 情 形

I. C-a 半群

富足半群称为 C-a 半群, 如果 $E(S)$ 在 S 的中心里. 显然, C-a 半群是 Clifford 半群在富足半群中的一个自然推广.

引理 10.7 令 S 为幂等元集成半格的富足半群. 则下面各款是等价的:

(i) S 为 C-a 半群;

(ii) S 的每个 $\mathcal{H}^*$-类包含一个幂等元;

(iii) $\mathcal{L}^* = \mathcal{R}^* = \mathcal{H}^*$;

(iv) S 为可消幺半群的强半格.

容易看出, C-a 半群为纯正超富足半群. 事实上, C-a 半群是 $E(S)$ 为半格的纯正超富足半群. 在定理 10.3 关于纯正超富足半群的构造中, 取 $|I_\alpha| = |\Lambda_\alpha| = 1$ 即可. 因此, 易得如下引理.

引理 10.8 令 S 为半群. 则下面各款是等价的:

(i) S 为 C-a 半群;

(ii) S 为可消幺半群的半格;

(iii) S 为可消幺半群的强半格.

II. 左 C-a 半群

超富足半群 S 称为左 C-a 半群, 如果关系 $\mathcal{L}^*$ 为 S 上的一个半格同余.

容易验证, 左 C-a 半群的幂等元集形成一个左正则带, 因此一个左 C-a 半群是一个特殊的纯正超富足半群. 关于左 C-a 半群, 我们有下面结论.

引理 10.9 令 S 为半群. 则下面各款是等价的:

(i) S 为左 C-a 半群;

(ii) S 为超富足半群, 且关于任意的幂等元 $e \in S$, $eS \subseteq Se$;

(iii) S 为左零带 I_α 和可消幺半群 T_α 的形成的直积 $S_\alpha(\alpha \in Y)$ 的半格, 且关于任意 $a \in S_\alpha$, $\alpha \in Y$, 有 $H_a^*(S) = H_a^*(S_\alpha)$.

在定理 10.3 中, 为了构造纯正幺半群, 如果关于每个 $\alpha \in Y$, 取 $|\Lambda_\alpha| = 1$, 则 $S = S(Y; S_\alpha, \varphi_{\alpha,\beta})$ 为一个左 C-a 半群.

引理 10.10 半群 $S = S(Y; S_\alpha, \varphi_{\alpha,\beta})$ 为一个左 C-a 半群.

反过来, 每个左 C-a 半群同构于某个半群 $S(Y; S_\alpha, \varphi_{\alpha,\beta})$.

第11章 $\mathcal{L}^*$-逆半群

在富足半群的研究方面, El-Qallali 和 Fountain[42] 建立了型 W 半群的一个代数结构. 该结构推广了关于纯正半群结构的著名 Hall 定理. Armstrong[55] 和 Lawson[56] 研究了型 A 半群, 并给出了这类半群的结构定理. 不难看出, 型 A 半群和型 W 半群分别为正则半群类中逆半群和纯正半群的自然推广.

左逆半群作为一类重要的正则半群, Bailes[57], Venkatesan[58] 和 Yamada[59] 等研究了它的性质及结构. 本章将主要讨论 $\mathcal{L}^*$-逆半群. 这类半群是介于型 A 半群和型 W 半群之间的一类富足半群, 它是左逆半群在富足半群类中的一种自然推广.

11.1 若 干 准 备

首先给出富足半群的一些基本概念和基本性质.

令 S 为富足半群, a 为 S 的元素. 我们用 a^*, a^+ 分别表示 $L_a^*(S) \cap E, R_a^*(S) \cap E$ 中的一个代表元.

富足半群 S 的幂等元集 E 生成的子半群称为半带, 记其为 B. 关于任意幂等元 $e \in S$, 由 eBe 中的幂等元生成的子半群, 记其为 $\langle e \rangle$. 易知, 当 E 为子半群时, $\langle e \rangle = \{f \in E \mid f \leqslant e\}$.

定义 11.1 富足半群 S 称为具 IC 条件, 如果关于每个 $a \in S$ 及某个 $a^+ \in R_a^*(S) \cap E, a^* \in L_a^*(S) \cap E$, 存在双射 $\alpha : \langle a^+ \rangle \to \langle a^* \rangle$ 使得关于任意 $x \in \langle a^+ \rangle$, 有 $xa = a(x\alpha)$. 满足 IC 条件的富足半群称为具 IC 条件的富足半群, 亦称双射 α 为一个连接同构.

富足半群与正则半群的根本区别之一, 在于正则半群的同态像是正则的, 而富足半群的同态像未必是富足的. 为此, 我们有下述定义.

定义 11.2 令 S, T 为半群. 称半群同态 $\varphi : S \to T$ 为好同态, 如果 $(a, b) \in \mathcal{L}^*(S)$ 蕴涵 $(a\varphi, b\varphi) \in \mathcal{L}^*(T)$, 且 $(a, b) \in \mathcal{R}^*(S)$ 蕴涵 $(a\varphi, b\varphi) \in \mathcal{R}^*(T)$.

定义 11.3 半群 S 称为拟适当 (适当) 半群, 如果 S 是富足半群, 且 S 的幂等元集成子半群 (半格).

定义 11.4 拟适当 (适当) 半群 S 称为型 $W(A)$ 半群, 如果 S 满足 IC 条件.

由文献 [31], 关于型 A 半群, 我们有下面的结论.

引理 11.1 令 S 为适当半群. 则下面二款等价:

(i) S 为型 A 半群;

(ii) 关于任意 $a \in S$ 和任意幂等元 $e \in E$, $ea = a(ea)^*$, $ae = (ae)^+a$.

据文献 [42], 我们又有下面的结论.

引理 11.2 如果 $\varphi : S \to T$ 是从 IC 拟适当半群 S 到半群 T 上的一个好同态, 那么 T 也是一个 IC 拟适当半群.

我们现在给出 $\mathcal{L}^*$-逆半群的定义.

定义 11.5 富足半群 S 称为 $\mathcal{L}^*$-逆半群, 如果 S 是一个 IC 半群, 且它的幂等元集 E 形成一个左正则带, 即关于任意 $e, f \in E$, 有 $fef = fe$.

由定义 11.5, 易看出 $\mathcal{L}^*$-逆半群以型 A 半群, 可消幺半群的半格及左逆半群为其真子类, 而且 $\mathcal{L}^*$-逆半群是介于型 A 半群与型 W 半群之间的一类新的富足半群.

引理 11.3 若 S 为 $\mathcal{L}^*$-逆半群, 则下述二款成立:

(i) 关于任意 $a, b \in S$, $(a, b) \in \mathcal{R}^*$ 蕴涵 $a^+ = b^+$.

(ii) $(ab)^+ = (ab^+)^+$.

证明 因 $\mathcal{R}^*$ 是半群 S 上的左同余, 据 (i) 知, (ii) 的证明是显然的. 因此, 我们仅需证明 (i). 假设关于幂等元 $e, f \in S$, 有 $e\mathcal{R}^*f$, 则显然 $e\mathcal{R}f$. 因此 $ef = f$ 和 $fe = e$. 又因 E 为左正则带, 有 $e = fe = fef = f$. 这证明了每个 $\mathcal{R}^*$-类含唯一幂等元. 现令 $a^+ \in R_a^*(S) \cap E$ 和 $b^+ \in R_b^*(S) \cap E$. 显然, 有 $a^+\mathcal{R}^*b^+$. 从而 $a^+ = b^+$.

若记带 E 中含元素 j 的 $\mathcal{J}$-类为 $E(j)$, 则定义 $\mathcal{L}^*$-逆半群的关系 δ 如下:

$$a\delta b, \text{ 当且仅当 } b = eaf \text{ 和 } a = gbh,$$

其中 $e \in E(a^+)$, $f \in E(a^*)$, $g \in E(b^+)$ 和 $h \in E(b^*)$.

引理 11.4 令 S 为 $\mathcal{L}^*$-逆半群. 则 $a\delta b$, 当且仅当 $b = b^+a$, $a = a^+b$, 其中 $b^+ \in E(a^+)$, $a^+ \in E(b^+)$.

证明 假设 $a\delta b$. 则由 δ 的定义, 知关于某个 $e \in E(a^+)$ 和 $f \in E(a^*)$, 有 $b = eaf$. 先证 $e\mathcal{R}^*b$. 显然, $eb = b$. 关于任意 $x, y \in S^1$, 令 $xb = yb$. 则有 $xeaf = yeaf$. 因 $f \in E(a^*)$, 从而存在 $h \in E$, 使得 $a^*\mathcal{L}h\mathcal{R}f$. 这导致了 $xeah = yeah$. 又因 $a^*\mathcal{L}h$, 有 $a^*h = a^*$. 因此据引理 9.1 的对偶, 有 $xea = yea$ 及 $xea^+ = yea^+$. 再因 $e \in E(a^+)$, 从而有 $ea^+e = e$ 和 $xe = ye$. 据引理 9.1 的对偶及引理 11.3, 有 $e\mathcal{R}^*b$ 和 $e = b^+$. 现设 $h = a^*fa^*$, 则有 $h \in \langle a^* \rangle$. 因 S 具 IC 条件, 知关于 $x \in \langle a^+ \rangle$ 存在同构 $\alpha : \langle a^+ \rangle \to \langle a^* \rangle$ 使得 $xa = a(x\alpha)$. 现记 $g = h\alpha^{-1}$. 显然, $g \in \langle a^+ \rangle$. 因此, $ga = ah$. 又因 S 的幂等元集 E 为左正则带, 从而有 $af = aa^*f = aa^*fa^* = ah = ga$. 这导致了 $b = b^+ga = b^+gb^+a$. 因而由 $b\mathcal{R}^*b^+$, 知 $b = b^+gb^+b$ 及 $b^+ = b^+gb^+ \cdot b^+$. 这说明了 $b = b^+a$. 类似可证 $a = a^+b$.

反过来, 若 $b = b^+a$, $a = a^+b$, 则取 $e = b^+$, $f = a^*$, $g = a^+$ 及 $h = b^*$, 有 $b = eaf$ 和 $a = gbh$. 这完成了证明.

定理 11.5 令 S 为 $\mathcal{L}^*$-逆半群. 则下列二款成立:

(i) 上述 δ 关系为 S 上的最小型 A 半群同余, 且为好同余, 即 S/δ 为型 A 半群.

(ii) $\delta \cap \mathcal{R}^* = 1_S$.

证明　(i) 先证关于任意 $a \in S$, $e \in E$, 有 $ae = (ae)^+ a$. 由于 S 具 IC 条件, 所以关于任意 $x \in \langle a^* \rangle$, 存在同构 $\theta : \langle a^* \rangle \to \langle a^+ \rangle$ 使得 $ax = (x\theta)a$. 而 $ae = aa^*e = aa^*ea^*$. 显然, $a^*ea^* \in \langle a^* \rangle$. 因此, 存在幂等元 $f \in \langle a^+ \rangle$, 使得 $ae = fa$. 据引理 11.3, 知 $(ae)^+ = (fa)^+ = fa^+$. 因此, 有 $ae = fa = fa^+a = (ae)^+a$.

现令 $a\delta b$. 则有 $a = a^+b$ 和 $b = b^+a$. 据引理 11.3, 知关于任意 $c \in S$, 有 $(ac)^+ = (a^+bc)^+ = a^+(bc)^+$. 从而 $ac = a^+bc = a^+(bc)^+bc = (ac)^+bc$. 类似地, 有 $bc = (bc)^+ac$. 这证明了 δ 为右同余. 为证 δ 为左同余, 注意到 $ae = (ae)^+a$. 从而关于任意 $c \in S$, 据引理 11.3, 知 $ca^+ = (ca^+)^+c = (ca)^+c$. 从而 $ca = ca^+b = (ca)^+cb$. 类似可证, $cb = (cb)^+ca$. 据引理 11.4, 知 δ 为左同余. 从而 δ 为 S 上的同余. 据文献 [61] 的命题 2.6 和引理 11.4, 知同余 δ 为 S 上的最小适当半群同余, 且为好同余. 又因 S 为 IC 半群, 据引理 11.2, 知 S/δ 为 IC 半群. 从而 S/δ 为型 A 半群.

(ii) 为证 $\delta \cap \mathcal{R}^* = 1_S$, 令 $(a,b) \in \delta \cap \mathcal{R}^*$. 据引理 11.3 和引理 11.4, 有 $b = b^+a = a^+a = a$. 这完成了证明.

11.2　左　圈　积

令 Γ 为型 A 半群, 其幂等元集为半格 Y. 令 $B = \bigcup_{\alpha \in Y} B_\alpha$ 为左正则带 B 到左零带 B_α 的半格分解.

因型 A 半群 Γ 为富足半群, 所以关于任意 $\gamma \in \Gamma$, 分别对应幂等元 $\gamma^+ \in R_\gamma^*(\Gamma) \cap E$ 和 $\gamma^* \in L_\gamma^*(\Gamma) \cap E$. 进一步, 因型 A 半群 Γ 为 IC 半群, 所以关于任意 $\alpha \in \langle \omega^+ \rangle$ 及任意 $\omega \in \Gamma$, 存在同构 $\eta : \langle \omega^+ \rangle \to \langle \omega^* \rangle$ 使得 $\alpha\omega = \omega(\alpha\eta)$.

构作集合 $B \bowtie \Gamma = \{(e,\gamma) \mid e \in B_{\gamma^+}, \gamma \in \Gamma\}$. 定义从 Γ 到 B 的自同态半群 $\mathrm{End}(B)$ 的映射 $\varphi : \gamma \mapsto \sigma_\gamma$, 且满足下述条件:

(P1) 关于每个 $\gamma \in \Gamma$ 和 $\alpha \in Y$, 有 $B_\alpha \sigma_\gamma \subseteq B_{(\gamma\alpha)^+}$. 特别地, 若 $\gamma \in Y$, 则 σ_γ 为 B 上的内自同态, 使得关于某个 $f \in B_\gamma$ 及任意 $e \in B$, 有 $e^{\sigma_\gamma} = fe$.

(P2) 关于任意 $\alpha, \beta \in \Gamma$ 及 $f \in B_{(\alpha\beta)^+}$, 有 $\sigma_\beta \sigma_\alpha \delta_f = \sigma_{\alpha\beta} \delta_f$, 其中 δ_f 为 B 上由 f 诱导的内自同态, 满足关于任意 $h \in B$, $h^{\delta_f} = fh$.

(P3) 关于任意 $e \in B_{\omega^+}$, $g \in B_{\tau^+}$ 和 $h \in B_{\xi^+}$, 若 $\omega\tau = \omega\xi$ 及 $eg^{\sigma_\omega} = eh^{\sigma_\omega}$, 则关于任意 $f \in B_{\omega^*}$, $fg^{\sigma_{\omega^*}} = fh^{\sigma_{\omega^*}}$.

(P4) 假设关于任意 $\omega \in \Gamma, \eta : \alpha \mapsto \alpha\eta$ 为从 $\langle \omega^+ \rangle$ 到 $\langle \omega^* \rangle$ 的同构. 若 (e, ω^+), $(f, \omega^*) \in B \bowtie \Gamma$, 则存在同构 $\theta : \langle e \rangle \to \langle f \rangle$ 使得

(i) $e\theta = f$, 且关于任意 $g \in \langle e \rangle$, $g = e(g\theta)^{\sigma_\omega}$;

(ii) 关于任意 $g \in \langle e \rangle$ 及 $\alpha \in \langle \omega^+ \rangle$, $(g, \alpha) \in B \bowtie \Gamma$, 当且仅当 $(g\theta, \alpha\eta) \in B \bowtie \Gamma$.

现定义集合 $B \bowtie \Gamma$ 上的乘法 "$*$" 如下: 关于任意 $(e, \omega), (f, \tau) \in B \bowtie \Gamma$,

$$(e, \omega) * (f, \tau) = (ef^{\sigma_\omega}, \omega\tau),$$

其中 $f^{\sigma_\omega} = f\sigma_\omega$.

上述定义的乘法 "$*$" 是有意义的, 因为 $(e, \omega), (f, \tau) \in B \bowtie \Gamma$, 所以 $e \in B_{\omega^+}$ 及 $f \in B_{\tau^+}$. 据条件 (P1) 和引理 11.3 (ii), 知 $f^{\sigma_\omega} = f\sigma_\omega \in B_{\tau^+ \sigma_\omega} \subseteq B_{(\omega\tau^+)^+} = B_{(\omega\tau)^+}$. 从而 $ef^{\sigma_\omega} \in B_{\omega^+} B_{(\omega\tau)^+} \subseteq B_{(\omega^+ \omega\tau)^+} = B_{(\omega\tau)^+}$. 这证明了 $(ef^{\sigma_\omega}, \omega\tau) \in B \bowtie \Gamma$.

引理 11.6 集合上 $B \bowtie \Gamma$ 的乘法 "$*$" 是结合的.

证明 假设 $(e, \omega), (f, \tau), (h, \xi) \in B \bowtie \Gamma$, 则由乘法 "$*$" 的定义有

$$
\begin{aligned}
[(e, \omega) * (f, \tau)] * (h, \xi) &= (ef^{\sigma_\omega}, \omega\tau) * (h, \xi) \\
&= (ef^{\sigma_\omega} h^{\sigma_{\omega\tau}}, \omega\tau\xi)
\end{aligned}
$$

和

$$
\begin{aligned}
(e, \omega) * [(f, \tau) * (h, \xi)] &= (e, \omega) * (fh^{\sigma_\tau}, \tau\xi) \\
&= (e(fh^{\sigma_\tau})^{\sigma_\omega}, \omega\tau\xi) \\
&= (ef^{\sigma_\omega} h^{\sigma_\tau \sigma_\omega}, \omega\tau\xi).
\end{aligned}
$$

因 $f \in B_{\tau^+}$ 及 Γ 为型 A 半群, 据引理 11.3 和条件 (P1), 知 $f^{\sigma_\omega} \in B_{(\omega\tau)^+}$. 再据条件 (P2), 知 $f^{\sigma_\omega} h^{\sigma_\tau \sigma_\omega} = f^{\sigma_\omega} h^{\sigma_{\omega\tau}}$. 因此 $ef^{\sigma_\omega} h^{\sigma_\tau \sigma_\omega} = ef^{\sigma_\omega} h^{\sigma_{\omega\tau}}$. 从而 $[(e, \omega) * (f, \tau)] * (h, \xi) = (e, \omega) * [(f, \tau) * (h, \xi)]$. 这完成了证明.

据引理 11.6, 知 $B \bowtie \Gamma$ 在上述乘法 "$*$" 下为一半群. 因此, 有如下定义.

定义 11.6 上述构造的半群称为型 A 半群 Γ 和左正则带 B 连同映射 φ 的左圈积, 记其为 $B \bowtie_\varphi \Gamma$.

引理 11.7 假设 $\omega \in Y$, $(e, \omega) \in B \bowtie_\varphi \Gamma$. 则关于任意 $f \in B$, $ef^{\sigma_\omega} = ef$.

证明 因 ω 为幂等元, 从而据 (P1), 知 σ_ω 为 B 上的内自同态, 使得关于某个 $g \in B_\omega$ 及任意 $f \in B$, 有 $f^{\sigma_\omega} = gf$. 由假设, 显然 $e \in B_\omega$. 又 B_ω 为左零带, 从而 $ef^{\sigma_\omega} = egf = ef$.

引理 11.8 令 E 表示左圈积 $B \bowtie_\varphi \Gamma$ 的全体幂等元集合, 则 E 为左正则带.

证明 先证 $E = \{(e, \omega) | e \in B_\omega \ \& \ \omega \in Y\}$. 事实上, 若 $(e, \omega) \in E$, 据乘法 "$*$" 的定义, 有 $(ee^{\sigma_\omega}, \omega^2) = (e, \omega)$. 因此, 有 $\omega = \omega^2 \in Y$. 反过来, 若 $\omega^2 = \omega \in Y \subseteq \Gamma$, 则 $(e, \omega) * (e, \omega) = (ee^{\sigma_\omega}, \omega)$. 据引理 11.7, 知 $ee^{\sigma_\omega} = e$, 从而 $(e, \omega)^2 = (e, \omega)$.

现证 E 为左正则带. 因 $B = \bigcup_{\alpha \in Y} B_\alpha$ 为左正则带关于左零带 B_α 的半格分解, 所以关于任意 $(e, \alpha) \in E$, 考虑映射 $\theta : E \to B$, 且满足 $(e, \alpha)\theta = e$. 显然, θ 为一双射. 为证明 θ 为半群同态, 设 $(e, \alpha), (f, \beta) \in E$. 因 $(e, \alpha) * (f, \beta) = (ef^{\sigma_\alpha}, \alpha\beta)$,

据引理 3.3, 知 $ef^{\sigma_\alpha} = ef$. 从而 $[(e, \alpha) * (f, \beta)]\theta = (ef, \alpha\beta)\theta = ef = (e, \alpha)\theta(f, \beta)\theta$. 这证明了 θ 为同构映射, 即 E 为左正则带.

引理 11.9   左圈积 $B \bowtie_\varphi \Gamma$ 为富足半群.

证明   为证 $B \bowtie_\varphi \Gamma$ 半群为富足半群. 只需证明, 关于任意 $a \in B \bowtie_\varphi \Gamma$, 存在 $B \bowtie_\varphi \Gamma$ 中的幂等元 b 和 c, 使得 $a\mathcal{R}^*b$ 及 $a\mathcal{L}^*c$. 令 $a = (e, \omega) \in B \bowtie_\varphi \Gamma$. 取 $b^2 = b = (e, \omega^+) \in B \bowtie_\varphi \Gamma$. 则有 $b * a = (e, \omega^+) * (e, \omega) = (ee^{\sigma_{\omega^+}}, \omega^+\omega) = (e, \omega) = a$. 假设 $x * a = y * a$, 其中 $x = (g, \tau), y = (h, \xi) \in (B \bowtie_\varphi \Gamma)^1$. 即 $(g, \tau) * (e, \omega) = (h, \xi) * (e, \omega)$. 这导致 $(ge^{\sigma_\tau}, \tau\omega) = (he^{\sigma_\xi}, \xi\omega)$. 因此 $\tau\omega = \xi\omega$, 及 $ge^{\sigma_\tau} = he^{\sigma_\xi}$. 因 $\omega\mathcal{R}^*\omega^+$, 所以 $\tau\omega^+ = \xi\omega^+$. 从而 $x * b = (g, \tau) * (e, \omega^+) = (ge^{\sigma_\tau}, \tau\omega^+) = (he^{\sigma_\xi}, \xi\omega^+) = (h, \xi) * (e, \omega^+) = y * b$. 据引理 9.1 的对偶, 知 $a\mathcal{R}^*b$.

又取 $c^2 = c = (f, \omega^*) \in B \bowtie_\varphi \Gamma$. 注意到 $b = (e, \omega^+) \in B \bowtie_\varphi \Gamma$. 据条件 (P4)(i), 关于 $g \in \langle e \rangle$, 存在同构 $\theta : \langle e \rangle \to \langle f \rangle$, 使得 $e\theta = f$ 及 $g = e(g\theta)^{\sigma_\omega}$. 特别地, 取 $g = e$, 则有 $ef^{\sigma_\omega} = e$. 因此, 有 $a * c = (e, \omega) * (f, \omega^*) = (ef^{\sigma_\omega}, \omega\omega^*) = (e, \omega) = a$. 现假设 $a * x = a * y$, 其中 $x = (g, \tau), y = (h, \xi) \in (B \bowtie_\varphi \Gamma)^1$. 则有 $(eg^{\sigma_\omega}, \omega\tau) = (eh^{\sigma_\omega}, \omega\xi)$. 因 $\omega\mathcal{L}^*\omega^*$, 从而 $\omega^*\tau = \omega^*\xi$. 据条件 (P3), 知关于任意 $f \in B_{\omega^*}$, $fg^{\sigma_{\omega^*}} = fh^{\sigma_{\omega^*}}$. 因此 $c * x = (f, \omega^*) * (g, \tau) = (fg^{\sigma_{\omega^*}}, \omega^*\tau) = (fh^{\sigma_{\omega^*}}, \omega^*\xi) = (f, \omega^*) * (h, \xi) = c * y$. 据引理 9.1, 知 $c\mathcal{L}^*a$. 这证明了 $B \bowtie_\varphi \Gamma$ 为富足半群.

引理 11.10   假设 $u = (e, \alpha), v = (f, \beta)$ 为半群 $B \bowtie_\varphi \Gamma$ 的幂等元. 则 $u \in \langle v \rangle$, 当且仅当 $e \in \langle f \rangle$ 和 $\alpha \in \langle \beta \rangle$.

证明   据引理 11.7, 直接验证即得.

引理 11.11   左圈积 $B \bowtie_\varphi \Gamma$ 为 IC 富足半群.

证明   令 E 为 $B \bowtie_\varphi \Gamma$ 的幂等元集. 据引理 11.8, 知 $E \simeq B$. 因此, 关于任意 $a = (e, \omega) \in B \bowtie_\varphi \Gamma$, 存在幂等元 $a^+ = (e, \omega^+)$ 及 $a^* = (f, \omega^*)$, 使得 $a^*\mathcal{L}^*a\mathcal{R}^*a^+$. 现设 $x = (g, \alpha) \in \langle a^+ \rangle$. 据引理 11.10, 显然 $g \in \langle e \rangle$ 及 $\alpha \in \langle \omega^+ \rangle$. 因 Γ 为型 A 半群, 从而 Γ 具 IC 条件. 因而, 关于任意 $\omega \in \Gamma$, 存在同构 $\eta : \langle \omega^+ \rangle \to \langle \omega^* \rangle$ 使得关于任意 $\alpha \in \langle \omega^+ \rangle$, 有 $\alpha\omega = \omega(\alpha\eta)$. 另一方面, 据 (P4)(i), 存在同构 $\theta : \langle e \rangle \to \langle f \rangle$, 使得关于 $g \in \langle e \rangle$ 满足 $e\theta = f$ 及 $g = e(g\theta)^{\sigma_\omega}$.

这样, 关于任意 $x = (g, \alpha) \in \langle a^+ \rangle$, 定义从 $\langle a^+ \rangle$ 到 $\langle a^* \rangle$ 的映射 φ, 使得 $x\varphi = (g\theta, \alpha\eta)$. 易知 $g\theta$ 和 $\alpha\eta$ 分别为 B 和 Γ 的幂等元. 因此, 据 (P4)(ii), 知 $(g\theta, \alpha\eta)$ 为 $B \bowtie_\varphi \Gamma$ 的幂等元. 再据引理 11.10, 显然 $(g\theta, \alpha\eta) \in \langle a^* \rangle$. 这样 φ 有意义. 又据 (P4)(ii) 和引理 11.10, 易知 φ 为从 $\langle a^+ \rangle$ 到 $\langle a^* \rangle$ 的双射. 进一步, 据 (P4)(i), 引理 11.7 及等式 $ge = g$, 有 $x * a = (g, \alpha) * (e, \omega) = (ge^{\sigma_\alpha}, \alpha\omega) = (ge, \alpha\omega) = (g, \alpha\omega) = (e(g\theta)^{\sigma_\omega}, \omega(\alpha\eta)) = (e, \omega) * (g\theta, \alpha\eta) = a * (x\varphi)$. 这证明了左圈积 $B \bowtie_\varphi \Gamma$ 为 IC 富足半群.

11.3 结构定理

本节将建立 $\mathcal{L}^*$-逆半群的一个结构定理.

定理 11.12 半群 S 为一个 $\mathcal{L}^*$-逆半群, 当且仅当 S 为一个型 A 半群 Γ 和一个左正则带 B 连同结构映射 φ 的左圈积 $B \bowtie_\varphi \Gamma$.

定理的充分性由引理 11.8, 引理 11.9 和引理 11.11 立得. 为证定理的必要性, 我们先做以下四点注:

(I) 若 S 为 $\mathcal{L}^*$-逆半群, δ 为 S 上的最小型 A 半群同余, 且为好同余, 则 $\Gamma = S/\delta$ 为型 A 半群.

(II) 据定理 11.5 和定义 11.2, 由 δ 诱导的自然同态 $\phi : S \to \Gamma = S/\delta$ 为好同态. 因此, 关于每个 $\gamma \in \Gamma$, 若记 $\gamma\phi^{-1} = S_\gamma$, 则有 $S = \bigcup_{\gamma \in \Gamma} S_\gamma$.

(III) 令 B 为 S 的幂等元形成的左正则带, Y 为 Γ 的幂等元形成的半格. 则据引理 11.3 和引理 11.4, 知 $\delta|_B = \mathcal{J}^B$, 其中 $\mathcal{J}^B$ 为 B 上的格林关系 $\mathcal{J}$. 据文献 [6], 知 $\phi|_B : B \to Y$ 为一满射. 此外, 若 $(a,b) \in \delta$, 且 a 为幂等元, 则据引理 11.4, 知 b 亦为幂等元. 这样, 关于任意 $\alpha \in Y \subseteq \Gamma$, 知 $B_\alpha = S_\alpha = \alpha\phi^{-1}$. 因此, $B = \bigcup_{\alpha \in Y} B_\alpha$ 为左正则带 B 关于左零带 B_α 的半格分解.

(IV) 若 $a \in S$, 且 $a\phi = \gamma$, 则由 $a\mathcal{R}^*a^+$ 和 ϕ 为从 S 到 Γ 的好同态, 知 $a^+\phi = (a\phi)^+ = \gamma^+ \in Y$. 这表明关于任意 $\gamma^+ \in Y$, 有 $a^+ \in B_{\gamma^+}$.

引理 11.13 若 $a, b \in S_\gamma$, $\gamma \in \Gamma$, 则关于任意 $e \in B$,

$$b^+(be)^+ = b^+(ae)^+.$$

证明 因 $a, b \in S_\gamma$, 显然 $a\phi = b\phi = \gamma \in \Gamma = S/\delta$. 从而 $a\delta b$, 且据引理 11.4, 知 $b = b^+a$. 由 (IV), 知 $b^+ \in B_{\gamma^+}$. 因此, 据引理 11.3, 关于任意 $e \in B \subseteq S$, 有 $b^+(be)^+ = b^+(b^+ae)^+ = b^+(ae)^+$.

引理 11.14 关于任意 $a \in S$ 及 $e \in B$, 满足 $e^{\sigma_a} = (ae)^+$ 的映射 $\sigma_a : B \to B$ 为 B 的自同态.

证明 因 B 为左正则带, 从而关于任意 $a \in S$ 及 $e \in B$, 有 $ae = aa^*e = aa^*ea^*$, 其中 $a^* \in L_a^*(S) \cap B$. 令 $h = a^*ea^*$. 因 S 为 $\mathcal{L}^*$-逆半群, 从而关于任意 $x \in \langle a^+ \rangle$, 存在同构 $\alpha : \langle a^+ \rangle \to \langle a^* \rangle$ 使得 $xa = a(x\alpha)$. 因此, 存在 $g \in \langle a^+ \rangle$, 使得 $ah = ga$, 从而 $ae = ga$. 关于任意 $e, f \in B$, 据引理 11.3, 有 $(aef)^+ = (gaf)^+ = (ga^+af)^+ = ga^+(af)^+ = (ga)^+(af)^+ = (ae)^+(af)^+$. 由此, 映射 $\sigma_\alpha : e \mapsto e^{\sigma_a} = (ae)^+$ 为 B 的自同态.

注解 11.1 若 $h \in B$, 则 $e^{\sigma_h} = (he)^+ = he = heh$. 这表明 σ_h 为 B 的一个内左平移. 此时, 记其为 δ_h, 即 $e^{\delta_h} = he = heh$.

引理 11.15　关于任意 $a, b \in S_\gamma$ 及任意 $f \in B_{\gamma+}$, $\sigma_a \delta_f = \sigma_b \delta_f$, 其中 δ_f 为由 f 诱导的内自同态.

证明　据引理 11.13, 关于任意 $a, b \in S_\gamma$ 及 $e \in B$, 显然 $b^+(be)^+ = b^+(ae)^+$, 其中 $b^+ \in B_{\gamma+}$. 若 $f \in B_{\gamma+}$, 则 $f(be)^+ = fb^+(be)^+ = fb^+(ae)^+ = f(ae)^+$. 再据引理 11.14, 有 $e^{\sigma_b \delta_f} = f(be)^+ = f(ae)^+ = e^{\sigma_a \delta_f}$.

关于每个 $\gamma \in \Gamma$, 选取固定的幂等元 $e_{\gamma+} \in B_{\gamma+}$. 据引理 11.15, 作映射族

$$\{\sigma_a \delta_{e_{\gamma+}} \mid a \in S_\gamma, e_{\gamma+} \in B_{\gamma+}, \gamma \in \Gamma\}.$$

显然, $\sigma_a \delta_{e_{\gamma+}}$ 不依赖于 a 的选取. 因此, 记 $\sigma_a \delta_{e_{\gamma+}}$ 为 σ_γ, 使得 $e^{\sigma_\gamma} = e_{\gamma+}(ae)^+$.

引理 11.16　关于任意 $f \in B_{\gamma+}$ 及 $a \in S_\gamma$, $e^{\sigma_\gamma \delta_f} = f(ae)^+$.

证明　因 $B_{\gamma+}$ 为左零带, 据引理 11.3 及 σ_γ, δ_f 的定义, 有 $e^{\sigma_\gamma \delta_f} = f[e_{\gamma+}(ae)^+] = f(ae)^+$, 其中 $f \in B_{\gamma+}$, $a \in S_\gamma$.

引理 11.17　集合 $B \bowtie \Gamma = \{(a^+, a\delta) \mid a \in S, a\delta \in \Gamma$ 及 $a^+ \in B_{(a\delta)+}\}$ 在下述乘法 "$*$" 下, 构成一群胚,

$$(a^+, a\delta) * (b^+, b\delta) = (a^+(b^+)^{\sigma_{a\delta}}, a\delta b\delta). \tag{$*$}$$

证明　仅需证 $B \bowtie \Gamma$ 上的乘法有意义. 因 $a^+ \in B_{(a\delta)+}$, 据引理 11.16, 则有

$$a^+(b^+)^{\sigma_{a\delta}} = a^+(cb^+)^+,$$

其中 c 在含 a 的 δ-类. 显然, $(a, c) \in \delta$. 据引理 11.4, 有 $a = a^+c$ 及 $c = c^+a$, 又据引理 11.3, 知 $a^+(cb^+)^+ = [a^+(cb^+)]^+ = (ab^+)^+ = (ab)^+$. 这样, 由前述 (IV), 知 $a^+(b^+)^{\sigma_{a\delta}} = (ab)^+ \in B_{[(ab)\delta]+}$. 这样, $B \bowtie \Gamma$ 形成一群胚.

引理 11.18　上述构造的群胚 $(B \bowtie \Gamma, *)$ 同构于 $\mathcal{L}^*$-逆半群 S.

证明　关于任意 $a \in S$, 定义从 S 到 $B \bowtie \Gamma$ 的映射 $\theta : a \mapsto a\theta = (a^+, a\delta)$. 若 $a\theta = b\theta$, 则显然 $a^+ = b^+$ 及 $a\delta = b\delta$. 因此, $(a, b) \in \mathcal{R}^*(S) \cap \delta$. 据定理 11.5(ii), 知 $\mathcal{R}^*(S) \cap \delta = 1_S$. 从而 $a = b$. 这证明了 θ 为单射.

据 θ 的定义, 显然 θ 为满射.

为证 θ 为同态, 假设 $a, b \in S$. 据引理 11.3(ii), 有 $a^+(ab^+)^+ = [a^+(ab^+)]^+ = (ab^+)^+ = (ab)^+$. 又据引理 11.16, 有

$$\begin{aligned}
a\theta b\theta &= (a^+, a\delta) * (b^+, b\delta) = (a^+(b^+)^{\sigma_{a\delta}}, a\delta b\delta) \\
&= (a^+(ab^+)^+, a\delta b\delta) = ((ab)^+, (ab)\delta) \\
&= (ab)\theta.
\end{aligned}$$

这证明了 θ 为同态, 从而 S 同构于 $B \bowtie \Gamma$.

引理 11.19 $B \bowtie \Gamma$ 中的幂等元集可表示为 $\{(e, \alpha) | e \in B_\alpha, \alpha \in Y\}$.

证明 若 (e, α) 为 $B \bowtie \Gamma$ 的幂等元, 据引理 11.17, 知 $(ee^{\sigma_\alpha}, \alpha^2) = (e, \alpha)$. 因此 $\alpha^2 = \alpha \in Y$. 反过来, 若 $\alpha^2 = \alpha \in Y$, 且 $(e, \alpha) \in B \bowtie \Gamma$, 则 $(e, \alpha) * (e, \alpha) = (ee^{\sigma_\alpha}, \alpha)$, 且 $e \in B_\alpha$. 据 σ_α 的定义, 有 $ee^{\sigma_\alpha} = ee_\alpha he$, 其中 $e_\alpha, h \in B_\alpha$. 从而 $ee^{\sigma_\alpha} = ee = e$.

引理 11.20 若 (e, α) 为 $B \bowtie \Gamma$ 的幂等元, 则关于任意 $f \in B$, $ef^{\sigma_\alpha} = ef$.

证明 因为 B_α 为左零带, 据定义可直接验证.

现在我们来完成定理 11.12 的证明. 为证 S 可表示为一个型 A 半群 Γ 和一个左正则带 B 连同结构映射 φ 的左圈积 $B \bowtie_\varphi \Gamma$. 仅需构造一个映射 $\varphi : \Gamma \to \text{End}(B)$ 使得 φ 满足定义 11.6 中的条件 (P1)—(P4) 即可.

据引理 11.13—引理 11.15, 关于任意 $e \in B$ 及 $a \in S_\gamma$, 定义从 Γ 到 $\text{End}(B)$ 的映射 $\varphi : \gamma \mapsto \gamma\varphi = \sigma_\gamma$, 满足 $e^{\sigma_\gamma} = e_\gamma(ae)^+$, 其中 e_γ 为 B_{γ^+} 中的某个固定元. 显然, φ 有意义. 据引理 11.3 (ii), 知关于任意 $a \in S_\gamma$, 有 $e_\gamma(ae)^+ = (e_\gamma ae)^+$. 因此 $e^{\sigma_\gamma} = (e_\gamma ae)^+$. 因 $\phi : S \to \Gamma = S/\delta$ 为好同余诱导的自然同态, 从而关于任意 $a \in S_\gamma$ 及任意 $e \in B_\alpha$, 知 $(e_\gamma ae)\phi \mathcal{R}^*(e_\gamma ae)^+\phi$. 这样, 据引理 11.3(i), 有 $(e_\gamma ae)^+\phi = [(e_\gamma ae)\phi]^+ = (\gamma^+\gamma\alpha)^+ = (\gamma\alpha)^+$. 据 (IV), 知 $(e_\gamma ae)^+ = e^{\sigma_\gamma} \in B_{(\gamma\alpha)^+}$. 从而有 $B_\alpha\sigma_\gamma \subseteq B_{(\gamma\alpha)^+}$. 易验证, 当 $\gamma \in Y$ 时, σ_γ 为 B 上的内自同态. 这证明了 φ 满足条件 (P1).

为证 φ 满足条件 (P2), 假设 $a \in S_\alpha, b \in S_\beta$ 和 $f \in B_{(\beta\alpha)^+}$, 其中 $\alpha, \beta \in \Gamma$. 显然, $e_\beta be_\alpha a \in B_{\beta^+}S_\beta B_{\alpha^+}S_\alpha \subseteq S_\beta S_\alpha \subseteq S_{\beta\alpha}$. 记 $c = e_\beta be_\alpha a$. 据引理 11.3, 关于任意 $h \in B$, 有 $h^{\sigma_\alpha\sigma_\beta\delta_f} = f[e_\beta b(e_\alpha ah)^+]^+ = f(e_\beta be_\alpha ah)^+ = f(ch)^+ = fe_{\beta\alpha}(ch)^+ = f(e_{\beta\alpha}ch)^+ = h^{\sigma_{\beta\alpha}\delta_f}$. 因此 $\sigma_\alpha\sigma_\beta\delta_f = \sigma_{\beta\alpha}\delta_f$. 这证明了 φ 满足条件 (P2).

利用 $B \bowtie \Gamma \simeq S$, 来证 φ 满足条件 (P3). 注意到 $B \bowtie \Gamma$ 为富足半群. 现令 $e \in B_{\omega^+}, g \in B_{\tau^+}$ 及 $h \in B_{\xi^+}$ 且满足 $eg^{\sigma_\omega} = eh^{\sigma_\omega}$ 及 $\omega\tau = \omega\xi$. 取 $a = (e, \omega) \in B \bowtie \Gamma, x = (g, \tau)$ 和 $y = (h, \xi) \in (B \bowtie \Gamma)^1$. 则有 $a * x = (e, \omega) * (g, \tau) = (eg^{\sigma_\omega}, \omega\tau) = (eh^{\sigma_\omega}, \omega\xi) = (e, \omega) * (h, \xi) = a * y$. 从而据引理 9.1, 有 $a^* * x = a^* * y$. 现记 $a^* = (f, \omega^*)$, 得到 $a^* * x = (fg^{\sigma_{\omega^*}}, \omega^*\tau)$ 和 $a^* * y = (fh^{\sigma_{\omega^*}}, \omega^*\xi)$. 从而关于任意 $f \in B_{\omega^*}$, 有 $fg^{\sigma_{\omega^*}} = fh^{\sigma_{\omega^*}}$. 这证明了 φ 亦满足 (P3).

最后, 我们来证明 φ 亦满足条件 (P4). 首先注意到 $B \bowtie \Gamma \simeq S$. 则关于任意 $a = (e, \omega) \in B \bowtie \Gamma$ 及 $x \in \langle a^+\rangle$, 存在同构 $\psi : \langle a^+\rangle \to \langle a^*\rangle$ 使得 $x * a = a * (x\psi)$. 据引理 11.19, 记 $a^+ = (e, \omega^+)$ 及 $a^* = (f, \omega^*)$. 因型 A 半群 Γ 为 IC 半群, 所以关于任意 $\alpha \in \langle\omega^+\rangle$, 存在同构 $\eta : \langle\omega^+\rangle \to \langle\omega^*\rangle$ 使得 $\alpha\omega = \omega(\alpha\eta)$. 我们首先断言, 同构 η 是唯一的. 若存在同构 $\xi : \langle\omega^+\rangle \to \langle\omega^*\rangle$ 使得 $\alpha\omega = \omega(\alpha\xi)$, 其中 $\alpha \in \langle\omega^+\rangle$. 则关于任意 $\alpha \in \langle\omega^+\rangle$, $\omega(\alpha\eta) = \omega(\alpha\xi)$. 但 $\omega\mathcal{L}^*(\Gamma)\omega^*$, 据引理 9.1, 知 $\alpha\eta = \omega^*(\alpha\eta) = \omega^*(\alpha\xi) = \alpha\xi$. 从而 $\eta = \xi$. 假设 $x = (g, \alpha) \in \langle a^+\rangle$ 且 $x\psi = (h, \beta) \in \langle a^*\rangle$, 则类似引理 11.10 的证明, 可证 $x = (g, \alpha) \in \langle a^+\rangle$, 当且仅当 $g \in \langle e\rangle$ 及 $\alpha \in \langle\omega^+\rangle$. 类似地,

$x\psi = (h,\beta) \in \langle a^* \rangle$, 当且仅当 $h \in \langle f \rangle$ 及 $\beta \in \langle \omega^* \rangle$. 现关于任意 $x = (g,\alpha) \in \langle a^+ \rangle$, 考虑由满足 $x\psi = (g,\alpha)\psi = (h,\beta)$ 的同构 $\psi : \langle a^+ \rangle \to \langle a^* \rangle$ 导出的映射 $\theta : \langle e \rangle \to \langle f \rangle$, $g \mapsto g\theta$ 及映射 $\xi : \langle \omega^+ \rangle \to \langle \omega^* \rangle$, $\alpha \mapsto \alpha\xi$, 其中 $g\theta = h$, $\alpha\xi = \beta$. 易知 θ 为一同构, ξ 为与上述 η 一致的同构. 因此, 由 $x * a = (g,\alpha) * (e,\omega) = (ge^{\sigma_\alpha}, \alpha\omega)$, $a * (x\psi) = (e,\omega) * (h,\beta) = (e(g\theta)^{\sigma_\omega}, \omega\beta)$ 及 $x * a = a * (x\psi)$, 得 $ge^{\sigma_\alpha} = e(g\theta)^{\sigma_\omega}$. 因 α 为 Γ 的幂等元, 据引理 11.20, 有 $ge^{\sigma_\alpha} = ge = g$. 因此, $g = e(g\theta)^{\sigma_\omega}$. 特别地, 由于 $a^+\psi = a^*$, 从而 $e\theta = f$. 这证明了满足条件 (P4)(i). 为证明满足条件 (P4)(ii), 仅需证明关于任意 $g \in \langle e \rangle$ 及 $\alpha \in \langle \omega^+ \rangle$, 若 $(g,\alpha) \in B \bowtie \Gamma$, 则 $x = (g,\alpha) \in \langle a^+ \rangle$, 这容易直接验证. 类似地, 若 $(g\theta, \alpha\eta) \in B \bowtie \Gamma$, 则 $(g\theta, \alpha\eta) \in \langle a^* \rangle$. 这证明了条件 (P4) 亦被满足. 至此, 我们完成了定理 11.12 的全部证明.

11.4 一 个 注 记

本节, 将指出关于左逆半群结构的 Yamada 定理是定理 11.12 的一个直接推论. 为陈述方便, 先罗列如下.

定义 11.7 令 I 为逆半群, Y 为其幂等元半格. 令 $B = \bigcup_{\alpha \in Y} B_\alpha$ 为左正则带 B 关于左零带 B_α 的半格分解. 假设从 I 到 B 的自同态半群 $\mathrm{End}(B)$ 的映射 $\varphi : \gamma \mapsto \sigma_\gamma$ 满足下列条件:

(C1) 关于每个 $\gamma \in I$, $B_\alpha \sigma_\gamma \subseteq B_{\gamma\alpha(\gamma\alpha)^{-1}}$. 特别地, 当 $\gamma \in Y$ 时, σ_γ 为 B 的内自同态, 且关于任意 $e \in B$ 及某个 $f \in B_\gamma$ 满足 $e^{\sigma_\gamma} = fe$.

(C2) 关于任意 $\alpha, \beta \in I$ 和 $f \in B_{\alpha\beta(\alpha\beta)^{-1}}$, $\sigma_\beta \sigma_\alpha \delta_f = \sigma_{\alpha\beta} \delta_f$, 其中 δ_f 为 f 诱导的 B 上的内自同态, 且关于任意 $h \in B$ 满足 $h^{\delta_f} = fh = fhf$.

在集合 $B \bowtie I = \{(e,\omega) \mid \omega \in I \,\&\, e \in B_{\omega\omega^{-1}}\}$ 上, 定义运算如下:

$$(e,\omega)(f,\tau) = (ef^{\sigma_\omega}, \omega\tau),$$

其中 $f^{\sigma_\omega} = f\sigma_\omega$.

可验证, $B \bowtie I$ 在上述运算下成一半群, 称此半群为由 I 和 B 连同映射 φ 确定的左半直积, 记其为 $B \bowtie_\varphi I$.

推论 11.21(Yamada 定理) 每个左逆半群 S 同构于一个逆半群 I 和一个左正则带 B 连同映射 φ 的左半直积 $B \bowtie_\varphi I$.

反过来, 任何逆半群 I 和左正则带 B 的左半直积 $B \bowtie_\varphi I$ 恰好为一个左逆半群.

在型 A 半群 Γ 和左正则带 B 连同结构映射 φ 构成的左圈积 $B \bowtie_\varphi \Gamma$ 中, 由于逆半群为型 A 半群的特例, 因而自然考虑当型 A 半群为逆半群时的情形. 在逆半群 I 中, 显然 $\mathcal{L} = \mathcal{L}^*$, $\mathcal{R} = \mathcal{R}^*$, 且关于任意 $\gamma \in I$, $\gamma\mathcal{R}^*(\Gamma)\gamma^+$ 对应 $\gamma\mathcal{R}(I)\gamma\gamma^{-1}$. 因

此, 集合 $B \bowtie \Gamma = \{(e,\omega)|e \in B_{\omega^+} \ \& \ \omega \in \Gamma\}$ 变为集合 $B \bowtie I = \{(e,\omega)|\omega \in I \ \& \ e \in B_{\omega\omega^{-1}}\}$. 左圈积 $B \bowtie_\varphi \Gamma$ 的结构映射 φ 所满足的条件 (P3) 和 (P4), 是为了保证 $B \bowtie \Gamma$ 为一个 IC 富足半群. 若 Γ 变为 I, 则条件 (P3) 和 (P4) 可去掉. 此时, 条件 (P1) 和 (P2) 就与条件 (C1) 和 (C2) 一致了. 显然, 左圈积 $B \bowtie_\varphi \Gamma$ 就变为左半直积 $B \bowtie_\varphi I$. 这样, 逆半群 I 和左正则带 B 的左半直积 $B \bowtie_\varphi I$ 为型 A 半群 Γ 和左正则带 B 的左圈积 $B \bowtie_\varphi \Gamma$ 的特殊情形. 因而, 关于左逆半群结构的 Yamada 定理实为定理 11.12 的一个直接推论.

11.5 一个例子

本节, 利用半群的左圈积构造一个非平凡的 $\mathcal{L}^*$-逆半群的例子.

令 $Y = \{\alpha, \beta\}$ 为一半格, 且 $\alpha\beta = \beta$. 令 $\Gamma_1 = \{\alpha_n = 2^n A \mid n \text{ 为正整数}\}$, 其中 A 为矩阵 $\begin{pmatrix} 1 & 0 \\ 1 & 0 \end{pmatrix}$. 易验证, Γ_1 按矩阵乘法形成一个无限幺半群, 其中 $\alpha = A$ 为 Γ_1 的恒等元.

又令 $\Gamma_2 = \{\beta, \beta_1, \beta_2, \cdots, \beta_5\}$ 为对称群 S_3, 其中 β 为 S_3 的恒等元. 则具下述乘法表的 $\Gamma = \Gamma_1 \cup \Gamma_2$ 形成一个半群.

*	α	β	β_1	β_2	β_3	β_4	β_5	α_n
α	α	β	β_1	β_2	β_3	β_4	β_5	α_n
β	β	β	β_1	β_2	β_3	β_4	β_5	β
β_1	β_1	β_1	β	β_4	β_5	β_2	β_3	β_1
β_2	β_2	β_2	β_5	β	β_4	β_3	β_1	β_2
β_3	β_3	β_3	β_4	β_5	β	β_1	β_2	β_3
β_4	β_4	β_4	β_3	β_1	β_2	β_5	β	β_4
β_5	β_5	β_5	β_2	β_3	β_1	β	β_4	β_5
α_m	α_m	β	β_1	β_2	β_3	β_4	β_5	α_{m+n}

据定义 11.1, 引理 9.1 及其对偶, 可验证 Γ 为一个 IC 富足半群. 因 Γ 的幂等元 $\{\alpha, \beta\}$ 为半格, 从而 Γ 为型 A 半群.

为了构造一个左正则带, 令 $B = B_\alpha \cup B_\beta = \{e_1, e_2, e_3, e_4\}$, 其中 $B_\alpha = \{e_1, e_2\}$, $B_\beta = \{e_3, e_4\}$ 分别为左零带. 则具下述 Cayley 表的 $B = \bigcup_{\alpha \in Y} B_\alpha$ 构成一左正则带.

*	e_1	e_2	e_3	e_4
e_1	e_1	e_1	e_4	e_4
e_2	e_2	e_2	e_4	e_4
e_3	e_3	e_3	e_3	e_3
e_4	e_4	e_4	e_4	e_4

利用上述构造的型 A 半群 Γ 和左正则带 B, 作集合 $S = B \bowtie \Gamma = \{a, b, c, d, e, f,$

$g, h, u, v, w, x, y, z, a_n, b_m | n, m \in N\}$, 其中

$$a = (e_1, \alpha), \quad b = (e_2, \alpha), \quad c = (e_3, \beta), \quad d = (e_4, \beta),$$
$$e = (e_3, \beta_1), \quad f = (e_4, \beta_1), \quad g = (e_3, \beta_2), \quad h = (e_4, \beta_2),$$
$$u = (e_3, \beta_3), \quad v = (e_4, \beta_3), \quad w = (e_3, \beta_4), \quad x = (e_4, \beta_4),$$
$$y = (e_3, \beta_5), \quad z = (e_4, \beta_5), \quad a_n = (e_1, \alpha_n), \quad b_m = (e_2, \alpha_m).$$

现定义左圈积 $B \bowtie_\phi \Gamma$ 中的映射 $\phi : \Gamma \longrightarrow \mathrm{End}(B)$, $\gamma \mapsto \sigma_\gamma$ 如下:

$$\sigma_\alpha = \begin{pmatrix} e_1 & e_2 & e_3 & e_4 \\ e_1 & e_1 & e_4 & e_4 \end{pmatrix}, \quad \sigma_{\alpha_n} = \begin{pmatrix} e_1 & e_2 & e_3 & e_4 \\ e_2 & e_2 & e_4 & e_4 \end{pmatrix},$$

$$\sigma_\beta = \begin{pmatrix} e_1 & e_2 & e_3 & e_4 \\ e_3 & e_3 & e_3 & e_3 \end{pmatrix}, \quad \sigma_{\beta_1} = \begin{pmatrix} e_1 & e_2 & e_3 & e_4 \\ e_4 & e_4 & e_4 & e_4 \end{pmatrix},$$

$$\sigma_{\beta_2} = \begin{pmatrix} e_1 & e_2 & e_3 & e_4 \\ e_3 & e_4 & e_4 & e_4 \end{pmatrix}, \quad \sigma_{\beta_3} = \begin{pmatrix} e_1 & e_2 & e_3 & e_4 \\ e_3 & e_3 & e_3 & e_4 \end{pmatrix}$$

及 $\sigma_{\beta_3} = \sigma_{\beta_4} = \sigma_{\beta_5}$. 可验证, 上述的 ϕ 满足条件 (P1)—(P4). 从而, 半群 $S = B \bowtie_\phi \Gamma$ 上的乘法为: $(s, \omega) * (t, \tau) = (s t^{\sigma_\omega}, \omega \tau)$. 如取 $a = (e_1, \alpha), f = (e_4, \beta_1) \in B \bowtie_\phi \Gamma$, 则 $a * f = (e_1 e_4^{\sigma_\alpha}, \alpha \beta_1) = (e_1 e_4, \beta_1) = (e_4, \beta_1) = f$. 其余情形, 类似可得. 因此, 半群 S 的 Cayley 表如下:

$*$	a	b	c	d	e	f	g	h	u	v	w	x	y	z	a_n	b_j
a	a	a	d	d	f	f	h	h	v	v	x	x	z	z	a_n	a_j
b	b	b	d	d	f	f	h	h	v	v	x	x	z	z	b_n	b_j
c	c	c	c	c	e	e	g	g	u	u	w	w	y	y	c	c
d	d	d	d	d	f	f	h	h	v	v	x	x	z	z	d	d
e	e	e	e	e	c	c	w	w	y	y	g	g	u	u	e	e
f	f	f	f	f	d	d	x	x	z	z	h	h	v	v	f	f
g	g	g	g	g	y	y	c	c	w	w	u	u	e	e	g	g
h	h	h	h	h	z	z	d	d	x	x	v	v	f	f	h	h
u	u	u	u	u	w	w	y	y	c	c	e	e	g	g	u	u
v	v	v	v	v	x	x	z	z	d	d	f	f	h	h	v	v
w	w	w	w	w	u	u	e	e	g	g	y	y	c	c	w	w
x	x	x	x	x	v	v	f	f	h	h	z	z	d	d	x	x
y	y	y	y	y	g	g	u	u	e	e	c	c	w	w	y	y
z	z	z	z	z	h	h	v	v	f	f	d	d	x	x	z	z
a_m	a_m	a_m	d	d	f	f	h	h	v	v	x	x	z	z	a_{m+n}	a_{m+j}
b_i	b_i	b_i	d	d	f	f	h	h	v	v	x	x	z	z	b_{i+n}	b_{i+j}

其中 $n, m, i, j = 1, 2, 3, \cdots$.

在上表中, 易知 $E(S) = \{a, b, c, d\}$ 为 S 的幂等元集. 据引理 9.1 及其对偶, 可直接验证 S 的 $\mathcal{L}^*$-类为集合 $\{a, b, a_n, b_i | n, i \in N\}$ 和 $\{c, d, e, f, g, h, u, v, w, x, y, z\}$.

S 的 $\mathcal{R}^*$-类为集合 $\{a, a_n | n \in N\}$, $\{b, b_i | i \in N\}$, $\{c, e, g, u, w, y\}$ 和 $\{d, f, h, v, x, z\}$. 显然, S 的每个 $\mathcal{L}^*$-类和每个 $\mathcal{R}^*$-类都含幂等元, 从而 S 为一个富足半群.

进一步, 易验证 S 的幂等元集形成左正则带, 且 $S_1 = \{a, b, c, d, e, f, g, h, u, v, w, x, y, z\}$ 为 S 的一个左逆子半群. 又易知 $\langle a \rangle = \{a, d\}$, $\langle b \rangle = \{b, d\}$, $\langle c \rangle = c$ 及 $\langle d \rangle = d$. 因此 S 为一个 IC 富足半群. 据定义 11.5, 知 S 恰为 $\mathcal{L}^*$-逆半群.

因 $S \setminus S_1$ 中的元素均为非正则的, 从而 S 不是一个左逆半群. 又因 S 中的幂等元不可交换, 从而 S 也不是型 A 半群.

此例表明, 型 A 半群和左逆半群为 $\mathcal{L}^*$-逆半群类的真子类. 可见, $\mathcal{L}^*$-逆半群实际上是型 A 半群和左逆半群的共同推广.

第 12 章　$\mathcal{Q}^*$-逆半群

在第 11 章, 我们讨论了 $\mathcal{L}^*$-逆半群. 这类半群是幂等元集成左正则带, 且满足 IC 条件的富足半群. 本章将讨论幂等元集成正则带, 且满足 IC 条件的富足半群, 即 $\mathcal{Q}^*$-逆半群. 这样, 我们可以建立起正则半群类中的逆半群, 左逆半群, 拟–逆半群和纯正半群到富足半群类中的型 A 半群、$\mathcal{L}^*$-逆半群、$\mathcal{Q}^*$-逆半群和型 W 半群的一个对应.

12.1　定义和若干准备

首先给出定义和一些准备.

定义 12.1　富足半群 S 称为 $\mathcal{Q}^*$-逆半群, 如果 S 满足 IC 条件, 且它的幂等元集 E 形成一个正则带, 即, 关于任意 $e, f, g \in E$, $efege = efge$.

引理 12.1　令 S 是富足半群. 则下列条款是等价的:

(i)　S 满足 IC 条件;

(ii)　关于每个 $a \in S$, 下列两条成立:

(a)　关于某个 a^* 和 $e \leqslant a^*$, 存在幂等元 $f \leqslant a^+$ 使得 $ae = fa$;

(b)　关于某个 a^+ 和 $h \leqslant a^+$, 存在幂等元 $g \leqslant a^*$ 使得 $ha = ag$.

证明　(i)⇒(ii). 假设 $a^+ \in R_a^* \cap E, a^* \in L_a^* \cap E$. 则存在双射 $\alpha : \langle a^+ \rangle \to \langle a^* \rangle$ 使得关于任意 $x \in \langle a^+ \rangle$, 有 $xa = a(x\alpha)$. 为了证明 (a), 令 $e \leqslant a^*$. 取 $f = e\alpha^{-1}$ 即可. 据定义, (b) 显然成立.

(ii)⇒(i). 假设 $x \in \langle a^+ \rangle$. 则 $x = f_k \cdots f_1$, 其中每个 f_i 都是幂等元, 且 $f_i \leqslant a^+$. 因此, $xa = f_k \cdots f_1 a = f_k \cdots f_2 a e_1 = a e_k \cdots e_1$, 其中 $e_i \leqslant a^*$. 如果关于 $y_1, y_2 \in \langle a^* \rangle$, $xa = ay_1 = ay_2$, 那么 $a^* y_1 = a^* y_2$, 从而 $y_1 = y_2$. 如果关于 $x_1, x_2 \in \langle a^+ \rangle$, $x_1 a = x_2 a$, 那么 $x_1 a^+ = x_2 a^+$, 因而 $x_1 = x_2$. 这表明映射 $\alpha : \langle a^+ \rangle \to \langle a^* \rangle$ 是单射, 且满足 $xa = a(x\alpha)$. 类似地, 存在单射 $\beta : \langle a^* \rangle \to \langle a^+ \rangle$ 满足关于任意 $y \in \langle a^* \rangle$ 使得 $ay = (y\beta)a$. 因关于任意 $y \in \langle a^* \rangle$, $ay = (y\beta)a = a(y\beta\alpha)$, 从而 $y = y\beta\alpha$, 这导致映射 α 是到上的, 从而 α 是双射.

据定义, 易证下面的结论.

引理 12.2　令 S 是富足半群, 且 $\varphi : S \to T$ 是半群同态. 则下列条款是等价的:

(i)　同态 φ 是好同态;

(ii) 对每个 $a \in S$, 存在幂等元 $e \in L_a^*$ 和 $f \in R_a^*$ 使得 $a\varphi\ \mathcal{L}^*(T)e\varphi$, 且 $a\varphi$ $\mathcal{R}^*(T)\ f\varphi$.

在好同态下, 一个富足半群的同态像仍然是富足的. 从而, 我们又有下面的结论.

定义 12.2 半群 S 上的同余 ρ 被称为好同余, 如果自然同态 $\rho^\natural : S \to S/\rho$ 是好同态. 而且, 若 $\mathcal{B}$ 是一类半群, 且 S 上的好同余 ρ 使得 $S/\rho \in \mathcal{B}$, 那么 ρ 被称为 S 上的 $\mathcal{B}$ 好同余.

易知, 一个满同态是好同态, 当且仅当它的核是好同余.

引理 12.3 令 ρ 是富足半群 S 上的一个同余. 则下列条款等价:

(i) ρ 是好同余.

(ii) 关于任意 $a \in S$, 存在 $e \in L_a^*$ 和 $f \in R_a^*$ 使得关于任意 $x, y \in S^1$.

(a) $(ax, ay) \in \rho$ 蕴涵 $(ex, ey) \in \rho$;

(b) $(xa, ya) \in \rho$ 蕴涵 $(xf, yf) \in \rho$.

据 [60] 的定理 1.10, 我们易有下面的结论.

引理 12.4 令 S 是一个 $\mathcal{Q}^*$-逆半群. 如果 $\phi : S \to T$ 是一个从 S 到另一个半群 T 上的好同态, 那么 T 也是一个 $\mathcal{Q}^*$-逆半群.

引理 12.5 如果 ρ, σ 是富足半群 S 上的好同余, 那么 $\rho \cap \sigma$ 也是一个好同余.

证明 令 $a \in S$. 假设对于所有 $x, y \in S^1$, $(ax, ay) \in \rho \cap \sigma$. 显然 $(ax, ay) \in \rho$, 且 $(ax, ay) \in \sigma$. 因 ρ 和 σ 是好同余, 由引理 12.3 知, 存在 $e_1, e_2 \in L_a^*(S) \cap E$, 使得 $(e_1 x, e_1 y) \in \rho$ 且 $(e_2 x, e_2 y) \in \sigma$. 因此, 对于 $e \in L_a^* \cap E$, 有 $ee_1 = e$ 和 $ee_2 = e$, 从而 $(ex, ey) \in \rho \cap \sigma$. 类似地, 若 $(xa, ya) \in \rho \cap \sigma$, 则对某个 $f \in R_a^*(S) \cap E$, 有 $(xf, yf) \in \rho \cap \sigma$. 因此再由引理 12.3, 得 $\rho \cap \sigma$ 是 S 上的一个好同余.

据定义, 我们容易得到型 A 半群的基本性质.

引理 12.6 令 S 为具有半格 E 的型 A 半群, 且 $a, b \in S$. 则下面条款成立:

(i) $a\mathcal{L}^*b$, 当且仅当 $a^* = b^*$; $a\mathcal{R}^*b$, 当且仅当 $a^+ = b^+$.

(ii) $(ab)^* = (a^*b)^*$, 且 $(ab)^+ = (ab^+)^+$.

下面给出一个 $\mathcal{Q}^*$-逆半群的例子.

例 12.1 令

$$a = \begin{pmatrix} 1 & 1 & 0 \\ 0 & 0 & 0 \\ 0 & 0 & 0 \end{pmatrix}, \quad b = \begin{pmatrix} 1 & 1 & 1 \\ 0 & 0 & 0 \\ 0 & 0 & 0 \end{pmatrix},$$

$$c = \begin{pmatrix} 0 & 0 & 0 \\ 1 & 1 & 0 \\ 0 & 0 & 0 \end{pmatrix}, \quad d = \begin{pmatrix} 0 & 0 & 0 \\ 1 & 1 & 1 \\ 0 & 0 & 0 \end{pmatrix},$$

且令关于任意 $n \geqslant 1$, $a_n = 2^n a, b_n = 2^n b$, $c_n = 2^n c$, $d_n = 2^n d$. 那么易证, $S_1 = \{a, b, c, d, a_n, b_n, c_n, d_n | n \geqslant 1\}$ 在通常矩阵乘法下构成一个非正则半群. 现我们构造一个半群 $S = \{a, b, c, d, e, f, g, h, i, j, u, v, w, x, y, z, a_n, b_f, c_n, d_n \mid n \geqslant 1\}$ 具有以下乘法 Cayley 表, 其中 S_1 是一个子半群.

表 12.1

*	a	b	c	d	e	f	g	h	i	j	u	v	w	x	y	z	a_n	b_m	c_p	d_q
a	a	b	a	b	g	h	g	h	u	v	u	v	y	z	y	z	a_n	b_m	a_p	b_q
b	a	b	a	b	g	h	g	h	u	v	u	v	y	z	y	z	a_n	b_m	a_p	b_q
c	c	d	c	d	g	h	g	h	u	v	u	v	y	z	y	z	c_n	d_m	c_p	d_q
d	c	d	c	d	g	h	g	h	u	v	u	v	y	z	y	z	c_n	d_m	c_p	d_q
e	e	e	e	e	e	f	e	f	i	j	i	j	w	x	w	x	e	e	e	e
f	f	f	f	f	e	f	e	f	i	j	i	j	w	x	w	x	f	f	f	f
g	g	g	g	g	g	h	g	h	u	v	u	v	y	z	y	z	g	g	g	g
h	h	h	h	h	g	h	g	h	u	v	u	v	y	z	y	z	h	h	h	h
i	i	i	i	i	i	j	i	j	w	x	w	x	e	f	e	f	i	i	i	i
j	j	j	j	j	i	j	i	j	w	x	w	x	e	f	e	f	j	j	j	j
u	u	u	u	u	u	v	u	v	y	z	y	z	g	h	g	h	u	u	u	u
v	v	v	v	v	u	v	u	v	y	z	y	z	g	h	g	h	v	v	v	v
w	w	w	w	w	w	x	w	x	e	f	e	f	i	j	i	j	w	w	w	w
x	x	x	x	x	w	x	w	x	e	f	e	f	i	j	i	j	x	x	x	x
y	y	y	y	y	z	y	z	g	h	g	h	u	v	u	v	y	y	y	y	y
z	z	z	z	z	y	z	y	z	g	h	g	h	u	v	u	v	z	z	z	z
a_l	a_l	b_l	a_l	b_l	g	h	g	h	u	v	u	v	y	z	y	z	a_{l+n}	b_{l+m}	a_{l+p}	b_{l+q}
b_k	a_k	b_k	a_k	b_k	g	h	g	h	u	v	u	v	y	z	y	z	a_{k+n}	b_{k+m}	a_{k+p}	b_{k+q}
c_r	c_r	d_r	c_r	d_r	g	h	g	h	u	v	u	v	y	z	y	z	c_{r+n}	d_{r+m}	c_{r+p}	d_{r+q}
d_s	c_s	d_s	c_s	d_s	g	h	g	h	u	v	u	v	y	z	y	z	c_{s+n}	d_{s+m}	c_{s+p}	d_{s+q}

在表 12.1 中, 易知 $\{a, b, c, l, e, f, g, h\}$ 是半群 S 的所有幂等元构成的集合, 且 $T = \{a, b, c, d, e, f, g, h, i, j, u, v, w, x, y, z\}$ 形成 S 的一个正则子半群. 从而, 易证 $E(S) = \{a, b, c, d, e, f, g, h\}$ 是一个正则带, 即对任意 $x, y, z \in E(S)$, $xyxzx = xyzx$. 因此 T 是 S 的一个拟–逆子半群.

根据引理 9.1 和它关于 $\mathcal{R}^*$ 的对偶, 可验证 S 的 $\mathcal{L}^*$-类是 $\{a, c, a_n, c_p\}$, $\{b, d, b_m, d_q\}$, $\{e, g, i, u, w, y\}$ 和 $\{v, h, j, v, x, z\}$, S 的 $\mathcal{R}^*$-类是 $\{a, b, a_n, b_m\}$, $\{c, d, c_p, d_q\}$, $\{e, f, i, j, w, x\}$ 和 $\{g, h, u, v, y, z\}$, 其中 $n, m, p, q \geqslant 1$. 由于 S 的每一个 $\mathcal{L}^*$-类和 $\mathcal{R}^*$-类包含一个幂等元, 因此它是一个富足半群.

由表 12.1 可见, 关于任意 $x \in \{a, b, c, d\}$, $\langle x \rangle = \langle x, g, h \rangle$, 且关于任意 $x \in \{e, f, g, h\}$, $\langle x \rangle = x$, 其中 $\langle x \rangle$ 表示由所有满足 $y \leqslant x$ 的幂等元 $y \in E(S)$ 生成的 S 的子半群.

综上所述, 易见 S 满足 IC 条件. 所以 S 是一个 IC 富足半群. 根据定义 12.1

知, S 是一个 Q^*-逆半群. 显然, 拟-逆半群是 Q^*-逆半群的一个真子类. 由 $E(S)$ 不是左正则带, 故由第 11 章知, S 不是 $\mathcal{L}^*$-逆半群. 事实上, $\mathcal{L}^*$-逆半群是 Q^*-逆半群的真子类.

12.2 好 同 余

假定 S 为半群, $E(S)$ 为带. 显然, $E(S) = \bigcup_{\alpha \in Y} E_\alpha$ 为 $E(S)$ 关于矩形带 E_α 的半格分解, 这里 E_α 表示 $E(S)$ 的 $\mathcal{J}$-类. 用 $E(e)$ 表示 $E(S)$ 中含元素 e 的 $\mathcal{J}$-类. 现定义由 $E(S)$ 的 $\mathcal{J}$-类构成的集合上的偏序关系 $\leqslant$ 如下:

$$E(e) \leqslant E(f) \Leftrightarrow E(e)E(f) \subseteq E(e) \qquad (e, f \in E(S)). \tag{12.1}$$

本节假定 S 是 Q^*-逆半群. 我们先证明下面的引理.

引理 12.7   若在 S 上定义的等价关系 δ 为: $a\delta b$, 当且仅当存在某个 $e \in E(a^+), f \in E(a^*), g \in E(b^+)$ 和 $h \in E(b^*)$ 使得 $b = eaf$ 和 $a = gbh$, 则等价关系 δ 是 S 上的一个同余.

证明   据 [42] 知, δ 是 S 上的一个等价关系. 为证明 δ 是 S 上的一个同余, 关于任意 $a, b \in S$, 令 $a\delta b$. 根据定义, 存在 $e \in E(a^+)$ 和 $f \in E(a^*)$ 使得 $b = eaf$. 因 E 是一个正则带, 故关于任意 $c \in S$, $c^+a^*fc^+ = c^+a^*c^+fc^+$, 从而 $bc = eafc = eaa^*fc^+c = eaa^*fc^+a^*fc^+c = eaa^*fc^+a^*c^+fc^+c$.

令 $i = a^*fc^+a^*$, $j = c^+fc^+$. 易知 $i \leqslant a^*$ 及 $j \leqslant c^+$. 因 S 是 IC 富足半群, 由引理 12.1 知, 存在幂等元 $i', j' \in S$ 使得 $ai = i'a$ 且 $jc = cj'$. 所以, $bc = eaijc = ei'acj' = ei'(ac)^+ac(ac)^*j'$. 由此可得, $ei'(ac)^+bc = bc$ 且 $bc(ac)^*j' = bc$. 注意到 $(bc)\mathcal{L}^*(bc)^*$ 和 $(bc)\mathcal{R}^*(bc)^+$. 根据引理 9.1 及它的对偶, 得 $ei'(ac)^+(bc)^+ = (bc)^+$ 和 $(bc)^*(ac)^*j' = (bc)^*$. 因此,

$$E((bc)^+) \leqslant E(ei'(ac)^+) \leqslant E((ac)^+)$$

和

$$E((bc)^*) \leqslant E((ac)^*j') \leqslant E((ac)^*).$$

另一方面, 由 δ 的定义可得, 对于某个 $g \in E(b^+)$ 和 $h \in E(b^*)$, $a = gbh$. 用上述类似的方法可证, $E((ac)^+) \leqslant E((bc)^+)$, 且 $E((ac)^*) \leqslant E((bc)^*)$. 这证明了 $E((ac)^+) = E((bc)^+)$ 和 $E((ac)^*) = E((bc)^*)$. 从而, 得 $E((ac)^+) = E(eg'(ac)^+)$ 和 $E((ac)^*) = E((ac)^*h')$. 显然, $ei'(ac)^+ \in E((ac)^+)$, 且 $(ac)^*j' \in E((ac)^*)$. 根据 δ 的定义, 易见 $bc\delta ac$, 从而 δ 是 S 上的一个右同余. 类似地, 可证明 δ 是 S 上的一个左同余.

定理 12.8   引理 12.7 中的同余 δ 是半群 S 上的最小型 A 半群好同余.

证明   由引理 12.7 知, δ 是半群 S 上的一个同余. 根据 [42] 知, 若 δ 是 S 上的一个同余, 则 δ 一定是 S 上的最小适当好同余. 因 S 是 Q^*-逆半群, 由引理 12.6, 知 S/δ 是一个幂等元可交换的 IC 适当半群, 即, S/δ 是一个型 A 半群. 从而, δ 是 S 上的最小型 A 半群好同余.

引理 12.9   令 S 是具有幂等元带 E 的 Q^*-逆半群. 则有下面的性质:
$$\mathcal{L}(E) = \mathcal{L}^*(E) = \mathcal{L}^*(S) \cap (E \times E),$$
$$\mathcal{R}(E) = \mathcal{R}^*(E) = \mathcal{R}^*(S) \cap (E \times E).$$

证明   由引理 9.1, 证明显然.

引理 12.10   令 S 是一个 Q^*-逆半群, 且 $a \in S$. 关于某个 $e \in R_a^*(S) \cap E$ 和 $f \in L_a^*(S) \cap E$, 令 $\alpha : \langle e \rangle \to \langle f \rangle$ 是一个连接同构. 则下列条款成立:

(i)   关于任意 $x \in \langle e \rangle$, $xa\mathcal{L}^*(S)\, x\alpha$;

(ii)   关于任意 $y \in \langle f \rangle$, $ay\mathcal{R}^*(S)y\alpha^{-1}$.

证明   因 (ii) 的证明与 (i) 类似, 故只需证明 (i). 首先, 注意到关于任意 $x \in \langle e \rangle$, $xa = a(x\alpha)$. 为证明 $xa\ \mathcal{L}^*(S)\ x\alpha$, 假定关于任意 $s, t \in S^1$, $(xa)s = (xa)t$. 那么, $a(x\alpha)s = a(x\alpha)t$. 因 $a\ \mathcal{L}^*(S)\ f$ 且 $x\alpha \in \langle f \rangle$, 由引理 9.1, 得 $(x\alpha)s = (x\alpha)t$. 反之, 如果关于任意 $s, t \in S^1$, $(x\alpha)s = (x\alpha)t$, 那么显然 $a(x\alpha)s = a(x\alpha)t$. 因 $xa = a(x\alpha)$, 则有 $(xa)s = (xa)t$. 由引理 9.1, 得 $xa\mathcal{L}^*(S)\ x\alpha$.

为了刻画 Q^*-逆半群 S 上包含在 $\mathcal{L}^*$ 和 $\mathcal{R}^*$ 关系中的最大好同余, 我们需要找到半群 S 在映射半群中的一个表示. 这里, $\mathcal{T}(X)$ 和 $\mathcal{T}^*(X)$ 分别表示集合 X 上的全变换半群和它的对偶半群.

关于任意 $a \in S$, 定义 $E/\mathcal{L}$ 的一个变换 ρ_a 如下:

$$L_x\rho_a = L_{(xa)^*} \qquad (x \in E). \tag{12.2}$$

特别地, 关于任意 $e \in E$, 有

$$L_x\rho_e = L_{exe} \qquad (x \in E). \tag{12.3}$$

式 (12.1) 是有意义的, 因关于任意 $x, y \in E$, 若 $x\mathcal{L}(E)y$, 由引理 12.9, 有 $x\mathcal{L}^*(S)y$, 而 $\mathcal{L}^*$ 是 S 上的一个右同余, 则关于任意 $a \in S$, $xa\mathcal{L}^*(S)\ ya$, 这蕴涵着 $(xa)^*\mathcal{L}^*(S)\ (ya)^*$. 再由引理 12.9, 得 $L_{(xa)^*} = L_{(ya)^*}$. 这证明了 $\rho_a \in \mathcal{T}(E/\mathcal{L})$.

令 $a, b \in S$, 且 $x \in E$. 显然, $xa\ \mathcal{L}^*(S)(xa)^*$. 因 $\mathcal{L}^*$ 是 S 上的一个右同余, 可得 $xab\ \mathcal{L}^*(S)\ (xa)^*b$, 这蕴涵着 $L_{(xab)^*} = L_{((xa)^*b)^*}$. 因此, 有

$$L_x\rho_a\rho_b = L_{(xa)^*}\rho_b = L_{((xa)^*b)^*} = L_{(xab)^*} = L_x\rho_{ab}.$$

这证明了 $\rho_{ab} = \rho_a\rho_b$, 从而映射 $\xi : a \mapsto \rho_a$ 是从 S 到 $\mathcal{T}(E/\mathcal{L})$ 的一个同态.

类似地, 从 S 到 $\mathcal{T}^*(E/\mathcal{R})$ 的半群同态 $\eta : a \mapsto \lambda_a$ 可定义为

$$R_x\lambda_a = R_{(ax)^+} \qquad (x \in E). \tag{12.4}$$

特别地, 关于每个 $e \in E$, 有

$$R_x \lambda_e = R_{exe} \qquad (x \in E). \tag{12.5}$$

定理 12.11 令 S 是一个 Q^*-逆半群. 在 S 上定义关系 μ_l 和 μ_r 如下:

$$(a, b) \in \mu_l \Leftrightarrow (xa, xb) \in \mathcal{L}^* \quad (x \in E), \tag{12.6}$$

$$(a, b) \in \mu_r \Leftrightarrow (ax, bx) \in \mathcal{R}^* \quad (x \in E). \tag{12.7}$$

则映射 ξ 和 η 具有下列性质:

(i) 映射 $\xi : a \mapsto \rho_a$ 是从 S 到 $\mathcal{T}(E/\mathcal{L})$ 的半群同态, 且满足 $\mathrm{Ker}\xi = \mu_l$;

(ii) 映射 $\eta : a \mapsto \lambda_a$ 是从 S 到 $\mathcal{T}^*(E/\mathcal{R})$ 的半群同态, 且满足 $\mathrm{Ker}\eta = \mu_r$.

证明 因 (ii) 是 (i) 的对偶, 故只需证明 (i). 为证明 $\mathrm{Ker}\xi \subseteq \mu_l$, 假定对任意 $a, b \in S$, $\rho_a = \rho_b$. 由式 (12.1) 知, 对任意 $x \in E$, 有 $L_{(xa)^*} = L_{(xb)^*}$, 从而 $(xa, xb) \in \mathcal{L}^*$, 即, $(a, b) \in \mu_l$. 这证明了 $\mathrm{Ker}\xi \subseteq \mu_l$.

反之, 若 $(a, b) \in \mu_l$, 且关于任意的幂等元 $x \in E$, $(xa, xb) \in \mathcal{L}^*$. 因此, 由引理 12.9, 有 $L_{(xa)^*} = L_{(xb)^*}$, 从而 $\rho_a = \rho_b$. 因此, $(a, b) \in \mathrm{Ker}\xi$ 和 $\mathrm{Ker}\xi = \mu_l$.

带 E 上的关系 $\mathcal{U}$ 定义为

$$\mathcal{U} = \{(e, f) \in E \times E \mid \langle e \rangle \simeq \langle f \rangle\}.$$

用 $W_{e,f}$ 表示从 $\langle e \rangle$ 到 $\langle f \rangle$ 上的所有同构的集合. 若 $(e, f) \in \mathcal{U}$, $\alpha \in W_{e,f}$, 则定义 $\alpha_l \in \mathcal{PT}(E/\mathcal{L})$ 及 $\alpha_r \in \mathcal{PT}(E/\mathcal{R})$ 如下:

$$L_x \alpha_l = L_{x\alpha}, \quad R_x \alpha_r = R_{x\alpha} \qquad (x \in \langle e \rangle). \tag{12.8}$$

其中, $\mathcal{PT}(E/\mathcal{R})$ 是集合 $E/\mathcal{R}$ 上的部分映射的半群.

易知, α_l 和 α_r 是有意义的, 且 $(\alpha^{-1})_l = (\alpha_l)^{-1}$, $(\alpha^{-1})_r = (\alpha_r)^{-1}$. 因此, 可记 α_l^{-1} 和 α_r^{-1}.

令 $a \in S$ 且 e, f 分别是 $R_a^*(S)$ 和 $L_a^*(S)$ 中的幂等元. 令 $\alpha : \langle e \rangle \to \langle f \rangle$ 是一个连接同构. 下面, 我们将证明 $\rho_a = \rho_e \alpha_l$, 即, ρ_a 可表示为 $\mathcal{T}(E/\mathcal{L})$ 中 ρ_e 和 $\mathcal{PT}(E/\mathcal{L})$ 中 α_l 的乘积, 其结果 $\rho_a \in \mathcal{T}(E/\mathcal{L})$, 这里 ρ_a, ρ_e 和 α_l 分别由式 (12.1), (12.2) 和 (12.7) 给出.

关于任意 $x \in E$, 有

$$\begin{aligned}
L_x \rho_a &= L_{(xa)^*} = L_{(xea)^*} & (a \,\mathcal{R}^*\, e) \\
&= L_{xe} \rho_a = L_{exe} \rho_a & (xe\mathcal{L}exe) \\
&= L_g \rho_a & (g = exe \in \langle e \rangle) \\
&= L_{(ga)^*} = L_{g\alpha} & (\text{引理 12.10 (i)}) \\
&= L_{(exe)\alpha} = L_{exe} \alpha_l & (\text{由 (12.7)}) \\
&= L_x \rho_e \alpha_l & (\text{由 (12.2)}).
\end{aligned}$$

因此, $\rho_a = \rho_e \alpha_l$. 类似地, 有

$$
\begin{aligned}
R_x \lambda_a = R_{(ax)^+} &= R_{(afx)^+} & (a\mathcal{L}^* f) \\
&= R_{fx} \lambda_a = R_{fxf} \lambda_a & (fx\mathcal{R}fxf) \\
&= R_h \lambda_a & (h = fxf \in \langle f \rangle) \\
&= R_{(ah)^+} = R_h \alpha^{-1} & (\text{引理 } 12.10 \text{ (ii)}) \\
&= R_{(fxf)\alpha^{-1}} = R_{fxf} \alpha_r^{-1} & (\text{由 } (12.7)) \\
&= R_x \lambda_f \alpha_r^{-1} & (\text{由 } (12.4)).
\end{aligned}
$$

从而, $\lambda_a = \lambda_f \alpha_r^{-1}$. 易见同态 $\xi : a \mapsto \rho_a$ 和 $\eta : a \mapsto \lambda_a$ 的像分别包含在 $\mathcal{T}(E/\mathcal{L})$ 子集

$$T_1 = \{\rho_e \alpha_l \mid \alpha \in W_{e,f}, (e, f) \in \mathcal{U}\} \tag{12.9}$$

和 $\mathcal{T}^*(E/\mathcal{R})$ 的下面子集中:

$$T_2 = \{\lambda_f \alpha_r^{-1} \mid \alpha \in W_{e,f}, (e, f) \in \mathcal{U}\}. \tag{12.10}$$

定理 12.12 令 S 是 Q^*-逆半群. 令 $\xi : S \longrightarrow \mathcal{T}(E/\mathcal{L}), a \mapsto \rho_a$ 和 $\eta : S \longrightarrow \mathcal{T}^*(E/\mathcal{R}), a \mapsto \lambda_a$ 分别是半群同态, 其中 ρ_a 和 λ_a 分别由式 (12.1) 和 (12.3) 给出. 则下列条款成立:

(i) ξ 是一个好同态, 其核是 S 上包含在 $\mathcal{L}^*$ 中的最大好同余 μ_l;

(ii) η 是一个好同态, 其核是 S 上包含在 $\mathcal{R}^*$ 中的最大好同余 μ_r.

证明 因 (ii) 是 (i) 的对偶, 只需证 (i) 成立. 为证 ξ 是一个好同态. 假定 $a \in S, e, f \in E, e \in R_a^*(S)$ 且 $f \in L_a^*(S) \cap E$. 由引理 12.2 知, 我们只需证 $a\xi \mathcal{R}^* e\xi$ 和 $a\xi \mathcal{L}^* f\xi$ 即可.

因 S 满足 IC 条件, 故存在一个连接同构 $\alpha : \langle e \rangle \to \langle f \rangle$ 使得对任意 $x \in \langle e \rangle$, $xa = a(x\alpha)$. 在上述讨论中, 已证得式 (12.1) 中的 $\rho_a \in \mathcal{T}(E/\mathcal{L})$ 可表示为 $\rho_e \alpha_l$. 其中, $\rho_e \alpha_l$ 包含在 $\mathcal{T}(E/\mathcal{L})$ 的子集:

$$T_1 = \{\rho_e \alpha_l \mid \alpha \in W_{e,f}, (e, f) \in \mathcal{U}\}.$$

根据 [6] 中的 VI.2 中定理 2.17(i) 知, T_1 是 $\mathcal{T}(E/\mathcal{L})$ 的一个子半群.

下面考虑 $\rho_f \alpha_l^{-1}$, 显然 $\rho_f \alpha_l^{-1} \in T_1$. 下面证明 $\rho_e \alpha_l \rho_f \alpha_l^{-1} = \rho_e$ 和 $\rho_f \alpha_l^{-1} \rho_e \alpha_l = \rho_f$. 关于任意 $x \in E$, 有

$$
\begin{aligned}
L_x \rho_e \alpha_l \rho_f \alpha_l^{-1} &= L_{exe} \alpha_l \rho_f \alpha_l^{-1} \\
&= L_{(exe)\alpha} \rho_f \alpha_l^{-1} \\
&= L_{(exe)\alpha} \alpha_l^{-1} & ((exe)\alpha \in \langle f \rangle) \\
&= L_{(exe)\alpha\alpha^{-1}} \\
&= L_{exe} \\
&= L_x \rho_e.
\end{aligned}
$$

因此, $\rho_e\alpha_l\rho_f\alpha_l^{-1} = \rho_e$. 类似地, 有 $\rho_f\alpha_l^{-1}\rho_e\alpha_l = \rho_f$. 易证 $\rho_e\alpha_l, \rho_f\alpha_l^{-1}$ 都是 T_1 中的正则元. 事实上, 易知 T_1 是 $\mathcal{T}(E/\mathcal{L})$ 的一个正则子半群. 由于 $\rho_e\alpha_l\rho_f\alpha_l^{-1} = \rho_e$, 则在 T_1 中 $\rho_e\mathcal{R}\rho_e\alpha_l$. 因 $\rho_e = e\xi$, $\rho_e\alpha_l = \rho_a = a\xi$, 从而在 T_1 中 $e\xi\mathcal{R}a\xi$.

类似地, 可证在 T_1 中 $f\xi\mathcal{L}a\xi$. 因此, 由引理 12.2 知, ξ 是一个好同态.

由 [41] 的命题 2.1, 知 μ_l 是 S 上包含在 $\mathcal{L}^*$ 中最大的同余. 这些结果连同定理 12.11, 证明了 ξ 的核是 S 上包含在 $\mathcal{L}^*$ 中的最大好同余.

现进一步讨论 S 上的关系 $\rho_1 = \delta \cap \mu_r$ 和 $\rho_2 = \delta \cap \mu_l$. 因 δ, μ_l 和 μ_r 是 S 上的好同余, 由引理 12.5 知, ρ_1 和 ρ_2 是 S 上的好同余.

有了上述这些好同余, 我们可建立下面关于 $\mathcal{Q}^*$-逆半群的重要性质.

定理 12.13 令 S 是 $\mathcal{Q}^*$-逆半群, ρ_1, ρ_2 是上述 S 上的好同余. 则下列条款成立:

(i) ρ_1 是 S 上的 $\mathcal{L}^*$-逆半群好同余, 即, S/ρ_1 是 $\mathcal{L}^*$-逆半群;

(ii) ρ_2 是 S 上的 $\mathcal{R}^*$-逆半群好同余, 即, S/ρ_2 是 $\mathcal{R}^*$-逆半群.

证明 首先证明关于任意 $e, f \in E$, $e\rho_1 f$, 当且仅当 $e\mathcal{R}f$. 事实上, 若 $e\rho_1 f$, 则由 $\rho_1 = \delta \cap \mu_r \subseteq \mu_r$, $e\mu_r f$. 但由定理 12.12 知, μ_r 是包含在 $\mathcal{R}^*$ 中的最大好同余. 因此, 有 $e\mathcal{R}^*f$, 从而 $e\mathcal{R}f$. 反之, 若 $e\mathcal{R}f$, 则 $e = efe$. 由 δ 的定义知, $e\delta f$. 再利用 $e\mathcal{R}f$, 有 $ef = f$, $fe = e$. 因 E 是一个正则带, 故关于任意 $h \in E$, $ehfh = fehfh = fefhfh = fefh = fh$ 及 $fheh = efheh = efeheh = efeh = eh$. 这蕴涵着 $(eh, fh) \in \mathcal{R}$, 从而 $e\mu_r f$. 换言之, 我们证明了 $E(S/\varphi_1)$ 是一个左正则带. 因此, 据第 11 章知, S/ρ_1 是一个 $\mathcal{L}^*$-逆半群. 类似地, 可证明 S/ρ_2 是一个 $\mathcal{R}^*$-逆半群.

引理 12.14 $\rho_1 \cap \rho_2 = 1_S$, 其中 1_S 是 S 上的恒等关系.

证明 假设 $a, b \in S$, $(a, b) \in \rho_1 \cap \rho_2$. 我们只需证明 $a = b$. 显然, $\rho_1 \cap \rho_2 = \delta \cap \mu_l \cap \mu_r \subseteq \delta \cap \mathcal{L}^* \cap \mathcal{R}^* = \delta \cap \mathcal{H}^*$. 这蕴涵着 $(a, b) \in \delta$, 且 $(a, b) \in \mathcal{H}^*$. 根据 δ 的定义, 存在幂等元 $e \in E(a^+)$ 和 $f \in E(a^*)$ 使得 $b = eaf$. 据 [42] 中的引理 2.2 知, $e\mathcal{R}^*b\mathcal{L}^*f$. 注意到 $a\mathcal{H}^*b$, 所以 $a^+\mathcal{R}^*e$ 且 $a^*\mathcal{L}^*f$. 从而, $b = eaf = ea^+aa^*f = a^+aa^* = a$. 这证明了 $\rho_1 \cap \rho_2 = 1_S$.

12.3 一般结构

本节的目的是利用一些具有简单结构的半群, 构造一个 $\mathcal{Q}^*$-逆半群. 这种构造的方法较为复杂, 我们将其分为如下步骤.

在 $\mathcal{Q}^*$-逆半群的构造中, 我们需要下面的半群成分:

(1) Y: 一个半格;

(2) Γ: 一个幂等元集是 Y 的型 A 半群;

(3) I: 一个左正则带, 且满足 $I = \bigcup_{\alpha \in Y} I_\alpha$, 其中关于每个 $\alpha \in Y$, I_α 是一个左零带;

(4) Λ: 一个右正则带, 且满足 $\Lambda = \bigcup_{\alpha \in Y} \Lambda_\alpha$, 其中关于每个 $\alpha \in Y$, Λ_α 是一个右零带.

现形成如下集合:

$$I \bowtie \Gamma = \{(e,\omega)|\ \omega \in \Gamma, e \in I_{\omega^+}\},$$

$$\Gamma \bowtie \Lambda = \{(\omega,i)|\ \omega \in \Gamma, i \in \Lambda_{\omega^*}\}$$

和

$$I \bowtie \Gamma \bowtie \Lambda = \{(e,\omega,i)|\ \omega \in \Gamma, e \in I_{\omega^+}\ \text{和}\ i \in \Lambda_{\omega^*}\}.$$

关于每个 $\omega \in \Gamma$, 因 Γ 是型 A 半群, 则存在幂等元 $\omega^+ \in R_\omega^*(\Gamma) \cap E(\Gamma)$ 和 $\omega^* \in L_\omega^*(\Gamma) \cap E(\Gamma)$. 由于 Γ 的幂等元集形成一个半格, 从而 ω^+ 和 ω^* 在 Y 中. 这说明 $I \bowtie \Gamma, \Gamma \bowtie \Lambda$ 和 $I \bowtie \Gamma \bowtie \Lambda$ 是有意义的. 因而我们需要在 $I \bowtie \Gamma \bowtie \Lambda$ 上定义一个可结合的二元运算, 以便其在该乘法下形成一个半群.

在定义 $I \bowtie \Gamma \bowtie \Lambda$ 上的运算之前, 我们给出结构映射的一个刻画.

定义映射 $\varphi : \Gamma \to \text{End}(I), \gamma \mapsto \sigma_\gamma$, 其中 $\gamma \in \Gamma$ 和 $\sigma_\gamma \in \text{End}(I)$, 满足下列条件:

(P1) 关于每个 $\gamma \in \Gamma$ 和 $\alpha \in Y$, 有 $I_\alpha \sigma_\gamma \subseteq I_{(\gamma\alpha)^+}$. 特别地, 若 $\gamma \in Y$, 则 σ_γ 是 I 上的一个内自同态, 且存在 $g \in I_\gamma$ 使得对任意 $e \in I$, $e^{\sigma_\gamma} = ge$, 其中 e^{σ_γ} 表示 $e\sigma_\gamma$.

(P2) 关于任意 $\alpha, \beta \in \Gamma$ 和 $f \in I_{(\alpha\beta)^+}$, 有 $\sigma_\beta \sigma_\alpha \delta_f = \sigma_{\alpha\beta} \delta_f$, 其中 δ_f 是 I 上由 f 诱导的一个内自同态, 满足关于所有 $h \in I$, $h^{\delta_f} = fh = fhf$.

(P3) 关于 $e \in I_{\omega^+}, g \in I_{\tau^+}$ 和 $h \in I_{\xi^+}$, 若 $\omega\tau = \omega\xi$, 且 $eg^{\sigma_\omega} = eh^{\sigma_\omega}$, 则关于所有 $f \in I_{\omega^*}$, $fg^{\sigma_{\omega^*}} = fh^{\sigma_{\omega^*}}$.

(P4) 假定关于任意 $\omega \in \Gamma$, 映射 $\eta : \alpha \mapsto \alpha\eta$ 是从 $\langle \omega^+ \rangle$ 到 $\langle \omega^* \rangle$ 的一个连接同构. 若 (e, ω^+) 和 $(f, \omega^*) \in I \bowtie \Gamma$, 则存在一个双射 $\theta : \langle e \rangle \to \langle f \rangle$ 使得

(i) 关于任意 $g \in \langle e \rangle$ 和 $\alpha \in \langle \omega^+ \rangle$, $e\theta = f$, 且 $ge^{\sigma_\alpha} = e(g\theta)^{\sigma_\omega}$;

(ii) 关于任意 $g \in \langle e \rangle$ 和 $\alpha \in \langle \omega^+ \rangle, (g, \alpha) \in I \bowtie \Gamma$, 当且仅当 $(g\theta, \alpha\eta) \in I \bowtie \Gamma$.

对偶地, 定义映射 $\psi : \Gamma \to \text{End}(\Lambda), \gamma \mapsto \rho_\gamma$ 其中 $\gamma \in \Gamma$ 和 $\rho_\gamma \in \text{End}(\Lambda)$ 满足下列条件:

(P1)$'$ 关于每个 $\gamma \in \Gamma$ 和 $\alpha \in Y$, $\Lambda_\alpha \rho_\gamma \subseteq \Lambda_{(\alpha\gamma)^*}$. 特别地, 若 $\gamma \in Y$, 则 ρ_γ 是 Λ 上的一个内自同态, 且存在 $i \in \Lambda_\gamma$ 使得对任意 $j \in \Lambda$, $j^{\rho_\gamma} = ji$, 其中 j^{ρ_γ} 表示 $j\rho_\gamma$.

(P2)$'$ 关于任意 $\alpha, \beta \in \Gamma$ 和 $i \in \Lambda_{(\alpha\beta)^*}$, $\rho_\alpha \rho_\beta \varepsilon_i = \rho_{\alpha\beta} \varepsilon_i$, 其中 ε_i 是 i 诱导的 Λ 上的一个自同态且对任意 $j \in \Lambda$, $j^{\varepsilon_i} = ji = iji$.

(P3)′ 关于 $i \in \Lambda_{\omega^*}, j \in \Lambda_{\tau^*}$ 和 $k \in \Lambda_{\xi^*}$, 若 $\tau\omega = \xi\omega, j^{\rho_\omega}i = k^{\rho_\omega}i$, 则对任意 $m \in \Lambda_{\omega^+}, j^{\rho_{\omega^+}}m = k^{\rho_{\omega^+}}m$.

(P4)′ 假定对任意 $\omega \in \Gamma$, 映射 $\eta : \langle\omega^+\rangle \longrightarrow \langle\omega^*\rangle, \alpha \mapsto \alpha\eta$ 是一个连接同构. 若 $(\omega^+, j), (\omega^*, i) \in \Gamma \bowtie \Lambda$, 则存在一个双射 $\theta' : \langle i\rangle \to \langle j\rangle$ 使得

(i) 关于任意 $k \in \langle j\rangle$ 和 $\alpha \in \langle\omega^+\rangle, j\theta' = i, k^{\rho_\omega}i = i^{\rho_{\alpha\eta}}(k\theta')$;

(ii) 关于任意 $k \in \langle i\rangle$ 和 $\alpha \in \langle\omega^+\rangle, (\alpha, k) \in \Gamma \bowtie \Lambda$, 当且仅当 $(\alpha\eta, k\theta') \in \Gamma \bowtie \Lambda$.

现定义集合 $I \bowtie \Gamma \bowtie \Lambda$ 上的乘法运算如下: 关于任意 $(e, \omega, i), (f, \tau, j) \in I \bowtie \Gamma \bowtie \Lambda$,

$$(e, \omega, i) * (f, \tau, j) = (ef^{\sigma_\omega}, \omega\tau, i^{\rho_\tau}j), \tag{12.11}$$

其中 $f^{\sigma_\omega} = f\sigma_\omega, i^{\rho_\tau} = i\rho_\tau$.

利用条件 (P1), (P2), (P1)′ 和 (P2)′, 易验证 $I \bowtie \Gamma \bowtie \Lambda$ 上的乘法运算满足结合律. 我们称上述构造的半群是 I, Γ 和 Λ 关于 φ 与 ψ 的圈积, 记作 $Q = I \bowtie_\varphi \Gamma \bowtie_\psi \Lambda$.

为了证明上述构造的半群 Q 是一个 Q^*-逆半群. 我们将其证明分成以下几个部分:

(A) 证明 Q 是一个富足半群.

证明 (i) 首先确定半群 Q 的幂等元集 $E(Q)$. 为此, 令 $a = (e, \alpha, i) \in Q = I \bowtie_\varphi \Gamma \bowtie_\psi \Lambda$, 其中 $e \in I, \alpha \in \Gamma, i \in \Lambda$. 假定 $a^2 = a$. 那么, $a^2 = (e, \alpha, i) * (e, \alpha, i) = (ee^{\sigma_\alpha}, \alpha^2, i^{\rho_\alpha}i) = a$. 这导致 $\alpha^2 = \alpha$. 反之, 若 α 是 Γ 的一个幂等元且 $a = (e, \alpha, i) \in Q$, 则由 (P1), (P1)′ 和引理 12.6, 得 $a^2 = (ee^{\sigma_\alpha}, \alpha, i^{\rho_\alpha}i) = a$. 因此, 有 $E(Q) = \{(e, \alpha, i)|\alpha \in Y, e \in I_\alpha$ 及 $i \in \Lambda_\alpha\}$.

(ii) 证明圈积 Q 是一个富足半群. 假设 $a = (e, \omega, i) \in Q$. 因 Γ 是一个型 A 半群, 故在 $E(Q)$ 中取 $a^+ = (e, \omega^+, j), a^* = (f, \omega^*, i)$, 其中 $\omega \in \Gamma, \omega^+ \in R^*_\omega(\Gamma) \cap E(\Gamma), \omega^* \in L^*_\omega(\Gamma) \cap E(\Gamma)$. 下面只需证在 Q 中 $a\mathcal{R}^*a^+, a\mathcal{L}^*a^*$.

注意到 $e \in I_{\omega^+}, f \in I_{\omega^*}$. 由 (P1), $f^{\sigma_\omega} \subseteq I_{\omega^*\sigma_\omega} \subseteq I_{(\omega\omega^*)^+} = I_{\omega^+}$, 从而由 I_{ω^+} 是一个左零半群知, $ef^{\sigma_\omega} = e$. 类似地, 由 (P1)′ 得, $i^{\rho_{\omega^*}}i = i$. 从而, 有 $a * a^* = (e, \omega, i) * (f, \omega^*, i) = (ef^{\sigma_\omega}, \omega\omega^*, i^{\rho_{\omega^*}}i) = (e, \omega, i) = a$. 如果假定关于 Q^1 中的元素 $q_1 = (u, \beta, m)$ 和 $q_2 = (v, \gamma, n), a * q_1 = a * q_2$, 那么根据 Q 中乘法的定义, 有

$$(eu^{\sigma_\omega}, \omega\beta, i^{\rho_\beta}m) = (ev^{\sigma_\omega}, \omega\gamma, i^{\rho_\gamma}n).$$

这导致 $eu^{\sigma_\omega} = ev^{\sigma_\omega}, i^{\rho_\beta}m = i^{\rho_\gamma}n$, 且 $\omega\beta = \omega\gamma$. 但因 $e \in I_{\omega^+}, u \in I_{\beta^+}, v \in I_{\gamma^+}$, 由 (P3), 关于 $f \in I_{\omega^*}$, 有 $fu^{\sigma_{\omega^*}} = fv^{\sigma_{\omega^*}}$. 又因 $\omega\mathcal{L}^*(\Gamma)\omega^*$, 得 $\omega^*\beta = \omega^*\gamma$. 因此,

$$a^* * q_1 = (f, \omega^*, i) * (u, \beta, m)$$
$$= (fu^{\sigma_{\omega^*}}, \omega^* \beta, i^{\rho_\beta} m)$$
$$= (fv^{\sigma_{\omega^*}}, \omega^* \gamma, i^{\rho_\gamma} n)$$
$$= (f, \omega^*, i) * (v, \gamma, n)$$
$$= a^* * q_2.$$

这样, 在 Q 中 $a\mathcal{L}^* a^*$. 类似地, 可证明在 Q 中 $a\mathcal{R}^* a^+$. 这证明了 Q 是一个富足半群.

(B) 证明 Q 的幂等元集 $E(Q)$ 是一个正则带.

证明   令 Q 是半群 I, Γ 和 Λ 关于映射 φ 和 ψ 的圈积. 显然, Γ 是一个型 A 半群, 其幂等元集形成一个半格 Y, $I = \bigcup_{\alpha \in Y} I_\alpha$ 是一个左正则带, $\Lambda = \bigcup_{\alpha \in Y} \Lambda_\alpha$ 是一个右正则带, 其中关于每个 $\alpha \in Y$, I_α 是一个左零带, Λ_α 是一个右零带.

令 $B = \{(e, i) \in I \times \Lambda \mid e \in I_\alpha, i \in \Lambda_\alpha, \alpha \in Y\}$ 是 I 和 Λ 关于半格 Y 的织积. 据 [28] 知, B 是一个正则带. 现令 $E(Q)$ 是 Q 的幂等元集. 只需证 $E(Q)$ 同构于 B. 为此, 关于每一个 $(e, \alpha, i) \in E(Q)$, 定义映射 $\theta : (e, \alpha, i) \mapsto (e, i)$. 显然, θ 是从 $E(Q)$ 到 B 的一个双射. 利用性质 (P1) 和 (P1)$'$ 得

$$[(e, \alpha, i) * (u, \beta, j)]\theta$$
$$= (eu^{\sigma_\alpha}, \alpha\beta, i^{\rho_\beta} j)\theta$$
$$= (eu, \alpha\beta, ij)\theta$$
$$= (eu, ij)$$
$$= (e, \alpha, i)\theta(u, \beta, j)\theta.$$

这证明了 θ 是同构, 从而 $E(Q)$ 是一个正则带.

(C) 证明 Q 是 IC 半群.

证明   (1) 假设 $a = (e, \alpha, i)$ 和 $b = (f, \beta, j)$ 是 Q 的两个幂等元, 且满足 $a \leqslant b$. 我们先证 $a \leqslant b$, 当且仅当 $e \leqslant f, \alpha \leqslant \beta$ 和 $i \leqslant j$. 充分性的证明易得, 故只需证必要性. 假设在 Q 中 $a \leqslant b$, 那么 $a * b = b * a = a$. 但 $a * b = (ef^{\sigma_\alpha}, \alpha\beta, i^{\rho_\beta} j)$, 且 $b * a = (fe^{\sigma_\beta}, \beta\alpha, j^{\rho_\alpha} i)$. 从而 $fe^{\sigma_\beta} = ef^{\sigma_\alpha} = e, \alpha\beta = \beta\alpha = \alpha, j^{\rho_\alpha} i = i^{\rho_\beta} j = i$. 因 σ_β 和 σ_α 是 I 上的内自同态, 由 (P1) 得, $fe = ef = e$. 这证明了 $e \leqslant f$. 类似地, 有 $i \leqslant j$. 显然 $\alpha \leqslant \beta$, 从而得证.

(2) 为证明 Q 是 IC 的, 令 $a = (e, \omega, i) \in Q$. 由**(A)** 的证明, Q 是富足半群, 且在 $E(Q)$ 中存在幂等元 $a^+ = (e, \omega^+, j)$ 和 $a^* = (f, \omega^*, i)$ 使得 $a\mathcal{L}^* a^*$ 和 $a\mathcal{R}^* a^+$, 其中 $\omega^+ \in R_\omega^*(\Gamma) \cap E(\Gamma)$, $\omega^* \in L_\omega^*(\Gamma) \cap E(\Gamma)$. 假定 $x = (u, \beta, k) \in \langle a^+ \rangle$. 则 $x \leqslant a^+$. 由上述 (1) 知, 有 $u \leqslant e, \beta \leqslant \omega^+$, 及 $k \leqslant i$, 即, $u \in \langle e \rangle, \beta \in \langle \omega^+ \rangle, k \in \langle j \rangle$. 但因型 A 半群

Γ 是 IC 的, 则存在一个连接同构 $\phi : \langle \omega^+ \rangle \to \langle \omega^* \rangle$ 使得关于 $\beta \in \langle \omega^+ \rangle$, $\beta \omega = \omega(\beta\phi)$. 注意到 $(a, \omega^+), (f, \omega^*) \in I \bowtie \Gamma$. 由 (P4)(i), 存在一个双射 $\theta : \langle e \rangle \to \langle f \rangle$, 使得关于任意 $u \in \langle e \rangle$ 和 $\beta \in \langle \omega^+ \rangle$, $e\theta = f$ 及 $ue^{\sigma_\beta} = e(u\theta)^{\sigma_\omega}$. 又因 $x = (u, \beta, k) \in \langle a^+ \rangle \subseteq Q$, 故 $(u, \beta) \in I \bowtie \Gamma$. 利用 (P4)(ii), 得 $(u\theta, \beta\phi) \in I \bowtie \Gamma$. 类似地, 由 (P4)'(i) 知, 关于 (ω^+, j) 和 $(\omega^*, i) \in \Gamma \bowtie \Lambda$, 存在一个双射 $\theta' : \langle j \rangle \to \langle i \rangle$ 使得关于 $k \in \langle j \rangle$ 和 $\beta \in \langle \omega^+ \rangle$, $j\theta' = i$ 及 $k^{\rho_\omega} i = i^{\rho_{\beta\phi}}(k\theta')$. 注意到 $(\beta, k) \in \Gamma \bowtie \Lambda, \beta \in \langle \omega^+ \rangle$ 和 $k \in \langle j \rangle$. 由 (P4)'(ii), 知 $(\beta\phi, k\theta') \in \Gamma \bowtie \Lambda$.

现关于任意 $x \in \langle a^+ \rangle$, 定义映射 $\alpha : \langle a^+ \rangle \to \langle a^* \rangle$ 使得 $x\alpha = (u, \beta, k)\alpha = (u\theta, \beta\phi, k\theta')$. 显然映射 α 是有意义的, 且 α 是一个双射. 因此, 由式 (12.10) 得, $x * a = (u, \beta, k) * (e, \omega, i) = (ue^{\sigma_\beta}, \beta\omega, k^{\rho_\omega} i)$. 另一方面,

$$a * (x\alpha) = (e, \omega, i) * (u\theta, \beta\phi, k\theta') = (e(u\theta)^{\sigma_\omega}, \omega(\beta\phi), i^{\rho_{\beta\phi}}(k\theta')).$$

由上述讨论知, $ue^{\sigma_\beta} = e(u\theta)^{\sigma_\omega}$, $k^{\rho_\omega} i = i^{\rho_{\beta\phi}}(k\theta')$, 且 $\beta\omega = \omega(\beta\phi)$. 因此, 在 Q 中 $x * a = a * (x\alpha)$, 从而, 半群 Q 是一个 IC 半群.

综合 **(A), (B), (C)** 和定义 12.1, 我们有下面的定理.

定理 12.15 左正则带 I, 型 A 半群 Γ 和右正则带 Λ 关于映射 φ 和 ψ 的圈积 $I \bowtie_\varphi \Gamma \bowtie_\psi \Lambda$ 形成一个 $\mathcal{Q}^*$-逆半群.

下面, 将证明任意 $\mathcal{Q}^*$-逆半群都同构于某个 $I \bowtie_\varphi \Gamma \bowtie_\psi \Lambda$ 型的半群.

假定 S 是 $\mathcal{Q}^*$-逆半群. 据定理 12.8, 在 S 上存在最小型 A 半群好同余 δ 使得 $\Gamma = S/\delta$ 是 S 的最大型 A 半群的同态像. 此时, 关于任意 $x \in S$, 用 $\bar{x}$ 表示 $\Gamma = S/\delta$ 中的 $x\delta$.

令 Y 是 Γ 的幂等元集形成的半格. 令 $\delta^\natural : S \to \Gamma = S/\delta$ 是自然同态. 从而, 关于任意 $\gamma \in \Gamma$, 记 $\gamma(\delta^\natural)^{-1} = S_\gamma \subseteq S$, 显然 $E(S) = \bigcup_{\alpha \in Y} E_\alpha$. 据 [6] 中 IV 的定理 3.1 和 δ 的定义知, $E(S)$ 是矩形带 E_α 的半格 Y.

引理 12.16 令 S 是一个 $\mathcal{Q}^*$-逆半群. 则下列条款成立:

(i) 存在型 A 半群 Γ 使得 $E(\Gamma)$ 是一个半格 Y;

(ii) 存在一个左正则带 $\widetilde{E} = \bigcup_{\alpha \in Y} \widetilde{E_\alpha}$ 和一个右正则带 $\widehat{E} = \bigcup_{\alpha \in Y} \widehat{E_\alpha}$;

(iii) 存在两个结构映射 $\varphi : \Gamma \to \text{End}(\widetilde{E}), \gamma\varphi = \sigma_\gamma$ 和 $\psi : \Gamma \to \text{End}(\widehat{E}), \gamma\psi = \rho_\gamma$ 满足圈积中的条件 (P1)—(P4) 和 (P1)'—(P4)'.

证明 (i) 由定理 12.8 得证.

(ii) 据定理 12.13, ρ_1 和 ρ_2 是 S 上包含在 δ 中的好同余, 且使得 S/ρ_1 是一个 $\mathcal{L}^*$-逆半群和 S/ρ_2 是一个 $\mathcal{R}^*$-逆半群. 现关于任意 $x \in S$, S 中包含元素 x 的 ρ_1-类和 ρ_2-类分别记作 $\tilde{x}$ 和 $\hat{x}$. 若 $X \subseteq S$, 记 $\widetilde{X} = \{\tilde{x} : x \in X\}$ 和 $\widehat{X} = \{\hat{x} : x \in X\}$.

因 $S = \bigcup_{\gamma \in \Gamma} S_\gamma$ 和 $E = \bigcup_{\alpha \in Y} E_\alpha$, 则记 $S/\rho_1 = \bigcup_{\gamma \in \Gamma} \widetilde{S_\gamma}$ 和 $\widetilde{E} = \bigcup_{\alpha \in Y} \widetilde{E_\alpha}$, 这里 $\widetilde{E}$ 是 S/ρ_1 的幂等元集的一个半格分解. 进一步, 因 S 是一个 $\mathcal{Q}^*$-逆半群, 由定

理 12.13 的证明, 知关于任意 $e, f \in E$, 在 S 中 $e\rho_1 f$, 当且仅当 $e\mathcal{R}f$. 这蕴涵着, 关于任意 $\alpha \in Y$, $\widetilde{E_\alpha}$ 是一个左零带. 所以, S/ρ_1 的幂等元集 $\widetilde{E}$ 是一个左正则带. 对偶地, S/ρ_2 的幂等元集 $\widehat{E}$ 是一个右正则带. 这样, (ii) 得证.

(iii) 因 $\rho_1 = \delta \cap \mu_r \subseteq \delta$, 故 $\Gamma = S/\delta \simeq (S/\rho_1)/(\delta/\rho_1)$. 现在我们等同 $(S/\rho_1)/(\delta/\rho_1)$ 和 Γ. 因此, 据定理 11.12, 存在映射 $\varphi : \Gamma \to \text{End}(\widetilde{E})$ 使得条件 (P1)—(P4) 成立. 同时, 因 S 是 Q^*-逆半群, 所以关于每个 $x \in S$, 含 x 的 ρ_1-类和 δ-类, 分别为 $\tilde{x} \in S/\rho_1$ 和 $\bar{x} \in \Gamma$. 现定义映射 $\xi : S/\rho_1 \to \widetilde{E} \bowtie_\varphi \Gamma$ 使得 $\tilde{x}\xi = (\widetilde{x^+}, \bar{x})$. 由定理 11.12, 映射 ξ 是一个从 $\mathcal{L}^*$-逆半群 S/ρ_1 到左正则带 $\widetilde{E}$ 和型 A 半群 Γ 的左圈积 $\widetilde{E} \bowtie_\varphi \Gamma$ 的一个同构.

类似地, 对于 $\rho_2 = \delta \cap \mu_l \subseteq \delta$, 存在映射 $\psi : \Gamma \to \text{End}(\widehat{E})$ 满足条件 (P1)$'$–(P4)$'$. 进一步, 关于 $x \in S$, 令 $\bar{x}$ 和 $\widehat{x^*}$ 分别是 Γ 和 S/ρ_2 的 $\widehat{E}$ 中 x 对应的元素. 那么, 定义映射 $\eta : S/\rho_2 \to \Gamma \bowtie_\psi \widehat{E}$ 使得关于任意 $x \in S$, $\hat{x}\eta = (\bar{x}, \widehat{x^*})$. 根据第 11 章的对偶结论知, η 是从 $\mathcal{R}^*$-逆半群 S/ρ_2 到型 A 半群 Γ 和右正则带 $\widehat{E}$ 的右圈积 $\Gamma \bowtie_\psi \widehat{E}$ 的一个同构, 从而 (iii) 得证.

引理 12.17 令 S 是上述的 Q^*-逆半群. 则 $S \simeq \widetilde{E} \bowtie_\varphi \Gamma \bowtie_\psi \widehat{E}$.

证明 由 $S/\delta = \Gamma$ 是型 A 半群, 而且 S/ρ_1 的幂等元集 $\widetilde{E}$ 形成一个左正则带, S/ρ_2 的幂等元集 $\widehat{E}$ 形成一个右正则带. 又因 φ 和 ψ 满足条件 (P1)—(P4) 和 (P1)$'$—(P4)$'$, 由定理 12.15 知, $\widetilde{E} \bowtie_\varphi \Gamma \bowtie_\psi \widehat{E}$ 是一个 Q^*-逆半群. 下面我们证明 $S \simeq \widetilde{E} \bowtie_\varphi \Gamma \bowtie_\psi \widehat{G}$. 为此, 定义映射 $\tau : S \to \widetilde{E} \bowtie_\varphi \Gamma \bowtie_\psi \widehat{E}$ 使得对任意 $x \in S$, $x\tau = (\widetilde{x^+}, \bar{x}, \widehat{x^*})$, 其中 $\widetilde{x^+}, \bar{x}$ 和 $\widehat{x^*}$ 分别表示引理 12.16 中提到的 $\widetilde{E}, \Gamma$ 和 $\widehat{E}$ 中 x^+, x 和 x^* 对应的元素.

因在引理 12.16 中映射 $\xi : S/\rho_1 \to \widetilde{E} \bowtie_\varphi \Gamma$ 是一个同构, 故 $(\widetilde{xy})\xi = \tilde{x}\xi\tilde{y}\xi$. 从而 $(\widetilde{(xy)^+}, \overline{xy}) = (\widetilde{x^+}, \bar{x})(\widetilde{y^+}, \bar{y})$. 类似地, 因 η 是一个同构, 故 $(\widehat{xy})\eta = \hat{x}\eta\hat{y}\eta$, 从而, $\left(\overline{xy}, \widehat{(xy)^*}\right) = (\bar{x}, \widehat{x^*})(\bar{y}, \widehat{y^*})$. 因此, 有

$$(xy)\tau = \left(\widetilde{(xy)^+}, \overline{xy}, \widehat{(xy)^*}\right)$$
$$= (\widetilde{x^+}, \bar{x}, \widehat{x^*})(\widetilde{y^+}, \bar{y}, \widehat{y^*})$$
$$= x\tau y\tau.$$

这证明了 τ 是一个同态.

为证 τ 是一个单射, 假设关于任意 $x, y \in S$, $x\tau = y\tau$. 则 $(\widetilde{x^+}, \bar{x}, \widehat{x^*}) = (\widetilde{y^+}, \bar{y}, \widehat{y^*})$, 从而, $x\delta y$, $\widetilde{x^+} = \widetilde{y^+}$ 和 $\widehat{x^*} = \widehat{y^*}$. 据定理 12.13(i) 中的讨论, 知在 S 中 $x^+\mathcal{R}y^+$, 即, $x^+y^+ = y^+$, 且 $y^+x^+ = x^+$. 类似地, 可得 $x^*y^* = x^*$, $y^*x^* = y^*$. 再根据 S 中 δ 的定义, 存在幂等元 $e \in E(y^+)$ 和 $f \in E(y^*)$ 使得 $x = eyf$. 因此,

$x = x^+ x x^* = x^+ e y f x^* = x^+ e y^+ y y^* f x^* = y^+ y^+ e y^+ y y^* f x^* y^* = y^+ y y^* = y$. 这证明了 τ 是单的. 为证 τ 是双射, 任取 $(\tilde{e}, \gamma, \hat{f}) \in \widetilde{E} \bowtie_\varphi \Gamma \bowtie_\psi \widehat{E}$. 显然, $\tilde{e} \in \widetilde{E_{\gamma^+}}, \hat{f} \in \widehat{E_{\gamma^*}}$, 且存在 $x \in S$ 使得 $\bar{x} = x\delta = \gamma \in \Gamma$. 因 ρ_1 和 ρ_2 是 S 上的好同余, 根据 [60] 知, 关于半格 Y 中的幂等元 γ^+ 和 γ^*, 存在 S 中的幂等元 $e \in E_{\gamma^+}$ 和 $f \in E_{\gamma^*}$, 使得 $e\xi = \tilde{e}, f\eta = \hat{f}$. 因 $x^+ \mathcal{R}^*(S) x \mathcal{L}^*(S) x^*$, 且 δ 是 S 上的一个好同余, 故在 Γ 中 $\overline{x^+} \overline{\mathcal{R}^* \bar{x} \mathcal{L}^*} \overline{x^*}$. 从而, $\overline{x^+} = (\bar{x})^+$ 和 $\overline{x^*} = (\bar{x})^*$. 因此, $e \in E_{\gamma^+} = E_{\overline{x^+}}, f \in E_{\gamma^*} = E_{\overline{x^*}}$, 即, $e \in E(x^+), f \in E(x^*)$. 令 $a = exf$. 则 $a\delta x$, 从而, $\bar{a} = \bar{x} = \gamma$. 由 [42] 的引理 2.2, 知 $a\mathcal{L}^*(S)f, a\mathcal{R}^*(S)e$. 这蕴涵着 $a^*\mathcal{L}^* f, a^+\mathcal{R}^* e$. 注意到 ρ_1 是 S 上的好同余, 从而, $\widetilde{a^+}\mathcal{R}^*(S/\rho_1)\tilde{e}$. 但 S/ρ_1 是 $\mathcal{L}^*$-逆半群, 它的每一个 $\mathcal{R}^*$-类包含唯一的幂等元, 因此, $\widetilde{a^+} = \tilde{e}$. 类似地, $\widehat{a^*} = \hat{f}$. 这证明了 $a\tau = (\tilde{e}, \gamma, \hat{f}) \in \widetilde{E} \bowtie_\varphi \Gamma \bowtie_\psi \widehat{E}$, 即, τ 是满同态. 这样, S 同构于 $\widetilde{E} \bowtie_\varphi \Gamma \bowtie_\psi \widehat{E}$.

定理 12.18 左正则带 I、型 A 半群 Γ 和右正则带 Λ 关于映射 φ 和 ψ 的圈积 $I \bowtie_\varphi \Gamma \bowtie_\psi \Lambda$ 是一个 Q^*-逆半群.

反过来, 每个 Q^*-逆半群 S 可表示为一个圈积 $I \bowtie_\varphi \Gamma \bowtie_\psi \Lambda$.

12.4 织 积 结 构

我们知道, 两个半群的织积是指半群 S_1 和 S_2 具有共同同态像 H, 即, $\theta_1 : S_1 \to H$ 和 $\theta_2 : S_2 \to H$ 都是半群同态, 那么 S_1 和 S_2 关于 H, θ_1 和 θ_2 的织积定义为 $S = \{(s_1, s_2) \in S_1 \times S_2 | s_1\theta_1 = s_2\theta_2\}$, 记作 $S_1 \underset{H}{\times} S_2$.

本节, 我们将给出 Q^*-逆半群的一个织积结构.

首先令 Γ 是幂等元集为半格 Y 的型 A 半群. 令 $I = \bigcup_{\alpha \in Y} I_\alpha$ 是一个左正则带, 其中 I_α 是左零带. 类似地, 令 $\Lambda = \bigcup_{\alpha \in Y} \Lambda_\alpha$ 是一个右正则带, 其中 Λ_α 是一个右零带. 那么定义映射 $\varphi : \Gamma \to \text{End}(I), \gamma \mapsto \sigma_\gamma$, 且满足 12.3 节中的条件 (P1)—(P4). 类似地, 我们定义映射 $\psi : \Gamma \to \text{End}(\Lambda), \gamma \mapsto \rho_\gamma$, 且满足 12.3 节中的条件 (P1)′—(P4)′.

定理 12.19 半群 S 是 Q^*-逆半群, 当且仅当 S 是一个 $\mathcal{L}^*$-逆半群 $S_1 = I \bowtie_\varphi \Gamma$ 和 $\mathcal{R}^*$-逆半群 $S_2 = \Gamma \bowtie_\psi \Lambda$ 关于型 A 半群 Γ 的织积.

证明 **必要性** 令 S 是一个 Q^*-逆半群. 则, 由引理 12.17, S 可表示为圈积 $I \bowtie_\varphi \Gamma \bowtie_\psi \Lambda$, 其中 Γ 是型 A 半群, I 是一个左正则带, Λ 是一个右正则带. 令 $S_1 = I \bowtie_\varphi \Gamma, S_2 = \Gamma \bowtie_\psi \Lambda$. 根据第 11 章的结论, 知 $S_1 = I \bowtie_\varphi \Gamma$ 是一个 $\mathcal{L}^*$-逆半群. 对偶地, $S_2 = \Gamma \bowtie_\psi \Lambda$ 是一个 $\mathcal{R}^*$-逆半群. 现考虑关于任意 $(e, \omega) \in S_1$ 从 S_1 到 Γ 的映射 $\theta_1 : (e, \omega) \mapsto \omega$ 和关于任意 $(\omega, i) \in S_2$, 从 S_2 到 Γ 的映射 $\theta_2 : (\omega, i) \mapsto \omega$. 易知 θ_1 和 θ_2 分别是 S_1 和 S_2 到 Γ 的同态. 因此, $S_1 \underset{\Gamma}{\times} S_2 = \{(s_1, s_2) \in S_1 \times S_2 \mid s_1\theta_1 = s_2\theta_2\}$ 是 S_1 和 S_2 关于 Γ, θ_1 和 θ_2 的织积.

现定义映射 $\eta : S = I \bowtie_\varphi \Gamma \bowtie_\psi \Lambda \to S_1 \underline{\times}_\Gamma S_2$, $(e, \omega, i) \mapsto ((e, \omega), (\omega, i))$. 则由 φ 和 ψ 的性质, 易证 η 是一个同构.

充分性 假定 S 是 $\mathcal{L}^*$-逆半群 $S_1 = I \bowtie_\varphi \Gamma$ 和 $\mathcal{R}^*$-逆半群 $S_2 = \Gamma \bowtie_\psi \Lambda$ 关于型 A 半群 Γ 的织积, 其中映射 φ 和 ψ 由 12.3 节给出. 易证 $S = S_1 \underline{\times}_\Gamma S_2 = \{((e, \omega), (\omega, i)) \mid (e, \omega) \in I \bowtie_\varphi \Gamma, (\omega, i) \in \Gamma \bowtie_\psi \Lambda\}$. 现考虑集合 $I \bowtie \Gamma \bowtie \Lambda$ 连同式 (12.10) 定义的乘法, 易证映射 $\eta : I \bowtie_\varphi \Gamma \bowtie_\psi \Lambda \to S = S_1 \underline{\times}_\Gamma S_2$, $(e, \omega, i) \mapsto ((e, \omega), (\omega, i))$ 是一个同构, 从而 $I \bowtie_\varphi \Gamma \bowtie_\psi \Lambda \simeq S = S_1 \underline{\times}_\Gamma S_2$. 再由定理 12.18, 知 S 是一个 Q^*-逆半群.

第13章 $(*,\sim)$-格林关系与 r-宽大半群

本章, 首先介绍 $(*,\sim)$-格林关系, 在此基础上, 将纯正群并半群和完全正则半群在 rpp 半群类中分别推广为纯正左消幺半群并半群和超 r-宽大半群, 并利用半群的半织积获得某些特殊的纯正左消幺半群并半群的结构.

13.1 节, 给出 $(*,\sim)$-格林关系定义及 rpp 半群相关的基本概念; 13.2 节涉及 $(*,\sim)$-格林关系下半群的有关性质; 在 13.3 节中, 我们引入 r-宽大半群和超 r-宽大半群的概念, 并得到这些半群的性质; 在 13.4 节中, 给出纯正左消幺半群并半群的一些刻画; 最后, 借助半群的半织积建立一些特殊的纯正左消幺半群并半群的结构.

13.1 基 本 概 念

令 S 为半群, $\mathcal{E}(S)$ 为 S 上所有等价关系构成的格. 关于任意 $\sigma \in \mathcal{E}(S)$, 称 $A \subseteq S$ 为 σ 渗透的, 如果 A 为 S 的若干 σ-类的并; 称 S 为 σ-富足的, 如果 S 的每个 σ-类包含幂等元. 令 $\mathcal{T}(S)$ 为 S 上所有左变换的集合. 关于任意 $f \in \mathcal{T}(S)$, f 的像记为 $\mathrm{Im} f$, f 的核记为 $\mathrm{Ker} f$, 即

$$\mathrm{Im} f = \{f(x) \mid x \in S\}, \quad \mathrm{Ker} f = \{(x,y) \in S \times S \mid f(x) = f(y)\}.$$

假设 $a \in S$, 用 $a_r(a_l) \in \mathcal{T}(S^1)$ 来表示 S^1 上由 a 确定的内右 [左] 平移, 即,

$$a_r : x \mapsto xa \quad (a_l : x \mapsto ax).$$

基于上述记号, 格林于 1951 年定义的格林关系则有如下等价表示:

$$a\mathcal{L}b \stackrel{d}{\Longleftrightarrow} \mathrm{Im}\, a_r = \mathrm{Im}\, b_r,$$

$$a\mathcal{R}b \stackrel{d}{\Longleftrightarrow} \mathrm{Im}\, a_l = \mathrm{Im}\, b_l,$$

$$\mathcal{H} \stackrel{d}{=} \mathcal{L} \wedge \mathcal{R} = \mathcal{L} \cap \mathcal{R},$$

$$\mathcal{D} \stackrel{d}{=} \mathcal{L} \vee \mathcal{R},$$

$$a\mathcal{J}b \stackrel{d}{\Longleftrightarrow} S^1 a S^1 = S^1 b S^1.$$

1975 年, F.Pastijn 将半群上的格林关系推广到所谓的 $*$-格林关系, 即, 在第 9 章我们提到的关系 $\mathcal{L}^*, \mathcal{R}^*, \mathcal{H}^*, \mathcal{D}^*$ 及 $\mathcal{J}^*$. 实际上, $*$-格林关系也有如下等价表示:

$$a\mathcal{L}^*b \stackrel{d}{\Longleftrightarrow} \mathrm{Ker}\, a_l = \mathrm{Ker}\, b_l,$$

$$a\mathcal{R}^*b \overset{d}{\Longleftrightarrow} \operatorname{Ker} a_r = \operatorname{Ker} b_r,$$

$$\mathcal{H}^* \overset{d}{=} \mathcal{L}^* \wedge \mathcal{R}^* = \mathcal{L}^* \cap \mathcal{R}^*,$$

$$\mathcal{D}^* \overset{d}{=} \mathcal{L}^* \vee \mathcal{R}^* \neq \mathcal{L}^* \circ \mathcal{R}^* \quad \text{(一般情况下)},$$

$$a\mathcal{J}^*b \overset{d}{\Longleftrightarrow} J^*(a) = J^*(b),$$

这里 $J^*(a)$ 是包含 a 的, 且 $\mathcal{L}^*$ 和 $\mathcal{R}^*$ 渗透的最小理想. 显然, $\mathcal{L}^*[\mathcal{R}^*]$ 是 S 上的右 [左] 同余.

　　一般地, $\mathcal{L}^* \vee \mathcal{R}^* \neq \mathcal{L}^* \circ \mathcal{R}^*$. 为了弥补这个缺陷, F. Pastijn 将 *-格林关系 $\mathcal{L}^*$, $\mathcal{R}^*$, $\mathcal{H}^*$ 和 $\mathcal{D}^*$ 修改为 $\mathcal{L}^{(l)}$, $\mathcal{R}^{(l)}$, $\mathcal{H}^{(l)}$ 及 $\mathcal{D}^{(l)}$. 这些关系连同 $\mathcal{J}^{(l)}$ 形成了一套介于通常格林关系和 *-格林关系之间的一套新的关系, 称之为 (l)-格林关系. (l)-格林关系定义如下:

$$\mathcal{L}^{(l)} \overset{d}{=} \mathcal{L}^*,$$

$$\mathcal{R}^{(l)} \overset{d}{=} \mathcal{R},$$

$$\mathcal{H}^{(l)} \overset{d}{=} \mathcal{L}^{(l)} \wedge \mathcal{R}^{(l)} = \mathcal{L}^{(l)} \cap \mathcal{R}^{(l)},$$

$$\mathcal{D}^{(l)} \overset{d}{=} \mathcal{L}^{(l)} \vee \mathcal{R}^{(l)},$$

$$a\mathcal{J}^{(l)}b \overset{d}{\Longleftrightarrow} J^{(l)}(a) = J^{(l)}(b),$$

这里 $J^{(l)}(a)$ 是包含 a 的, 且 $\mathcal{L}^{(l)}$ 和 $\mathcal{R}^{(l)}$ 渗透的最小理想. 事实上, 关系 $\mathcal{D}^{(l)}$ 加细了 $\mathcal{J}^{(l)}$, 因为 $J^{(l)}(a)$ 也是 $\mathcal{R}$ 渗透的.

　　据 Fountain[31], 半群 S 被称为 rpp 半群, 如果它的所有主右理想 $aS^1 (a \in S)$(也被视作右 S^1-系) 是投射的. 实际上, 半群 S 是 rpp 的, 当且仅当关于任意 $a \in S$, 集合

$$\mathcal{M}_a \overset{d}{=} \{e \in E(S) \mid S^1a \subseteq Se \ \& \ \operatorname{Ker} a_l \subseteq \operatorname{Ker} e_l\} \tag{13.1}$$

是非空的, 这里 $E(S)$ 是 S 的幂等元集, 亦当且仅当半群 S 的每个 $\mathcal{L}^*$-类含有幂等元. 称 rpp 半群为强 rpp 的, 如果

$$(\forall a \in S) \ (\exists! \ e \in \mathcal{M}_a) \ ea = a.$$

记上述元素 e 为 $a_\dagger$. 容易证明, 正则半群是强 rpp 的, 当且仅当它是完全正则的. lpp 半群是 rpp 半群的左对偶. 称半群 S 为富足的, 如果 S 既是 rpp 的, 又是 lpp 的. 据 $\mathcal{L}^*$ [$\mathcal{R}^*$] 的定义和式 (13.1) [(13.1) 的对偶], 知 S 是 rpp [lpp, 富足的], 当且仅当 S 是 $\mathcal{L}^*$-富足的 [$\mathcal{R}^*$-富足的, $\mathcal{L}^*$-富足的, 且 $\mathcal{R}^*$-富足的]. 显然, 式 (13.1) 中的 $\mathcal{M}_a$ 就是 $L_a^* \cap E(S)$, 这里 L_a^* 是含 a 的 $\mathcal{L}^*$-类. 关于 $\mathcal{R}^*$, 我们有类似的结果.

容易看出, $\mathcal{L} \subseteq \mathcal{L}^*$ $[\mathcal{R} \subseteq \mathcal{R}^*]$, 且关于任意 $a, b \in \mathrm{Reg}\, S$, $a\mathcal{L}^*b$ $[a\mathcal{R}^*b]$ 蕴涵 $a\mathcal{L}b$ $[a\mathcal{R}b]$. 注意到, rpp 半群类是比正则半群更大的一个半群类, 例如, 左消幺半群显然是 rpp 的, 然而它不一定是正则的. 利用 (1)-格林关系, 完全正则半群 S 可被描述为 $\mathcal{H}^{(l)}$ (等价于, $\mathcal{H}$)-富足半群. 因此 $\mathcal{D}^{(l)} = \mathcal{D}$ 是半格同余, 同时, 每个 $\mathcal{H}^{(l)}(= \mathcal{H})$-类是群.

注意到, $*$-格林关系已被广泛用于富足半群的研究. 事实上, $*$-格林关系在富足半群的研究中所起到的作用类似于通常的格林关系在正则半群研究中所起到的作用.

(1)-格林关系被用来研究 rpp 半群, 特别是, 强 rpp 半群. 然而, 强 rpp 半群并非完全正则半群在 rpp 半群中的一个理想的推广. 鉴于此, 我们修改半群 S 上 (1)-格林关系和 $*$-格林关系到所谓的 $(*, \sim)$-格林关系:

$$\mathcal{L}^{*, \sim} \stackrel{d}{=} \mathcal{L}^*,$$

$$\mathcal{R}^{*, \sim} \stackrel{d}{=} \widetilde{\mathcal{R}},$$

$$\mathcal{H}^{*, \sim} \stackrel{d}{=} \mathcal{L}^{*, \sim} \wedge \mathcal{R}^{*, \sim} = \mathcal{L}^{*, \sim} \cap \mathcal{R}^{*, \sim},$$

$$\mathcal{D}^{*, \sim} \stackrel{d}{=} \mathcal{L}^{*, \sim} \vee \mathcal{R}^{*, \sim},$$

$$a\mathcal{J}^{*, \sim}b \stackrel{d}{\Longleftrightarrow} J^{*, \sim}(a) = J^{*, \sim}(b),$$

这里, 关于任意 $a, b \in S$,

$$a\widetilde{\mathcal{R}}b \stackrel{d}{\Longleftrightarrow} \text{``}(\forall e \in E(S))ea = a \leftrightarrow eb = b\text{''},$$

$J^{*, \sim}(a)$ 是指含 a 的, 且 $\mathcal{L}^{*, \sim}$ 渗透和 $\mathcal{R}^{*, \sim}$ 渗透的最小理想.

这样, 在 rpp 半群类中, 我们就可得到完全正则半群 (纯正群并半群) 的一个自然的推广.

13.2 $(*, \sim)$-格林关系

我们从 (1)-格林关系和 $\widetilde{\mathcal{R}}$ 关系入手, 来研究 $(*, \sim)$-关系的有关性质.

据定义, 可得到下面引理.

引理 13.1 令 S 为半群. 则下列各款等价:

(i) $\mathcal{D}^{(l)} = \mathcal{L}^* \circ \mathcal{R} = \mathcal{R} \circ \mathcal{L}^*$;

(ii) 在一个 $\mathcal{D}^{(l)}$-类中至多有一个正则 $\mathcal{D}$-类;

(iii) S 为 rpp 半群, 当且仅当 S 中每个 $\mathcal{D}^{(l)}$-类包含一个正则 $\mathcal{D}$-类.

定理 13.2　　令 S 为一半群, $a, b \in S$. 则 $b \in J^{(l)}(a)$, 当且仅当存在 $a_0, a_1, \cdots,$ $a_n \in S, a_0 = a, a_n = b$ 和 $x_1, x_2, \cdots, x_n, y_1, y_2, \cdots, y_n \in S^1$, 使得 $a_i \mathcal{L}^{(l)}(x_i a_{i-1} y_i), i = 1, 2, \cdots, n$.

证明　　令 B 为满足给定条件的所有元素构成的集合. 现证明 $J^{(l)}(a) = B$. 关于任意 $b \in B$, 存在一列元素 $a_0 = a, a_1, \cdots, a_{n-1}, a_n = b \in S$ 和 $x_1, x_2, \cdots, x_n, y_1,$ $y_2, \cdots, y_n \in S^1$ 满足

$$a_i \mathcal{L}^{(l)}(x_i a_{i-1} y_i), \quad i = 1, 2, \cdots, n.$$

若 $a_{i-1} \in J^{(l)}(a)$, 则 $x_i a_{i-1} y_i \in J^{(l)}(a)$, 因为 $J^{(l)}(a)$ 为 S 的一个理想. 由 $J^{(l)}(a)$ 为 $\mathcal{L}^{(l)}$-渗透的, 有 $a_i \in J^{(l)}(a)$. 再由 $a_0 = a \in J^{(l)}(a)$, 则 $a_i \in J^{(l)}(a), i = 0, 1, 2, \cdots, n$. 特别地, $b = a_n \in J^{(l)}(a)$. 因此 $B \subseteq J^{(l)}(a)$.

为了证明反包含关系, 我们只需要证明 B 为 S 的一个 $\mathcal{L}^{(l)}$-渗透的理想, 这是因为 $a \in B$, 且 $J^{(l)}(a)$ 为包含 a 的最小的 $\mathcal{L}^{(l)}$-渗透的理想. 假设 $b \in B$. 则由 B 的定义知, 关于任意 $s, t \in S^1$, 有 $sbt \in B$. 这蕴涵了 B 是 S 的理想. 由 B 的定义, 关于任意 $b \in B, L_b^{(l)} \subseteq B$, 其中 $L_b^{(l)}$ 为包含 b 的 $\mathcal{L}^{(l)}$-类. 因此 B 为 $\mathcal{L}^{(l)}$-渗透的.

定理 13.3　　若 S 为强 rpp 半群, 则 $\mathcal{J}^{(l)}$ 为 S 上的半格同余.

证明　　因 S 为强 rpp, 故有

$$(\forall a \in S) \quad (\exists! e \in L_a^{(l)} \cap E(S)) \quad ea = a,$$

从而,

$$a = ea \mathcal{L}^{(l)} a^2 \quad (\mathcal{L}^{(l)} = \mathcal{L}^* \text{ 是右同余}).$$

这就证明了

$$(\forall a \in S) \quad a \mathcal{J}^{(l)} a^2. \tag{13.2}$$

由 (13.2) 知, 对于任意 $a, b \in S$,

$$J^{(l)}(ab) = J^{(l)}(abab) \subseteq J^{(l)}(ba).$$

类似地, 可以证明 $J^{(l)}(ba) \subseteq J^{(l)}(ab)$. 因此,

$$(ab) \mathcal{J}^{(l)}(ba). \tag{13.3}$$

若 $a \mathcal{J}^{(l)} b$, 则由定理 13.2 知, 存在 S 中的一个序列, $a_0, a_1, \cdots, a_n$, 其中, $a_0 = a$, $a_n = b$, 和 S^1 中另外两个序列 $x_1, x_2, \cdots, x_n$ 及 $y_1, y_2, \cdots, y_n$ 使得

$$a_i \mathcal{L}^{(l)}(x_i a_{i-1} y_i), \quad i = 1, 2, \cdots, n.$$

由于 $\mathcal{L}^{(l)}$ 是右同余, 所以关于任意 $c \in S$, 有

$$(a_i c) \mathcal{L}^{(l)}(x_i a_{i-1} y_i c), \quad i = 1, 2, \cdots, n,$$

从而,

$$(a_ic)\mathcal{J}^{(l)}(x_ia_{i-1}y_ic), \quad i = 1, 2, \cdots, n.$$

这样, 有

$$J^{(l)}(a_ic) \subseteq J^{(l)}(a_{i-1}y_ic), \quad i = 1, 2, \cdots, n,$$

又据式 (13.3), 可得

$$J^{(l)}(a_ic) \subseteq J^{(l)}(ca_{i-1}y_i) \subseteq J^{(l)}(ca_{i-1}) = J^{(l)}(a_{i-1}c), \quad i = 1, 2, \cdots, n.$$

因此

$$J^{(l)}(bc) \subseteq J^{(l)}(ac).$$

类似地, 可以证明 $J^{(l)}(ac) \subseteq J^{(l)}(bc)$, 由此可得

$$(ac)\mathcal{J}^{(l)}(bc).$$

由此知, $\mathcal{J}^{(l)}$ 为同余. 再由式 (13.2) 和式 (13.3) 知, $\mathcal{J}^{(l)}$ 是 S 上的半格同余.

注解 13.1 由上述证明, 可以看出, 对于任意半群 S 若满足条件

$$(\forall a \in S) \quad a\mathcal{J}^{(l)}a^2,$$

则 $\mathcal{J}^{(l)}$ 是 S 上的半格同余.

据定义, 我们容易得到下面的定理.

定理 13.4 令 S 为半群. 则下列各款成立:

(i) 若 a 和 b 在 S 中有 $\mathcal{R}^{(l)}$-关系, 则存在 S^1 中元素 u 和 v 使得 $b = au$ 和 $a = bv$ 成立, 且下面两个 S 上的内右平移 u_r 和 v_r 的限制, 即

$$u_r|_{L_a^{(l)}} : L_a^{(l)} \to L_b^{(l)}$$

和

$$v_r|_{L_b^{(l)}} : L_b^{(l)} \to L_a^{(l)},$$

互逆且为 $\mathcal{R}^{(l)}$-类保持的双射.

(ii) 若 a 和 b 在 S 中具有 $\mathcal{L}^{(l)}$-关系, 则存在右 S^1-系同构 (即, 存在 S^1 上一对一的部分左平移)

$$\eta : aS^1 \to bS^1$$

和

$$\zeta : bS^1 \to aS^1,$$

满足 $\eta(a) = b$ 和 $\zeta(b) = a$, 使得下列映射 η 和 ζ 的限制

$$\eta|_{R_a^{(l)}} : R_a^{(l)} \to R_b^{(l)}$$

和

$$\zeta|_{R_b^{(l)}} : R_b^{(l)} \to R_a^{(l)},$$

互逆且为 $\mathcal{L}^{(l)}$-类保持的双射.

定理 13.5　令 S 为一半群. 则下列各款成立:

(i) $\mathcal{R}^* \subseteq \widetilde{\mathcal{R}}$; 一般地, $\mathcal{R}^* \neq \widetilde{\mathcal{R}}$.

(ii) $\widetilde{\mathcal{R}}$ 未必是 S 上的左同余, 即使 S 是 $\widetilde{\mathcal{R}}$-富足半群.

证明　显然, $\mathcal{R}^* \subseteq \widetilde{\mathcal{R}}$, $\mathcal{R}^*$ 总是 S 上的左同余. 对于剩余的部分, 我们只需证明 (ii) 成立. 令 $S^1 \neq S = S^0$, 且 S 是 null 半群. 考虑幺半群 S^1. 则容易看出 $E(S^1) = \{0, 1\}$, 且 S^1 只包含两个 $\widetilde{\mathcal{R}}$-类, 即,

$$\{0\} \quad \text{和} \quad S^1 \backslash \{0\}.$$

这样, 关于任意 $x \in S^1 \backslash \{0, 1\}$, 有 $x \widetilde{\mathcal{R}} 1$, 但 $(xx =)0$ 与 $x(= x1)$ 不是 $\widetilde{\mathcal{R}}$-相关的. 因此, $\widetilde{\mathcal{R}}$ 不是 S^1 上的左同余.

称 $a \in S$ 是 S 的一个右富足元, 如果 $R_a^* \cap E(S) \neq \varnothing$.

定理 13.6　若 a, b 均为半群 S 的正则元 [右富足元], 则

$$a\mathcal{R}b \Longleftrightarrow a\widetilde{\mathcal{R}}b[a\mathcal{R}^*b \Longleftrightarrow a\widetilde{\mathcal{R}}b]. \tag{13.4}$$

证明　因 $\mathcal{R} \subseteq \mathcal{R}^* \subseteq \widetilde{\mathcal{R}}$, 我们只需证明在给定条件下式 (13.4) 中从右到左的蕴涵关系成立即可.

若 a 和 b 都是正则元, 则存在 S 中元素 a', b' 使得 $aa'a = a, bb'b = b$. 若 $a\widetilde{\mathcal{R}}b$, 则 $aa'b = b, bb'a = a$, 从而 $a\mathcal{R}b$.

若 a 和 b 均为右富足元, 则存在 $e, f \in E(S)$ 使得 $e\mathcal{R}^*a, f\mathcal{R}^*b$. 若 $a\widetilde{\mathcal{R}}b$, 则 $e\widetilde{\mathcal{R}}f$. 由上述证明可知, $e\mathcal{R}f$. 由 $\mathcal{R} \subseteq \mathcal{R}^*$, 因此 $a\mathcal{R}^*b$.

推论 13.7　$\mathcal{R} = \mathcal{R}^* = \widetilde{\mathcal{R}}[\mathcal{R}^* = \widetilde{\mathcal{R}}]$ 在正则 [lpp] 半群上成立.

一般地, 在半群 S 上 $\widetilde{\mathcal{R}} \not\supseteq \mathcal{D}^{(l)}$, $\mathcal{D}^{(l)} \not\supseteq \widetilde{\mathcal{R}}$, 且 $\mathcal{L}^* \circ \widetilde{\mathcal{R}} \neq \widetilde{\mathcal{R}} \circ \mathcal{L}^*$. 这一点可以从下例中看出.

例 13.1　令 N 是所有的非负整数构成的集合, 且令

$$S = \{b^m a^n | m, n \in N, m \geqslant n\}.$$

则 S 关于下列运算:

$$b^m a^n \cdot b^p a^q = b^k a^l$$

$$((k,l) = (m - n + \max\{n,p\}, q - p + \max\{n,p\}))$$

构成双循环半群 $\langle a,b \mid ab = 1\rangle$ 的全子半群. 显然 $E(S) = \{b^n a^n \mid n \in \mathbf{N}\}$, S 是富足的, 且 $\mathcal{R} = \iota$(恒等关系), 由推论 13.7 知, $\mathcal{R}^* = \widetilde{\mathcal{R}}$. 这样, S 中的元素可以按下表分类:

$\widetilde{\mathcal{R}}_1$	1					
$\widetilde{\mathcal{R}}_b$	b	ba				
$\widetilde{\mathcal{R}}_{b^2}$	b^2	$b^2 a$	$b^2 a^2$			
$\widetilde{\mathcal{R}}_{b^3}$	b^3	$b^3 a$	$b^3 a^2$	$b^3 a^3$		
	$\cdots$	$\cdots$	$\cdots$	$\cdots$		
$\widetilde{\mathcal{R}}_{b^n}$	b^n	$b^n a$	$b^n a^2$	$b^n a^3$	$\cdots$	$b^n a^n$
	$\cdots$	$\cdots$	$\cdots$	$\cdots$	$\cdots$	$\cdots$
	$L_1^{(l)}$	$L_{ba}^{(l)}$				$L_{b^n a^n}^{(l)}$
	$\parallel$	$\parallel$				$\parallel$
	$D_1^{(l)}$	$D_{ba}^{(l)}$				$D_{b^n a^n}^{(l)}$

由上表可知, $\widetilde{\mathcal{R}} \not\supseteq \mathcal{D}^{(l)}$, $\mathcal{D}^{(l)} \not\supseteq \widetilde{\mathcal{R}}$, 且 $\mathcal{L}^* \circ \widetilde{\mathcal{R}} \neq \widetilde{\mathcal{R}} \circ \mathcal{L}^*$.

一般地, 一个 $\widetilde{\mathcal{R}}\ [\mathcal{D}^{(l)} \cap \widetilde{\mathcal{R}}]$-富足半群, 未必是 $\mathcal{R}^*[\mathcal{D}^{(l)} \cap \mathcal{R}^*]$-富足半群. 下例说明了这一点.

例 13.2 令 M 为左可消但非右可消幺半群. 则

$$\mathcal{L}^{(l)}(= \mathcal{L}^*) = \omega_M = \widetilde{\mathcal{R}},$$

从而, 有 $\mathcal{D}^{(l)} = \omega_M$, 其中 ω_M 是 M 上的泛关系. 因 M 不是右可消的, 故 M 中至少存在两个 $\mathcal{R}^*$-类. 这就证明了 M 是 $\widetilde{\mathcal{R}}(= \mathcal{D}^{(l)} \cap \widetilde{\mathcal{R}})$-富足的, 但 M 不是 $\mathcal{R}^*(= \mathcal{D}^{(l)} \cap \mathcal{R}^*)$-富足的.

定理 13.8 令 S 为 $\mathcal{D}^{(l)} \cap \widetilde{\mathcal{R}}$-富足半群. 则 $\mathcal{D}^{(l)} \supseteq \widetilde{\mathcal{R}}$, 从而由引理 13.1(i), 得 $\mathcal{D}^{(l)} = \mathcal{L}^* \circ \widetilde{\mathcal{R}} = \mathcal{L}^* \vee \widetilde{\mathcal{R}} \stackrel{d}{=} \mathcal{D}^{*,\sim}$.

证明 若 S 为 $\mathcal{D}^{(l)} \cap \widetilde{\mathcal{R}}$-富足半群, 且 $\mathcal{D}^{(l)} \not\supseteq \widetilde{\mathcal{R}}$, 则 S 的一个 $\widetilde{\mathcal{R}}$-类中存在两个不同的 $\mathcal{D}^{(l)} \cap \widetilde{\mathcal{R}}$-类, 且这两个 $\mathcal{D}^{(l)} \cap \widetilde{\mathcal{R}}$-类均包含一个正则 $\mathcal{R}$-类. 然而, 由 $\mathcal{R} \subseteq \mathcal{R}^*$ 和定理 13.6 知, 这是不可能的.

综上讨论, 我们有如下定理.

定理 13.9 令 S 为半群. 则

(i) $\mathcal{R}^{*,\sim}$ 通常不是左同余, 即使 S 为 $\mathcal{R}^{*,\sim}$-富足半群;

(ii) 一般地, $\mathcal{L}^{*,\sim} \circ \mathcal{R}^{*,\sim} \neq \mathcal{R}^{*,\sim} \circ \mathcal{L}^{*,\sim}$;

(iii) 若 S 为 $\mathcal{H}^{*,\sim}$-富足的 (事实上, 我们仅需要 S 为 $\mathcal{D}^{(l)} \cap \mathcal{R}^{*,\sim}$-富足的), 则 $\mathcal{D}^{(l)} = \mathcal{D}^{*,\sim} = \mathcal{L}^{*,\sim} \circ \mathcal{R}^{*,\sim}(= \mathcal{R}^{*,\sim} \circ \mathcal{L}^{*,\sim})$;

(iv) 当 S 为 $\mathcal{H}^{*,\sim}$-富足半群, 且 $\mathcal{R}^{*,\sim}$ 为左同余时, 格林引理对于 $(*,\sim)$-格林关系亦成立.

定理 13.10　　$\mathcal{R}^* \subseteq \mathcal{R}^{*,\sim}$, $\mathcal{D}^* \subseteq \mathcal{D}^{*,\sim}$, $\mathcal{J}^* \subseteq \mathcal{J}^{*,\sim}$, 且 $\mathcal{H}^* \subseteq \mathcal{H}^{*,\sim}$, 但上述关系式中的等号未必成立.

证明　　显然, 由定义知, 上述 4 个关系式中 "⊆" 成立. 这里我们只需证明上述 4 个关系式中的等号未必成立.

由定理 13.5 知, $\mathcal{R}^* \neq \mathcal{R}^{*,\sim}$. 在定理 13.5(ii) 的证明中, 容易看出幺半群 S^1 所有的 $\mathcal{R}^*[\mathcal{R}^{*,\sim}]$-类是

$$\{0\}, \quad \{1\}, \quad S\backslash\{0\}, \quad [\{0\}, \quad S^1\backslash\{0\}],$$

且 $\mathcal{R}^* = \mathcal{L}^*$. 则关于任意 $a \in S\backslash\{0\}$, 有

$$D_a^* = S\backslash\{0\} \subsetneqq S^1\backslash\{0\} = D_a^{*,\sim},$$

$$J_a^* = S \subsetneqq S^1 = J_a^{*,\sim},$$

从而

$$\mathcal{D}^* \subsetneqq \mathcal{D}^{*,\sim}, \quad \mathcal{J}^* \subsetneqq \mathcal{J}^{*,\sim}.$$

关于 $\mathcal{H}^* \subsetneqq \mathcal{H}^{*,\sim}$, 我们考虑半群 S^1, 这里 S 是一个没有幂等元, 且非右可消的左可消半群, 例如,

$$S = \left\{ \begin{pmatrix} a & b \\ 0 & 0 \end{pmatrix} \middle| a, b \in N_2 \right\}$$

在矩阵乘法下就是这样一个半群, 其中 N_2 是由所有大于等于 2 的正整数关于通常的加法和乘法构成的半环. 容易看出 S^1 是 $\mathcal{L}^{*,\sim}(= \mathcal{L}^*)$-单的, 且 $\mathcal{R}^{*,\sim}(= \widetilde{\mathcal{R}})$-单的, 但不是 $\mathcal{R}^*$-单的, 即 S^1 包含至少两个 $\mathcal{R}^*$-类, 从而 $\mathcal{H}^* \subsetneqq \mathcal{H}^{*,\sim}$ 成立.

13.3　　r-宽大半群和超 r-宽大半群

定义 13.1　　称半群 S 为 r-宽大半群, 如果 S 为 $\mathcal{L}^{*,\sim}$-富足的, 且 $\mathcal{R}^{*,\sim}$-富足的.

显然, 由定理 13.10 可知富足半群一定是 r-宽大半群. 另一方面, 例 13.2 说明 r-宽大半群未必是富足的. 这样, r-宽大半群类是富足半群的一个真扩张类.

注解 13.2　　$\mathcal{L}^{*,\sim} \circ \mathcal{R}^{*,\sim} = \mathcal{R}^{*,\sim} \circ \mathcal{L}^{*,\sim}$ 在 r-宽大半群 S 上未必成立, 即使 S 是强 rpp 半群. 这一点可从例 13.1 中看出. 又显然 $\mathcal{D}^{(l)} = \mathcal{D}^{*,\sim}$ 蕴涵了 $\mathcal{L}^{*,\sim} \circ \mathcal{R}^{*,\sim} = \mathcal{R}^{*,\sim} \circ \mathcal{L}^{*,\sim}$, 但反之不一定成立. 这一点可以从定理 13.10 证明中的第一个例子中看出.

然而, 我们有下面的结果.

引理 13.11　令 S 为 r-宽大半群. 若 S 为强 rpp 半群, 则 $\mathcal{L}^{*,\sim} \circ \mathcal{R}^{*,\sim} = \mathcal{R}^{*,\sim} \circ \mathcal{L}^{*,\sim}$, 当且仅当 $\mathcal{D}^{(l)} = \mathcal{D}^{*,\sim}$.

　　证明　必要性　显然 $\mathcal{D}^{(l)} \subseteq \mathcal{D}^{*,\sim}$. 若 $\mathcal{D}^{(l)} \subsetneqq \mathcal{D}^{*,\sim}$, 则存在一个 $\mathcal{D}^{*,\sim}$-类 $D^{*,\sim}$ 和两个 $\mathcal{D}^{(l)}$-类 $D_1^{(l)}$ 和 $D_2^{(l)}$ 满足 $D_1^{(l)} \neq D_2^{(l)}$ 使得

$$D_1^{(l)} \cup D_2^{(l)} \subseteq D^{*,\sim}.$$

现构造一个映射

$$\eta : D_1^{(l)}/(\mathcal{R}^{*,\sim} \cap \mathcal{D}^{(l)}) \to D_2^{(l)}/(\mathcal{R}^{*,\sim} \cap \mathcal{D}^{(l)}),$$

$R_1^{(l)}$ 的像为 $R_2^{(l)}$, 当且仅当 $R_1^{(l)}$ 和 $R_2^{(l)}$ 在同一个 $\mathcal{R}^{*,\sim}$-类, 这里 $R_i^{(l)}$ 是一个 $\mathcal{R}^{*,\sim} \cap \mathcal{D}^{(l)}$-类在 $D_i^{(l)}$, $i = 1, 2$.

　　因 $\mathcal{L}^{*,\sim} \circ \mathcal{R}^{*,\sim} = \mathcal{R}^{*,\sim} \circ \mathcal{L}^{*,\sim}$, 故 η 是双射. 又因 S 是 rpp 的 ($\mathcal{L}^{*,\sim}$-富足的), 故在 $D_1^{(l)}$ 中存在一个 $\mathcal{R}^{*,\sim} \cap \mathcal{D}^{(l)}$-类包含幂等元. 假设 $R_e^{(l)}$ 是那样一个类且 $e \in E(S)$. 则存在 $a \in S$ 使得

$$\eta(R_e^{(l)}) = R_a^{(l)} \subseteq D_2^{(l)}.$$

因 S 是强 rpp 的, 故

$$(\exists! f \in L_a^{*,\sim} \cap E(S))\ fa = a.$$

从而 $fe = e(a\mathcal{R}^{*,\sim}e)$, 因此 $(ef)\mathcal{R}e$. 这样, $ef \in D_1^{(l)}$. 因 $a \in R_e^{*,\sim} \cap L_f^{*,\sim}$, 且 $R_e^{*,\sim} \cap L_f^{*,\sim} \neq \varnothing$, 当且仅当 $L_e^{*,\sim} \cap R_f^{*,\sim} \neq \varnothing$ ($\mathcal{L}^{*,\sim} \circ \mathcal{R}^{*,\sim} = \mathcal{R}^{*,\sim} \circ \mathcal{L}^{*,\sim}$), 故存在 $x \in S$ 使得 $x \in L_e^{*,\sim} \cap R_f^{*,\sim}$. 因 S 是强 rpp 的,

$$(\exists! g \in L_e^{*,\sim} \cap E(S))\ gx = x.$$

这导致 $gf = f(x\mathcal{R}^{*,\sim}f)$. 因 $e\mathcal{L}^{*,\sim}g$ 及 $\mathcal{L}^{*,\sim}$ 是 S 上的右同余, 知 $(ef)\mathcal{L}^{*,\sim}(gf) = f$, 从而有 $D_1^{(l)} \cap D_2^{(l)} \neq \varnothing$. 因此, $D_1^{(l)} = D_2^{(l)}$, 这导致矛盾.

　　下面是 $\mathcal{D}^{(l)}$-类中 $D_1^{(l)}$ 和 $D_2^{(l)}$ 的 "蛋盒图".

$L_e^{*,\sim}$			$L_a^{*,\sim}$		
$x = gx$			$f = gf$		
g					
$R_e^{(l)}$ $\quad$ $e = fe$		ef	$R_a^{(l)}$ $\quad$ $a = fa$		
	$D_1^{(l)}$			$D_2^{(l)}$	

充分性　因 $\mathcal{D}^{(l)} = \mathcal{D}^{*, \sim}$, 则 $\mathcal{D}^{(l)} \cap \mathcal{R}^{*, \sim} = \mathcal{R}^{*, \sim}$. 又因 $\mathcal{R} \subseteq \mathcal{R}^{*, \sim}$ 及 $\mathcal{L}^{*, \sim} \circ \mathcal{R} = \mathcal{R} \circ \mathcal{L}^{*, \sim}$, 有 $\mathcal{L}^{*, \sim} \circ \mathcal{R}^{*, \sim} = \mathcal{R}^{*, \sim} \circ \mathcal{L}^{*, \sim}$.

引理 13.12　强 rpp 半群的每个正则元都是完全正则的.

证明　令 S 为强 rpp 半群. 首先证明 S 为 $\mathcal{D}$-本原的, 即关于任意 $e, f \in E(S)$, $e \mathcal{D} f$, 且 $e \leqslant f$ (即, $ef = fe = e$) 蕴涵 $e = f$. 令 $e, f \in E(S)$. 若 $e \mathcal{D} f$, 且 $e \leqslant f$, 则

$$(\exists\, a \in L_f \cap R_e, a' \in L_e \cap R_f) \quad e = aa', f = a'a.$$

于是有 $a' = fa'e$. 因 S 为强 rpp 的, 故

$$(\exists\,!\, a'_\dagger \in (L_{a'}^{(l)} \cap E(S)) = (L_{a'} \cap E(S)) \quad a'_\dagger a' = a',$$

于是 $a'_\dagger f = f(f \mathcal{R} a')$, 从而 $a'_\dagger e = e(e \leqslant f)$. 又由 $a'_\dagger e = a'_\dagger (a'_\dagger \in L_e)$, 得 $e = a'_\dagger$. 这样有

$$e = ef = a'_\dagger f = f.$$

令 a 为 S 的正则元, 且 $e \in R_a \cap E(S)$. 关于 $a_\dagger \in L_a \cap E(S)$, 由 $a_\dagger a = a$, 有 $a_\dagger e = e(e \mathcal{R} a)$. 从而 $e a_\dagger \in E(S)$, 且

$$(e a_\dagger) \mathcal{R} e \mathcal{R} a. \tag{13.5}$$

又因

$$e a_\dagger = (a_\dagger e) a_\dagger,$$

故 $e a_\dagger \leqslant a_\dagger$. 因 $(e a_\dagger) \mathcal{D} a_\dagger$, 且 S 为 $\mathcal{D}$-本原的, 知

$$e a_\dagger = a_\dagger \mathcal{L} a. \tag{13.6}$$

据式 (13.5) 和式 (13.6), $e a_\dagger \in H_a \cap E(S)$. 这样就证明了 a 是 S 的一个完全正则元.

定理 13.13　令 S 为 r-宽大半群. 则 S 为 $\mathcal{H}^{*, \sim}$-富足的, 当且仅当 S 为强 rpp 的, 且在 S 上 $\mathcal{D}^{(l)} = \mathcal{D}^{*, \sim} = \mathcal{L}^{*, \sim} \circ \mathcal{R}^{*, \sim}$.

证明　**必要性**　因 S 为 $\mathcal{H}^{*, \sim}$-富足的, 故关于任意 $a \in S$, $H_a^{*, \sim}$ 含幂等元. 若 $e, f \in H_a^{*, \sim} \cap E(S)$, 则 $e \mathcal{L}^{*, \sim} f$, 且 $e \mathcal{R}^{*, \sim} f$, 因此 $e = ef = f$. 这证明了 $H_a^{*, \sim}$ 只包含一个幂等元, 记它为 a^0. 显然, $a^0 a = a$. 若 $e \in L_a^{*, \sim} \cap E(S)$ 使得 $ea = a$, 则由 $a^0 \mathcal{R}^{*, \sim} a$, 得 $ea^0 = a^0$. 因 $e \mathcal{L}^{*, \sim} a^0$, 故 $ea^0 = e$, 从而 $e = a^0$. 这就证明了 S 为强 rpp 半群, 且 $a^0 = a_\dagger$. 又因 S 为 $\mathcal{H}^{*, \sim}$-富足的, 据定理 13.9 (iii), 知 $\mathcal{D}^{(l)} = \mathcal{D}^{*, \sim} = \mathcal{L}^{*, \sim} \circ \mathcal{R}^{*, \sim} = \mathcal{R}^{*, \sim} \circ \mathcal{L}^{*, \sim}$.

充分性　因 S 为 r-宽大半群, 故每一个 $\mathcal{R}^{*, \sim}$-类包含一正则 $\mathcal{R}$-类. 又, $\mathcal{D}^{(l)} = \mathcal{D}^{*, \sim}(= \mathcal{L}^{*, \sim} \circ \mathcal{R}^{*, \sim} = \mathcal{R}^{*, \sim} \circ \mathcal{L}^{*, \sim})$ 说明每一个 $\mathcal{H}^{*, \sim} = \mathcal{L}^{*, \sim} \cap \mathcal{R}^{*, \sim}$-类包含一个正则 $\mathcal{H}$-类. 因 S 是强 rpp 的, 由引理 13.12, 知 S 的每个正则元是完全正则的, 即每个正则 $\mathcal{H}$-类是群. 这样证明了, S 为一个 $\mathcal{H}^{*, \sim}$-富足半群.

注解 13.3　据引理 13.11, 定理 13.13 中条件 $\mathcal{D}^{(l)} = \mathcal{D}^{*,\sim} = \mathcal{L}^{*,\sim} \circ \mathcal{R}^{*,\sim}$ 可变为 $\mathcal{L}^{*,\sim} \circ \mathcal{R}^{*,\sim} = \mathcal{R}^{*,\sim} \circ \mathcal{L}^{*,\sim}$.

定义 13.2　称 r-宽大半群为超 r-宽大半群, 如果 S 为 $\mathcal{H}^{*,\sim}$-富足的.

由定理 13.13 和定义 13.2, 可得超 r-宽大半群的下面刻画.

定理 13.14　令 S 为 r-宽大半群. 则 S 为超 r-宽大半群, 当且仅当 S 为强 rpp 半群, 且满足 $\mathcal{D}^{(l)} = \mathcal{D}^{*,\sim} = \mathcal{L}^{*,\sim} \circ \mathcal{R}^{*,\sim} = \mathcal{R}^{*,\sim} \circ \mathcal{L}^{*,\sim}$.

若 S 为富足 [正则] 半群, 则由推论 13.7 知, $\mathcal{R}^{*,\sim} = \mathcal{R}^{*}[\mathcal{R}]$, 从而 S 为超 r-宽大半群, 当且仅当 S 为超富足 [完全正则] 半群. 因此我们有下列推论.

推论 13.15　令 S 为富足半群. 则 S 为超富足的, 当且仅当 S 为强 rpp 半群, 且满足 $\mathcal{D}^{(l)} = \mathcal{D}^{*} = \mathcal{L}^{*} \circ \mathcal{R}^{*}(= \mathcal{R}^{*} \circ \mathcal{L}^{*})$.

推论 13.16　令 S 为正则半群. 则 S 为完全正则半群, 当且仅当 S 为强 rpp 半群.

现在任意强 rpp 半群 S 上定义: 关于任意 $a, b \in S$,

$$a\mathcal{R}_{\dagger}b, \text{ 当且仅当 } a_{\dagger}\mathcal{R}b_{\dagger}.$$

则有以下结论.

定理 13.17　令 S 为强 rpp 半群. 若 $\mathcal{R}_{\dagger}$ 为 S 上的左同余, 则 $\mathcal{R}_{\dagger} = \mathcal{R}^{*,\sim}$, 从而 $\mathcal{R}^{*,\sim}$ 为 S 上的左同余.

证明　首先证明 $\mathcal{R}_{\dagger} \subseteq \mathcal{R}^{*,\sim}$. 由定理 13.6, 我们仅需证明关于任意 $a \in S$, $a\mathcal{R}^{*,\sim}a_{\dagger}$. 令 $a \in S, f \in E(S)$. 则 $fa_{\dagger} = a_{\dagger}$ 蕴涵了 $fa = a$, 因 $a_{\dagger}a = a$; 反过来, 若 $fa = a$, 则由 $\mathcal{R}_{\dagger}$ 是 S 上的左同余, 得 $a = (fa)\mathcal{R}_{\dagger}(fa_{\dagger})$, 这等价于 $a_{\dagger}\mathcal{R}(fa_{\dagger})_{\dagger}$. 于是, 有

$$a_{\dagger}(fa_{\dagger}) = a_{\dagger}(fa_{\dagger})_{\dagger}(fa_{\dagger})$$
$$= (fa_{\dagger})_{\dagger}(fa_{\dagger})$$
$$= fa_{\dagger}.$$

这就证明了 $fa_{\dagger} \in E(S)$, 即 $fa_{\dagger} = (fa_{\dagger})_{\dagger}$. 因此, 有 $fa_{\dagger} = (fa_{\dagger})a_{\dagger} = a_{\dagger}$. 从而, $fa = a$ 蕴涵了 $fa_{\dagger} = a_{\dagger}$. 于是, 有 $a\mathcal{R}^{*,\sim}a_{\dagger}$.

下面证明 $\mathcal{R}^{*,\sim} \subseteq \mathcal{R}_{\dagger}$. 若 $a\mathcal{R}^{*,\sim}b$, 则

$$a_{\dagger}\mathcal{R}_{\dagger}a\mathcal{R}^{*,\sim}b\mathcal{R}_{\dagger}b_{\dagger}.$$

鉴于 $\mathcal{R}_{\dagger} \subseteq \mathcal{R}^{*,\sim}$, 有 $a_{\dagger}\mathcal{R}^{*,\sim}b_{\dagger}$, 又据定理 13.6, 得 $a_{\dagger}\mathcal{R}b_{\dagger}$, 即 $a\mathcal{R}_{\dagger}b$.

引理 13.18　令 S 为强 rpp 半群. 则 S 的每个幂等元都是 $\mathcal{J}$-本原的, 即关于任意 $e, f \in E(S)$, $e\mathcal{J}f$ 和 $e \leqslant f$ (即, $ef = fe = e$) 蕴涵了 $e = f$.

证明　令 $e, f \in E(S)$. 若 $e\mathcal{J}f$, 则存在 $z, t \in S$ 使得 $f = zet$. 取 $x = fze, y = etf$, 则 $fx = x = xe$, 和 $xey = f$. 从而, 有 $x_\dagger f = x_\dagger(xey) = xey = f$. 若 $e \leqslant f$, 则 $x_\dagger e = e$. 又因为 $x_\dagger \mathcal{L}^{*,\sim} x$, 且 $xe = x$, 故 $x_\dagger e = x_\dagger$. 于是有, $e = x_\dagger$. 这样得 $e = ef = x_\dagger f = f$.

定理 13.19　令 S 为超 r-宽大半群. 则下列结论成立:

(i) $\mathcal{J}^{*,\sim} = \mathcal{J}^{(l)} = \mathcal{D}^{(l)} = \mathcal{D}^{*,\sim}$ 为半格同余.

(ii) $\mathcal{R}^{*,\sim} = \mathcal{R}_\dagger$ 为左同余.

证明　(i) 首先证明关于每个 $a \in S$, $J^{(l)}(a) = J(a^0)$, 这里 a^0 是 $H_a^{*,\sim}$ 中唯一的幂等元. 关于任意 $a \in S$, 有 $a^0 \in J^{(l)}(a)$, 因为 $J^{(l)}(a)$ 是 $\mathcal{L}^{*,\sim}$-渗透的. 因此, $J^{(l)}(a) \supseteq J(a^0)$. 为了证明 $J^{(l)}(a) \subseteq J(a^0)$, 我们仅需证明 $J(a^0)$ 是 $\mathcal{L}^{*,\sim}$-渗透的, 因 $a = aa^0 \in J(a^0)$. 若 $b \in J(a^0)$, 则 $(\exists x, y \in S^1)$ $b = xa^0 y$. 因 $(xa^0)\mathcal{H}^{*,\sim}(xa^0)^0$, $xa^0 = (xa^0)a^0$. 从而 $(xa^0)^0 = (xa^0)^0 a^0 \in J(a^0)$, 且

$$b = (xa^0 y)\mathcal{L}^{*,\sim}[(xa^0)^0 y]\mathcal{H}^{*,\sim}[(xa^0)^0 y]^0.$$

又因为 $(xa^0)^0(xa^0)^0 y = (xa^0)^0 y$, $(xa^0)^0[(xa^0)^0 y]^0 = [(xa^0)^0 y]^0$, 从而有

$$J(a^0) \ni (xa^0)^0[(xa^0)^0 y]^0 = [(xa^0)^0 y]^0.$$

这样, 得

$$(\forall c \in L_b^{*,\sim})\quad c = c[(xa^0)^0 y]^0 \in J(a^0).$$

这隐含了 $J(a^0)$ 是 $\mathcal{L}^{*,\sim}$-渗透的.

下证 $\mathcal{J}^{(l)} = \mathcal{D}^{(l)}$. 因

$$(\forall a \in S)\quad J^{(l)}(a) = J(a^0),$$

则关于任意 $e, f \in E(S)$, $e\mathcal{J}^{(l)}f$, 当且仅当 $e\mathcal{J}f$. 若 $a\mathcal{J}^{(l)}b$, 则 $a^0 \mathcal{J}^{(l)} b^0$, 即 $a^0 \mathcal{J} b^0$. 因此存在元素 $x, y \in S$ 使得 $a^0 = xb^0 y$, 从而有 $a^0 \mathcal{L}(b^0 ya^0)\mathcal{R}(b^0 ya^0 xb^0)$. 记 $b^0 ya^0 xb^0 = g$. 这样, 有

$$b^0 \mathcal{J} a^0 \mathcal{D} g \in E(S),$$

$$g \leqslant b^0.$$

据定理 13.13 和引理 13.18, 我们推断 $g = b^0$, 于是有 $a^0 \mathcal{D} b^0$. 这导致 $a\mathcal{D}^{(l)}b$.

据定理 13.13 和定理 13.3, $\mathcal{J}^{(l)} = \mathcal{D}^{(l)}$ 是半格同余.

据定理 13.9 (iii), 得 $\mathcal{D}^{(l)} = \mathcal{D}^{*,\sim} = \mathcal{L}^{*,\sim} \circ \mathcal{R}^{*,\sim} = \mathcal{R}^{*,\sim} \circ \mathcal{L}^{*,\sim}$, 且对于每一个 $a \in S$, $J^{(l)}(a)$ 是 $\mathcal{R}^{*,\sim}$ 渗透的, 因此 $\mathcal{J}^{(l)} = \mathcal{J}^{*,\sim}$.

(ii). 令 $a, b \in S$. 因 $b^0 \mathcal{D}^{(l)} b$ 和 $\mathcal{D}^{(l)}$ 是半格同余, 故 $(ab^0)\mathcal{D}^{(l)}(ab)$. 由 $\mathcal{L}^{*,\sim} \circ \mathcal{R}^{*,\sim} = \mathcal{R}^{*,\sim} \circ \mathcal{L}^{*,\sim}$, 得 "$H^{*,\sim} = L^{*,\sim}_{ab^0} \cap R^{*,\sim}_{ab}$" $\neq \varnothing$. 因 S 是 $\mathcal{H}^{*,\sim}$-富足的, 故 $H^{*,\sim} \cap E \neq \varnothing$. 令 $e \in H^{*,\sim} \cap E$. 则由 $(ab^0)^0(ab^0) = ab^0$, 得

$$(ab^0)^0(ab) = (ab^0)^0(ab^0)b = ab.$$

因 $e\mathcal{R}^{*,\sim}(ab)$, $e\mathcal{L}^{*,\sim}(ab^0)^0$, 故 $(ab^0)^0 e = e$ 且 $(ab^0)^0 e = (ab^0)^0$. 于是有 $e = (ab^0)^0$, 从而

$$(ab^0)\mathcal{H}^{*,\sim}(ab^0)^0 = e\mathcal{R}^{*,\sim}(ab).$$

若 $b\mathcal{R}^{*,\sim}c$, 则 $b^0\mathcal{R}^{*,\sim}c^0$. 据定理 13.6, 知 $b^0\mathcal{R}c^0$. 因 $\mathcal{R}$ 是左同余, 则关于任意 $a \in S$, 有 $(ab^0)\mathcal{R}(ac^0)$. 因此,

$$(ab)\mathcal{R}^{*,\sim}(ab^0)\mathcal{R}(ac^0)\mathcal{R}^{*,\sim}(ac).$$

这证明了 $\mathcal{R}^{*,\sim}$ 为左同余.

在定理 13.13 的证明中, 我们已证得 S 是强 rpp 的, 且关于任意 $a \in S$, 有 $a_\dagger = a^0$. 若 $a\mathcal{R}^{*,\sim}b$, 则 $a_\dagger = a^0\mathcal{R}^{*,\sim}b^0 = b_\dagger$, 这样, 由定理 13.6, 得 $a_\dagger\mathcal{R}b_\dagger$, 于是有 $a\mathcal{R}_\dagger b$. 反过来, 若 $a\mathcal{R}_\dagger b$, $a^0 = a_\dagger\mathcal{R}b_\dagger = b^0$, 从而 $a\mathcal{R}^{*,\sim}b$. 这就证明了 $\mathcal{R}_\dagger = \mathcal{R}^{*,\sim}$.

13.4 某些特殊情形

定理 13.20 若 S 为超 r-宽大半群, 则 S 为左可消幺半群的无交并.

证明 我们仅需证明 S 的每个 $\mathcal{H}^{*,\sim}$-类是左可消幺半群. 显然, 关于任意 $a \in S$, $a^0 \in H^{*,\sim}_a \cap E(S)$, 且对每个 $b \in H^{*,\sim}_a$, $a^0 b = ba^0 = b$, 这里 a^0 是 $H^{*,\sim}_a$ 中唯一的幂等元 (据定理 13.13 的证明). 因 $\mathcal{L}^{*,\sim}$ 是 S 上的右同余, 且由定理 13.19 知, $\mathcal{R}^{*,\sim}$ 是 S 上的左同余, 且关于任意 $b, c \in H^{*,\sim}_a$, 有

$$a\mathcal{L}^{*,\sim}c = (a^0 c)\mathcal{L}^{*,\sim}(bc)\mathcal{R}^{*,\sim}(ba^0) = b\mathcal{R}^{*,\sim}a,$$

即, $bc \in H^{*,\sim}_a$. 这证明了 $H^{*,\sim}_a$ 是幺半群. 显然, $H^{*,\sim}_a$ 是左可消的, 因为 $H^{*,\sim}_a \subseteq L^{*,\sim}_a$.

注解 13.4 定理 13.20 的逆一般不成立. 例 13.1 中的强 rpp 半群就是一个例子.

下例说明是左可消幺半群无交并的半群可能有不同的无交并分解方式.

例 13.3 记正整数乘法幺半群为 M. 显然, M 是可消的. 给 M 添加一元素 e 使得 $M^{(e)} = M \cup \{e\}$. 则 $M^{(e)}$ 关于下列运算构成一幺半群: 将 $M^{(e)}$ 上的运算限制到 M 上是 M 上的乘法运算, 且关于任意 $m \in M, em = me = m, ee = e$. 这样,

新的幺半群 $M^{(e)}$ 的恒等元为 e. 容易看出 $\mathcal{H}^*(=\mathcal{L}^*=\mathcal{R}^*=\mathcal{D}^*=\mathcal{J}^*)$-类是 $\{e\}$ 和 M. 因此, $M^{(e)}$ 是超富足半群, 从而 $M^{(e)}$ 是超 r-宽大半群. 我们观察到 $M^{(e)}$ 有两种不同的左可消幺半群并, 其中一个为 $M^{(e)}=M\cup\{e\}$. 另一个为 $M^{(e)}=M_1\cup M_e$, 这里 $M_1=\{1\}$, $M_e=\{e,2,3,\cdots,n,\cdots\}$.

定理 13.21　强 rpp 半群 S 为超 r-宽大半群, 当且仅当存在 S 的左可消幺半群 S_e 的无交并, 其中 $e\in E(S)$ 使得关于每个 $e\in E(S)$, 有

$$S_e\times S_e\subseteq\mathcal{R}^{*,\sim}.$$

证明　据定理 13.20 的证明, 必要性是显然的. 下证充分性. 因 S 显然是 r-宽大的, 仅需证明 S 是 $\mathcal{H}^{*,\sim}$-富足的. 关于任意 $e\in E(S)$, 令 $a\in S_e$. 因 S 是强 rpp 的, 故

$$(\exists!a_\dagger\in L_a^{*,\sim}\cap E(S))\ \ a_\dagger a=a.$$

于是有 $a_\dagger e=e$ (因 $S_e\times S_e\subseteq\mathcal{R}^{*,\sim}$). 另一方面, $ae=a$ 蕴涵了 $a_\dagger e=a_\dagger$, 因为 $a_\dagger\mathcal{L}^{*,\sim}a$. 所以 $a_\dagger=a_\dagger e=e$, 且 $S_e\times S_e\subseteq\mathcal{L}^{*,\sim}$. 注意到 $S_e\times S_e\subseteq\mathcal{R}^{*,\sim}$, 有

$$S_e\times S_e\subseteq\mathcal{H}^{*,\sim}.$$

这就证明了 S 是 $\mathcal{H}^{*,\sim}$-富足的.

我们修改了 (l)-格林关系, 从而将富足半群 [超富足] 半群推广到 r-宽大 [超 r-宽大] 半群. 下列定理说明这样修改是自然的.

定理 13.22　若 $\mathcal{R}^\diamond$ 为半群 S 上的左同余, 且满足 $\mathcal{R}^*\subseteq\mathcal{R}^\diamond$, $\mathcal{R}^\diamond|_{\mathrm{Reg}\,S}=\mathcal{R}|_{\mathrm{Reg}\,S}$. 若每一个 $\mathcal{L}^{*,\sim}\cap\mathcal{R}^\diamond(=\mathcal{H}^{*,\diamond})$-类是幺半群 (当然, 是左消幺半群), 则 $\mathcal{R}^\diamond=\mathcal{R}^{*,\sim}$.

证明　因 S 的每个 $\mathcal{L}^{*,\sim}\cap\mathcal{R}^\diamond$-类是幺半群, S 是 $\mathcal{D}^{(l)}\cap\mathcal{R}^\diamond$-富足半群. 又因为 $\mathcal{R}^\diamond|_{\mathrm{Reg}\,S}=\mathcal{R}|_{\mathrm{Reg}\,S}$, 利用定理 13.8 证明中的方法, 类似可证 $\mathcal{D}^{(l)}\supseteq\mathcal{R}^\diamond$, 即, $\mathcal{D}^{(l)}=\mathcal{D}^{*,\diamond}$, 其中 $\mathcal{D}^{*,\diamond}=\mathcal{L}^{*,\sim}\vee\mathcal{R}^\diamond$. 这样每个 $\mathcal{R}^\diamond=\mathcal{D}^{(l)}\cap\mathcal{R}^\diamond$-类恰含一个正则 $\mathcal{R}$-类, 因为 $\mathcal{R}^\diamond|_{\mathrm{Reg}\,S}=\mathcal{R}|_{\mathrm{Reg}\,S}$, 且 S 是 $\mathcal{R}^\diamond$-富足的. 令 $R_e^\diamond$ 为一 $\mathcal{R}^\diamond$-类, $e\in E(S)$, 且 $a\in R_e^\diamond, f\in H_a^{*,\diamond}\cap E(S)$. 则关于任意 $g\in E(S)$, 可以看出, 若 $ge=e$, 则 $gf=f(e\mathcal{R}f)$, 从而有 $ga=g(fa)=(gf)a=fa=a$. 反过来, 若 $ga=a$, 则由 $\mathcal{R}^\diamond$ 是 S 上的左同余, 得 $ge\in R_e^\diamond$. 于是, 若 h 是 $H_{ge}^{*,\diamond}$ 中的恒等元, 则由 $e\mathcal{R}h$, 得 $e(ge)=e(hge)=(eh)(ge)=h(ge)=ge$. 这导致 $ge\in E(S)$, 且由 $(ge)\mathcal{R}e$, 得 $ge=ge\cdot e=e$. 这就证明了 $a\mathcal{R}^{*,\sim}e$, 即, $\mathcal{R}^\diamond\subseteq\mathcal{R}^{*,\sim}$.

再据定理 13.6, $\mathcal{R}^{*,\sim}|_{\mathrm{Reg}\,S}=\mathcal{R}|_{\mathrm{Reg}\,S}$, 从而, $\mathcal{R}^\diamond=\mathcal{R}^{*,\sim}$.

定义 13.3　称超 r-宽大半群 S 为纯正左消幺半群并半群, 如果 $E(S)$ 为 S 的子半群.

称半群为矩形左消幺半群, 如果它同构于矩形带和左消幺半群的直积.

我们现给出纯正左消幺半群并半群的一个等价刻画.

定理 13.23 半群 S 为纯正左消幺半群并半群, 当且仅当 S 为 rpp 半群, 且 S 为矩形左消幺半群的半格.

证明 **必要性** 令 S 为纯正左消幺半群并半群. 显然, S 为 rpp 半群. 事实上, S 为强 rpp 的, 据定理 13.13, 定理 13.9 (iii) 和定理 13.19 知, $\mathcal{D}^{(l)} = \mathcal{D}^{*,\sim} = \mathcal{L}^{*,\sim} \circ \mathcal{R}^{*,\sim} = \mathcal{R}^{*,\sim} \circ \mathcal{L}^{*,\sim}$ 为半格同余. 我们只需证明 S 的每个 $\mathcal{D}^{(l)}$-类为矩形左消幺半群. 为此, 令 $D_e^{(l)}$ 为 S 的含 $e \in E(S)$ 的 $\mathcal{D}^{(l)}$-类. 因 S 为强 rpp 的, 由引理 13.12, $D_e^{(l)}$ 中唯一的正则 $\mathcal{D}$-类 D_e 为完全正则的. 由 $E(S)$ 为 S 的子半群, 则 D_e 为矩形群. 记

$$L_e^{*,\sim} \cap E(S)(= L_e \cap E(S)) = \{e_i \mid i \in I\},$$
$$R_e^{*,\sim} \cap E(S)(= R_e \cap E(S)) = \{f_\lambda \mid \lambda \in \Lambda\},$$

且记 $L_e^{*,\sim} \cap E(S)$ 中的 e 为 e_1, $R_e^{*,\sim} \cap E(S)$ 中的 e 为 f_1.

现考虑内右平移 $(f_\lambda)_r, (f_1)_r$, 内左平移 $(e_i)_l, (e_1)_l$ 和下面的 "蛋盒" 图.

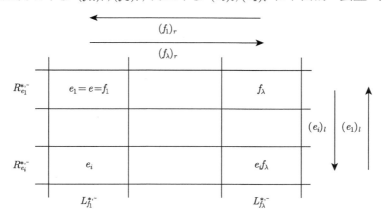

由定理 13.9 (iv), 得 $\mathcal{R} \subseteq \mathcal{R}^{*,\sim}$, $f_1, f_\lambda \in E(S)$, $f_1 \mathcal{R} f_\lambda$, 有

$$(f_\lambda)_r \mid_{L_{f_1}^{*,\sim}} \colon L_{f_1}^{*,\sim} \to L_{f_\lambda}^{*,\sim}$$

和

$$(f_1)_r \mid_{L_{f_\lambda}^{*,\sim}} \colon L_{f_\lambda}^{*,\sim} \to L_{f_1}^{*,\sim}$$

是互逆且保持 $\mathcal{R}^{*,\sim}$-类的双射. 因 $e_1, e_i \in E(S)$, $e_1 \mathcal{L} e_i$, 在定理 13.4 (ii) 中取内左平移 $(e_i)_l$ 和 $(e_1)_l$ 作为局部左平移 η 和 ξ, 由定理 13.9 (iv) 知

$$(e_i)_l \mid_{R_{e_1}^{*,\sim}} \colon R_{e_1}^{*,\sim} \to R_{e_i}^{*,\sim}$$

和

$$(e_1)_l \mid_{R_{e_i}^{*,~}}: R_{e_i}^{*,~} \to R_{e_1}^{*,~}$$

是互逆, 且保持 $\mathcal{L}^{*,~}$-类的双射, 因为 $\mathcal{R}^{*,~}$ 为左同余 (据定理 13.19), 且 $\mathcal{L} \subseteq \mathcal{L}^{*,~}$. 这样我们容易证明

$$[(e_i)_l \circ (f_\lambda)_r] \mid_{H_{e_1}^{*,~}}: \quad H_{e_1}^{*,~} \to H_{e_i f_\lambda}^{*,~} = R_{e_i}^{*,~} \cap L_{f_\lambda}^{*,~},$$
$$a \mapsto e_i a f_\lambda \quad (e_i e_1 f_\lambda = e_i f_\lambda), \tag{13.7}$$

$$[(f_1)_r \circ (e_1)_l] \mid_{H_{e_i f_\lambda}^{*,~}}: \quad H_{e_i f_\lambda}^{*,~} \to H_{e_1 = f_1}^{*,~}$$

是互逆双射. 因此, 我们有

$$(\forall f, g \in E(S) \cap D_e^{(l)}) \quad fg \in R_f^{*,~} \cap L_g^{*,~} \cap E(S). \tag{13.8}$$

显然, 上述映射

$$[(e_i)_l \circ (f_\lambda)_r]|_{H_{e_1}^{*,~}} : a \mapsto e_i a f_\lambda$$

是从幺半群 $H_{e_1}^{*,~}$ 到幺半群 $H_{e_i f_\lambda}^{*,~}$ 的同构. 事实上, 由式 (13.8) 知

$$(e_i a f_\lambda)(e_i b f_\lambda) = (e_i a)(f_\lambda e_i)(b f_\lambda)$$
$$= (e_i a) e_1 (b f_\lambda)$$
$$= e_i (ab) f_\lambda.$$

现定义

$$\theta : D_e^{(l)} \to M \times (I \times \Lambda), \quad e_i a f_\lambda \mapsto (i, a, \lambda),$$

由定理 13.20, M 为可消幺半群 $H_e^{*,~}$. 这样, 由式 (13.7) 知, θ 为双射, 又据下列等式

$$\theta[(e_i a f_\lambda)(e_j b f_\mu)]$$
$$= \theta(e_i ab f_\mu)$$
$$= (i, ab, \mu)$$
$$= (i, a, \lambda)(j, b, \mu),$$

θ 为从半群 $D_e^{(l)}$ 到半群 $M \times (I \times \Lambda)$ 的同构. 这证明了 $D_e^{(l)}$ 为矩形左消幺半群.

充分性　令 rpp 半群 S 为矩形左消幺半群 $N_\alpha = I_\alpha \times M_\alpha \times \Lambda_\alpha$ 的半格 Y, 其中关于每个 $\alpha \in Y$, M_α 为左消幺半群, $I_\alpha[\Lambda_\alpha]$ 为左 [右] 零带.

显然

$$E(S) = \{(i, 1_\alpha, \lambda) \mid i \in I_\alpha, \lambda \in \Lambda_\alpha, \alpha \in Y\},$$

这里, 关于任意 $\alpha \in Y$, 1_α 为左消幺半群 M_α 中的恒等元, 且

$$(i, 1_\alpha, \lambda)\mathcal{R}(j, 1_\beta, \mu), \quad \text{当且仅当} \alpha = \beta, i = j, \tag{13.9}$$

$$(i, 1_\alpha, \lambda) \mathcal{L} (j, 1_\beta, \mu), \quad \text{当且仅当} \alpha = \beta, \lambda = \mu. \tag{13.10}$$

我们首先证明 S 的 $\mathcal{R}^{*,\sim}$-类为下列子集:

$$\{i\} \times M_\alpha \times \Lambda_\alpha, \quad i \in I_\alpha, \alpha \in Y.$$

为此, 令 $\alpha, \beta \in Y$, $e = (i, 1_\alpha, \lambda) \in N_\alpha$, $x = (i, a, \lambda) \in N_\alpha$, 且 $f = (j, 1_\beta, \mu) \in N_\beta$. 显然 $fe = e$ 蕴涵 $fx = x$; 反过来, 若 $fx = x$, 则 $\beta \geqslant \alpha$, 且 $fe \in N_\alpha$. 因 $x = fx = f(ex) = (fe)x$ 和 $(fe)e = fe$, 可以看出 $fe = (i, -, \lambda)$. 从而 $e(fe) = fe$. 这表明 $fe \in E(S)$. 于是有 $fe = e$. 再据 (13.9), 每个 $\{i\} \times M_\alpha \times \Lambda_\alpha$ 被包含在 S 的同一个 $\mathcal{R}^{*,\sim}$-类中. 另一方面, 又由式 (13.9), 每个 $\{i\} \times M_\alpha \times \Lambda_\alpha$ 含 S 的一个正则 $\mathcal{R}$-类. 从而由定理 13.6 知, 每个 $\{i\} \times M_\alpha \times \Lambda_\alpha$ 恰好是 S 的一个 $\mathcal{R}^{*,\sim}$-类.

下面证明 S 的 $\mathcal{L}^{*,\sim}$-类为下列子集:

$$I_\alpha \times M_\alpha \times \{\lambda\}, \quad \lambda \in \Lambda_\alpha, \alpha \in Y.$$

事实上, 用上面类似的方法, 可证每个 $I_\alpha \times M_\alpha \times \{\lambda\}$ 恰为 S 的一个 $\widetilde{\mathcal{L}}$-类, 这里 $\widetilde{\mathcal{L}}$ 是 $\widetilde{\mathcal{R}}$ 的左–右对偶. 因 S 是 rpp 半群 (即 $\mathcal{L}^{*,\sim}$-富足的), $\mathcal{L}^{*,\sim} \subseteq \widetilde{\mathcal{L}}$, 再据定理 13.6 的对偶, 得 $\mathcal{L}^{*,\sim} = \widetilde{\mathcal{L}}$. 这就证明了每一个 N_α 是 S 的一个 $\mathcal{D}^{*,\sim}$-类, 且 S 是 $\mathcal{H}^{*,\sim}$-富足的.

最后, 我们证明 $E(S)$ 为 S 的子半群. 显然, $E(N_\alpha)$ 为 N_α 的子半群. 现令 $\alpha, \beta \in Y, e \in E(N_\alpha), f \in E(N_\beta), g = (ef)^0 e$, 且 $h = f(ef)^0$. 由 $(ef) \mathcal{R}^{*,\sim} (ef)^0$ 及 $e(ef) = ef$, 则 $e(ef)^0 = (ef)^0$, $g^2 = [(ef)^0 e][(ef)^0 e] = (ef)^0 e = g \in E(N_{\alpha\beta})$. 类似地, 可以证明 $h \in E(N_{\alpha\beta})$. 因此, $gh \in E(N_{\alpha\beta})$. 然而, 因 $ef = (ef)^0 ef(ef)^0 = gh$, 从而有 $ef \in E(S)$. 这就证明了 $E(S)$ 为 S 的子半群. 因此 S 为纯正左消幺半群并半群.

类似于矩形群和矩形左消幺半群, 我们称可消幺半群 M 为矩形可消幺半群, 如果它可以表示为矩形带和可消幺半群的直积.

类似于推论 13.15 和推论 13.16, 我们有下面的推论.

推论 13.24 半群 S 为纯正可消幺半群并半群, 当且仅当 S 为富足半群, 且 S 为矩形左消幺半群的半格.

推论 13.25 半群 S 为纯正群, 当且仅当 S 为矩形群的半格. 因存在非可消的左消幺半群, 则有下列真包含关系

$$\{\text{纯正可消幺半群并半群}\} \subsetneq \{\text{纯正左消幺半群并半群}\}.$$

第14章 纯正左消幺半群并半群

在完全正则半群理论中, 纯正群并半群占据极为重要的地位. 本章, 基于广义格林关系-(∗,~), 在 r-宽大半群类中我们将纯正群并半群自然推广到纯正左消幺半群并半群, 并建立这类半群的代数结构. 随后, 讨论它的若干特殊情形.

定理 13.5 已指出 $\mathcal{R}^{*,\sim}$ 通常不是半群 S 上的左同余, 即使 S 是 $\widetilde{\mathcal{R}}$-富足半群, 但在 $\mathcal{H}^{*,\sim}$-富足半群 S 上, 关系 $\mathcal{R}^{*,\sim}$ 是左同余.

在第 13 章, 我们称超 r-宽大半群 S 为纯正左消幺半群并半群, 如果 $E(S)$ 是 S 的子半群. 显然, 超 r-宽大半群未必是超富足的, 因为存在非可消的左消幺半群.

14.1 一般结构

我们知道, 在任意半群 S 上, $\mathcal{L} \subseteq \mathcal{L}^*$ 恒成立, 且关于任意正则元 $a,b \in S$, 有 $(a,b) \in \mathcal{L}^*$, 当且仅当 $(a,b) \in \mathcal{L}$. 关系 $\mathcal{R}^*$ 为 $\mathcal{L}^*$ 的对偶.

称半群 S 为矩形左消幺半群 [矩形可消幺半群], 如果 S 同构于矩形带与左消幺半群 [可消幺半群] 的直积.

令 S 为纯正左消幺半群并半群. 则由定义, S 为 rpp 的, 且 $E(S)$ 为带; 由定理 13.23, 我们总可以假定 S 为矩形左消幺半群 S_α 的半格 Y, 记其为 $S = (Y, S_\alpha)$.

从定理 13.23 的证明中, 我们可得下面的结论.

引理 14.1 令 $S = (Y, S_\alpha)$ 为纯正左消幺半群并半群, $\alpha, \beta \in Y$, $a = (i, g, \lambda) \in S_\alpha$, $(j, h, \mu) \in S_\beta$. 则下列各款成立:

(i) $a\mathcal{R}^{*,\sim}b \Leftrightarrow \alpha = \beta, i = j$;

(ii) $a\mathcal{L}^{*,\sim}b \Leftrightarrow \alpha = \beta, \lambda = \mu$;

(iii) $a\mathcal{D}^{*,\sim}b \Leftrightarrow \alpha = \beta$;

(iv) $a\mathcal{H}^{*,\sim}b \Leftrightarrow \alpha = \beta, i = j, \lambda = \mu$.

据定理 13.23 和定义, 我们易得下面的结论.

引理 14.2 令 $S = (Y, S_\alpha)$ 为纯正左消幺半群并半群. 则关于任意 $\alpha, \beta \in Y$, $\alpha \leqslant \beta$, $E(S_\alpha)$ 为矩形带, 且关于任意 $a, b \in S_\alpha, e \in E(S_\beta)$, $ab = aeb$.

令 Y 为半格, $\alpha, \beta \in Y$; $S_\alpha = I_\alpha \times M_\alpha \times \Lambda_\alpha$ 为矩形左消幺半群, 且满足当 $\alpha \neq \beta$ 时, $S_\alpha \cap S_\beta \neq \varnothing$; $M = [Y; M_\alpha, \chi_{\alpha,\beta}]$ 为 M_α 的强半格; $S = \bigcup_{\alpha \in Y} S_\alpha$.

关于任意 $\alpha, \beta \in Y$, 定义下面的映射

$$\varphi_{\alpha,\beta}: \quad S_\alpha \times I_\beta \to I_{\alpha\beta}, \quad (a, j) \mapsto \langle a, j \rangle,$$

$$\psi_{\alpha,\beta}: \quad \Lambda_\alpha \times S_\beta \to \Lambda_{\alpha\beta}, \quad (\lambda, b) \mapsto [\lambda, a],$$

且满足下面的条件:

关于任意 $a = (i, g, \lambda) \in S_\alpha$, $b = (j, h, \mu) \in S_\beta$, $c = (k, l, \nu) \in S_\gamma$, $m = (\langle a, j \rangle, g\chi_{\alpha,\alpha\beta}h\chi_{\beta,\alpha\beta}, [\lambda, b]) \in S_{\alpha\beta}$ 及 $n = (\langle b, k \rangle, h\chi_{\beta,\beta\gamma}l\chi_{\gamma,\beta\gamma}, [\mu, c]) \in S_{\beta\gamma}$,

(P1) 若 $\alpha \leqslant \beta$, 则 $\langle a, j \rangle = i$;

(Q1) 若 $\alpha \geqslant \beta$, 则 $[\lambda, b] = \mu$.

(P2) $\langle m, k \rangle = \langle a, \langle b, k \rangle \rangle$;

(Q2) $[[\lambda, b], c] = [\lambda, n]$.

(P3) 令 $u = (p, r, \omega_1) \in S_\delta, v = (q, s, \omega_2) \in S_\varepsilon$. 若

$$\langle a, p \rangle = \langle a, q \rangle, \quad g\chi_{\alpha,\alpha\delta}r\chi_{\delta,\alpha\delta} = g\chi_{\alpha,\alpha\varepsilon}s\chi_{\varepsilon,\alpha\varepsilon}, \quad [\lambda, u] = [\lambda, v],$$

则 $\langle a^0, p \rangle = \langle a^0, q \rangle$, 这里 a^0 为幺半群 $H_a^{*,\sim}$ 中的恒等元.

在集合 $S = \bigcup_{\alpha \in Y} S_\alpha$ 上定义运算 "$\circ$" 如下:

$$(i, g, \lambda)(j, h, \mu) = (\langle a, j \rangle, g\chi_{\alpha,\alpha\beta}h\chi_{\beta,\alpha\beta}, [\lambda, b]). \tag{14.1}$$

定理 14.3　上述集合 S 在由式 (14.1) 确定的运算下构成纯正左消幺半群并半群, 记它为

$$S = S(Y, S_\alpha, M, \varphi_{\alpha,\beta}, \psi_{\alpha,\beta}),$$

且运算 "$\circ$" 限制到每个矩形左消幺半群 S_α 上与 S_α 上原有的运算一致.

反过来, 每个纯正左消幺半群并半群均可如此构造.

证明　首先, 令 S 为纯正左消幺半群并半群. 则由定理 13.23, 可以假定 S 为矩形左消幺半群 $S_\alpha = I_\alpha \times M_\alpha \times \Lambda_\alpha$ 的半格 Y.

(1) 注意到引理 14.2 对于纯正左消幺半群并半群也成立. 我们可以用这一事实和文献 [28] 的引理 V.2.2 证明中的方法构作半群 M_α 的强半格, 记 $M = [Y; M_\alpha, \chi_{\alpha,\beta}]$, 它满足关于任意 $\alpha, \beta \in Y$, $a = (i, g, \lambda) \in S_\alpha$ 和 $b = (j, h, \mu) \in S_\beta$,

$$(i, g, \lambda)(j, h, \mu) = (k', g\chi_{\alpha,\alpha\beta}h\chi_{\beta,\alpha\beta}, \nu') \in S_{\alpha\beta}. \tag{14.2}$$

我们称上述半群 M 为 S 的左消-Clifford 成分.

(2) 因 $\mathcal{R}^{*,\sim}[\mathcal{L}^{*,\sim}]$ 为左 [右] 同余, 且据引理 14.1, 我们可推断式 (14.2) 中的 $k'[\nu']$ 与 h 和 μ [i 和 g] 的选择无关. 记

$$k' = \langle a, j \rangle, \quad \nu' = [\lambda, b]. \tag{14.3}$$

则由式 (14.3), 定义映射

$$\varphi_{\alpha,\beta} : S_\alpha \times I_\beta \to I_{\alpha\beta}, \quad (a,j) \mapsto \langle a,j \rangle$$

和

$$\psi_{\alpha,\beta} : \Lambda_\alpha \times S_\beta \to \Lambda_{\alpha\beta}, \quad (\lambda,b) \mapsto [\lambda,b].$$

这样我们可用映射 $\varphi_{\alpha,\beta}$, $\psi_{\alpha,\beta}$ 和 $\chi_{\alpha,\beta}$ 将半群 S 上的运算 (14.2) 改写为

$$(i,g,\lambda)(j,h,\mu) = (\langle a,j \rangle, g\chi_{\alpha,\alpha\beta} h\chi_{\beta,\alpha\beta}, [\lambda,b]). \tag{14.4}$$

若 $\alpha \leqslant \beta$, 则 $(i,g,\lambda)(j,h,\mu) \in S_\alpha$, 且

$$\begin{aligned}
&(i,g,\lambda)(j,h,\mu) \\
={} &[(i,1_\alpha,\lambda)(i,g,\lambda)](j,h,\mu) \\
={} &(i,1_\alpha,\lambda)[(i,g,\lambda)(j,h,\mu)] \\
={} &(i,-,-).
\end{aligned}$$

由式 (14.4), $\langle a,j \rangle = i$. 这就证明了 $\varphi_{\alpha,\beta}$ 满足上述条件 (P1). 类似可证 $\psi_{\alpha,\beta}$ 满足上述条件 (Q1).

关于任意 $\alpha,\beta \in Y$, $a = (i,g,\lambda) \in S_\alpha$, $b = (j,h,\mu) \in S_\beta$ 和 $c = (k,l,\nu) \in S_\gamma$, 由式 (14.4), 有

$$\begin{aligned}
&[(i,g,\lambda)(j,h,\mu)](k,l,\nu) \\
={} &(\langle a,j \rangle, g\chi_{\alpha,\alpha\beta} h\chi_{\beta,\alpha\beta}, [\lambda,b])(k,l,\nu) \\
={} &(\langle m,k \rangle, g\chi_{\alpha,\alpha\beta\gamma} h\chi_{\beta,\alpha\beta\gamma} l\chi_{\gamma,\alpha\beta\gamma}, [[\lambda,b],c])
\end{aligned}$$

和

$$\begin{aligned}
&(i,g,\lambda)[(j,h,\mu)(k,l,\nu)] \\
={} &(i,g,\lambda)(\langle b,k \rangle, h\chi_{\beta,\beta\gamma} l\chi_{\gamma,\beta\gamma}, [\mu,c]) \\
={} &(\langle a,\langle b,k \rangle \rangle, g\chi_{\alpha,\alpha\beta\gamma} h\chi_{\beta,\alpha\beta\gamma} l\chi_{\gamma,\alpha\beta\gamma}, [\lambda,n]).
\end{aligned}$$

因此, $\langle m,k \rangle = \langle a,\langle b,k \rangle \rangle$ 和 $[[\lambda,b],c] = [\lambda,n]$. 这就证明了 $\varphi_{\alpha,\beta}$, $\psi_{\alpha,\beta}$ 分别满足上述条件 (P2), (Q2).

令 $a = (i,g,\lambda) \in S_\alpha$. 因 S 为纯正左消幺半群并半群, 由引理 14.1, 有

$$a = (i,g,\lambda) \mathcal{L}^{*,\sim} (i,1_\alpha,\lambda) = a^0.$$

因此, 关于任意 $u = (p, r, \omega_1) \in S_\delta, v = (q, s, \omega_2) \in S_\varepsilon$, 若

$$(i, g, \lambda)(p, r, \omega_1) = (i, g, \lambda)(q, s, \omega_2),$$

则

$$(i, 1_\alpha, \lambda)(p, r, \omega_1) = (i, 1_\alpha, \lambda)(q, s, \omega_2).$$

又据式 (14.4), 知

$$\langle a, p \rangle = \langle a, q \rangle, \quad g\chi_{\alpha,\alpha\delta} r \chi_{\delta,\alpha\delta} = g\chi_{\alpha,\alpha\varepsilon} s \chi_{\varepsilon,\alpha\varepsilon}, \quad [\lambda, u] = [\lambda, v],$$

蕴涵了 $\langle a^0, p \rangle = \langle a^0, q \rangle$. 这就证明了 $\phi_{\alpha,\beta}$ 和 $\varphi_{\alpha,\beta}$ 满足上述条件 (P3).

其次, 令 Y 为半格, $\alpha, \beta \in Y$; $S_\alpha = I_\alpha \times M_\alpha \times \Lambda_\alpha$ 为矩形左消幺半群, 且满足当 $\alpha \neq \beta$ 时, $S_\alpha \cap S_\beta \neq \varnothing$; $M = [Y; M_\alpha, \chi_{\alpha,\beta}]$ 为 M_α 的强半格, 且存在映射

$$\varphi_{\alpha,\beta} : S_\alpha \times I_\beta \longrightarrow I_{\alpha\beta}$$

和

$$\psi_{\alpha,\beta} : \Lambda_\alpha \times S_\beta \longrightarrow \Lambda_{\alpha\beta},$$

满足上述条件 (P1)—(P3), (Q1)—(Q2). 这样可以证明

$$S = \bigcup_{\alpha \in Y} (I_\alpha \times M_\alpha \times \Lambda_\alpha)$$

在上述由式 (14.2) 确定的运算下构成纯正左消幺半群并半群.

据 (P2), (Q2) 和式 (14.1), 容易证明 S 在运算 "$\circ$" 下形成矩形左消幺半群 S_α 的半格. 又据 (P1) 和 (Q1), 可知 "$\circ$" 限制到每个矩形左消幺半群 S_α 与 S_α 上原有运算一致.

令 $a = (i, g, \lambda) \in S_\alpha$. 关于任意 $u = (p, r, \omega_1) \in S_\delta, v = (q, s, \omega_2) \in S_\varepsilon$, 若

$$(i, g, \lambda)(p, r, \omega_1) = (i, g, \lambda)(q, s, \omega_2),$$

则

$$(\langle a, p \rangle, g\chi_{\alpha,\alpha\delta} r \chi_{\delta,\alpha\delta}, [\lambda, u]) = (\langle a, q \rangle, g\chi_{\alpha,\alpha\varepsilon} s \chi_{\varepsilon,\alpha\varepsilon}, [\lambda, v]),$$

即

$$\langle a, p \rangle = \langle a, q \rangle, \quad g\chi_{\alpha,\alpha\delta} r \chi_{\delta,\alpha\delta} = g\chi_{\alpha,\alpha\varepsilon} s \chi_{\varepsilon,\alpha\varepsilon}, \quad [\lambda, u] = [\lambda, v].$$

由 (P3), 有

$$\langle a^0, p \rangle = \langle a^0, q \rangle.$$

又因 $M_{\alpha\delta}(= M_{\alpha\varepsilon})$ 为左消幺半群, 得

$$r\chi_{\delta,\alpha\delta} = s\chi_{\varepsilon,\alpha\varepsilon}.$$

故

$$(\langle a^0, p\rangle, r\chi_{\delta,\alpha\delta}, [\lambda, u]) = (\langle a^0, q\rangle, s\chi_{\varepsilon,\alpha\varepsilon}, [\lambda, v]),$$

即,

$$(i, 1_\alpha, \lambda)(p, r, \omega_1) = (i, 1_\alpha, \lambda)(q, s, \omega_2).$$

又据推论 9.2 及 $(i, g, \lambda)(i, 1_\alpha, \lambda) = (i, g, \lambda)$, 得

$$(i, g, \lambda)\mathcal{L}^{*,\sim}(i, 1_\alpha, \lambda).$$

这就证明了 S 为 rpp 半群. 又据定理 13.23, 知 S 为纯正左消幺半群并半群.

下面我们考虑定理 14.3 的两个特殊情况.

在定理 14.3 中, 若取 $S_\alpha = I_\alpha \times M_\alpha \times \Lambda_\alpha$ 为矩形可消幺半群, 再加下面条件:
(Q3) 令 $u = (p, r, \omega_1) \in S_\delta, v = (q, s, \omega_2) \in S_\varepsilon$. 若

$$\langle u, i\rangle = \langle v, i\rangle, \quad r\chi_{\delta,\alpha\delta}g\chi_{\alpha,\alpha\delta} = s\chi_{\varepsilon,\alpha\varepsilon}g\chi_{\alpha,\alpha\varepsilon}, \quad [\omega_1, a] = [\omega_2, a],$$

则 $[\omega_1, a^0] = [\omega_2, a^0]$.

据推论 13.24 和定理 14.3, 我们可得下列推论.

推论 14.4   集合 S 在上述运算 (14.1) 下构成纯正可消幺半群并半群, 记

$$S = S(Y, S_\alpha, M, \varphi_{\alpha,\beta}, \psi_{\alpha,\beta}),$$

且运算 "$\circ$" 限制到每个矩形可消幺半群 S_α 上与 S_α 上原有运算一致.

反过来, 每个纯正可消幺半群并半群均可如此构造.

在定理 14.3 中, 若取 $S_\alpha = I_\alpha \times M_\alpha \times \Lambda_\alpha$ 为矩形群, 且去掉条件 (P3), 则由推论 13.25 和定理 14.3, 可得下列推论.

推论 14.5   集合 S 在上述运算 (14.1) 下构成一纯正群并半群, 记

$$S = S(Y, S_\alpha, M, \varphi_{\alpha,\beta}, \psi_{\alpha,\beta}),$$

且运算 "$\circ$" 限制到每个矩形群 S_α 上与 S_α 上原有运算一致.

反过来, 每个纯正群并半群均可如此构造.

14.2 超 r-宽大半群的半格分解

据定理 13.9 和定理 3.19, 我们立即有下面的引理.

引理 14.6 令 S 为超 r-宽大半群. 则下列各款成立:

(i) $\mathcal{D}^{*,\sim} = \mathcal{L}^{*,\sim} \circ \mathcal{R}^{*,\sim} = \mathcal{R}^{*,\sim} \circ \mathcal{L}^{*,\sim}$;

(ii) S 的每个 $\mathcal{H}^{*,\sim}$ 类为左消幺半群;

(iii) $\mathcal{J}^{*,\sim} = \mathcal{J}^{(l)} = \mathcal{D}^{(l)} = \mathcal{D}^{*,\sim}$ 为半格同余.

定义 14.1 称半群 S 为完全 $\mathcal{J}^{*,\sim}$-单半群, 如果它为超 r-宽大半群, 且为 $\mathcal{J}^{*,\sim}$-单的.

显然, 完全 $\mathcal{J}^{*}$-单半群一定为完全 $\mathcal{J}^{*,\sim}$-单的. 因存在非双消的左消幺半群, 可得下列真包含关系

$$\{\text{完全 } \mathcal{J}^{*}\text{-单半群}\} \subsetneqq \{\text{完全 } \mathcal{J}^{*,\sim}\text{-单半群}\}.$$

下面我们给出超 r-宽大半群的半格分解定理.

定理 14.7 半群 S 为超 r-宽大半群, 当且仅当 S 为完全 $\mathcal{J}^{*,\sim}$-单半群的半格 Y, 且关于任意 $\alpha \in Y$ 和 $a \in S_\alpha$, 总有 $L_a^{*,\sim}(S) = L_a^{*,\sim}(S_\alpha)$, $R_a^{*,\sim}(S) = R_a^{*,\sim}(S_\alpha)$.

证明 **必要性** 假定 S 为超 r-宽大半群. 则据引理 14.6 (iii), S 为 $\mathcal{J}^{*,\sim}$-类的半格 $Y = S/\mathcal{J}^{*,\sim}$. 若 $a \in S$, 则存在幂等元 e 使得 $a\mathcal{H}^{*,\sim}e$. 因 $\mathcal{L}^{*,\sim}, \mathcal{R}^{*,\sim}$ 分别为 S 上的右、左同余, $a\mathcal{H}^{*,\sim}a^2$, 从而 $a\mathcal{J}^{*,\sim}a^2$. 若 $b, c \in J_a^{*,\sim}$, 则 $bc\mathcal{J}^{*,\sim}a^2\mathcal{J}^{*,\sim}a$, 因 $\mathcal{J}^{*,\sim}$ 为 S 上的同余. 这就证明了 $J_a^{*,\sim}$ 为 S 的子半群.

令 $b \in J_a^{*,\sim}(S)$, $(a,b) \in \mathcal{L}^{*,\sim}(J_a^{*,\sim})$, 且令 e, f 分别为 $H_a^{*,\sim}(S)$ 和 $H_b^{*,\sim}(S)$ 中的幂等元. 显然 $e, f \in J_a^{*,\sim}$, 从而 $(e,f) \in \mathcal{L}^{*,\sim}(J_a^{*,\sim})$, 即, $ef = e, fe = f$. 因此 $(e,f) \in \mathcal{L}^{*,\sim}(S)$. 据 $(a,e) \in \mathcal{L}^{*,\sim}(S)$, $(b,f) \in \mathcal{L}^{*,\sim}(S)$, 得 $(a,b) \in \mathcal{L}^{*,\sim}(S)$. 又因 $L_a^{*,\sim}(S) \subseteq J_a^{*,\sim}$, 得 $L_a^{*,\sim}(S) = L_a^{*,\sim}(J_a^{*,\sim})$. 类似地, 可以证明 $R_a^{*,\sim}(S) = R_a^{*,\sim}(J_a^{*,\sim})$. 从而

$$H_a^{*,\sim}(S) = H_a^{*,\sim}(J_a^{*,\sim}).$$

这样, $J_a^{*,\sim}$ 为超 r-宽大半群.

若 $b \in J_a^{*,\sim}(S)$, 则由引理 14.6(iii), 我们可得 $(a,b) \in D^{*,\sim}(S)$. 又据引理 14.6(i), 知存在元素 $c \in L_a^{*,\sim}(S) \cap R_a^{*,\sim}(S) = L_a^{*,\sim}(J_a^{*,\sim}) \cap R_a^{*,\sim}(J_a^{*,\sim})$. 这证明了 a, b 在 $J_a^{*,\sim}$ 中是 $\mathcal{D}^{*,\sim}$-相关的, 从而 $J_a^{*,\sim}$ 是 $\mathcal{J}^{*,\sim}$-单的. 因此 $J_a^{*,\sim}$ 是完全 $\mathcal{J}^{*,\sim}$-单半群. 又据引理 14.6 (iii), 可得 S 为完全 $\mathcal{J}^{*,\sim}$-单半群的半格.

充分性 若 S 为完全 $\mathcal{J}^{*,\sim}$-单半群 S_α 的半格 Y, 且满足关于任意 $\alpha \in Y$ 和 $a \in S_\alpha$, $L_a^{*,\sim}(S) = L_a^{*,\sim}(S_\alpha)$, $R_a^{*,\sim}(S) = R_a^{*,\sim}(S_\alpha)$, 则 S 中每个 $\mathcal{H}^{*,\sim}$-类, 即为 S_α 中的 $\mathcal{H}^{*,\sim}$-类, 因此 S 为超 r-宽大半群.

14.3　纯正密码左消幺半群并半群

定义 14.2　称纯正左消幺半群并半群 [纯正可消幺半群并半群] S 为纯正密码左消幺半群并半群 [纯正密码可消幺半群并半群], 如果 $\mathcal{H}^{*,\sim}$ [$\mathcal{H}^*$] 为半群 S 上的同余.

显然, 纯正密码群并半群一定是纯正密码左消幺半群并半群.

因可消幺半群未必是群, 左消幺半群未必是可消的, 有下列真包含关系

$$\{\text{纯正密码群并半群}\}$$
$$\subsetneqq \{\text{纯正密码可消幺半群并半群}\}$$
$$\subsetneqq \{\text{纯正密码左消幺半群并半群}\}.$$

下面给出左消-Clifford 半群的定义.

定义 14.3　称 r-宽大半群 S 为左消-Clifford 半群, 如果 S 的幂等元集在半群的中心里, 即, 关于任意幂等元 e 和任意元素 $x \in S$, $ex = xe$. 称半群上的同余 ρ 为左消-Clifford 同余, 如果 S/ρ 为左消-Clifford 半群.

引理 14.8　令 S 为左消-Clifford 半群. 则 $\mathcal{L}^{*,\sim} = \mathcal{R}^{*,\sim}$, S 为 $\mathcal{H}^{*,\sim}$-富足的. 从而, 由引理 14.7, 得 $\mathcal{H}^{*,\sim} = \mathcal{L}^{*,\sim} = \mathcal{R}^{*,\sim} = \mathcal{D}^{*,\sim} = \mathcal{J}^{*,\sim}$.

证明　因 S 为左消-Clifford 半群, 一方面 S 中的幂等元为中心的, 因而 $\widetilde{\mathcal{R}} = \widetilde{\mathcal{L}}$; 另一方面, S 是 r-宽大半群. 由定理 13.6 的对偶, $\mathcal{L}^* = \widetilde{\mathcal{L}}$. 然而, 由定义得 $\mathcal{L}^{*,\sim} = \mathcal{L}^*$, $\mathcal{R}^{*,\sim} = \widetilde{\mathcal{R}}$, 从而 $\mathcal{R}^{*,\sim} = \mathcal{L}^{*,\sim}$, 这证明了 S 是 $\mathcal{H}^{*,\sim}$-富足的.

定理 14.9　令 M 为具有幂等元集 E 的半群. 则下列各款等价:

(1) M 为左消-Clifford 半群;

(2) M 为 r-宽大的, 且 $\mathcal{D}^{*,\sim} \cap (E \times E) = 1_E$;

(3) M 为左消幺半群的半格;

(4) M 为左消幺半群的强半格.

证明　(1) $\Rightarrow$ (2). 由定义, 知 M 为 r-宽大半群. 若 $(e, f) \in \mathcal{D}^{*,\sim} \cap (E \times E)$, 则由引理 14.6 (iii), $e\mathcal{D}^{(l)}f$, 即, $e\mathcal{L}^*c\mathcal{R}f$. 据定理 13.6, $e\mathcal{L}c\mathcal{R}f$, 即, $e\mathcal{D}f$. 则存在元素 a 和它的逆元 a' 使得 $aa' = e, a'a = f$. 因此, 由幂等元 e 和 f 在中心, 有

$$e = e^2 = a(a'a)a' = afa' = faa' = a'aaa' = a'ae = a'ea = a'aa'a = f^2 = f,$$

从而 $\mathcal{D}^{*,\sim} \cap (E \times E) = 1_E$.

(2) $\Rightarrow$ (3). 若 M 为 r-宽大半群, 且 $\mathcal{D}^{*,\sim} \cap (E \times E) = 1_E$, 则在每个 $\mathcal{D}^{*,\sim}$-类中仅有一个 $\mathcal{L}^{*,\sim}$-类. 因此 $\mathcal{D}^{*,\sim} = \mathcal{L}^{*,\sim}$. 类似地, 我们可得 $\mathcal{D}^{*,\sim} = \mathcal{R}^{*,\sim}$. 这证明了 $\mathcal{D}^{*,\sim} = \mathcal{H}^{*,\sim}$, 从而 M 是 $\mathcal{H}^{*,\sim}$-富足的, 即, M 为超 r-宽大半群. 据定理 14.7, M 是

完全 $\mathcal{J}^{*,\sim}$-单半群的半格. 因 $\mathcal{D}^{*,\sim} = \mathcal{H}^{*,\sim}$, 由引理 14.6 (ii), 知每个 M_α 都为左消幺半群. 因此 M 为左消幺半群的半格.

(3) $\Rightarrow$ (4). 令 M 为左消幺半群 $M_\alpha(\alpha \in Y)$ 的半格, 且关于任意 $\alpha \in Y$, 令 1_α 为 M_α 中的恒等元. 若 $\alpha \geqslant \beta \in Y$, 则 $\alpha\beta = \beta$. 因而, 关于任意 $a_\alpha \in M_\alpha$, $a_\alpha 1_\beta \in M_\alpha M_\beta \subseteq M_{\alpha\beta} = M_\beta$. 这样可定义映射 $\phi_{\alpha,\beta} : M_\alpha \to M_\beta$ 使得

$$a_\alpha \phi_{\alpha,\beta} = a_\alpha 1_\beta \ (a_\alpha \in M_\alpha).$$

易知 $\phi_{\alpha,\alpha}$ 是 M_α 上的恒等自同构.

另外, 关于任意 $a_\alpha, b_\alpha \in M_\alpha$,

$$(a_\alpha \phi_{\alpha,\beta})(b_\alpha \phi_{\alpha,\beta}) = a_\alpha 1_\beta b_\alpha 1_\beta = a_\alpha b_\alpha 1_\beta = (a_\alpha b_\alpha)\phi_{\alpha,\beta},$$

从而 $\phi_{\alpha,\beta}$ 为同态.

容易看出从左消幺半群 M_α 到左消幺半群 M_β 的同态, 一定将 M_α 中的恒等元映到 M_β 中的恒等元. 因此我们推断, 当 $\alpha \geqslant \beta$ 时, $1_\alpha 1_\beta = 1_\beta$. 从而, 若 $\alpha \geqslant \beta \geqslant \gamma$, 则

$$(a_\alpha \phi_{\alpha,\beta})\phi_{\beta,\gamma} = (a_\alpha 1_\beta)1_\gamma = a_\alpha(1_\beta 1_\gamma) = a_\alpha 1_\gamma = a_\alpha \phi_{\alpha,\gamma}.$$

这证明了 $\phi_{\alpha,\beta}\phi_{\beta,\gamma} = \phi_{\alpha,\gamma}$.

若 $\alpha, \beta \in Y$, $\alpha\beta = \gamma$, 则关于任意 $a_\alpha \in M_\alpha$ 和 $b_\beta \in M_\beta$,

$$a_\alpha b_\beta = (a_\alpha b_\beta)1_\gamma = a_\alpha(b_\beta 1_\gamma) = a_\alpha 1_\gamma b_\beta 1_\gamma = (a_\alpha \phi_{\alpha,\gamma})(b_\beta \phi_{\beta,\gamma}).$$

因此 M 为左消幺半群的半格.

(4) $\Rightarrow$ (1). 令 M 为左消幺半群的强半格 $[Y; M_\alpha, \phi_{\alpha,\beta}]$. 则关于任意 $a \in M_\alpha$, $a1_\alpha = a$, 这里 1_α 是 M_α 中的恒等元. 关于任意 $x \in M_\delta, y \in M_\epsilon$, 若 $ax = ay$, 则

$$a\phi_{\alpha,\alpha\delta}x\phi_{\delta,\alpha\delta} = a\phi_{\alpha,\alpha\epsilon}y\phi_{\epsilon,\alpha\epsilon}.$$

因 $M_{\alpha\delta}(= M_{\alpha\epsilon})$ 为左消幺半群, 故

$$x\phi_{\delta,\alpha\delta} = y\phi_{\epsilon,\alpha\epsilon},$$

从而有

$$1_\alpha \phi_{\alpha,\alpha\delta}x\phi_{\delta,\alpha\delta} = 1_\alpha \phi_{\alpha,\alpha\epsilon}y\phi_{\epsilon,\alpha\epsilon},$$

即, $1_\alpha x = 1_\alpha y$. 由推论 9.2, 得 $a\mathcal{L}^{*,\sim}1_\alpha$.

易知, M 中的幂等元由左消幺半群 M_α 中的恒等元 1_α 构成. 令 $a \in M_\alpha, 1_\gamma \in E(M)$. 若 $1_\gamma a = a$, 则 $\gamma \geqslant \alpha$ 且 $1_\gamma 1_\alpha = 1_\alpha$. 显然, $1_\gamma 1_\alpha = 1_\alpha$ 蕴涵了 $1_\gamma a = a$. 因此 $a\mathcal{R}^{*,\sim}1_\alpha$. 这证明了 M 为 r-宽大半群.

令 1_α 为 M_α 中的幂等元. 关于任意 $\beta \in Y, b_\beta \in M_\beta$, 若记 $\alpha\beta = \gamma$, 有

$$1_\alpha b_\beta = (1_\alpha \phi_{\alpha,\gamma})(b_\beta \phi_{\beta,\gamma}) = 1_\gamma (b_\beta \phi_{\beta,\gamma}) = (b_\beta \phi_{\beta,\gamma})1_\gamma = (b_\beta \phi_{\beta,\gamma})(1_\alpha \phi_{\alpha,\gamma}) = b_\beta 1_\alpha.$$

因此, M 中的幂等元为中心的. 这证明了 M 为左消-Clifford 半群.

为了建立纯正密码左消幺半群并半群的结构, 首先在纯正左消幺半群并半群 $S = (Y, S_\alpha)$ 上考虑下列关系 σ: 关于任意 $(i, g, \lambda) \in S_\alpha, (j, h, \mu) \in S_\beta$,

$$(i, g, \lambda)\sigma(j, h, \mu) \overset{d}{\Longleftrightarrow} \alpha = \beta, g = h.$$

易知, 下列结论成立.

引理 14.10　令 S 为纯正左消幺半群并半群, $a, b \in S$. 则下列两款等价:

(i) $a\sigma b$;

(ii) $a = a^0 b a^0$ 且 $b = b^0 a b^0$, 这里 a^0, b^0 分别为 $H_a^{*,\sim}$ 和 $H_b^{*,\sim}$ 中的恒等元.

定理 14.11　令 S 为纯正左消幺半群并半群. 则 σ 是 S 上的最小左消-Clifford 半群同余, 幂等纯同余, 且 $\mathcal{D}^{*,\sim} = \mathcal{H}^{*,\sim} \circ \sigma$.

证明　假设 S 为纯正左消幺半群并半群, $M = [Y; M_\alpha, \chi_{\alpha,\beta}]$ 为 S 的左消-Clifford 成分.

显然, σ 为 S 上的等价关系. 令 $a = (i, g, \lambda) \in S_\alpha, b = (j, h, \mu) \in S_\beta, c = (k, l, \nu) \in S_\gamma$. 若 $a\sigma b$, 则由 σ 的定义, 得 $\alpha = \beta, g = h$. 又据定理 14.3, 有

$$ca = (k, l, \nu)(i, g, \lambda) = (-, l\chi_{\gamma,\alpha\gamma} g \chi_{\alpha,\alpha\gamma}, -),$$

且

$$cb = (k, l, \nu)(j, h, \mu) = (-, l\chi_{\gamma,\alpha\gamma} h \chi_{\alpha,\alpha\gamma}, -).$$

因此 $ca\sigma cb$. 这证明了 σ 为左相容的.

类似地, 可以证明 σ 为右相容. 从而 σ 为 S 上的同余.

容易证明

$$\varphi : S/\sigma \to M, \quad (i, a, \lambda)\sigma \mapsto a$$

为半群同构. 因 M 为左消幺半群的强半格, 由定理 14.11, 知 M 为左消-Clifford 半群. 因此 S/σ 为左消-Clifford 半群, σ 是 S 上的左消-Clifford 同余.

令 ρ 为 S 上的左消-Clifford 同余, 且令 $a = (i, g, \lambda) \in S_\alpha, b = (j, h, \mu) \in S_\beta$. 若 $a\sigma b$, 则 $\alpha = \beta, g = h$, 从而有

$$a = (i, g, \lambda) = (i, 1_\alpha, \mu)(j, g, \lambda)\rho(j, g, \lambda)(i, 1_\alpha, \mu) = (j, h, \mu) = b.$$

这证明了 σ 为 S 上的最小左消-Clifford 半群同余. 由 σ 的定义, 易知 σ 为 S 上的幂等纯同余.

显然, $\mathcal{H}^{*,\sim} \circ \sigma \subseteq \mathcal{D}^{*,\sim}$. 令 $a, b \in S$. 若 $a\mathcal{D}^{*,\sim}b$, 则由引理 14.1 (iii), 存在 $\alpha \in Y$ 使得 $a, b \in S_\alpha$. 又据引理 14.1 (iv), $a\mathcal{H}^{*,\sim}a^0ba^0$. 下面我们证明 $a^0ba^0\sigma b$. 据引理 14.2,

$$b = b^0bb^0 = b^0a^0bb^0 = b^0a^0ba^0b^0 = b^0(a^0ba^0)b^0$$

且

$$a^0ba^0 = (a^0ba^0)^0a^0ba^0(a^0ba^0)^0 = (a^0ba^0)^0b(a^0ba^0)^0.$$

因此, 由引理 14.14, $a^0ba^0\sigma b$. 从而 $\mathcal{D}^{*,\sim} \subseteq \mathcal{H}^{*,\sim} \circ \sigma$. 综上, 我们有 $\mathcal{D}^{*,\sim} = \mathcal{H}^{*,\sim} \circ \sigma$.

推论 14.12 令 S 为纯正可消幺半群并半群. 则 σ 是 S 上的最小可消-Clifford 半群同余, 幂等纯同余, 且 $\mathcal{D}^* = \mathcal{H}^* \circ \sigma$.

推论 14.13 令 S 为纯正群并半群. 则 σ 为 S 上的最小 Clifford 同余, 幂等纯同余, 且 $\mathcal{D} = \mathcal{H} \circ \sigma$.

引理 14.14 令 S 为纯正左消幺半群并半群, σ 为 S 上的最小左消-Clifford 半群同余. 则 $\mathcal{H}^{*,\sim} \cap \sigma = \varepsilon$.

证明 令 $a = (i, g, \lambda) \in S_\alpha, b = (j, h, \mu) \in S_\beta$. 若 $a(\mathcal{H}^{*,\sim} \cap \sigma)b$, 则由引理 14.1 (iv) 和 σ 的定义, 得 $i = j, \lambda = \mu, g = h$, 从而 $a = b$. 这证明了 $\mathcal{H}^{*,\sim} \cap \sigma = \varepsilon$.

定义 14.4 称半群同态为 $(*, \sim)$-好同态, 如果它保持关系 $\mathcal{L}^*$ 和 $\widetilde{\mathcal{R}}$.

令 B 和 M 分别为具有共同同态像 H 的带和左消-Clifford 半群, 且 φ 为从 B 到 H 的满同态, ψ 为从 M 到 H 的 $(*, \sim)$-好同态. 我们定义下列集合:

$$Y = \{(e, m) \in B \times M : e\varphi = m\psi\}.$$

容易看出 Y 是 B 和 M 的直积 $B \times M$ 的一个子半群.

定义 14.5 称上述半群 Y 为带 B 和左消-Clifford 半群 M, 关于 H, φ 及 ψ 的织积.

下面我们给出纯正密码左消幺半群并半群的一个刻画.

定理 14.15 令 S 为超 r-宽大半群. 则下列几款等价:

(i) S 为纯正密码左消幺半群并半群;

(ii) S 为带和左消-Clifford 半群的织积;

(iii) S 满足等式 $a^0b^0 = (ab)^0$, 这里 a^0 $[b^0]$ 为 $H_a^{*,\sim}$ $[H_b^{*,\sim}]$ 中的恒等元.

证明 (i) $\Rightarrow$ (ii). 令 $S = (Y; S_\alpha)$ 为纯正密码左消幺半群并半群, σ 为 S 上的最小左消-Clifford 同余. 由 σ 定义, 得 $\sigma \subseteq \mathcal{D}^{*,\sim}$. 因此可记 $S/\sigma = (Y, S_\alpha/\sigma_\alpha)$, 这里 $\sigma_\alpha = \sigma|_{S_\alpha}$. 因 S 为纯正密码左消幺半群并半群, 则 $\mathcal{H}^{*,\sim}$ 为 S 上的同余. 记 $S/\mathcal{H}^{*,\sim} = (Y, S_\alpha/\mathcal{H}_\alpha^{*,\sim})$, 这里 $\mathcal{H}_\alpha^{*,\sim} = \mathcal{H}^{*,\sim}|_{S_\alpha}$. 令 $a = (i, g, \lambda) \in S_\alpha$. 容易看出

$$\kappa_1 : S/\mathcal{H}^{*,\sim} \to E(S),$$

$$a\mathcal{H}^{*,\sim} \mapsto a^0$$

和

$$\kappa_2 : S/\sigma \to M,$$

$$a\sigma \mapsto g$$

为半群同构, 这里 M 为 S 的左消-Clifford 成分.

定义 $E(S)$ 到 Y 的映射

$$\pi_1 : a^0 \mapsto \alpha$$

和 M 到 Y 的映射

$$\pi_2 : g \mapsto \alpha.$$

显然, π_1 是 $E(S)$ 到 Y 的满同态, π_2 是 M 到 Y 的 $(*,\sim)$-好同态.

令 T 为 $E(S)$ 和 M 的织积. 关于任意 $a = (i, g, \lambda) \in S_\alpha$,

$$\varphi : a \mapsto (a^0, g) \quad (a \in S)$$

是 S 到 T 的映射. 显然, φ 为同态.

令 $a = (i, g, \lambda) \in S_\alpha, b = (j, h, \mu) \in S_\beta$. 若 $a\varphi = b\varphi$, 即,

$$(a^0, g) = (b^0, h),$$

则 $\alpha = \beta$, 且

$$a(\mathcal{H}^{*,\sim} \cap \sigma)b.$$

据引理 14.14, 得 $a = b$, 从而 φ 是单同态. 综上, 证明了 φ 为 S 到 T 的同构.

(ii) $\Rightarrow$ (iii). 令 M 为左消-Clifford 半群. 由定理 14.11, 得 M 是左消幺半群 M_α 的半格. 令 $\alpha, \beta \in Y, m \in M_\alpha, n \in M_\beta$. 则据幂等元 m^0, n^0 的中心性, 可得 $m^0 n^0 \in E(M_{\alpha\beta})$. 因左消幺半群 $M_{\alpha\beta}$ 中只有一个幂等元, 且 $(mn)^0 \in E(M_{\alpha\beta})$, 则 $m^0 n^0 = (mn)^0$. 这证明了任一左消-Clifford 半群都满足 (iii) 中的等式. 显然, 任意带 B 也满足这个等式.

令 T 为带 B 和左消-Clifford 半群 M 关于它们共同的同态像 H, 同态 $\varphi : B \to H$ 和 $(*,\sim)$-好同态 $\psi : M \to H$ 的织积. 显然 H 为带.

首先, 我们证明 T 为 $\mathcal{H}^{*,\sim}$-富足的. 若 $(e, m) \in S$, 则 $e\varphi = m\psi$. 因 $m\mathcal{H}^{*,\sim}m^0$ 且 $\psi : M \to H$ 是 $(*,\sim)$-好同态, 故 $(m\psi)\mathcal{H}^{*,\sim}(m^0\psi)$. 又因 $m\psi \in H, H$ 为带, 有 $m\psi = m^0\psi$, 从而 $e\varphi = m^0\psi$, 即 $(e, m^0) \in S$. 显然, $(e, m)(e, m^0) = (e, m)$. 令 $(f_1, m_1), (f_2, m_2) \in T$. 若

$$(e, m)(f_1, m_1) = (e, m)(f_2, m_2),$$

则

$$ef_1 = ef_2, \quad mm_1 = mm_2.$$

由 $m\mathcal{L}^{*,\sim}m^0$, 有

$$ef_1 = ef_2, \quad m^0m_1 = m^0m_2,$$

即

$$(e, m^0)(f_1, m_1) = (e, m^0)(f_2, m_2).$$

据推论 9.2, 知 $(e, m)\mathcal{L}^{*,\sim}(e, m^0)$.

这就证明了 $(e, m)\mathcal{H}^{*,\sim}(e, m^0)$, 因此 T 是 $\mathcal{H}^{*,\sim}$-富足的.

其次, 我们证明 T 满足等式 $a^0b^0 = (ab)^0$. 令 $t_1 = (e_1, m_1), t_2 = (e_2, m_2) \in S$. 则 $t_1{}^0 = (e_1, (m_1)^0), t_2{}^0 = (e_2, (m_2)^0)$, 且

$$t_1{}^0t_2{}^0 = (e_1, (m_1)^0)(e_2, (m_2)^0) = (e_1e_2, (m_1)^0(m_2)^0).$$

因 M 满足 (iii) 中的等式, 所以 $(m_1)^0(m_2)^0 = (m_1m_2)^0$. 这样, 有

$$t_1{}^0t_2{}^0 = (e_1e_2, (m_1m_2)^0) = (t_1t_2)^0.$$

(iii) $\Rightarrow$ (i). 令 S 为具有幂等元集 $E(S)$ 的超 r-宽大半群. 则据引理 14.6 (ii), $E(S) = \{a^0 \mid a \in S\}$, 这里 a^0 是 $H_a^{*,\sim}$ 中的恒等元. 若 $a^0b^0 = (ab)^0$, 则 $E(S) \leqslant S$. 因此 S 为纯正左消幺半群并半群. 若 $a\mathcal{H}^{*,\sim}b$, 则 $a^0 = b^0$, 从而关于任意 $c \in S$, 有

$$(ca)^0 = c^0a^0 = c^0b^0 = (cb)^0,$$

故 $\mathcal{H}^{*,\sim}$ 为左相容的. 类似地, 我们可以证明 $\mathcal{H}^{*,\sim}$ 为右相容的. 因此 $\mathcal{H}^{*,\sim}$ 为 S 上的同余. 这就证明了 S 为纯正密码左消幺半群并半群.

推论 14.16   令 S 为超富足半群. 则下列各款等价:

(i) S 为纯正密码左消幺半群并半群;

(ii) S 为带和可消-Clifford 半群的织积;

(iii) S 满足等式 $a^0b^0 = (ab)^0$.

推论 14.17   令 S 为完全正则半群. 则下列各款等价:

(i) S 为纯正密码群并半群;

(ii) S 为带和 Clifford 半群的织积;

(iii) S 满足等式 $a^0b^0 = (ab)^0$.

第三部分

U-富足半群

第15章　U-纯正半群

15.1　引　　言

令 S 为半群, $E(S)$ 为 S 的幂等元集合. 取定 $E(S)$ 的一个非空子集 U, 称其为 S 的投射元集. 在半群 S 上, 我们定义关系 $\widetilde{\mathcal{L}}^U$ 和 $\widetilde{\mathcal{R}}^U$ 如下: 关于任意 $a, b \in S$,

$$a\widetilde{\mathcal{L}}^U b, \quad \text{当且仅当 } (\forall e \in U)\ ae = a \Longleftrightarrow be = b,$$

$$a\widetilde{\mathcal{R}}^U b, \quad \text{当且仅当 } (\forall e \in U)\ ea = a \Longleftrightarrow eb = b.$$

在 S 上关系 $\widetilde{\mathcal{L}}^U$ 和 $\widetilde{\mathcal{L}}^U$ 的交用 $\widetilde{\mathcal{H}}^U$ 来表示, 即, $\widetilde{\mathcal{H}}^U = \widetilde{\mathcal{L}}^U \cap \widetilde{\mathcal{R}}^U$, 它们的连用 $\widetilde{\mathcal{D}}^U$ 来表示, 即, $\widetilde{\mathcal{D}}^U = \widetilde{\mathcal{L}}^U \vee \widetilde{\mathcal{R}}^U$.

容易验证, $\mathcal{L} \subseteq \mathcal{L}^* \subseteq \widetilde{\mathcal{L}}^U$ 和 $\mathcal{R} \subseteq \mathcal{R}^* \subseteq \widetilde{\mathcal{R}}^U$. 显然, 关系 $\widetilde{\mathcal{L}}^U$ 是人们熟知的格林关系 $\mathcal{L}$ 和关系 $\mathcal{L}^*$ 的共同推广.

半群 S 称为 U-半富足半群, 如果 S 的每个 $\widetilde{\mathcal{L}}^U$-类和每个 $\widetilde{\mathcal{R}}^U$-类含 S 的投射元, 此时 S 表示为 (S, U). U-半富足半群 (S, U) 称为 U-富足的, 如果 (S, U) 满足同余条件, 即 $\widetilde{\mathcal{L}}^U$ 和 $\widetilde{\mathcal{R}}^U$ 分别为 (S, U) 上的右同余和左同余. 易知 U-富足半群类以富足半群类和正则半群类作为其真子类. U-富足半群 S 称为 Ehresmann 半群, 如果 U 为半格.

我们称 U-半富足半群 (S, U) 为投射连接的 (或称 PC), 如果关于每个 $a \in (S, U)$ 和任意 $a^\dagger \in \widetilde{R}_a \cap U$, $a^* \in \widetilde{L}_a \cap U$, 存在同构 $\alpha : \langle a^\dagger \rangle \to \langle a^* \rangle$, 使得关于任意 $x \in \langle a^\dagger \rangle$, 有 $xa = a(x\alpha)$. 这一概念平行于富足半群中的幂等连接, 即 IC 条件.

本章, 我们主要讨论一类 U-富足半群, 即 U-纯正半群.

定义 15.1　U-富足半群 (S, U) 称为 U-纯正半群, 如果 (S, U) 满足 PC 条件, 且它的投射元集 U 为子半群.

容易看出, U-纯正半群是正则半群类中的纯正半群和富足半群类中的型 W 半群关于 U-半富足半群类的一个共同推广.

15.2　若干准备和定义

本章中, 如果无特别说明, (S, U) 总表示 U-半富足半群. $\widetilde{L}_a$ 和 $\widetilde{R}_a$ 分别表示含元素 a 的 $\widetilde{\mathcal{L}}^U$-类和 $\widetilde{\mathcal{R}}^U$-类. 此外, a^* 和 $a^\dagger$ 分别表示 $\widetilde{L}_a \cap U$ 和 $\widetilde{R}_a \cap U$ 中的一个投射元.

下面引理刻画了 U-半富足半群 (S,U) 上关系 $\widetilde{\mathcal{L}}^U$ 和 $\widetilde{\mathcal{R}}^U$ 的一些基本性质.

引理 15.1 若 $a \in (S,U)$, 且 $e \in U$, 则在 (S,U) 上, 下列两款成立:

(i) $a\widetilde{\mathcal{L}}^U e$, 当且仅当 $ae = a$, 且关于任意 $f \in U$, $af = a$ 蕴涵 $ef = e$;

(ii) $a\widetilde{\mathcal{R}}^U e$, 当且仅当 $ea = a$, 且关于任意 $f \in U$, $fa = a$ 蕴涵 $fe = e$.

易知, 关于任意 $a \in (S,U)$, $a^* \in \widetilde{L}_a \cap U$ 及 $a^\dagger \in \widetilde{R}_a \cap U$, 有 $aa^* = a$ 和 $a^\dagger a = a$.

据定义, 易验证下面的引理.

引理 15.2 若 (S,U) 为 U-半富足半群, 且 e,f 均为 (S,U) 的投射元, 则下列两款成立:

(i) $e\widetilde{\mathcal{L}}^U f$, 当且仅当 $e\mathcal{L}f$;

(ii) $e\widetilde{\mathcal{R}}^U f$, 当且仅当 $e\mathcal{R}f$.

假设 $E(S)$ 为半群 S 的幂等元集合, 且 $a \in S$. a 称为左富足元, 如果存在 $e \in E(S)$, 使得 $a\mathcal{L}^* e$. 对偶地, a 称为右富足元, 如果存在 $f \in E(S)$, 使得 $a\mathcal{R}^* f$. 元素 a 称为富足的, 如果 a 既是左富足元又是右富足元.

现给出关于 E-半富足半群的下述结论.

引理 15.3 令 E 为 (S,E) 的全体幂等元集合. 则下列两款成立:

(i) 若 a,b 为 (S,E) 的正则元, 则 $a\widetilde{\mathcal{L}}^E b \Longleftrightarrow a\mathcal{L}b$ 及 $a\widetilde{\mathcal{R}}^E b \Longleftrightarrow a\mathcal{R}b$;

(ii) 若 a,b 为 (S,E) 的富足元, 则 $a\widetilde{\mathcal{L}}^E b \Longleftrightarrow a\mathcal{L}^* b$ 及 $a\widetilde{\mathcal{R}}^E b \Longleftrightarrow a\mathcal{R}^* b$.

证明 (i) 显然, $\mathcal{L} \subseteq \widetilde{\mathcal{L}}^E$. 现证, 若 a,b 为 (S,E) 的正则元, 则 $a\widetilde{\mathcal{L}}^E b$ 蕴涵 $a\mathcal{L}b$. 因 a 为 (S,E) 的正则元, 则存在 a 的一个逆元 a', 使得 $aa'a = a$. 又因 $a'a \in E$, 且 $a\widetilde{\mathcal{L}}^E b$, 得 $ba'a = b$. 类似地, 可证 $ab'b = a$, 其中 b' 为 b 的逆元. 因此, $a\mathcal{L}b$. 类似地, $a\widetilde{\mathcal{R}}^E b$, 当且仅当 $a\mathcal{R}b$.

(ii) 因 $\mathcal{L}^* \subseteq \widetilde{\mathcal{L}}^E$, 故只需证: 若 a,b 为 (S,E) 的富足元, 则 $a\widetilde{\mathcal{L}}^E b$ 蕴涵 $a\mathcal{L}^* b$. 为此, 现令 a,b 为 (S,E) 的富足元, 且 $a\widetilde{\mathcal{L}}^E b$. 那么, 存在 $e,f \in E$ 分别满足 $a\mathcal{L}^* e$ 和 $b\mathcal{L}^* f$. 因 $\mathcal{L}^* \subseteq \widetilde{\mathcal{L}}^E$, $a\widetilde{\mathcal{L}}^E e$ 且 $b\widetilde{\mathcal{L}}^E f$. 据引理 15.2 (i), 有 $(e,f) \in \mathcal{L} \subseteq \mathcal{L}^*$. 若关于任意 $x,y \in S^1$, 有 $ax = ay$, 则 $ex = ey$, 从而 $fx = fy$. 又因 $b\mathcal{L}^* f$, 故 $bx = by$. 类似地, 可证明, 关于任意 $x,y \in S^1$, 如果 $bx = by$, 那么有 $ax = ay$. 因此, $a\mathcal{L}^* b$. 对偶地, 可证 $a\widetilde{\mathcal{R}}^E b$, 当且仅当 $a\mathcal{R}^* b$.

由引理 15.3 知, 若半群 S 为正则的, 且 $U = E(S)$, 则在 (S,U) 上, $\widetilde{\mathcal{L}}^E = \mathcal{L}$ 及 $\widetilde{\mathcal{R}}^E = \mathcal{R}$; 若半群 S 为富足的, 且 $U = E(S)$, 则在 (S,U) 上, $\widetilde{\mathcal{L}}^E = \mathcal{L}^*$, 且 $\widetilde{\mathcal{R}}^E = \mathcal{R}^*$. 显然, 正则半群和富足半群为 U-半富足半群的特例.

半群同态 $\phi : (S,U) \to (T,V)$ 称为允许同态, 如果关于任意 $a,b \in (S,U)$, $a\widetilde{\mathcal{L}}^U b$ 蕴涵 $a\phi \widetilde{\mathcal{L}}^V b\phi$, $a\widetilde{\mathcal{R}}^U b$ 蕴涵 $a\phi \widetilde{\mathcal{R}}^V b\phi$, 且 $\phi(U) \subseteq V$. 自然地, (S,U) 上的同余 ρ 称为允许同余, 如果自然同态 $\rho^\natural : (S,U) \to ((S,U)/\rho, U/\rho)$ 为允许同态.

关于允许同态和允许同余, 我们有下面的引理.

引理 15.4 如果 $\phi : (S,U) \rightarrow (T,V)$ 为从 U-半富足半群 (S,U) 到 V-半富足半群 (T,V) 的一个半群同态, 那么 ϕ 为允许同态, 当且仅当关于任意 $a \in (S,U)$, 存在投射元 $f \in \widetilde{L}_a \cap U$ 和 $e \in \widetilde{R}_a \cap U$, 使得 $a\phi\widetilde{\mathcal{L}}^V f\phi$, $a\phi\widetilde{\mathcal{R}}^V e\phi$, 且 $\phi(U) \subseteq V$.

引理 15.5 如果 $\theta : (S,U) \rightarrow (T,V)$ 为从 U-富足半群 (S,U) 到 V-半富足半群 (T,V) 的一个允许同态, 那么 $(S\theta, \bar{U})$ 为一个 $\bar{U}$-富足半群, 其中 $\bar{U} = U\theta$.

证明 首先, 证 $(S\theta, \bar{U})$ 为一个 $\bar{U}$-半富足半群. 为此, 令 $a \in (S,U)$, 且 e, f 分别为 $\widetilde{L}_a$ 和 $\widetilde{R}_a$ 中的投射元. 因 θ 为从半群 (S,U) 到 (T,V) 的一个允许同态, 则 $a\theta\widetilde{\mathcal{L}}^V e\theta$ 且 $a\theta\widetilde{\mathcal{R}}^V f\theta$. 又因 $\bar{U} = U\theta \subseteq V$, 故有 $a\theta\widetilde{\mathcal{L}}^{\bar{U}} e\theta$ 和 $a\theta\widetilde{\mathcal{R}}^{\bar{U}} f\theta$, 从而 $(S\theta, \bar{U})$ 为一个 $\bar{U}$-半富足半群.

下证, $(S\theta, \bar{U})$ 满足同余条件. 令 $a\theta, b\theta \in S\theta$, 且满足 $a\theta\widetilde{\mathcal{L}}^{\bar{U}} b\theta$. 因 (S,U) 为 U-富足半群, θ 为允许同态, 则在 $\widetilde{L}_a$ 和 $\widetilde{L}_b$ 中分别存在投射元 e, f, 使得 $a\theta\widetilde{\mathcal{L}}^{\bar{U}} e\theta$ 及 $b\theta\widetilde{\mathcal{L}}^{\bar{U}} f\theta$. 因此, $e\theta\widetilde{\mathcal{L}}^{\bar{U}} f\theta$. 又据引理 15.2(i), 得到 $e\theta\mathcal{L} f\theta$. 显然, $\mathcal{L}$ 为右同余. 所以, 关于任意 $c\theta \in S\theta$, 有 $e\theta c\theta\mathcal{L} f\theta c\theta$, 即 $(ec)\theta\mathcal{L}(fc)\theta$. 注意到 $a\widetilde{\mathcal{L}}^U e$ 及 $b\widetilde{\mathcal{L}}^U f$. 又因 $\widetilde{\mathcal{L}}^U$ 为 (S,U) 上右同余, 得到 $ac\widetilde{\mathcal{L}}^U ec$ 和 $bc\widetilde{\mathcal{L}}^U fc$. 再因 θ 为允许同态, 有 $(ac)\theta\widetilde{\mathcal{L}}^{\bar{U}}(ec)\theta$ 和 $(fc)\theta\widetilde{\mathcal{L}}^{\bar{U}}(bc)\theta$. 从而 $a\theta c\theta\widetilde{\mathcal{L}}^{\bar{U}} b\theta c\theta$. 至此, 证明了 $\widetilde{\mathcal{L}}^{\bar{U}}$ 为 $(S\theta, \bar{U})$ 上的一个右同余. 类似地, 可以证明 $\widetilde{\mathcal{R}}^{\bar{U}}$ 为 $(S\theta, \bar{U})$ 上的一个左同余. 从而, $(S\theta, \bar{U})$ 为 $\bar{U}$-富足半群.

推论 15.6 若 (S,U) 为 U-富足半群, ρ 为其上的一个允许同余, 则 $((S,U)/\rho, \bar{U})$ 为 $\bar{U}$-富足半群, 其中 $\bar{U} = U/\rho$.

据定义, 易验证下面的定理.

定理 15.7 令 ρ 为半群 (S,U) 上的同余. 则下列两款等价:

(i) ρ 为 (S,U) 上的允许同余.

(ii) 关于每一 $a \in (S,U)$, 存在投射元 $f \in \widetilde{L}_a \cap U$ 和 $e \in \widetilde{R}_a \cap U$, 使得关于任意 $g \in U$,

(a) $(ag, a) \in \rho$ 蕴涵 $(fg, f) \in \rho$;

(b) $(ga, a) \in \rho$ 蕴涵 $(ge, e) \in \rho$;

(c) $((S,U)/\rho, U/\rho)$ 为 U/ρ-半富足半群.

定义 15.2 U-半富足半群上的同余 ρ 称为投射分离同余, 如果 $\rho \cap (U \times U) = 1_U$, 即每一 ρ-类至多含有一个投射元.

定义 15.3 $\bar{U}$-半富足半群 $(T, \bar{U})$ 称为 (S,U) 的 $\bar{U}$-半富足子半群, 如果 T 为 S 的子半群, 且 $\bar{U} = U \cap T$.

现利用定义 15.3, 讨论 U-半富足半群的 $\widetilde{\mathcal{L}}^U$-类和它的 $\bar{U}$-半富足子半群的 $\widetilde{\mathcal{L}}^{\bar{U}}$-类之间的关系. 一般地, 关于 U-半富足半群 (S,U) 的 $\bar{U}$-半富足子半群 $(T, \bar{U})$, $\widetilde{\mathcal{L}}^{\bar{U}}(T) = \widetilde{\mathcal{L}}^U(S) \cap (T \times T)$ 不成立, 但 $\widetilde{\mathcal{L}}^U(S) \cap (T \times T) \subseteq \widetilde{\mathcal{L}}^{\bar{U}}(T)$ 总成立.

下述引理讨论了 $\widetilde{\mathcal{L}}^{\bar{U}}(T) = \widetilde{\mathcal{L}}^U(S) \cap (T \times T)$ 成立的条件.

引理 15.8   令 $(T, \bar{U})$ 为 U-半富足半群 (S, U) 的一个 $\bar{U}$-半富足子半群, 其中 $\bar{U}$ 为 (S, U) 的幂等元集的一个序理想. 则 $\widetilde{\mathcal{L}}^{\bar{U}}(T) = \widetilde{\mathcal{L}}^U(S) \cap (T \times T)$.

证明   显然, $\widetilde{\mathcal{L}}^U(S) \cap (T \times T) \subseteq \widetilde{\mathcal{L}}^{\bar{U}}(T)$. 故只需证 $\widetilde{\mathcal{L}}^{\bar{U}}(T) \subseteq \widetilde{\mathcal{L}}^U(S) \cap (T \times T)$. 假设 a, b 为 $(T, \bar{U})$ 的元素, 且 $a \widetilde{\mathcal{L}}^{\bar{U}}(T) b$. 因 $(T, \bar{U})$ 为 $\bar{U}$-半富足半群, (S, U) 为 U-半富足半群, 故存在投射 $f \in \bar{U}$ 及 $g \in U$, 使得 $a \widetilde{\mathcal{L}}^{\bar{U}}(T) f$ 及 $a \widetilde{\mathcal{L}}^U(S) g$. 又因 $af = a$, 且 $f \in \bar{U} \subseteq U$, 据引理 15.1(i), 得 $gf = g$. 因此, 可知 fg 为一个幂等元, 且 $fg \leqslant f$, 其中 $\leqslant$ 是通常意义下 S 的幂等元集上的序关系. 因 $\bar{U}$ 为 S 的幂等元集的一个序理想, $fg \leqslant f \in \bar{U}$, 则有 $fg \in \bar{U} \subseteq U$. 又因 $fg \mathcal{L}(S) g$, 据引理 15.2(i), 有 $fg \widetilde{\mathcal{L}}^U(S) a$. 显然, $fg \widetilde{\mathcal{L}}^{\bar{U}}(T) a$ 和 $fg \widetilde{\mathcal{L}}^{\bar{U}}(T) f$. 再据引理 15.2(i), 有 $fg \mathcal{L}(S) f$. 因此, $fg = f$. 注意到 $gf = g$. 则有 $f \widetilde{\mathcal{L}}^U(S) g$, 从而, $a \widetilde{\mathcal{L}}^U(S) f$. 类似地, 可证 $b \widetilde{\mathcal{L}}^U(S) f$. 所以, $a \widetilde{\mathcal{L}}^U(S) b$ 得证.

现将引理 15.8 用于 U-半富足半群 (S, U) 的全 U-半富足子半群. 所谓 U-半富足半群 (S, U) 的全 U-半富足子半群 $(T, \bar{U})$ 是指半群 $(T, \bar{U})$ 满足 $\bar{U} = U$. 此时, 易得下述推论.

推论 15.9   若 $(T, \bar{U})$ 为 U-半富足半群 (S, U) 的全 U-半富足子半群, 则 $\widetilde{\mathcal{L}}^{\bar{U}}(T) = \widetilde{\mathcal{L}}^U(S) \cap (T \times T)$.

15.3   含于 $\widetilde{\mathcal{H}}^U$ 中的最大同余 μ

在本章以下部分中, 半群 (S, U) 表示 U-富足半群, 其中 U 为投射元集.

首先, 在 (S, U) 上借助 U 定义 μ_l 和 μ_r 关系如下:

$$(a, b) \in \mu_l \Leftrightarrow (ea, eb) \in \widetilde{\mathcal{L}}^U \qquad (e \in U), \tag{15.1}$$

$$(a, b) \in \mu_r \Leftrightarrow (ae, be) \in \widetilde{\mathcal{R}}^U \qquad (e \in U). \tag{15.2}$$

令

$$\mu = \mu_l \cap \mu_r. \tag{15.3}$$

引理 15.10   令 (S, U) 为 U-富足半群, 且子集 U 为其投射元集. 则

(i) μ_l 为 (S, U) 上包含在 $\widetilde{\mathcal{L}}^U$ 中的最大同余;

(ii) μ_r 为 (S, U) 上包含在 $\widetilde{\mathcal{R}}^U$ 中的最大同余;

(iii) μ 为 (S, U) 上包含在 $\widetilde{\mathcal{H}}^U$ 中的最大同余.

证明   因 (iii) 可由 (i) 和 (ii) 得到, (ii) 为 (i) 的对偶, 故只需证 (i).

显然, μ_l 为 (S, U) 上的等价关系. 因 $\widetilde{\mathcal{L}}^U$ 为 (S, U) 上的右同余, 易知 μ_l 是右相容的. 为证 μ_l 是左相容的, 现令 a, b, c 为 (S, U) 的任意元素, 且 $a \mu_l b$. 因 (S, U)

为 U-富足半群. 所以, 关于任意 $e \in U$, 存在投射元 f, 使得 $f\widetilde{\mathcal{L}}^U ec$. 又因 $\widetilde{\mathcal{L}}^U$ 为右同余, 有 $fb\widetilde{\mathcal{L}}^U ecb$ 和 $fa\widetilde{\mathcal{L}}^U eca$. 由假设及式 (15.1), 知 $fa\widetilde{\mathcal{L}}^U fb$. 因此, 关于任意 $e \in U$, 有 $eca\widetilde{\mathcal{L}}^U ecb$, 即 $ca\ \mu_l\ cb$. 这证明了 μ_l 为左相容的. 从而, μ_l 为 (S,U) 上的一个同余.

为证 $\mu_l \subseteq \widetilde{\mathcal{L}}^U$, 令 $a,b \in (S,U)$ 及 $a\ \mu_l\ b$. 假设 e,f,g 为投射元, 且满足 $e\widetilde{\mathcal{R}}^U a\widetilde{\mathcal{L}}^U f$ 和 $b\widetilde{\mathcal{L}}^U g$. 由式 (15.1), 知 $ea\widetilde{\mathcal{L}}^U eb$. 因 $e\widetilde{\mathcal{R}}^U a$, 则 $a = ea$, 从而, $f\widetilde{\mathcal{L}}^U eb$. 又因 $bg = b$, 易得 $ebg = eb$. 注意到 $g \in U$ 和 $f\widetilde{\mathcal{L}}^U eb$. 则, 据 $\widetilde{\mathcal{L}}^U$ 的定义, 有 $fg = f$. 类似地, 可证 $gf = g$, 从而 $f\mathcal{L}g$. 这样, 据引理 15.2 (i), 有 $a\widetilde{\mathcal{L}}^U b$.

现令 σ 为 (S,U) 上包含在 $\widetilde{\mathcal{L}}^U$ 中的一个同余. 若 $(a,b) \in \sigma$, 则由假设知, 关于任意 $x \in (S,U)$, $(xa,xb) \in \sigma \subseteq \widetilde{\mathcal{L}}^U$. 特别地, 关于所有 $e \in U$, 有 $(ea,eb) \in \widetilde{\mathcal{L}}^U$, 即 $(a,b) \in \mu_l$, 从而, $\sigma \subseteq \mu_l$. 这完成了证明.

现讨论投射元集 U 形成带的 U-富足半群 (S,U). 显然, U 为 (S,U) 的一个全 U-半富足子半群. 为了得到半群 (S,U) 在映射半群中的一个表示, 关于每一 $a \in (S,U)$, 分别定义 $\mathcal{T}(U/\mathcal{L})$ 中的变换 ρ_a 和 $\mathcal{T}^*(U/\mathcal{R})$ 中的变换 λ_a 如下:

$$L_x\rho_a = L_{(xa)^*} \quad (x \in U), \tag{15.4}$$

$$R_x\lambda_a = R_{(ax)^\dagger} \quad (x \in U). \tag{15.5}$$

易知, 式 (15.4) 和 (15.5) 是有意义的. 由于式 (15.5) 是式 (15.4) 的对偶, 故只需说明式 (15.4) 有意义. 如果关于任意 $x,y \in U$, 有 $x\mathcal{L}(U)y$, 那么由引理 15.2(i), 知 $x\widetilde{\mathcal{L}}^U(S)y$. 又据 $\widetilde{\mathcal{L}}^U$ 为 (S,U) 上的右同余, 得到 $xa\widetilde{\mathcal{L}}^U(S)ya$, 从而 $(xa)^*\widetilde{\mathcal{L}}^U(S)(ya)^*$. 利用引理 15.2(i), 有 $L_{(xa)^*} = L_{(ya)^*}$. 这证明了 $\rho_a \in \mathcal{T}(U/\mathcal{L})$.

现令 $a,b \in (S,U)$ 及 $x \in U$. 因 $xa\widetilde{\mathcal{L}}^U(S)(xa)^*$, $\widetilde{\mathcal{L}}^U$ 为 (S,U) 上的右同余. 显然 $xab\widetilde{\mathcal{L}}^U(S)(xa)^*b$, 从而, $L_{(xab)^*} = L_{((xa)^*b)^*}$. 因此, 有

$$L_x\rho_a\rho_b = L_{(xa)^*}\rho_b = L_{((xa)^*b)^*} = L_{(xab)^*} = L_x\rho_{ab}.$$

这表明 $\rho_{ab} = \rho_a\rho_b$. 类似地, 可证 $\lambda_a\lambda_b = \lambda_{ba}$.

引理 15.11 令 (S,U) 为 U-富足半群, 且投射元集 U 为带. 假设 ξ 为由下式 (15.6) 定义的从半群 (S,U) 到 $\mathcal{T}(U/\mathcal{L}) \times \mathcal{T}^*(U/\mathcal{R})$ 的映射:

$$a\xi = (\rho_a, \lambda_a) \quad (a \in (S,U)), \tag{15.6}$$

其中 ρ_a 和 λ_a 分别由式 (15.4) 和 (15.5) 给出. 则 ξ 为一个半群同态, 且其同态核 $\mathrm{Ker}\xi$ 为 μ.

证明　只需证 $\mathrm{Ker}\xi = \mu$. 为证 $\mathrm{Ker}\xi \subseteq \mu$, 假设 $(a,b) \in \mathrm{Ker}\xi$. 显然, 有 $\rho_a = \rho_b$ 及 $\lambda_a = \lambda_b$. 先考虑 $\rho_a = \rho_b$. 由式 (15.4), 知关于每一 $e \in U$, 有 $L_{(ea)^*} = L_{(eb)^*}$, 从而, $(ea, eb) \in \widetilde{\mathcal{L}}^U$, 即 $(a,b) \in \mu_l$. 这证明 $\mathrm{Ker}\xi \subseteq \mu_l$. 类似地, 如果 $\lambda_a = \lambda_b$, 那么 $(a,b) \in \mu_r$, 从而 $\mathrm{Ker}\xi \subseteq \mu_r$. 又 $\mu = \mu_l \cap \mu_r$, 所以 $\mathrm{Ker}\xi \subseteq \mu$.

反过来, 假设 $(a,b) \in \mu$. 由式 (15.3), 知 $(a,b) \in \mu_l$ 和 $(a,b) \in \mu_r$. 若 $(a,b) \in \mu_l$, 则关于任意 $e \in U$, 有 $(ea, eb) \in \widetilde{\mathcal{L}}^U$. 注意到 U 为 (S, U) 的一个全 U-半富足子半群的事实, 由推论 15.9 和引理 15.2(i), 可证 $L_{(ea)^*} = L_{(eb)^*}$, 从而 $\rho_a = \rho_b$. 类似地, 可证若 $(a,b) \in \mu_r$, 则 $\lambda_a = \lambda_b$, 即 $(a,b) \in \mathrm{Ker}\xi$. 这样, 有 $\mathrm{Ker}\xi = \mu$.

引理 15.12　令 (S, U) 为 U-富足半群, 且投射元集 U 形成带. 则在 (S, U) 上包含在 $\widetilde{\mathcal{H}}^U$ 中的最大同余 μ 为投射分离同余.

证明　假设 $e, f \in U$, 且 $(e, f) \in \mu$. 由引理 15.10, 知 $(e, f) \in \mu_l \subseteq \widetilde{\mathcal{L}}^U$ 和 $(e, f) \in \mu_r \subseteq \widetilde{\mathcal{R}}^U$. 再据引理 15.2, 有 $e\mathcal{L}f$ 和 $e\mathcal{R}f$. 因此, $e\mathcal{H}f$. 从而, $e = f$.

15.4　投射连接同构

令 (S, U) 为 U-半富足半群, U 为其投射元集. 如果 B 表示投射元集 U 生成的半带, 那么关于每一投射元 e, 用 $\langle e \rangle$ 表示由 $eBe \cap U$ 中的投射元生成的 eBe 的子半群. 特别地, 如果 (S, U) 的投射元集成子半群, 那么 $B = U$, 且 $\langle e \rangle = \{x \in U : x \leqslant e\} = \omega(e) \cap U$, 其中 $\omega(e) = \{f \in E(S) \mid f \leqslant e\}$.

我们引入下面的定义.

定义 15.4　U-半富足半群 (S, U) 称为投射连接的 (或称 PC), 如果关于每一 $a \in (S, U)$ 和任意 $a^\dagger \in \widetilde{R}_a \cap U$, $a^* \in \widetilde{L}_a \cap U$, 存在同构 $\alpha: \langle a^\dagger \rangle \to \langle a^* \rangle$, 使得关于任意 $x \in \langle a^\dagger \rangle$, 有 $xa = a(x\alpha)$. 此时, 称同构 α 为投射连接同构.

引理 15.13　令 (S, U) 为投射连接的 U-半富足半群, 投射元 U 为子半群. 则关于任意 $a \in (S, U)$, 下列两款成立:

(i) 关于任意 $a^\dagger$ 和 $h \in \omega(a^\dagger) \cap U$, 存在投射元 $g \in \omega(a^*) \cap U$, 使得 $ha = ag$;

(ii) 关于任意 a^* 和 $e \in \omega(a^*) \cap U$, 存在投射元 $f \in \omega(a^*) \cap U$, 使得 $ae = fa$.

证明　由于 U 为一个带, 则关于每一 $a \in (S, U)$ 和每一 $a^\dagger \in \widetilde{R}_a \cap U$ 及 $a^* \in \widetilde{L}_a \cap U$, 有 $\langle a^\dagger \rangle = \omega(a^\dagger) \cap U$ 和 $\langle a^* \rangle = \omega(a^*) \cap U$. 又由 (S, U) 为投射连接的, 知存在同构 $\alpha: \langle a^\dagger \rangle \to \langle a^* \rangle$, 使得关于任意 $h \in \langle a^\dagger \rangle$, 有 $ha = a(h\alpha)$. 取 $g = h\alpha$. 这完成了 (i) 的证明. 类似地, 据 $\alpha^{-1}: \langle a^* \rangle \to \langle a^\dagger \rangle$ 为同构, 可证 (ii) 亦成立.

引理 15.14　令 (S, U) 为 Ehresmann 半群. 则下列两款等价:

(i) (S, U) 为投射连接的.

(ii) 若 $a \in (S, U)$, 则下述均成立:

(a) 关于任意 $a^\dagger \in \widetilde{R}_a \cap U$ 和 $h \in \omega(a^\dagger) \cap U$, 存在唯一的投射元 $g \in \omega(a^*) \cap U$, 使得 $ha = ag$;

(b) 关于任意 $a^* \in \widetilde{L}_a \cap U$ 和 $e \in \omega(a^*) \cap U$, 存在唯一的投射元 $f \in \omega(a^\dagger) \cap U$, 使得 $ae = fa$.

证明   先证 (i)$\Longrightarrow$(ii). 因 Ehresmann 半群为 U-富足半群, 由引理 5.13, 知只需证投射元的唯一性. 假设 $a \in (S, U)$, $a^\dagger \in \widetilde{R}_a \cap U$ 和 $a^* \in \widetilde{L}_a \cap U$, 并假设 $h \in \omega(a^\dagger) \cap U$. 如果关于任意 $g_1, g_2 \in \omega(a^*) \cap U$, 有 $ha = ag_1 = ag_2$, 那么由 $\widetilde{\mathcal{L}}^U$ 为右同余, 可知 $a^* g_1 \widetilde{\mathcal{L}}^U a g_1 = a g_2 \widetilde{\mathcal{L}}^U a^* g_2$, 因此, $g_1 \widetilde{\mathcal{L}}^U g_2$. 据引理 15.2(i), 得到 $g_1 \mathcal{L}_g g_2$. 又因 U 为一个半格, 有 $g_1 = g_2$. 因此, 存在唯一的投射元 $g \in \omega(a^*) \cap U$, 使得 $ha = ag$. 这证明了 (a) 成立. 类似地, 可证 (b) 成立.

下面证明 (ii)$\Longrightarrow$(i). 显然, 存在单射 $\alpha : \omega(a^\dagger) \cap U \to \omega(a^*) \cap U$, 使得 $xa = a(x\alpha)$ 和单射 $\beta : \omega(a^*) \cap U \to \omega(a^\dagger) \cap U$, 使得 $ay = (y\beta)a$. 则关于任意 $y \in \omega(a^*) \cap U$, 有 $ay = (y\beta)a = a((y\beta)\alpha)$. 因此, 由 (a), 可得 $y = y\beta\alpha$, 即 $\beta\alpha = 1_{\omega(a^*)\cap U}$. 这证明了 α 为满射. 从而, 知 α 为从 $\omega(a^\dagger) \cap U$ 到 $\omega(a^*) \cap U$ 上的双射, 且满足 $xa = a(x\alpha)$. 事实上, 因为 U 是一个半格, 则关于任意 $x, y \in \omega(a^\dagger) \cap U$, $xy \in \omega(a^\dagger) \cap U$. 从而有 $xya = a(xy)\alpha$ 和 $xya = xa(y\alpha) = a(x\alpha)(y\alpha)$. 又由 (ii)(a), 易知 $(xy)\alpha = (x\alpha)(y\alpha)$. 这样, α 为同态. 因此, α 为从 $\omega(a^\dagger) \cap U$ 到 $\omega(a^*) \cap U$ 上的同构, 且满足 $xa = a(x\alpha)$. 再因投射元集 U 为半格, 则有 $\langle a^\dagger \rangle = \omega(a^\dagger) \cap U$ 和 $\langle a^* \rangle = \omega(a^*) \cap U$, 所以, α 为从 $\langle a^\dagger \rangle$ 到 $\langle a^* \rangle$ 上的同构, 且满足 $xa = a(x\alpha)$. 这证明了 (S, U) 为投射连接的.

引理 15.15   令 (S, U) 为投射连接的 U-半富足半群, $a \in (S, U)$, $e \in \widetilde{R}_a \cap U$ 且 $f \in \widetilde{L}_a \cap U$. 假设 $\alpha : \langle e \rangle \to \langle f \rangle$ 为投射连接同构, 则下列两款成立:

(i) 关于任意 $x \in \langle e \rangle$, 有 $xa\widetilde{\mathcal{L}}^U(S)x\alpha$;

(ii) 关于任意 $y \in \langle f \rangle$, 有 $ay\widetilde{\mathcal{R}}^U(S)y\alpha^{-1}$.

证明   因 (ii) 的证明类似 (i) 的证明, 故只需证明 (i). 首先注意到关于任意 $x \in \langle e \rangle$, 有 $xa = a(x\alpha)$. 又 $\widetilde{\mathcal{L}}^U$ 为右同余, 且 $a\widetilde{\mathcal{L}}^U f$, 则有 $a(x\alpha)\widetilde{\mathcal{L}}^U(S)f(x\alpha)$. 显然, $f(x\alpha) = x\alpha$. 所以, $a(x\alpha)\widetilde{\mathcal{L}}^U(S)x\alpha$. 从而, 由 $xa = a(x\alpha)$, 得到 $xa\widetilde{\mathcal{L}}^U(S)x\alpha$.

15.5 *U*-充足半群

本节讨论 U-充足半群. 这类半群是富足半群类中型 A 半群的一种推广.

定义 15.5   Ehresmann 半群 (S, U) 称为 U-充足半群, 如果关于任意 $a \in (S, U)$ 和任意 $e \in U$, (S, U) 满足下列条件:

(i) $ea = a(ea)^*$;

(ii) $ae = (ae)^\dagger a$.

　　为了研究 U-充足半群, 首先讨论 Ehresmann 半群 (S, U) 的一个性质. (S, U) 为 Ehresmann 半群. 关于每一 $a \in (S, U)$, $a^* \in \widetilde{L}_a(S) \cap U$ 和 $a^\dagger \in \widetilde{R}_a(S) \cap U$, 定义映射 $\alpha_a : \langle a^\dagger \rangle \to \langle a^* \rangle$ 如下:

$$x\alpha_a = (xa)^* \quad (x \in \langle a^\dagger \rangle), \tag{15.7}$$

以及映射 $\beta_a : \langle a^* \rangle \to \langle a^\dagger \rangle$ 如下:

$$y\beta_a = (ay)^\dagger \quad (y \in \langle a^* \rangle). \tag{15.8}$$

　　容易验证式 (15.7) 是有意义的. 首先注意到 Ehresmann 半群 (S, U) 的投射元集 U 为一个半格. 由于 $xa\widetilde{\mathcal{L}}^U(xa)^*$ 和 $xa \cdot a^* = xa$, 知 $(xa)^* \in \langle a^* \rangle$, 且 (S, U) 的每一 $\widetilde{\mathcal{L}}^U$-类含有唯一的投射元. 类似地, 式 (15.8) 也是有意义的. 又因 Ehresmann 半群 (S, U) 的投射元集 U 为半格, 则有 $\langle a^\dagger \rangle = \omega(a^\dagger) \cap U$ 和 $\langle a^* \rangle = \omega(a^*) \cap U$.

　　引理 15.16　令 (S, U) 为 Ehresmann 半群. 则关于任意 $a, b \in (S, U)$, 下列两款成立:

(i) $(ab)^\dagger = (ab^\dagger)^\dagger$;

(ii) $(ab)^* = (a^*b)^*$.

　　证明　由 Ehresmann 半群的定义立得.

　　引理 15.17　令 (S, U) 为 Ehresmann 半群, 且 $a \in (S, U)$. 则关于任意 $a^\dagger \in \widetilde{R}_a \cap U$ 和 $a^* \in \widetilde{L}_a \cap U$, 下列两款成立:

(i) 关于任意 $x \in \langle a^\dagger \rangle$, 有 $x \leqslant x\alpha_a\beta_a$;

(ii) 关于任意 $y \in \langle a^* \rangle$, 有 $y \leqslant y\beta_a\alpha_a$,

其中 α_a 和 β_a 分别由式 (15.7) 和 (15.8) 确定.

　　证明　由于 (ii) 可由 (i) 类似地得到, 故只需证 (i). 显然, 关于任意 $x \in \langle a^\dagger \rangle$, $x\alpha_a\beta_a = (a(xa)^*)^\dagger$. 由引理 15.16, 可得

$$x(a(xa)^*)^\dagger = (xa(xa)^*)^\dagger = (xa)^\dagger = xa^\dagger = x.$$

又 U 为半格, 则有 $x \leqslant x\alpha_a\beta_a$. 这完成了证明.

　　现在给出 U-充足半群的一个刻画.

　　引理 15.18　令 (S, U) 为 Ehresmann 半群, 其投射元集 U 为半格. 则 (S, U) 为 U-充足半群, 当且仅当关于每一 $a \in (S, U)$, 由式 (15.7) 和 (15.8) 分别定义的映射 α_a 和 β_a 为互逆同构.

　　证明　**必要性**　关于任意 $a \in (S, U)$ 和 $e, f \in \langle a^\dagger \rangle$, 如果 $e\alpha_a = f\alpha_a$, 即 $(ea)^* = (fa)^*$, 那么易得 $ea = a(ea)^* = a(fa)^* = fa$. 据引理 15.16, 有 $e = ea^\dagger = (ea)^\dagger = (fa)^\dagger = fa^\dagger = f$. 因此, α_a 为单射. 类似地, 可证 β_a 亦为单射.

关于每一 $a \in (S, U)$, 为证明 α_a 和 β_a 是满射, 假设 $x \in \langle a^\dagger \rangle$ 且 $e = x\alpha_a\beta_a$. 显然, $e \in \langle a^\dagger \rangle$, 且由引理 15.17, 知 $x \leqslant e$. 据引理 15.16, 得到 $(ea)^\dagger = ea^\dagger = e$. 这蕴涵 α_{ea} 的定义域为 $\langle e \rangle$, 而且关于每一 $y \in \langle e \rangle$, 可有 $y\alpha_e\alpha_a = (ye)\alpha_a = (yea)^* = y\alpha_{ea}$. 因此, 得到 $\alpha_{ea} = \alpha_e\alpha_a \mid_{\langle e \rangle}$. 类似地, 有 $\beta_{ea} = \beta_a\beta_e \mid_{\langle (ea)^* \rangle}$. 从而,

$$x\alpha_{ea}\beta_{ea} = x\alpha_e\alpha_a\beta_a\beta_e = x\alpha_a\beta_a\beta_e = e\beta_e = e$$

及 $e\alpha_{ea}\beta_{ea} = e\alpha_e\alpha_a\beta_a\beta_e = (e\alpha_a\beta_a)\beta_e = e$. 又因 α_{ea}, β_{ea} 为单射, 知 $\alpha_{ea}\beta_{ea}$ 为单射, 从而 $x = e$. 再由假设知, $\alpha_a\beta_a$ 为 $\langle a^\dagger \rangle$ 上的恒等映射. 类似地, 可证 $\beta_a\alpha_a$ 亦为 $\langle a^* \rangle$ 上的恒等映射. 因此, α_a, β_a 为互逆双射.

现证 α_a 为半群同态. 易知, 关于任意 $x, y \in \langle a^\dagger \rangle$, 有 $xya = a(xy)\alpha$ 和 $xya = a(x\alpha)(y\alpha)$. 又 $\widetilde{\mathcal{L}}^U$ 为右同余, 则有 $a^*(xy)\alpha \,\widetilde{\mathcal{L}}^U a(xy)\alpha = a(x\alpha)(y\alpha)\widetilde{\mathcal{L}}^U a^*(x\alpha)(y\alpha)$. 由此, 知 $(x\alpha)(y\alpha)\widetilde{\mathcal{L}}^U (xy)\alpha$. 再据引理 15.2(i), 有 $(x\alpha)(y\alpha) \mathcal{L} (xy)\alpha$. 因 U 为半格, 得到 $(x\alpha)(y\alpha) = (xy)\alpha$. 这证明了 α_a 为一个同构. 类似地, β_a 亦为同构.

充分性   只需证, 关于每一 $a \in (S, U)$ 和每一投射元 $e \in U$, 有 $ea = a(ea)^*$ 和 $ae = (ae)^\dagger a$ 成立. 取 $x = ea^\dagger$. 则有 $(a(xa)^*)^\dagger = x\alpha_a\beta_a = x$, 从而 $ea = ea^\dagger a = xa = xa(xa)^* = (a(xa)^*)^\dagger a(xa)^* = a(xa)^* = a(ea^\dagger a)^* = a(ea)^*$. 类似地, 可证 $ae = (ae)^\dagger a$. 这证明了 (S, U) 为 *U*-充足半群.

下述引理给出了 *U*-充足半群的另一刻画.

引理 15.19   Ehresmann 半群 (S, U) 满足 PC 条件, 当且仅当它为 *U*-充足半群.

证明   **充分性**   假设 (S, U) 为 *U*-充足半群, 且 $a \in (S, U)$. 则由引理 15.18, 知由式 (15.7) 定义的映射 α_a 为从 $\langle a^\dagger \rangle$ 到 $\langle a^* \rangle$ 上的同构, 其中 $a^* \in \widetilde{L}_a(S) \cap U$, $a^\dagger \in \widetilde{R}_a(S) \cap U$. 据定义 15.4 及式 (15.7), 知关于任意 $x \in \langle a^\dagger \rangle$, 有 $xa = a(xa)^* = a(x\alpha_a)$. 因此, 取 $\alpha = \alpha_a$, 便得 $\alpha : \langle a^\dagger \rangle \to \langle a^* \rangle$ 为我们所要求的投射连接同构. 从而 (S, U) 满足 PC 条件.

必要性   假设 Ehresmann 半群 (S, U) 满足 PC 条件, 即 (S, U) 为投射连接的, 那么关于每一 $a \in (S, U)$, $a^* \in \widetilde{L}_a(S) \cap U$ 及 $a^\dagger \in \widetilde{R}_a(S) \cap U$, 存在同构 $\alpha : \langle a^\dagger \rangle \to \langle a^* \rangle$, 使得关于所有 $x \in \langle a^\dagger \rangle$, 有 $xa = a(x\alpha)$. 显然, 由引理 15.16, $(xa)^* = (a(x\alpha))^* = a^*(x\alpha) = x\alpha$, 从而, $\alpha = \alpha_a$, 其中 α_a 由式 (15.7) 确定. 又关于任意 $y \in \langle a^* \rangle$, 有 $(y\alpha^{-1})\alpha = y$, 所以 $ay = a((y\alpha^{-1})\alpha) = (y\alpha^{-1})a$. 注意到 U 为半格及引理 15.16, 易得 $(ay)^\dagger = ((y\alpha^{-1})a)^\dagger = (y\alpha^{-1})a^\dagger = y\alpha^{-1}$. 这蕴涵着 $\beta_a = \alpha^{-1}$, 其中 β_a 由式 (15.8) 确定. 据引理 15.18, 知 (S, U) 为 *U*-充足半群.

15.6　U-纯正半群的表示

引理 15.20　令 $\theta : (S, U) \to (T, V)$ 为从 U-纯正半群 (S, U) 到 Ehresmann 半群 (T, V) 的允许同态. 则 $(S\theta, \bar{U})$ 为 $\bar{U}$-充足半群, 其中 $\bar{U} = U\theta$.

证明　显然, $\bar{U}$ 为 V 的一个子半格. 据引理 15.5, 知 $(S\theta, \bar{U})$ 为 Ehresmann 半群. 因此, 只需证 $(S\theta, \bar{U})$ 满足 PC 条件. 现令 $a\theta$ 为 $(S\theta, \bar{U})$ 的元素, $a^* \in \widetilde{L}_a(S) \cap U$, $a^\dagger \in \widetilde{R}_a(S) \cap U$. 因 θ 为允许同态, 据引理 15.4, 有 $a\theta \widetilde{\mathcal{L}}^{\bar{U}}(S\theta) a^*\theta$. 又关于任意 $e \in \omega(a^*\theta) \cap \bar{U}$, 存在投射元 $u \in U$, 使得 $e = a^*\theta u \theta a^*\theta$, 因此,

$$a\theta e = a\theta a^*\theta u \theta a^*\theta = (aa^*ua^*)\theta = (a(a^*ua^*))\theta.$$

同时, 由 (S, U) 满足 PC 条件, 据引理 15.13, 知存在投射元 v, 使得 $f = a^\dagger v a^\dagger \in \omega(a^\dagger) \cap U$, 且 $a(a^*ua^*) = fa$. 从而, 有

$$(a(a^*ua^*))\theta = (fa)\theta = f\theta a\theta = (a^\dagger v a^\dagger)\theta a\theta = a^\dagger \theta v \theta a^\dagger \theta a\theta.$$

再由 θ 为允许同态, 得到 $a^\dagger\theta \widetilde{\mathcal{R}}^{\bar{U}} a\theta$ 和 $f\theta = a^\dagger\theta v\theta a^\dagger\theta \in \omega(a^\dagger\theta) \cap \bar{U}$, 这导致 $a\theta e = f\theta a\theta$. 这证明了关于任意 $a^*\theta \in \widetilde{L}_{a\theta} \cap \bar{U}$ 和 $e \in \omega(a^*\theta) \cap \bar{U}$, 存在投射元 $f\theta \in \omega(a^\dagger\theta) \cap \bar{U}$, 使得 $a\theta e = f\theta a\theta$.

事实上, 投射元 $f\theta$ 是唯一的. 为此, 假设 $e \in \omega(a^*\theta) \cap \bar{U}$ 满足 $a\theta e = f_1 a\theta = f_2 a\theta$, 其中 $f_1, f_2 \in \omega(a^\dagger\theta) \cap \bar{U}$. 因 $\widetilde{\mathcal{R}}^{\bar{U}}$ 为左同余, 得 $f_1 a^\dagger\theta \widetilde{\mathcal{R}}^{\bar{U}} f_1 a\theta = f_2 a\theta \widetilde{\mathcal{R}}^{\bar{U}} f_2 a^\dagger\theta$. 由此可知, $f_1 \widetilde{\mathcal{R}}^{\bar{U}} f_2$. 据引理 15.2 (ii), 有 $f_1 \mathcal{R} f_2$. 又因 $\bar{U}$ 为半格, 知 $f_1 = f_2$. 这证明了存在唯一的投射元 $f\theta \in \omega(a^\dagger\theta) \cap \bar{U}$, 使得 $(a\theta)e = f\theta a\theta$. 类似地, 可证关于任意 $k \in \omega(a^\dagger\theta) \cap \bar{U}$, 存在唯一的投射元 $g \in \omega(a^*\theta) \cap \bar{U}$, 使得 $k(a\theta) = (a\theta)g$. 因此, 据引理 15.14, $(S\theta, \bar{U})$ 满足 PC 条件. 再由引理 15.19, $(S\theta, \bar{U})$ 为 $\bar{U}$-充足半群.

如果 (S, U) 为 U-纯正半群, 那么, 据 [6], 在 U 上可定义关系 $\mathcal{U}$ 如下:

$$\mathcal{U} = \{(e, f) \in U \times U : \langle e \rangle \simeq \langle f \rangle\}. \tag{15.9}$$

用 $W_{e,f}$ 表示所有从 $\langle e \rangle$ 到 $\langle f \rangle$ 上的同构的集合. 这样, 如果 $(e, f) \in \mathcal{U}$, 且 $\alpha \in W_{e,f}$, 那么可分别定义 $\alpha_l \in \mathcal{PT}(U/\mathcal{L})$ 和 $\alpha_r \in \mathcal{PT}(U/\mathcal{R})$ 如下:

$$L_x \alpha_l = L_{x\alpha}, \qquad R_x \alpha_r = R_{x\alpha} \qquad (x \in \langle e \rangle). \tag{15.10}$$

易知 α_l, α_r 是有意义的, 并且 $(\alpha^{-1})_l = (\alpha_l)^{-1}$ 和 $(\alpha^{-1})_r = (\alpha_r)^{-1}$ 成立. 此时, 我们可直接将 $(\alpha^{-1})_l$ 和 $(\alpha^{-1})_r$ 分别记作 α_l^{-1} 和 α_r^{-1}.

现在, 记带 U 的 Hall 半群为 W_U (见 [6]). 则有下述引理.

引理 15.21 令 (S, U) 为 U-纯正半群, 其中 U 为其投射元形成的带. 若采用引理 15.11 中的记号, 则 $a\xi = (\rho_a, \lambda_a)$ 可表示为 $(\rho_e\alpha_l, \lambda_f\alpha_r^{-1})$, 其中 $e \in \widetilde{R}_a \cap U$, $f \in \widetilde{L}_a \cap U$, 且 α 为从 $\langle e \rangle$ 到 $\langle f \rangle$ 上的投射连接同构. 这样, $S\xi$ 便含于 Hall 半群 $W_U = \{(\rho_e\alpha_l, \lambda_f\alpha_r^{-1}) : \alpha \in W_{e,f}, (e, f) \in \mathcal{U}\}$ 之中.

证明 令 $a \in (S, U)$, 且 e, f 分别为 $\widetilde{R}_a(S)$ 和 $\widetilde{L}_a(S)$ 中的投射元. 又令 $\alpha : \langle e \rangle \to \langle f \rangle$ 为投射连接同构. 先证 $\rho_a = \rho_e\alpha_l$, 其中 ρ_a, ρ_e 和 α_l 分别由式 (15.4) 和 (15.10) 确定, 且 $\mathcal{T}(U/\mathcal{L})$ 中元素 ρ_e 和 $\mathcal{PT}(U/\mathcal{L})$ 中元素 α_l 的乘积为 $\mathcal{T}(U/\mathcal{L})$ 中的元素.

关于任意 $x \in U$, 有

$$
\begin{aligned}
L_x\rho_a &= L_{(xa)^*} = L_{(xea)^*} & (a\widetilde{\mathcal{R}}^U e) \\
&= L_{xe}\rho_a = L_{exe}\rho_a & (xe\mathcal{L}exe) \\
&= L_g\rho_a & (g = exe \in \langle e \rangle) \\
&= L_{(ga)^*} = L_{g\alpha} & (\text{引理 15.15 (i)}) \\
&= L_{(exe)\alpha} = L_{exe}\alpha_l & ((15.10)) \\
&= L_{xe}\alpha_l = L_x\rho_e\alpha_l & (xe\mathcal{L}exe, (15.4)).
\end{aligned}
$$

因此, $\rho_a = \rho_e\alpha_l$. 类似地, 亦有

$$
\begin{aligned}
R_x\lambda_a &= R_{(ax)^\dagger} = R_{(afx)^\dagger} & (a\widetilde{\mathcal{L}}^U f) \\
&= R_{fx}\lambda_a = R_{fxf}\lambda_a & (fx\mathcal{R}fxf) \\
&= R_h\lambda_a & (h = fxf \in \langle f \rangle) \\
&= R_{(ah)^\dagger} = R_{h\alpha^{-1}} & (\text{引理 15.15 (ii)}) \\
&= R_{(fxf)\alpha^{-1}} = R_{fxf}\alpha_r^{-1} & ((15.10)) \\
&= R_{fx}\alpha_r^{-1} = R_x\lambda_f\alpha_r^{-1} & (fx\mathcal{R}fxf, (15.5)).
\end{aligned}
$$

从而 $\lambda_a = \lambda_f\alpha_r^{-1}$. 至此, 知 U-纯正半群 (S, U) 在由式 (15.6) 定义的同态 ξ 下的像包含在 Hall 半群 W_U 中.

据 [6], 带 U 的 Hall 半群 W_U 为纯正半群, 且其幂等元的带 $U^* = \{(\rho_e, \lambda_e) : e \in U\}$ 同构于 U. 显然, 由引理 15.3, 若 Hall 半群 W_U 被看作投射元集为 U 的 U-半富足半群 (W_U, U), 则它一定为 U-纯正半群.

定理 15.22 令 (S, U) 为 U-纯正半群. 则

(i) 由式 (15.6) 定义的同态 ξ 是从半群 (S, U) 到 W_U 的允许同态;

(ii) 由式 (15.3) 定义的 μ 是 (S, U) 上的允许同余;

(iii) (S, U) 在由式 (15.6) 定义的同态 ξ 下的像包含 W_U 中的所有幂等元.

证明 首先, 令 $a \in (S, U)$, $e, f \in U$, 使得 $a\widetilde{\mathcal{R}}^U(S)e$ 和 $a\widetilde{\mathcal{L}}^U(S)f$. 再令 $\alpha : \langle e \rangle \to \langle f \rangle$ 为投射连接同构.

据引理 15.3, 引理 15.4 和引理 15.11, 为证 (i), 只需证 $a\xi\mathcal{R}(W_U)e\xi$ 和 $a\xi\mathcal{L}(W_U)f\xi$. 先证 $a\xi\mathcal{R}(W_U)e\xi$ 成立. 显然, 由引理 15.21, 知 $a\xi = (\rho_a, \lambda_a) = (\rho_e\alpha_l, \lambda_f\alpha_r^{-1})$ 为 W_U 中的元素, 其中 $(f, e) \in \mathcal{U}$, $\alpha^{-1} \in W_{f,e}$. 又易证 $t = (\rho_f\alpha_l^{-1}, \lambda_e\alpha_r) \in W_U$. 现讨论乘积 $\rho_e\alpha_l\rho_f\alpha_l^{-1}$ 和 $\lambda_e\alpha_r\lambda_f\alpha_r^{-1}$. 下面将证 $\rho_e\alpha_l\rho_f\alpha_l^{-1} = \rho_e$ 以及 $\lambda_e\alpha_r\lambda_f\alpha_r^{-1} = \lambda_e$. 关于任意 $x \in U$, 有

$$
\begin{aligned}
L_x\rho_e\alpha_l\rho_f\alpha_l^{-1} &= L_{xe}\alpha_l\rho_f\alpha_l^{-1} \\
&= L_{exe}\alpha_l\rho_f\alpha_l^{-1} \qquad (xe\mathcal{L}exe) \\
&= L_{(exe)\alpha}\rho_f\alpha_l^{-1} \\
&= L_{(exe)\alpha}\alpha_l^{-1} \qquad ((exe)\alpha \in \langle f \rangle) \\
&= L_{(exe)\alpha\alpha^{-1}} \\
&= L_{exe} \\
&= L_{xe} = L_x\rho_e \qquad (xe\mathcal{L}exe,\ (15.4)).
\end{aligned}
$$

因此, $\rho_e\alpha_l\rho_f\alpha_l^{-1} = \rho_e$. 类似地, 可得

$$
\begin{aligned}
R_x\lambda_e\alpha_r\lambda_f\alpha_r^{-1} &= R_{ex}\alpha_r\lambda_f\alpha_r^{-1} \\
&= R_{exe}\alpha_r\lambda_f\alpha_r^{-1} \qquad (ex\mathcal{R}exe) \\
&= R_{(exe)\alpha}\lambda_f\alpha_r^{-1} \\
&= R_{(exe)\alpha}\alpha_r^{-1} \qquad ((exe)\alpha \in \langle f \rangle) \\
&= R_{(exe)\alpha\alpha^{-1}} \\
&= R_{exe} \\
&= R_{ex} = R_x\lambda_e \qquad (ex\mathcal{R}exe,\ (15.5)).
\end{aligned}
$$

所以, $\lambda_e\alpha_r\lambda_f\alpha_r^{-1} = \lambda_e$. 由此, 有

$$(a\xi)t = (\rho_e, \lambda_e) = e\xi. \tag{15.11}$$

又易知

$$e\xi a\xi = a\xi. \tag{15.12}$$

这样, 由式 (15.11) 和 (15.12), 知在 W_U 中, $a\xi\mathcal{R}e\xi$. 类似地, 在 W_U 中, $a\xi\mathcal{L}f\xi$. 显然, $U^* = U\xi$, 所以同态 ξ 为允许同态.

下面利用引理 15.7 证明 (ii). 假设 $g \in U$, 且 $(ag, a) \in \mu$. 则由引理 15.11, 得到 $(ag)\xi = a\xi$, 即 $a\xi g\xi = a\xi$. 注意到在 W_U 中, $g\xi \in U\xi$ 且 $a\xi\mathcal{L}f\xi$. 又因 $a\xi$ 为正则元, 据 [6] 的命题 3.6, 则存在 $a\xi$ 的逆元 $(a\xi)'$, 使得 $(a\xi)'(a\xi) = f\xi$. 因此, 有 $f\xi g\xi = f\xi$. 由此, 可得 $(fg, f) \in \mu$. 类似地, 可证若 $(ga, a) \in \mu$, 则 $(ge, e) \in \mu$. 综上所述, 由引理 15.7, 知 μ 为一个允许同余.

最后, 证明 (iii) 成立. 注意到 W_U 为正则半群, 且其幂等元的带 $U^* = \{(\rho_e, \lambda_e) : e \in U\}$ 同构于 U. 因此, 易知 (S, U) 在 ξ 下的像包含 W_U 中的所有幂等元.

15.7   最小充足同余

令 (S, U) 为 U-纯正半群, 其中 U 为带. 显然, $U = \bigcup_{\alpha \in Y} U_\alpha$ 为 U 关于矩形带 U_α 的半格分解, 这里 U_α 表示 U 的 $\mathcal{J}$-类. 用 $U(e)$ 表示 U 中含元素 e 的 $\mathcal{J}$-类. 现定义由 U 的 $\mathcal{J}$-类构成的集合上的偏序关系 $\leqslant$ 如下:

$$U(e) \leqslant U(f) \Leftrightarrow U(e)U(f) \subseteq U(e) \qquad (e, f \in U). \tag{15.13}$$

利用上述记号. 则我们有下述引理.

引理 15.23   令 (S, U) 为 U-纯正半群, 其中 U 为其投射元形成的带. 在 (S, U) 上定义关系 δ 如下:

$$a\delta b \Leftrightarrow b = eaf \qquad (e \in U(a^\dagger),\ f \in U(a^*)). \tag{15.14}$$

则下列两款成立:

(i) δ 为 (S, U) 上的等价关系;

(ii)   关于任意 $a, b \in (S, U)$, $a\delta b$, 当且仅当 $U(a^\dagger)aU(a^*) = U(b^\dagger)bU(b^*)$, 其中 $a^\dagger \in \widetilde{R}_a \cap U$, $a^* \in \widetilde{L}_a \cap U$, $b^\dagger \in \widetilde{R}_b \cap U$, $b^* \in \widetilde{L}_b \cap U$.

证明   先证 (i). 显然, δ 具有自反性. 为证 δ 具有对称性, 令 $a, b \in (S, U)$, 且 $a\delta b$. 则存在 $e \in U(a^\dagger)$, $f \in U(a^*)$, 使得 $b = eaf$. 这蕴涵 $bf = b$. 因 $b\widetilde{\mathcal{L}}^U b^*$ 和 $f \in U(a^*) \subseteq U$, 据引理 15.1, 得到 $b^*f = b^*$. 因此, $U(b^*)U(a^*) \subseteq U(b^*)$, 从而,

$$U(b^*) \leqslant U(a^*). \tag{15.15}$$

类似地, 可证明 $U(a^\dagger)U(b^\dagger) \subseteq U(b^\dagger)$ 和

$$U(b^\dagger) \leqslant U(a^\dagger). \tag{15.16}$$

又易知, $b^*a^* \in U(b^*)$ 和 $a^\dagger b^\dagger \in U(b^\dagger)$. 因此,
$$a = a^\dagger aa^* = (a^\dagger ea^\dagger)a(a^*fa^*) = a^\dagger eafa^* = a^\dagger ba^* = (a^\dagger b^\dagger)b(b^*a^*).$$
这表明 $b\delta a$. 类似地, 可证

$$U(a^*) \leqslant U(b^*) \qquad \text{及} \qquad U(a^\dagger) \leqslant U(b^\dagger). \tag{15.17}$$

从而, 由式 (15.15)—(15.17), 知
$$U(a^\dagger) = U(b^\dagger) \qquad \text{及} \qquad U(a^*) = U(b^*).$$

下面证明 δ 具有传递性. 令 $a, b, c \in (S, U)$, 使得 $a\delta b$ 及 $b\delta c$. 则由上述结论, 知 $U(a^\dagger) = U(b^\dagger) = U(c^\dagger)$ 和 $U(a^*) = U(b^*) = U(c^*)$, 而且, 存在 $e, g \in U(a^\dagger)$ 和 $f, h \in U(a^*)$, 使得 $b = eaf$ 且 $c = gbh$. 因此, 有 $c = geafh$. 又由 $U(a^\dagger)$ 和 $U(a^*)$ 为矩形带, 则有 $ge \in U(a^\dagger)$ 和 $fh \in U(a^*)$, 从而 $a\delta c$. 这证明了 δ 为 (S, U) 上的等价关系.

现证 (ii). 显然, 充分性自然成立, 故只需证必要性. 令 $a, b \in (S, U)$, 使得 $a\delta b$. 则存在 $e \in U(a^\dagger)$, $f \in U(a^*)$, 使得 $b = eaf$. 先证 $U(b^\dagger)bU(b^*) \subseteq U(a^\dagger)aU(a^*)$. 为此, 令 $c \in U(b^\dagger)bU(b^*)$. 因在 (i) 中已证 $U(a^\dagger) = U(b^\dagger)$ 及 $U(a^*) = U(b^*)$, 则存在 $g \in U(b^\dagger) = U(a^\dagger)$, $h \in U(b^*) = U(a^*)$, 使得 $c = gbh = g(eaf)h = (ge)a(fh) \in U(a^\dagger)aU(a^*)$, 从而, $U(b^\dagger)bU(b^*) \subseteq U(a^\dagger)aU(a^*)$. 类似地, 可证

$$U(a^\dagger)aU(a^*) \subseteq U(b^\dagger)bU(b^*).$$

因此, 有 $U(b^\dagger)bU(b^*) = U(a^\dagger)aU(a^*)$. 这完成了证明.

引理 15.24　令 (S, U) 为 U-纯正半群, 其中 U 为其投射元形成的带. 则由式 (15.14) 定义的关系 δ 为 (S, U) 上的允许同余.

证明　先证 δ 为 (S, U) 上的同余. 据引理 15.23(i), 只需证 δ 关于半群的乘法运算是相容的. 为此, 假设 $a\delta b$. 显然, 存在投射元 $e \in U(a^\dagger)$ 和 $f \in U(a^*)$, 使得 $b = eaf$. 因此, 关于任意 $c \in (S, U)$, 有

$$
\begin{aligned}
cb &= ceaf = cc^*ea^\dagger af \\
&= c(c^*ea^\dagger)af \\
&= c(c^*ea^\dagger)(c^*a^\dagger)(c^*ea^\dagger)af &&(c^*ea^\dagger \in U(c^*a^\dagger)) \\
&= c(c^*ea^\dagger c^*)(a^\dagger c^*ea^\dagger)af \\
&= cghaf &&(g = c^*ea^\dagger c^* \in \omega(c^*) \cap U, \ h = a^\dagger c^*ea^\dagger \in \omega(a^\dagger) \cap U) \\
&= ucavf &&(u \in \omega(c^\dagger) \cap U, \ v \in \omega(a^*) \cap U, \text{ 引理 15.13}) \\
&= u(ca)^\dagger ca(ca)^*vf. &&(15.18)
\end{aligned}
$$

易知, $cb = u(ca)^\dagger cb$. 由于 $cb\widetilde{\mathcal{R}}^U(cb)^\dagger$, 据引理 15.1, 知 $u(ca)^\dagger(cb)^\dagger = (cb)^\dagger$. 又由式 (15.13), 得到 $U((cb)^\dagger) \leqslant U(u(ca)^\dagger) \leqslant U((ca)^\dagger)$. 据 δ 的对称性, 显然 $b\delta a$. 从而, 类似地, 我们得到 $U((ca)^\dagger) \leqslant U((cb)^\dagger)$, 以及 $U((ca)^\dagger) = U((cb)^\dagger) = U(u(ca)^\dagger)$. 显然, $u(ca)^\dagger \in U((ca)^\dagger)$. 类似地, 可得 $U((ca)^*vf) = U((ca)^*) = U((cb)^*)$. 因此, 据式 (15.18), 我们有 $(ca)\delta(cb)$, 即 δ 关于半群乘法运算是左相容的. 类似地, 可证 δ 是右相容的.

最后, 据定理 15.7, 可证 δ 为 (S, U) 上的允许同余. 令 $a \in (S, U)$, $e, f \in U$, 使得 $a\widetilde{\mathcal{R}}^U e$ 及 $a\widetilde{\mathcal{L}}^U f$. 假设 $g \in U$, 满足 $(ag, a) \in \delta$. 则存在投射元 $p \in U((ag)^\dagger)$ 和

$q \in U((ag)^*)$, 使得 $a = pagq$. 取 $u \in U$, 使得 $u \mathcal{L} p$. 据引理 15.2, 知 $u \widetilde{\mathcal{L}}^U p$. 因 $\widetilde{\mathcal{L}}^U$ 为右同余, 则 $ua \widetilde{\mathcal{L}}^U pa = a$. 显然, $f \widetilde{\mathcal{L}}^U pa$. 因此, 由 $pa = a = pagq$ 和 $gq \in U$, 得到

$$f = fgq. \tag{15.19}$$

又因 $f \widetilde{\mathcal{L}}^U a$ 及 $\widetilde{\mathcal{L}}^U$ 为 (S, U) 上的右同余, 则有 $fg \widetilde{\mathcal{L}}^U ag$. 从而, $U((ag)^*) = U((fg)^*)$. 注意到 $q \in U((ag)^*)$. 显然, $q \in U((fg)^*)$. 由式 (15.19), 得到 $(fg, f) \in \delta$. 这证明了 $(ag, a) \in \delta$ 蕴涵着 $(fg, f) \in \delta$. 类似地, 可证关于任意 $g \in U$, $(ga, a) \in \delta$ 蕴涵着 $(ge, e) \in \delta$. 显然, $((S, U)/\delta, U/\delta)$ 为一个 U/δ-半富足半群. 从而, 据引理 15.7, δ 为 (S, U) 上的允许同余.

定义 15.6 令 (S, U) 为 U-纯正半群. 则 (S, U) 上的允许同余 ρ 称为最小充足同余, 如果 ρ 为最小 U/ρ-充足半群同余.

引理 15.25 令 (S, U) 为 U-纯正半群. 则由 (15.14) 式定义的允许同余 δ 为 (S, U) 上的最小充足同余.

证明 首先, 证明 $((S, U)/\delta, U/\delta)$ 为 U/δ-充足半群. 据推论 15.6 和引理 15.24, 知 $((S, U)/\delta, U/\delta)$ 为 U/δ-富足半群. 又易知, $\delta \cap (U \times U) = \mathcal{J}_U$, 这里 $\mathcal{J}_U$ 为 U 上通常意义下的格林关系. 从而, $U/\delta = U/\mathcal{J}_U$ 为半格. 这样, $((S, U)/\delta, U/\delta)$ 为 Ehresmann 半群. 再据引理 15.20, 知 $((S, U)/\delta, U/\delta)$ 为 U/δ-充足半群.

为证 δ 的最小性, 令 ρ 为 (S, U) 上的任意允许同余, 使得 $((S, U)/\rho, U/\rho)$ 为 U/ρ-充足半群. 显然, $\rho \cap (U \times U)$ 为 U 上的半格同余. 因 $\mathcal{J}_U$ 为 U 上的最小半格同余, 显然 $\mathcal{J}_U \subseteq \rho \cap (U \times U)$. 为了证明 $\delta \subseteq \rho$, 假设 $a \delta b$. 则存在投射元 $e \in U(a^\dagger)$, $f \in U(a^*)$, 使得 $b = eaf$. 注意到 $e \mathcal{J}_U a^\dagger$ 且 $f \mathcal{J}_U a^*$, 则得 $e \rho a^\dagger$, $f \rho a^*$. 因此, 有 $(a^\dagger a a^*) \rho (eaf)$, 即 $a \rho b$. 从而 $\delta \subseteq \rho$. 这证明了 δ 为 (S, U) 上的最小充足同余.

引理 15.26 令 (S, U) 为 U-纯正半群, 且 $b = eaf$, 其中 $a, b \in (S, U)$, $e \in U(a^\dagger)$, $f \in U(a^*)$. 则 $e \widetilde{\mathcal{R}}^U b$ 及 $f \widetilde{\mathcal{L}}^U b$.

证明 令 $a, b \in (S, U)$ 满足 $b = eaf$. 则易知 $eb = b$. 关于任意 $x \in U$, 假设 $xb = b$. 则 $xeaf = eaf$. 因 $f \in U(a^*)$, 故存在投射元 $k \in U$, 使得 $a^* \widetilde{\mathcal{L}}^U k \widetilde{\mathcal{R}}^U f$. 又因 $\widetilde{\mathcal{R}}^U$ 为左同余, 有 $ea = eak \widetilde{\mathcal{R}}^U eaf = b$. 据 $\widetilde{\mathcal{R}}^U$ 的定义, 有 $xea = ea$. 但, $a^\dagger \widetilde{\mathcal{R}}^U a$. 从而 $ea^\dagger \widetilde{\mathcal{R}}^U ea$. 因此, $xea^\dagger = ea^\dagger$. 再因 $e, a^\dagger \in U(a^\dagger)$, 则存在 $g \in U$, 使得 $a^\dagger \widetilde{\mathcal{R}}^U g \widetilde{\mathcal{L}}^U e$. 这样, 有 $ea^\dagger \widetilde{\mathcal{R}}^U eg = e$. 从而, $xe = e$. 则据引理 15.1(ii), 有 $e \widetilde{\mathcal{R}}^U b$. 对偶地, 可证 $f \widetilde{\mathcal{L}}^U b$.

引理 15.27 令 (S, U) 为 U-纯正半群. 则 $\widetilde{\mathcal{H}}^U \cap \delta = \iota$, 其中 δ 由式 (15.14) 确定.

证明 令 $a, b \in (S, U)$ 满足 $(a, b) \in \widetilde{\mathcal{H}}^U \cap \delta$. 显然, 存在某一 $e \in U(a^\dagger)$, $f \in U(a^*)$, 使得 $b = eaf$. 据引理 15.26, $e \widetilde{\mathcal{R}}^U b \widetilde{\mathcal{L}}^U f$. 因 $a \widetilde{\mathcal{H}}^U b$, 得到 $e \widetilde{\mathcal{R}}^U a \widetilde{\mathcal{L}}^U f$. 所以, $a = eaf = b$.

令 $\mathcal{C}$ 为 U-纯正半群 (S, U) 与其允许同态构成的范畴. 又令 $\mathcal{D}$ 为 U/δ-充足半群与其允许同态构成的范畴. 再令 $\mathcal{F} : \mathcal{C} \to \mathcal{D}$ 为一个函子, 满足

(i) 关于任意 $(S, U) \in \mathrm{Obj}(\mathcal{C})$, $\mathcal{F}(S, U) = ((S, U)/\delta, U/\delta) \in \mathrm{Obj}(\mathcal{D})$.

(ii) 关于任意允许同态 $\theta : (S, U) \to (S', U')$, $\mathcal{F}(\theta) : \mathcal{F}(S, U) \to \mathcal{F}(S', U')$, $\bar{x} \mapsto \overline{x\theta}$, 其中 $\bar{x} = x\delta$, $x \in (S, U)$. 则 $\mathcal{F}$ 为 $\mathcal{C}$ 到 $\mathcal{D}$ 的函子.

由上, 易证下述定理.

定理 15.28 U-纯正半群 (S, U) 和允许同态构成的范畴同构于 U/δ-充足半群 $((S, U)/\delta, U/\delta)$ 和允许同态构成的范畴, 其中 δ 由式 (15.14) 确定.

15.8 结　　构

本节给出 U-纯正半群的一个构造方法.

令 U 为带, (T, V) 为 V-充足半群, 且 V 同构于 $U/\mathcal{J}$, 其中, $\mathcal{J}$ 为 U 上的 $\mathcal{J}$-关系. 再令 W_U 为带 U 的 Hall 半群, γ 为 W_U 上的最小逆半群同余. 据引理 15.3, 知若 $U = E(W_U)$, 则 Hall 半群 W_U 可看作 U-纯正半群, 其中 U 为其投射元形成的带. 此时, $\widetilde{\mathcal{L}}^U = \mathcal{L}$, $\widetilde{\mathcal{R}}^U = \mathcal{R}$, $\delta = \gamma$, 其中 δ 由 式 (15.14) 确定.

令 $\psi : (T, V) \to W_U/\gamma$ 为投射分离允许同态, 且其同态像包含 W_U/γ 中的所有幂等元.

定理 15.29   织积
$$(S, \bar{U}) = \mathcal{M}(U, (T, V), \psi) = \{(x, t) \in W_U \times (T, V) : x\gamma = t\psi\}$$
为 $\bar{U}$-纯正半群, 其投射元集

$$\bar{U} = \{((\rho_e, \lambda_e), i) : e \in U, \ i \in V \ (\rho_e, \lambda_e)\gamma = i\psi\}$$

同构于 U, 并且 $((S, \bar{U})/\delta, \bar{U}/\delta) \simeq (T, V)$.

为证定理 15.29, 我们先证下述引理.

引理 15.30 $\bar{U}$ 同构于 U.

证   据 [6], 知 W_U 中的幂等元形成带 U^*, 且同构于 U. 假设 η 为由下式定义的从 $\bar{U}$ 到 U^* 的映射:

$$((\rho_e, \lambda_e), i)\eta = (\rho_e, \lambda_e) \qquad (((\rho_e, \lambda_e), i) \in \bar{U}). \tag{15.20}$$

易知映射 η 是有意义的, 且为同态. 现证 η 为双射. 注意到, 关于任意 $(\rho_e, \lambda_e) \in U^*$, 元素 $(\rho_e, \lambda_e)\gamma$ 为 W_U/γ 中的幂等元, 其中 γ 为 W_U 上的最小逆半群同余. 因 ψ 的像包含了 W_U/γ 中的所有幂等元, 则存在唯一的投射元 $i \in (T, V)$, 使得 $(\rho_e, \lambda_e)\gamma = i\psi$. 因此, 有 $((\rho_e, \lambda_e), i) \in \bar{U}$, 且 $((\rho_e, \lambda_e), i)\eta = (\rho_e, \lambda_e)$. 这证明了 η 为满射. 进一步, 若 $((\rho_e, \lambda_e), i), ((\rho_f, \lambda_f), j) \in \bar{U}$, 使得 $((\rho_e, \lambda_e), i)\eta = ((\rho_f, \lambda_f), j)\eta$,

即 $(\rho_e, \lambda_e) = (\rho_f, \lambda_f)$, 则有 $e = f$ 以及 $(\rho_e, \lambda_e)\gamma = i\psi$, $(\rho_e, \lambda_e)\gamma = j\psi$. 这给出了 $i\psi = j\psi$. 又因 ψ 为关于 V 的投射分离允许同态, 则 $i = j$. 这证明了 η 为单射. 这样, $\bar{U}$ 同构于 U^*. 从而, $\bar{U}$ 同构于 U.

引理 15.31　　$(S, \bar{U})$ 为 $\bar{U}$-富足半群.

证明　　为证 $(S, \bar{U})$ 为 $\bar{U}$-半富足半群, 需证关于任意 $a \in (S, \bar{U})$, 存在投射元 $a^\dagger$, $a^* \in \bar{U}$, 使得 $a\widetilde{\mathcal{R}}^{\bar{U}}a^\dagger$ 以及 $a\widetilde{\mathcal{L}}^{\bar{U}}a^*$. 为此, 假设 $a = (x, t) \in (S, \bar{U})$, $x = (\rho_e\alpha_l, \lambda_f\alpha_r^{-1}) \in W_U$, 这里, $(e, f) \in \mathcal{U}$, α_l, α_r^{-1} 由式 (15.10) 确定. 现考虑元素 $((\rho_f, \lambda_f), t^*)$, 其中 $t^* \in \widetilde{L}_t \cap V$. 因 ψ 为从 (T, V) 到 W_U/γ 的允许同态, γ 为 W_U 上的最小逆半群同余, 则 $t^*\psi = (t\psi)^*$ 和 $(x^*)\gamma = (x\gamma)^*$. 据定理 15.22(i) 的证明, 知 $x^* = (\rho_f, \lambda_f)$. 从而,

$$t^*\psi = (t\psi)^* = (x\gamma)^* = (x^*)\gamma = (\rho_f, \lambda_f)\gamma.$$

这样, $((\rho_f, \lambda_f), t^*) \in (S, \bar{U}) \cap \bar{U}$. 又因在 W_U 中, $x\mathcal{L}(\rho_f, \lambda_f)$, 且在 (T, V) 中, $t\widetilde{\mathcal{L}}^V t^*$, 易证 $a = (x, t)\widetilde{\mathcal{L}}^{\bar{U}}((\rho_f, \lambda_f), t^*)$. 所以, 有 $a^* = ((\rho_f, \lambda_f), t^*)$. 类似地, 可证 $a^\dagger = ((\rho_e, \lambda_e), t^\dagger) \in \bar{U}$ 和 $a = (x, t)\widetilde{\mathcal{R}}^{\bar{U}}a^\dagger$.

下证 $(S, \bar{U})$ 满足同余条件. 令 $(x, t), (y, u), (z, v) \in (S, \bar{U})$, 使得 $(x, t)\widetilde{\mathcal{L}}^{\bar{U}}(y, u)$. 易知, $(x, t)\widetilde{\mathcal{L}}^{\bar{U}}(y, u)$, 当且仅当在 W_U 中, 有 $x\mathcal{L}y$ 及在 (T, V) 中, 有 $t\widetilde{\mathcal{L}}^V u$. 因 $\mathcal{L}$, $\widetilde{\mathcal{L}}^V$ 分别为 W_U 和 (T, V) 上的右同余, 则有 $xz\mathcal{L}(W_U)yz$ 和 $tv\widetilde{\mathcal{L}}^V uv$. 因此, 得到 $(xz, tv)\widetilde{\mathcal{L}}^{\bar{U}}(S)(yz, uv)$, 即, $(x, t)(z, v)\widetilde{\mathcal{L}}^{\bar{U}}(S)(y, u)(z, v)$. 这证明了 $\widetilde{\mathcal{L}}^{\bar{U}}$ 为 $(S, \bar{U})$ 上的右同余. 类似地, 可证 $\widetilde{\mathcal{R}}^{\bar{U}}$ 为 $(S, \bar{U})$ 上的左同余.

引理 15.32　　半群 $(S, \bar{U})$ 为 $\bar{U}$- 纯正半群, 其中 $\bar{U}$ 为其投射元形成的带.

证明　　据引理 15.30 和引理 15.31, 只需证 $(S, \bar{U})$ 满足 PC 条件. 令 $a = (x, t) \in (S, \bar{U})$, $x = (\rho_e\alpha_l, \lambda_f\alpha_r^{-1}) \in W_U$. 事实上, 我们已证 $a^* = ((\rho_f, \lambda_f), t^*)$, $a^\dagger = ((\rho_e, \lambda_e), t^\dagger)$ 及 $a^*\widetilde{\mathcal{L}}^{\bar{U}}a\widetilde{\mathcal{R}}^{\bar{U}}a^\dagger$. 因 $\bar{U}$ 为一个带, 故 $\langle a^\dagger \rangle = a^\dagger \bar{U} a^\dagger = \omega(a^\dagger) \cap \bar{U}$ 和 $\langle a^* \rangle = a^* \bar{U} a^* = \omega(a^*) \cap \bar{U}$. 现定义映射 $\tau : \langle a^\dagger \rangle \to \langle a^* \rangle$ 如下:

$$((\rho_u, \lambda_u), i)\tau = ((\rho_{u\alpha}, \lambda_{u\alpha}), i\alpha_t), \tag{15.21}$$

其中 $c = ((\rho_u, \lambda_u), i) \in \langle a^\dagger \rangle$, $\alpha \in W_{e,f}$ 及 α_t 由式 (15.7) 所确定. 为了证明 τ 是有意义的, 需先确定 $\langle a^\dagger \rangle$ 和 $\langle a^* \rangle$ 中的元素. 因 $\langle a^\dagger \rangle = a^\dagger \bar{U} a^\dagger$, 则有

$\langle a^\dagger \rangle = a^\dagger \bar{U} a^\dagger$

$\quad = \{((\rho_e, \lambda_e), t^\dagger)((\rho_x, \lambda_x), k)((\rho_e, \lambda_e), t^\dagger) \mid ((\rho_x, \lambda_x), k) \in \bar{U}, x \in U, k \in V\}$

$\quad = \{((\rho_e\rho_x\rho_e, \lambda_e\lambda_x\lambda_e), t^\dagger k t^\dagger) \mid ((\rho_x, \lambda_x), k) \in \bar{U}, x \in U, k \in V\}$

$\quad = \{((\rho_{exe}, \lambda_{exe}), t^\dagger k t^\dagger) \mid ((\rho_x, \lambda_x), k) \in \bar{U}, x \in U, k \in V\}$

$\quad = \{((\rho_u, \lambda_u), i) \in \bar{U} \mid u \in eUe, \ i \in t^\dagger V t^\dagger\}$

$\quad = \{((\rho_u, \lambda_u), i) \in \bar{U} \mid u \in \langle e \rangle, \ i \in \langle t^\dagger \rangle\}.$

类似地, 有 $\langle a^* \rangle = \{((\rho_v, \lambda_v), j) \in \bar{U} \mid v \in \langle f \rangle, \ j \in \langle t^* \rangle\}$. 显然, 若 $c = ((\rho_u, \lambda_u), i) \in \langle a^\dagger \rangle$, 则 $u \in \langle e \rangle$ 及 $i \in \langle t^\dagger \rangle$. 又因 $\alpha : \langle e \rangle \to \langle f \rangle$ 为同构, 故 $u\alpha \in \langle f \rangle$. 据式 (15.7), 知 $i\alpha_t \in \omega(t^*) \cap V = \langle t^* \rangle$.

下证 $c\tau \in \langle a^* \rangle$. 由于 $c = ((\rho_u, \lambda_u), i) \in \langle a^\dagger \rangle$ 和 $a = (x, t) \in (S, \bar{U})$, 得到 $(\rho_u, \lambda_u)\gamma = i\psi$ 和 $x\gamma = t\psi$, 这里, $x = (\rho_e \alpha_l, \lambda_f \alpha_r^{-1})$. 据 [6] 中的定理 VI.2.17, 有

$$(\rho_u, \lambda_u)x = (\rho_u \rho_e \alpha_l, \lambda_f \alpha_r^{-1} \lambda_u) = (\rho_u \beta_l, \lambda_{u\alpha} \beta_r^{-1}),$$

其中 $\beta = \alpha|_{\langle u \rangle}$. 因此, $(it)\psi = ((\rho_u, \lambda_u)x)\gamma = (\rho_u \beta_l, \lambda_{u\alpha} \beta_r^{-1})\gamma$. 又因 ψ 为允许同态, 据引理 15.3, 有

$$(it)^* \psi \ \mathcal{L} \ (it)\psi. \tag{15.22}$$

再据 [6], 知在 W_U 中, $(\rho_u \beta_l, \lambda_{u\alpha} \beta_r^{-1}) \mathcal{L} (\rho_{u\alpha}, \lambda_{u\alpha})$. 显然,

$$(\rho_u \beta_l, \lambda_{u\alpha} \beta_r^{-1})\gamma \ \mathcal{L} \ (\rho_{u\alpha}, \lambda_{u\alpha})\gamma. \tag{15.23}$$

又因 W_U/γ 为逆半群且 $(it)\psi = (\rho_u \beta_l, \lambda_{u\alpha} \beta_r^{-1})\gamma$, 由式 (15.22) 和 (15.23), 得到 $(it)^* \psi = (\rho_{u\alpha}, \lambda_{u\alpha})\gamma$. 从而

$$c\tau = ((\rho_{u\alpha}, \lambda_{u\alpha}), i\alpha_t) = ((\rho_{u\alpha}, \lambda_{u\alpha}), (it)^*) \in \langle a^* \rangle.$$

这样, 由式 (15.21) 定义的映射 τ 是有意义的. 类似地, 定义映射 $\theta : \langle a^* \rangle \to \langle a^\dagger \rangle$ 为

$$((\rho_v, \lambda_v), j)\theta = ((\rho_{v\alpha^{-1}}, \lambda_{v\alpha^{-1}}), j\beta_t), \tag{15.24}$$

其中, β_t 由式 (15.8) 确定, $((\rho_v, \lambda_v), j) \in \langle a^* \rangle$ 且 $\alpha \in W_{e,f}$. 易证 τ 和 θ 为互逆同构. 由于 $((\rho_u, \lambda_u), i) \in \langle a^\dagger \rangle$, 则有

$$((\rho_u, \lambda_u), i)\tau\theta = ((\rho_{u\alpha}, \lambda_{u\alpha}), i\alpha_t)\theta$$
$$= ((\rho_{u\alpha\alpha^{-1}}, \lambda_{u\alpha\alpha^{-1}}), i\alpha_t \beta_t)$$
$$= ((\rho_u, \lambda_u), i) \qquad \text{(引理 15.18)}.$$

因此, 有 $\tau\theta = 1_{\langle a^\dagger \rangle}$. 类似地, $\theta\tau = 1_{\langle a^* \rangle}$. 从而, τ 和 θ 为双射. 因为 $\alpha \in W_{e,f}$ 及由式 (15.7),(15.8) 确定的 α_t, β_t 为同构. 从而, τ 和 θ 为互逆同构.

现证 $ca = a(c\tau)$. 从而, 知半群 $(S, \bar{U})$ 满足 PC 条件. 易得到

$$ca = ((\rho_u, \lambda_u), i)((\rho_e \alpha_l, \lambda_f \alpha_r^{-1}), t)$$
$$= ((\rho_u \rho_e \alpha_l, \lambda_f \alpha_r^{-1} \lambda_u), it)$$
$$= ((\rho_u \beta_l, \lambda_{u\alpha} \beta_r^{-1}), it)$$

和

$$a(c\tau) = ((\rho_e \alpha_l, \lambda_f \alpha_r^{-1}), t)((\rho_{u\alpha}, \lambda_{u\alpha}), i\alpha_t)$$

$$= ((\rho_e \alpha_l \rho_{u\alpha}, \lambda_{u\alpha} \lambda_f \alpha_r^{-1}), t(i\alpha_t)).$$

关于任意 $y \in U$, 有

$$L_y \rho_e \alpha_l \rho_{u\alpha} = L_{ye} \alpha_l \rho_{u\alpha}$$

$$= L_{eye} \alpha_l \rho_{u\alpha} \qquad (ye\mathcal{L}eye)$$

$$= L_{(eye)\alpha u\alpha} \qquad ((15.10),\ (15.4))$$

$$= L_{u\alpha(eye)\alpha u\alpha} \qquad (u\alpha(eye)\alpha u\alpha \mathcal{L}(eye)\alpha u\alpha)$$

$$= L_{(uyu)\alpha} \qquad (u \in \langle e \rangle)$$

$$= L_{uyu} \alpha_l$$

$$= L_{uyu} \beta_l \qquad (\beta = \alpha|_{\langle u \rangle})$$

$$= L_{yu} \beta_l \qquad (yu\mathcal{L}uyu)$$

$$= L_y \rho_u \beta_l \qquad ((15.4),\ (15.10)).$$

从而, $\rho_e \alpha_l \rho_{u\alpha} = \rho_u \beta_l$, 其中 $\beta = \alpha|_{\langle u \rangle}$. 类似地, 可得 $\lambda_{u\alpha} \lambda_f \alpha_r^{-1} = \lambda_{u\alpha} \beta_r^{-1}$. 又知 $(t(i\alpha_t))^\dagger = i\alpha_t \beta_t = i$. 所以, 有

$$t(i\alpha_t) = (t(i\alpha_t))^\dagger t(i\alpha_t)$$

$$= it(i\alpha_t)$$

$$= it(it)^*$$

$$= it.$$

综上所述, $ca = a(c\tau)$. 这证明了半群 $(S, \bar{U})$ 满足 PC 条件. 因此, $(S, \bar{U})$ 为 $\bar{U}$-纯正半群.

下面我们回来证明定理 15.29. 据引理 15.32, 知 $(S, \bar{U})$ 为 $\bar{U}$-纯正半群. 故只需证明 $((S, \bar{U})/\delta, \bar{U}/\delta)$ 同构于 (T, V). 为此, 定义映射 $\pi : (S, \bar{U}) \to (T, V)$ 如下:

$$(x, t)\pi = t \qquad ((x, t) \in (S, \bar{U})). \tag{15.25}$$

显然, π 是半群同态. 现考虑 $(S, \bar{U})$ 上由式 (15.14) 确定的允许同余 δ 与映射 π 的核 $\mathrm{Ker}\,\pi$ 的关系. 可断言 $\mathrm{Ker}\,\pi = \delta$. 假设 $(x, t), (y, u) \in (S, \bar{U})$, 满足 $(x, t)\,\delta\,(y, u)$. 据引理 15.23(ii), 有 $U((x, t)^\dagger)(x, t)U((x, t)^*) = U((y, u)^\dagger)(y, u)U((y, u)^*)$, 其中 $(x, t)^\dagger \in \widetilde{R}_{(x,t)} \cap \bar{U}$, $(x, t)^* \in \widetilde{L}_{(x,t)} \cap \bar{U}$, $(y, u)^\dagger \in \widetilde{R}_{(y,u)} \cap \bar{U}$, $(y, u)^* \in \widetilde{L}_{(y,u)} \cap \bar{U}$. 注意到 $U((x, t)^\dagger)(x, t)U((x, t)^*) = U(x^\dagger)xU(x^*) \times \{t\}$, 则有

$$(U(x^\dagger)xU(x^\dagger)) \times \{t\} = (U(y^\dagger)yU(y^\dagger)) \times \{u\}.$$

这蕴涵 $t = u$ 且 $U(x^\dagger)xU(x^\dagger) = U(y^\dagger)yU(y^\dagger)$. 据引理 15.23(ii), 得到在 W_U 中, $x\delta y$, 即 $x\gamma = y\gamma$. 因此, 关于任意 $(x, t), (y, u) \in (S, \bar{U})$, $(x, t)\delta(y, u)$, 当且仅当 $t = u$. 从

而, 知 $(x,t)\delta(y,u)$, 当且仅当 $(x,t)\pi = (y,u)\pi$, 即 $\mathrm{Ker}\,\pi = \delta$.

下证映射 π 为满射. 显然, 关于任意 $t \in (T,V)$, $t\psi \in W_U/\gamma$. 因此, 存在 $x \in W_U$, 使得 $t\psi = x\gamma$. 从而, $(x,t) \in (S,\bar{U})$ 且满足 $(x,t)\pi = t$. 这证明了 π 为满的. 这样, $((S,\bar{U})/\delta, \bar{U}/\delta)$ 同构于 (T,V).

为了证明定理 15.29 的另一面, 我们现假定 (S,U) 为 U-纯正半群, 其中 U 为其投射元形成的带, δ 为由式 (15.14) 确定的 (S,U) 上的最小充足同余. 又假定 W_U 为带 U 的 Hall 半群, γ 为 W_U 上的最小逆半群同余, $\xi : a \mapsto (\rho_a, \lambda_a)$ 为由式 (15.6) 确定的从半群 (S,U) 到 W_U 的允许同态. 则我们有下述引理.

引理 15.33　若 ψ 为由下式定义的从半群 $((S,U)/\delta, U/\delta)$ 到 W_U/γ 的映射:

$$(a\delta)\psi = (a\xi)\gamma \qquad (a \in ((S,U)/\delta, U/\delta)), \tag{15.26}$$

则 ψ 为关于 U 的投射分离允许同态, 其同态像包含 W_U/γ 中的所有幂等元.

证明　先证 ψ 是有意义的. 为此, 令 $a,b \in (S,U)$, 使得 $a\delta = b\delta$. 则存在 $e \in U(a^\dagger)$, $f \in U(a^*)$, 使得 $b = eaf$. 因 ξ 为允许同态, 则 $b\xi = (e\xi)(a\xi)(f\xi)$, 其中 $e\xi \in U^*((a\xi)^\dagger)$ 以及 $f\xi \in U^*((a\xi)^*)$. 这蕴涵着在 W_U 中, $(a\xi)\delta(b\xi)$. 又注意到 Hall 半群 W_U 可看作为 U-纯正半群, 其投射元集为 U^*, 且在 W_U 中, $\delta = \gamma$, 从而, 有 $(a\xi)\gamma = (b\xi)\gamma$.

事实上, 由 δ 和 γ 分别为半群 (S,U) 和 W_U 上的允许同余及 ξ 为允许同态, 知 ψ 为允许同态.

下证 ψ 的像包含 W_U/γ 中的所有幂等元. 已知 W_U/γ 中任意幂等元可表达为 $(\rho_e, \lambda_e)\gamma$, 其中 $e \in U$. 据定理 15.22(iii), 知 $(S\xi, U\xi)$ 为 W_U 的全 U-半富足子半群, 且关于任意 $e \in U$, 有 $e\xi = (\rho_e, \lambda_e)$. 这样, 有 $(\rho_e, \lambda_e)\gamma = (e\xi)\gamma = (e\delta)\psi$. 因此, ψ 的像包含 W_U/γ 中的所有幂等元.

最后, 证明 ψ 为投射分离同态. 为此, 令 $e\delta, f\delta \in ((S,U)/\delta, U/\delta)$, 其中 $e,f \in U$. 假设 $(e\delta)\psi = (f\delta)\psi$. 显然, $(e\xi)\gamma = (f\xi)\gamma$, 即 $(e\xi, f\xi) \in \gamma \cap (U^* \times U^*)$. 据 [6], 知在 U^* 中, $e\xi \mathcal{J} f\xi$. 因 $\xi|_U$ 为从 U 到 W_U 的幂等元集合 U^* 上的同构, 则在 U 中, $e\mathcal{J}f$. 因此, $e\gamma = f\gamma$, 即 $e\delta = f\delta$. 这证明了 ψ 为 $((S,U)/\delta, U/\delta)$ 上的投射分离允许同态.

定理 15.34　令 (S,U) 为 U-纯正半群, 其中 U 为其投射元形成的带. 则存在由式 (15.26) 定义的投射分离允许同态 $\psi : ((S,U)/\delta, U/\delta) \to W_U/\gamma$, 其像包含 W_U/γ 中的所有幂等元, 且 (S,U) 同构于 $\mathcal{M}(U, (T,V), \psi)$, 其中 $(T,V) = ((S,U)/\delta, U/\delta)$.

证明　据引理 15.33, 只需证 $(S,U) \simeq \mathcal{M}(U, (T,V), \psi)$, 其中

$$(T,V) = ((S,U)/\delta, U/\delta).$$

为此, 考虑由下式定义的映射 $\eta : (S,U) \to W_U \times ((S,U)/\delta, U/\delta)$,

$$a\eta = (a\xi, a\delta) \qquad (a \in (S,U)). \tag{15.27}$$

由 ψ 的定义, 可知 $(a\xi)\gamma = (a\delta)\psi$, 即 $a\eta \in \mathcal{M}(U,(T,V),\psi)$. 现证映射 η 为单同态. 若 $a,b \in (S,U)$, 使得 $a\eta = b\eta$, 即 $a\xi = b\xi$, $a\delta = b\delta$, 则 $(a,b) \in \mu \cap \delta$, 其中 $\mu = \mathrm{Ker}\xi$ 为 (S,U) 上包含在 $\widetilde{\mathcal{H}}^U$ 中的最大同余. 据引理 15.27, $\widetilde{\mathcal{H}}^U \cap \delta = \iota$, 得到 $a = b$. 这证明了 η 为单射. 事实上, 因 ξ 为允许同态且 δ 为允许同余, 知 η 为同态.

为证 η 为满射, 假设 $(x,a\delta) \in \mathcal{M}(U,(T,V),\psi)$. 显然, $x\gamma = (a\delta)\psi = (a\xi)\gamma = (\rho_a,\lambda_a)\gamma$. 据 [6, p.191], 有

$$x = (\rho_e,\lambda_e)(\rho_a,\lambda_a)(\rho_f,\lambda_f) \qquad ((\rho_e,\lambda_e) \in U^*((\rho_a,\lambda_a)^\dagger), \ (\rho_f,\lambda_f) \in U^*((\rho_a,\lambda_a)^*)).$$

因 ξ 为从半群 (S,U) 到 W_U 的允许同态且 $\xi|_U$ 为从带 U 到 U^* 上的同构, 故有 $e \in U(a^\dagger)$ 和 $f \in U(a^*)$. 令 $b = eaf$, 则在 (S,U) 中, $a\delta b$ 且 $b\xi = (eaf)\xi = x$. 因此, $b\eta = (b\xi, b\delta) = (x, a\delta)$. 这证明了 η 为从半群 (S,U) 到织积 $\mathcal{M}(U,(T,V),\psi)$ 上的同构, 其中 $(T,V) = ((S,U)/\delta, U/\delta)$.

综上所述, 我们有下面的定理.

定理 15.35　　令 U 为带, (T,V) 为 V-充足半群, 其投射元的半格 V 同构于 $U/\mathcal{J}$. 再令 γ 为 Hall 半群 W_U 上的最小逆半群同余, ψ 为从半群 (T,V) 到 W_U/γ 的投射分离允许同态, 其同态像包含 W_U/γ 中的所有幂等元. 则 $(S,\bar{U}) = \mathcal{M}(U,(T,V),\psi)$ 为 $\bar{U}$- 纯正半群, 其投射元形成的带同构于 U. 进一步, 若 δ 为 $(S,\bar{U})$ 上的最小充足同余, 则 $((S,\bar{U})/\delta, \bar{U}/\delta) \simeq (T,V)$.

反过来, 若 (S,U) 为 U-纯正半群, 其中 U 为其投射元形成的带. 则存在投射分离允许同态 $\theta : ((S,U)/\delta, U/\delta) \to W_U/\gamma$, 其同态像包含 W_U/γ 中的所有幂等元, 且 (S,U) 同构于 $\mathcal{M}(U,((S,U)/\delta, U/\delta), \theta)$.

在定理 15.34 中, 若取 $\widetilde{\mathcal{L}}^U = \mathcal{L}^*, \widetilde{\mathcal{R}}^U = \mathcal{R}^*, U = E(S)$, 则由引理 15.3, 知 (S,U) 为型 W 半群. 易证 S 同构于 $\mathcal{M}(E(S), S/\delta, \psi)$, 其中, $E(S)$ 为 S 中的幂等元形成的带, S/δ 为型 A 半群, 且由式 (15.26) 确定的映射 ψ 为 $E(S)$ 上的幂等分离好同态, 其同态像包含 $W_{E(S)}/\gamma$ 中的所有幂等元. 反过来, 在定理 15.29 中, 若取 (T,V) 为型 A 半群 T, 则 $U(=B)$ 为带, 且 ψ 为幂等分离好同态, 其像包含 W_B/γ 中的所有幂等元. 在此情形下, $\mathcal{M}(B,T,\psi)$ 为型 W 半群. 从而, 文 [42] 中 El-Qallali 和 Fountain 建立的型 W 半群的结构定理可从定理 15.35 立得.

推论 15.36　　织积

$$S = \mathcal{K}(B,T,\psi) = \{(x,t) \in W_B \times T : x\gamma = t\psi\}$$

为型 W 半群, 其幂等元形成的带同构于 B, 且 $S/\delta \simeq T$.

推论 15.37　　$S \approx \mathcal{K} = \mathcal{K}(B, S/\delta, \psi)$.

在正则半群 S 中, 若取 $\widetilde{\mathcal{L}}^U = \mathcal{L}, \widetilde{\mathcal{R}}^U = \mathcal{R}, U = E(S)$, 则据定理 15.35, 易得 [6] 中关于纯正半群结构的著名 Hall-Yamada 定理.

推论 15.38   令 B 为带, T 为逆半群, 其幂等元形成的半格同构于 B/ε. 再令 γ_1 为 Hall 半群 W_B 上的最小逆半群同余, ψ 为从半群 T 到 W_B/γ_1 的幂等分离同态, 其同态像包含 W_B/γ_1 中的所有幂等元. 则 Hall-Yamada 半群 $S = \mathcal{H}(B, T, \psi)$ 为纯正半群, 其幂等元形成的带同构于 B. 若 γ 为 S 上的最小逆半群同余, 则 $S/\gamma \simeq T$.

反过来, 若 S 为纯正半群, B 为其幂等元形成的带, 则存在幂等分离同态 $\theta: S/\gamma \to W_B/\gamma_1$, 其同态像包含 W_B/γ_1 中的所有幂等元, 且 S 同构于 $\mathcal{H}(B, S/\gamma, \theta)$.

第 16 章 U^{σ}-富足半群

本章, 我们主要讨论投射元集 U 满足置换恒等式的 U-富足半群. 我们称这类半群为 U^{σ}-富足半群. 称投射元集 U 满足由排列 α 确定的置换恒等式, 如果

$$x_1 x_2 \cdots x_n = x_{\alpha(1)} x_{\alpha(2)} \cdots x_{\alpha(n)} \quad (\forall\, x_1, x_2, \cdots, x_n \in U),$$

其中, $\alpha(1)\alpha(2)\cdots\alpha(n)$ 是集合 $1, 2, \cdots, n$ 的一个非恒等排列. 因此, Ehresmann 半群显然是 U^{σ}-富足半群的子类. 实际上, U^{σ}-富足半群是 Ehresmann 半群和投射元满足置换恒等式的富足半群的共同推广. 本章将证明 U^{σ}-富足半群和允许同态的范畴同构于 Ehresmann 半群和允许同态的范畴. 此外, 我们借助于半群的拟织积建立 U^{σ}-富足半群的一个结构.

16.1 最小 Ehresmann 同余

由带的半格分解定理, 带 B 为矩形带 B_{α} 的半格, 即 $B = \bigcup_{\alpha \in Y} B_{\alpha}$, 其中 B_{α} 为带 B 的 $\mathcal{J}$-类. 记带 B 中包含幂等元 e 的 $\mathcal{J}$-类为 $E(e)$. 令 $E(S)$ 为一个 U-半富足半群 (S, U) 的幂等元集合. 如果投射元集 $U \subseteq E(S)$ 构成半群 (S, U) 的一个子半群, 则子半群 U 中包含幂等元 e 的 $\mathcal{J}$-类记为 $U(e)$.

定义 U-半富足半群 (S, U) 上的二元关系 δ: 关于任意 $a, b \in (S, U)$,

$$a\delta b, \quad \text{当且仅当} \quad b = eaf, \quad \text{其中 } e \in U(a^+),\ f \in U(a^*).$$

引理 16.1 令 (S, U) 为 U-半富足半群, $a, b \in (S, U)$. 如果投射元集 U 为带, 且 $b = eaf$, 其中 $e \in U(a^+)$, $f \in U(a^*)$, 那么关于任意 $b^* \in \widetilde{L}_b \cap U$, $b^+ \in \widetilde{R}_b \cap U$, 有 $U(b^*) \leqslant U(f)$ 和 $U(b^+) \leqslant U(e)$.

证明 假设 $b = eaf$. 则 $bf = b$. 由 $b\widetilde{\mathcal{L}}^U b^*$, $f \in U(a^*) \subseteq U$, 则有 $b^* f = b^*$. 这蕴涵 $U(b^*)U(f) \subseteq U(b^*)$. 因此, $U(b^*) \leqslant U(f)$. 类似地, 可证 $U(b^+) \leqslant U(e)$.

引理 16.2 令 (S, U) 为 U-半富足半群. 若投射元集 U 为带, 则上述定义的二元关系 δ 为半群 (S, U) 上的等价关系.

证明 显然, 二元关系 δ 具有自反性. 为了证明 δ 的对称性, 令 $a\delta b, a, b \in (S, U)$. 因此, 存在 $e \in U(a^+)$, $f \in U(a^*)$, 使得 $b = eaf$. 由引理 16.1, 知 $U(b^*) \leqslant U(f) = U(a^*)$, $U(b^+) \leqslant U(e) = U(a^+)$, 即, $U(b^*)U(a^*) \subseteq U(b^*)$, $U(a^+)U(b^+) \subseteq$

$U(b^+)$. 这就证明了 $b^*a^* \in U(b^*)$, $a^+b^+ \in U(b^+)$. 从而,

$$a = a^+aa^* = (a^+ea^+)a(a^*fa^*) = a^+eafa^* = a^+ba^* = (a^+b^+)b(b^*a^*).$$

这表明 $b\delta a$. 从而二元关系 δ 具有对称性.

此外, 由引理 16.1, $b\delta a$ 意味着 $U(a^*) \leqslant U(b^*)$, $U(a^+) \leqslant U(b^+)$. 因此, $a\delta b$ 意味着 $U(a^*) = U(b^*)$, $U(a^+) = U(b^+)$. 为了证明 δ 的传递性, 关于任意 $a, b, c \in (S, U)$, 假设 $a\delta b$, $b\delta c$. 因此, 有

$$U(a^+) = U(b^+) = U(c^+), \quad U(a^*) = U(b^*) = U(c^*),$$

且存在 $e, e' \in U(a^+)$, $f, f' \in U(a^*)$, 使得 $b = eaf$, $c = e'bf'$. 从而, $c = e'bf' = (e'e)a(ff')$. 于是 $e'e \in U(a^+)$ 及 $ff' \in U(a^*)$. 因此, $a\delta c$. 这就证明了二元关系 δ 为传递的. 这样, δ 为半群 (S, U) 上的等价关系.

引理 16.3　令 (S, U) 为 U-富足半群. 如果投射元集 U 为正规带, 那么下述两款成立:

(i)　$a\delta = U(a^+)aU(a^*)$;

(ii)　δ 为半群 (S, U) 上的同余.

证明　(i) 由等价关系 δ 的定义直接得到.

(ii) 假设 a, b 为半群 (S, U) 的任意两个元素. 为了证明等价关系 δ 为半群 (S, U) 上的同余, 只需证明 $(a\delta)(b\delta) \subseteq (ab)\delta$.

首先证明 $aU(a^*)U(b^+)b \subseteq U((ab)^+)(ab)\, U((ab)^*)$. 令 $s \in aU(a^*)U(b^+)b$. 则存在 $e \in U(a^*)$, $f \in U(b^+)$, 使得 $s = aefb$. 由 U 为正规带, 得

$$aefb = aa^*efb^+b = aa^*ea^*b^+fb^+b = aa^*b^+b = ab.$$

这意味着 $s \in U((ab)^+)(ab)U((ab)^*)$. 从而,

$$aU(a^*)U(b^+)b \subseteq U((ab)^+)(ab)U((ab)^*).$$

下面证明 δ 为 U-富足半群 (S, U) 上的同余. 由 $\widetilde{\mathcal{R}}^U$ 为 (S, U) 上的左同余及 $ab\widetilde{\mathcal{R}}^U(ab)^+$, 可得

$$ab = a^+ab\widetilde{\mathcal{R}}^U a^+(ab)^+.$$

因此, $(ab)^+\widetilde{\mathcal{R}}^U a^+(ab)^+$. 由引理 15.1, $(ab)^+ = a^+(ab)^+(ab)^+ = a^+(ab)^+$. 这意味着 $U(a^+)U((ab)^+) \subseteq U((ab)^+)$. 对偶地, 可得 $U((ab)^*)U(b^*) \subseteq U((ab)^*)$.

又由 $aU(a^*)U(b^+)b \subseteq U((ab)^+)(ab)U((ab)^*)$, 有

$$U(a^+)aU(a^*)U(b^+)bU(b^*) \subseteq U(a^+)U((ab)^+)(ab)U((ab)^*)U(b^*)$$

$$\subseteq U((ab)^+)(ab)U((ab)^*).$$

结合 (i), 即得 $(a\delta)(b\delta) \subseteq (ab)\delta$. 因此, 等价关系 δ 为半群 (S,U) 上的同余.

U-富足半群 (S,U) 上的允许同余 ρ 称为 Ehresmann 同余, 如果商半群 $(S,U)/\rho$ 为 Ehresmann 半群.

定理 16.4 假设半群 (S,U) 为 U-富足半群. 若 U 为正规带, 则上述的等价关系 δ 为半群 (S,U) 上的最小 Ehresmann 同余.

证明 首先证明等价关系 δ 为 U-富足半群 (S,U) 上的允许同余. 令 $a \in (S,U)$, $e \in \widetilde{L}_a \cap U$ 及 $f \in \widetilde{R}_a \cap U$. 由定理 15.7, 只需证明关于任意 $g \in U$, $(ag,a) \in \delta$ 蕴涵 $(eg,e) \in \delta$ 和 $(ga,a) \in \delta$ 蕴涵 $(gf,f) \in \delta$. 假设 $(ag,a) \in \delta$, 则存在 $p \in U((ag)^+)$, $q \in U((ag)^*)$, 使得 $a = pagq$. 取投射元 $u \in \widetilde{L}_p \cap \widetilde{R}_{ag} \cap U$, $v \in \widetilde{R}_q \cap \widetilde{L}_{ag} \cap U$. 从而

$$ag = uagv = upagqv = uav. \tag{16.1}$$

由于 $p\widetilde{\mathcal{L}}^U u$ 及 $\widetilde{\mathcal{L}}^U$ 为半群 (S,U) 上的右同余, 从而 $a = pa\widetilde{\mathcal{L}}^U ua$. 注意到, $e\widetilde{\mathcal{L}}^U a$, 从而 $e\widetilde{\mathcal{L}}^U pa\widetilde{\mathcal{L}}^U ua$. 利用 $e\widetilde{\mathcal{L}}^U pa$ 及 $pa = pagq$, 可得

$$e = egq = (eg)^+(eg)(eg)^*q. \tag{16.2}$$

利用 $e\widetilde{\mathcal{L}}^U ua$, 结合式 (16.1), 得到

$$eg\widetilde{\mathcal{L}}^U uag = uav = ag.$$

即 $U((ag)^*) = U((eg)^*)$, 从而 $(eg)^*q \in U((eg)^*)$. 结合式 (16.2), 可得 $(eg,e) \in \delta$. 这表明 $(ag,a) \in \delta$ 蕴涵 $(eg,e) \in \delta$. 对偶地, 可证明 $(ga,a) \in \delta$ 蕴涵 $(gf,f) \in \delta$. 因此, 同余关系 δ 为半群 (S,U) 上的允许同余.

为了证明允许同余 δ 为半群 (S,U) 上的 Ehresmann 同余, 需要证明商半群 $(S,U)/\delta$ 满足同余条件, 且 U/δ 为半格.

注意到, $\delta \cap (U \times U) = \mathcal{J}$, 其中 $\mathcal{J}_U$ 为限制到 U 上的格林 $\mathcal{J}$ 关系. 从而, $U/\delta = U/\mathcal{J}_U$, 又由 $\mathcal{J}_U$ 是 U 上的最小半格同余, 故 U/δ 构成一个半格. 下面证明 $(S,U)/\delta$ 满足同余条件. 令 $a\delta, b\delta, c\delta \in (S,U)/\delta$, $a\delta\widetilde{\mathcal{L}}^{\bar{U}} b\delta$, 其中 $\bar{U} = U/\delta$. 由于 $(S,U)/\delta$ 为 U/δ-半富足半群, δ 为 (S,U) 上的允许同余. 由引理 15.4, 知存在 $e \in \widetilde{L}_a \cap U$, $f \in \widetilde{L}_b \cap U$, $g \in \widetilde{L}_c \cap U$, 使得

$$a\delta\widetilde{\mathcal{L}}^{\bar{U}} e\delta, \quad b\delta\widetilde{\mathcal{L}}^{\bar{U}} f\delta, \quad c\delta\widetilde{\mathcal{L}}^{\bar{U}} g\delta,$$

从而, $e\delta\widetilde{\mathcal{L}}^{\bar{U}} f\delta$. 因此, $e\delta f\delta = e\delta$, $f\delta e\delta = f\delta$. 又由 U/δ 构成半格, $e\delta = e\delta f\delta = f\delta e\delta = f\delta$, 即, $e\delta f$. 从而 $ec\delta fc$. 由于 $a\widetilde{\mathcal{L}}^U e$, $b\widetilde{\mathcal{L}}^U f$ 及 $\widetilde{\mathcal{L}}^U$ 为 (S,U) 上的右同余, 有

$$ac\widetilde{\mathcal{L}}^U ec, \quad bc\widetilde{\mathcal{L}}^U fc.$$

由于 δ 为 (S, U) 上的允许同余, 则

$$(ac)\delta \widetilde{\mathcal{L}}^{\bar{U}} (ec)\delta = (fc)\delta \widetilde{\mathcal{L}}^{\bar{U}} (bc)\delta.$$

这表明 $\widetilde{\mathcal{L}}^{\bar{U}}$ 为 $(S, U)/\delta$ 上的右同余. 对偶地, 易证 $\widetilde{\mathcal{R}}^{\bar{U}}$ 为 $(S, U)/\delta$ 上的左同余. 从而, 半群 $(S, U)/\delta$ 满足同余条件. 因此, 半群 $(S, U)/\delta$ 为 Ehresmann 半群, δ 为半群 (S, U) 上的 Ehresmann 同余.

最后, 证明 δ 为半群 (S, U) 上的最小 Ehresmann 同余. 假设 ρ 为半群 (S, U) 上的任意一个 Ehresmann 同余, 则商半群 $(S, U)/\rho$ 为 Ehresmann 半群. 从而, U/ρ 为一个半格, 即 $\rho \cap (U \times U)$ 为 U 上的半格同余. 由于 $\mathcal{J}$ 为 U 上的最小半格同余, 得 $\mathcal{J} \subseteq \rho|_U$. 假设 $a\delta b$, 则存在 $e \in U(a^+)$, $f \in U(a^*)$, 使得 $b = eaf$. 由 $e\mathcal{J}_U a^+$ 及 $f\mathcal{J}_U a^*$, 得 $e\rho a^+$, $f\rho a^*$. 从而 $(eaf)\rho(a^+aa^*) = a$, 即 $a\rho b$. 因此, $\delta \subseteq \rho$. 所以, δ 为半群 (S, U) 上的最小 Ehresmann 同余.

据定义, 易证下面的结论.

引理 16.5　令 (S, U) 为一个 U-富足半群. 则, 投射元集 U 满足置换恒等式, 当且仅当 U 为一个正规带.

现在我们给出本章的定义.

定义 16.1　U-富足半群 (S, U) 称为 U^σ-富足半群, 如果幂等元子集 U 满足置换恒等式.

假设 $\mathcal{C}$ 表示 U^σ-富足半群和允许同态的范畴, $\mathcal{D}$ 表示相应的 Ehresmann 半群和允许同态的范畴. 如果映射 $F : \mathcal{C} \to \mathcal{D}$ 满足

(i) 关于任意 $(S, U) \in \mathrm{Obj}(\mathcal{C})$,　$F(S, U) = (S, U)/\delta \in \mathrm{Obj}(\mathcal{D})$;

(ii) 关于任意允许同态 $\theta : (S, U) \to (S', U')$, $F(\theta) : F(S, U) \to F(S', U')$, $\overline{x} \mapsto \overline{\theta x}$, 其中 $\overline{x} = x\delta$, $x \in (S, U)$, 则映射 F 为从 $\mathcal{C}$ 到 $\mathcal{D}$ 的函子.

利用上述的函子 F, 容易得到下面的结论.

定理 16.6　U^σ-富足半群和允许同态的范畴, 同构于 Ehresmann 半群和允许同态的范畴.

16.2　结　　构

本节, 我们给出构造 U^σ-富足半群的一种方法. 首先, 我们介绍左正规带、Ehresmann 半群和右正规带的拟织积概念.

令 (T, Y)(或 $T(Y)$) 为 Ehresmann 半群, Y 为 $T(Y)$ 的子半格. 令 $R = [Y; R_\alpha, \psi_{\alpha,\beta}]$ 为右零带 R_α 的强半格, $L = [Y; L_\alpha, \varphi_{\alpha,\beta}]$ 为左零带 L_α 的强半格. 考虑集合

$$M = \{(e, a, f) \in L \times T(Y) \times R : a \in T(Y),\ e \in L_{a^+}\ \text{和}\ f \in R_{a^*}\}.$$

定义集合 M 上的乘法 "$\cdot$":

$$(e,a,f) \cdot (u,b,v) = (e\varphi_{a^+,(ab)^+}, \ ab, \ v\psi_{b^*,(ab)^*}), \tag{16.3}$$

其中, ab 为 a,b 在半群 $T(Y)$ 中的乘积, $a^* \in \widetilde{L}_a \cap Y$, $a^+ \in \widetilde{R}_a \cap Y$.

由于 $ab = a^+ab\widetilde{\mathcal{R}}^Y a^+(ab)^+$, 得 $(ab)^+\widetilde{\mathcal{R}}^Y a^+(ab)^+$. 从而, $a^+(ab)^+ = (ab)^+$. 这意味着 $a^+ \geqslant (ab)^+$. 因此, $e\varphi_{a^+,(ab)^+} \in L_{(ab)^+}$. 对偶可得, $v\psi_{b^*,(ab)^*} \in R_{(ab)^*}$. 因此,

$$(e\varphi_{a^+,(ab)^+}, ab, \ v\psi_{b^*,(ab)^*}) \in M.$$

这样定义在集合 M 上的乘法 "$\cdot$" 是有意义的. 容易证明, $(M,\cdot)$ 构成一个半群. 我们称这样得到的半群 $(M,\cdot)$ 为左正规带 L、Ehresmann 半群 $T(Y)$ 和右正规带 R 的拟织积, 记作 $Q(L,T(Y),R;Y)$.

对于半群 $M = Q(L,T(Y),R;Y)$, 选择半群 M 的子集 U:

$$U = \{(e,u,f) \in L \times Y \times R : u \in Y, \ e \in L_u \ \text{和} \ f \in R_u\}.$$

显然, U 构成半群 M 的子半群.

引理 16.7　令半群 $M = Q(L,T(Y),R;Y)$ 为左正规带 L、Ehresmann 半群 $T(Y)$ 和右正规带 R 的拟织积. 关于任意 $(e,a,f), (u,b,v) \in M$, 则下述结论成立:

(i) $(e,a,f) \in E(M)$, 当且仅当 $a \in E(T(Y))$;

(ii) $(e,a,f)\widetilde{\mathcal{L}}^U(u,b,v)$, 当且仅当 $a\widetilde{\mathcal{L}}^Y b$, $f = v$;

(iii) $(e,a,f)\widetilde{\mathcal{R}}^U(u,b,v)$, 当且仅当 $a\widetilde{\mathcal{R}}^Y b$, $e = u$.

证明　(i) 假设 $(e,a,f) \in E(M)$, 则

$$(e,a,f)(e,a,f) = (e\varphi_{a^+,(a^2)^+}, \ a^2, \ f\psi_{a^*,(a^2)^*}) = (e,a,f).$$

显然, $a^2 = a$, 即 $a \in E(T(Y))$. 反之, 如果 $a^2 = a$, 那么 $(e,a,f) \in E(M)$. 从而, 易证 $U \subseteq E(M)$.

(ii) 首先证关于任意 $a^* \in \widetilde{L}_a \cap Y$, 有 $(e,a^*,f)\widetilde{\mathcal{L}}^U(e,a,f)$. 由 $aa^* = a$, 得

$$(e,a,f)(e,a^*,f) = (e,a,f).$$

假定关于任意 $(g,c,h) \in U$, $(e,a,f)(g,c,h) = (e,a,f)$. 则,

$$(e\varphi_{a^+,(ac)^+}, \ ac, \ h\psi_{c^*,(ac)^*}) = (e,a,f).$$

这意味着 $ac = a$ 和 $h\psi_{c^*,a^*} = f$. 又因 $c \in Y$, $a\widetilde{\mathcal{L}}^Y a^*$, 可得 $a^*c = a^*$. 从而,

$$(e,a^*,f)(g,c,h)$$
$$=(e\varphi_{(a^*)^+,(a^*c)^+}, \ a^*c, \ h\psi_{c^*,(a^*c)^*})$$
$$=(e\varphi_{(a^*)^+,(a^*)^+}, \ a^*, \ h\psi_{c^*,(a^*)^*})$$
$$=(e,a^*,f).$$

因此, $(e, a^*, f)\widetilde{\mathcal{L}}^U(e, a, f)$.

关于任意 $(u, b, v) \in M$, 有

$$(e, a, f)\widetilde{\mathcal{L}}^U(u, b, v)$$

$$\Leftrightarrow (e, a^*, f)\widetilde{\mathcal{L}}^U(u, b^*, v)$$

$$\Leftrightarrow (e, a^*, f)\mathcal{L}(u, b^*, v) \qquad (\text{引理 } 15.2)$$

$$\Leftrightarrow (e, a^*, f)(u, b^*, v) = (e, a^*, f),$$
$$(u, b^*, v)(e, a^*, f) = (u, b^*, v)$$

$$\Leftrightarrow (e\varphi_{(a^*)^+, (a^*b^*)^+}, a^*b^*, v\psi_{(b^*)^*, (a^*b^*)^*}) = (e, a^*, f),$$
$$(u\varphi_{(b^*)^+, (b^*a^*)^+}, b^*a^*, f\psi_{(a^*)^*, (b^*a^*)^*}) = (u, b^*, v)$$

$$\Leftrightarrow a^*b^* = a^*, \ b^*a^* = b^*, \ v\psi_{b^*, a^*} = f, \ f\psi_{a^*, b^*} = v$$

$$\Leftrightarrow a^*\mathcal{L}b^*, \ f = v \qquad (\psi_{a^*, b^*} \text{ 为 } L_{a^*} \text{ 上的恒等映射})$$

$$\Leftrightarrow a^*\widetilde{\mathcal{L}}^Y b^*, \ f = v \qquad (\text{引理 } 15.2)$$

$$\Leftrightarrow a\widetilde{\mathcal{L}}^Y b, \ f = v.$$

对偶地, 可证 (iii) 成立.

定理 16.8 上述构造的拟织积 $M = Q(L, T(Y), R; Y)$ 为 U^σ-富足半群.

证明 首先证明 M 为 U-半富足半群. 由引理 16.7, 知关于任意 $(e, a, f) \in M$, 存在投射元 $(u, a^*, f), (e, a^+, v)$, 使得 $(u, a^*, f)\widetilde{\mathcal{L}}^U(e, a, f)$ 和 $(e, a^+, v)\widetilde{\mathcal{R}}^U(e, a, f)$. 因此, M 为一个 U-半富足半群.

其次, 证明 M 满足同余条件. 设 $(e, a, f), (u, b, v), (g, c, h) \in M$, 且 (e, a, f) $\widetilde{\mathcal{L}}^U(u, b, v)$. 由引理 16.7, 知 $a\widetilde{\mathcal{L}}^Y b$. 因 Ehresmann 半群 $T(Y)$ 满足同余条件, 则 $\widetilde{\mathcal{L}}^Y$ 为右同余. 从而 $(ac)\widetilde{\mathcal{L}}^Y(bc)$. 又因 $T(Y)$ 为 Ehresmann 半群, 则 $(ac)^* = (bc)^*$.

注意到,

$$(e, a, f)(g, c, h) = (e\varphi_{a^+, (ac)^+}, ac, h\psi_{c^*, (ac)^*}),$$

$$(u, b, v)(g, c, h) = (u\varphi_{b^+, (bc)^+}, bc, h\psi_{c^*, (bc)^*}).$$

由引理 16.7 中的结论 (ii), 易得 $(e, a, f)(g, c, h)\widetilde{\mathcal{L}}^U(u, b, v)(g, c, h)$. 从而, $\widetilde{\mathcal{L}}^U$ 为 M 上的右同余. 对偶地可证, $\widetilde{\mathcal{R}}^U$ 为 M 上的左同余. 因此, U-半富足半群 M 满足同余条件, 即, 半群 M 为 U-富足半群.

最后证明, 半群 M 的投射元集 U 满足置换恒等式. 由引理 16.5, 知只需证明 U 为正规带.

假设 $(e,a,f),(u,b,v),(g,c,h) \in U$. 根据半群 M 上的乘法 "$\cdot$" 的定义, 则有

$$(e,a,f)(u,b,v)(g,c,h)(e,a,f)$$
$$=(e\varphi_{a+,(ab)+},\ ab,\ v\psi_{b*,(ab)*})(g,c,h)(e,a,f)$$
$$=(e\varphi_{a+,(ab)+}\varphi_{(ab)+,(abc)+},abc,h\psi_{c*,(abc)*})(e,a,f)$$
$$=(e\varphi_{a+,(abc)+}\varphi_{(abc)+,(abca)+},\ abca,\ f\psi_{a*,(abca)*})$$
$$=(e\varphi_{a+,(abca)+},\ abca,\ f\psi_{a*,(abca)*})$$
$$=(e\varphi_{a+,(acba)+},\ acba,\ f\psi_{a*,(acba)*})$$
$$=(e,a,f)(g,c,h)(u,b,v)(e,a,f).$$

这表明 U 为正规带. 因此, 投射元集 U 满足置换恒等式.

综上所述, 拟织积 $M = Q(L,T(Y),R;Y)$ 为 U^σ-富足半群.

上述定理说明, 这样构造的拟织积 $M = Q(L,T(Y),R;Y)$ 构成 U^σ-富足半群. 反过来, 将证明任意 U^σ-富足半群都可以表示成左正规带, Ehresmann 半群和右正规带的拟织积.

定理 16.9　假设 (S,U) 为 U^σ-富足半群, 则半群 (S,U) 可以表示成拟织积 $Q(U/\mathcal{R},\ (S,U)/\delta,U/\mathcal{L};U/\mathcal{J})$, 其中 δ 为半群 (S,U) 上的最小 Ehresmann 同余.

证明　在给出 U^σ-富足半群 (S,U) 的拟织积构造之前, 首先有下面结论:

(i) 由引理 16.5, 知投射元集 U 集为正规带. 根据 [7] 中的命题 IV.5.14 和定理 IV.3.16, 正规带 U 为矩形带 U_α 的强半格, 即 $U = [Y; U_\alpha, F_{\alpha,\beta}]$, 且 $Y \simeq U/\mathcal{J}$, 其中 $\mathcal{J}_U$ 为限制在 U 上的格林 $\mathcal{J}$ 关系. 矩形带 U_α 可以表示成左零带 L_α 和右零带 R_α 的直积 $L_\alpha \times R_\alpha$. 由 [7] 中的命题 IV.5.22, 存在半群同态 $F_{\alpha,\beta} : U_\alpha \to U_\beta$ ($\alpha \geqslant \beta, \alpha,\beta \in Y$). 从而, 存在同态 $\varphi_{\alpha,\beta} : L_\alpha \to L_\beta$ 和同态 $\psi_{\alpha,\beta} : R_\alpha \to R_\beta$, 使得关于任意 $(l_\alpha, r_\alpha) \in U_\alpha$, 有

$$(l_\alpha,\ r_\alpha)F_{\alpha,\beta} = (l_\alpha\varphi_{\alpha,\beta},\ r_\alpha\psi_{\alpha,\beta}).$$

令 $L = \bigcup_{\alpha \in Y}$, 并定义 L_α 上的乘法:

$$l_\alpha \circ l_\beta = l_\alpha\varphi_{\alpha,\alpha\beta},$$

则易证 $L = \bigcup_{\alpha \in Y} L_\alpha$ 为左零带 L_α 的强半格 $L = [Y; L_\alpha, \varphi_{\alpha,\beta}]$.

对偶地可证, 在 $R = \bigcup_{\alpha \in Y} R_\alpha$ 上定义乘法:

$$r_\alpha * r_\beta = r_\beta\psi_{\beta,\alpha\beta}.$$

则 $R = \bigcup_{\alpha \in Y} R_\alpha$ 为右零带 R_α 的强半格 $R = [Y; R_\alpha, \psi_{\alpha,\beta}]$.

根据 [7] 中的推论 IV.5.16 和推论 5.18, L 为左正规带, R 为右正规带. 并且,

$$(l_\alpha, r_\alpha)(l_\beta, r_\beta)$$
$$=(l_\alpha, r_\alpha)F_{\alpha,\alpha\beta}(l_\beta, r_\beta)F_{\beta,\alpha\beta}$$
$$=(l_\alpha\varphi_{\alpha,\alpha\beta}, \ r_\alpha\psi_{\alpha,\alpha\beta})(l_\beta\varphi_{\beta,\alpha\beta}, \ r_\beta\psi_{\beta,\alpha\beta})$$
$$=(l_\alpha\varphi_{\alpha,\alpha\beta}, \ r_\beta\psi_{\beta,\alpha\beta})$$
$$=(l_\alpha \circ l_\beta, \ r_\alpha * r_\beta).$$

这表明 U 同构于 L 和 R 关于半格 Y 的织积. 对于半群同态

$$\pi_1: U \to L, \quad (l_\alpha, r_\alpha) \mapsto l_\alpha \quad \text{和} \quad \pi_2: U \to R, \quad (l_\alpha, r_\alpha) \mapsto r_\alpha,$$

容易验证, $\mathrm{Ker}\pi_1 = \mathcal{R}$, $\mathrm{Ker}\pi_2 = \mathcal{L}$. 这使得 $U/\mathcal{R}, U/\mathcal{L}$ 分别同构于 L 和 R.

(ii) 注意到, $\delta|_U = \mathcal{J}$. 因此, $Y \simeq U/\mathcal{J} = U/\delta$.

(iii) 由 U 为正规带和定理 16.4, 知 δ 为半群 (S, U) 上的最小 Ehresmann 同余. 从而, 同态像 $(S, U)/\delta$ 为 Ehresmann 半群, U/δ 构成半格.

在上述讨论的基础上, 定义映射 $\theta: (S, U) \to Q(U/\mathcal{R}, (S, U)/\delta, U/\mathcal{L}; U/\mathcal{J})$, $a \mapsto (\widetilde{a^+}, a\delta, \widehat{a^*})$, 其中 $\widetilde{a^+}$ 表示 U 中包含 $a^+ \in \widetilde{R}_a \cap U$ 的 $\mathcal{R}$-类, $\widehat{a^*}$ 表示 U 中包含 $a^* \in \widetilde{L}_a \cap U$ 的 $\mathcal{L}$-类, $a\delta$ 表示半群 (S, U) 中包含 a 的 δ-类. 由上述的结论 (i) 知, 映射 θ 的定义是有意义的. 下面我们证明 θ 为半群同构.

(a) 首先证明, θ 为单射.

假设 $a, b \in (S, U)$, 且 $\theta(a) = \theta(b)$. 则

$$(\widetilde{a^+}, \ a\delta, \widehat{a^*}) = (\widetilde{b^+}, \ b\delta, \widehat{b^*}).$$

从而,

$$\widetilde{a^+} = \widetilde{b^+}, \quad a\delta = b\delta \quad \text{和} \quad \widehat{a^*} = \widehat{b^*}.$$

因此, $a^+\mathcal{R}b^+$, $a^*\mathcal{L}b^*$. 那么存在 $e \in U(b^+)$ 和 $f \in U(b^*)$, 使得 $a = ebf$. 从而, $a = a^+aa^* = b^+a^+aa^*b^* = b^+ab^* = b^+ebfb^* = b^+eb^+bb^*fb^* = b^+bb^* = b$. 这表明 θ 为单的.

(b) 证明映射 θ 为同态.

假设 $a, b \in (S, U)$. 由 δ 为半群 (S, U) 上的最小 Ehresmann 同余, 则

$$(a\delta)^+ = a^+\delta \quad \text{和} \quad (a\delta)^* = a^*\delta.$$

由于 $\widetilde{\mathcal{R}}^U$ 为半群 (S, U) 上的左同余, 可得 $(ab)^+\widetilde{\mathcal{R}}^Uab = a^+ab\widetilde{\mathcal{R}}^Ua^+(ab)^+$. 又因 δ 为半群 (S, U) 上的允许同余, 则有

$$(ab)^+\delta \ \widetilde{\mathcal{R}}^{U/\delta}(ab)\delta = (a^+ab)\delta \ \widetilde{\mathcal{R}}^{U/\delta}[a^+(ab)^+]\delta = a^+\delta(ab)^+\delta.$$

从而, $(ab)^+\delta = a^+\delta(ab)^+\delta$, 即得 $a^+\delta \geqslant (ab)^+\delta$. 因此,

$$\theta(a)\theta(b) = (\widetilde{a^+},\ a\delta,\ \widehat{a^*})\,(\widetilde{b^+},\ b\delta,\ \widehat{b^*})$$
$$= (\widetilde{a^+}\varphi_{(a\delta)^+,[(ab)\delta]^+},\ (ab)\delta,\ \widehat{b^*}\psi_{(b\delta)^*,[(ab)\delta]^*})$$
$$= (\widetilde{a^+}\varphi_{a^+\delta,(ab)^+\delta},\ (ab)\delta,\ \widehat{b^*}\psi_{b^*\delta,(ab)^*\delta}).$$

另一方面, 由 $\mathcal{R}$ 为 U 上的同余, 得

$$\widetilde{(ab)^+} = \widetilde{a^+(ab)^+}$$
$$= a^+\widetilde{F_{a^+\delta,(ab)^+\delta}(ab)^+}$$
$$= a^+\widetilde{F_{a^+\delta,(ab)^+\delta}}$$
$$= (l\varphi_{a^+\delta,(ab)^+\delta},\ \widetilde{r\psi_{a^+\delta,(ab)^+\delta}})\quad (a^+ = (l,r))$$
$$= l\varphi_{a^+\delta,(ab)^+\delta}$$
$$= \pi_1(a^+)\varphi_{a^+\delta(ab)^+\delta}$$
$$= \widetilde{a^+}\varphi_{a^+\delta,(ab)^+\delta}.$$

对偶地, 可证明 $\widehat{(ab)^*} = \widehat{b^*}\varphi_{b^*\delta,(ab)^*\delta}$.

因此, 我们得到

$$\theta(ab) = (\widetilde{(ac)^+},\ (ab)\delta,\ \widehat{(ab)^*})$$
$$= (\widetilde{a^+}\varphi_{a^+\delta,(ab)^+\delta},\ (ab)\delta,\ \widehat{b^*}\psi_{b^*\delta,(ab)^*\delta})$$
$$= \theta(a)\theta(b).$$

这表明, θ 为一个半群同态.

(c) 证明映射 θ 为满射.

假设 $(e,x,f) \in Q(U/\mathcal{R},(S,U)/\delta,U/\mathcal{L};U/\mathcal{J})$. 由 $(a\delta)^+ = a^+\delta, (a\delta)^* = a^*\delta$, 则存在 $a \in (S,E)$, 使得 $a\delta = x, e \in L_{a^+\delta}, f \in R_{a^*\delta}$. 从而, 我们可取幂等元 $g \in U$, 使得 $g\mathcal{J}a^+$ 及 $\widetilde{g} = e$. 类似地, 可取幂等元 $h \in U$, 使得 $h\mathcal{J}a^*$, 且 $\widehat{h} = f$. 因此, $g\delta = a^+\delta = (a\delta)^+, h\delta = a^*\delta = (a\delta)^*$. 从而, 有 $g\delta\,a\delta\,h\delta = (a\delta)^+a\delta(a\delta)^* = a\delta$. 又由 θ 为一个半群同态, 则

$$\theta(gah) = \theta(g)\theta(a)\theta(h)$$
$$= (\widetilde{g},\ g\delta,\ \widehat{g})(\widetilde{a^+},\ a\delta,\ \widehat{a^*})(\widetilde{h},\ h\delta,\ \widehat{h})$$
$$= (\widetilde{g}\varphi_{g\delta,(g\delta a\delta h\delta)^+},\ g\delta a\delta h\delta,\widehat{h}\psi_{h\delta,(g\delta a\delta h\delta)^*})$$
$$= (\widetilde{g}\varphi_{g\delta,(a\delta)^+},\ a\delta,\ \widehat{h}\psi_{h\delta,(a\delta)^*})$$

$$= (\widetilde{g}\varphi_{g\delta,g\delta},\ a\delta,\ \widehat{h}\psi_{h\delta,h\delta})$$
$$= (\widetilde{g},\ a\delta,\ \widehat{h})$$
$$= (e, x, f).$$

因此, 映射 θ 为同构, 即, $(S, U) \simeq Q(U/\mathcal{R}, (S, U)/\delta, U/\mathcal{L}; U/\mathcal{J})$.

综合定理 16.8 和定理 16.9, 我们得到如下的 U^σ-富足半群的结构定理.

定理 16.10   半群 (S, U) 为一个 U^σ-富足半群, 当且仅当 (S, U) 同构于左正规带 L, Ehresmann 半群 $T(Y)$ 和右正规带 R 的拟织积 $Q(L, T(Y), R; Y)$.

下面, 我们考虑定理 16.10 中投射元集 U 满足置换恒等式的富足半群和正则半群的结构. 在定理 16.10 中, 如若取 $\widetilde{\mathcal{L}}^U = \mathcal{L}^*, \widetilde{\mathcal{R}}^U = \mathcal{R}^*, U = E(S)$, 则半群 (S, U) 实际上是幂等元集满足置换恒等式的富足半群 S. 易证, S 同构于 $Q(E/\mathcal{R}, S/\delta, E/\mathcal{L}; E/\mathcal{J})$, 其中 $E/\mathcal{R}$ 为左正规带, $E/\mathcal{L}$ 为右正规带, S/δ 为适当半群. 另一方面, 在定理 16.10 中的 $M = Q(L, T(Y), R; Y)$, 若取 $T(Y)$ 为适当半群 T, $Y = E(T)$, $U = E(M)$, 则半群 M 成为幂等元集满足置换恒等式的富足半群.

推论 16.11   半群 S 为幂等元集满足置换恒等式的富足半群, 当且仅当 S 同构于拟织积 $Q(L, T, R; E(T))$, 其中 L 为左正规带, T 为适当半群, R 为右正规带.

如果在正则半群 S 中, 取 $\widetilde{\mathcal{L}}^U = \mathcal{L}, \widetilde{\mathcal{R}}^U = \mathcal{R}, U = E(S)$, 那么根据定理 16.10, 很容易得到幂等元集满足置换恒等式的正则半群的结构定理.

推论 16.12   正则半群 S 的幂等元集满足置换恒等式, 当且仅当正则半群 S 同构于左正规带 L、逆半群 T 和右正规带 R 的拟织积 $Q(L, T, R; E)$.

第17章 U-超富足半群

17.1 引　　言

令 S 为半群, $E(S)$ 为 S 的幂等元集合. 取定 $E(S)$ 的一个非空子集 U, 称其为 S 的投射元集. 在 15.1 节中, 定义了半群 S 上的关系 $\widetilde{\mathcal{L}}^U, \widetilde{\mathcal{R}}^U, \widetilde{\mathcal{H}}^U$ 和 $\widetilde{\mathcal{D}}^U$. 现我们欲定义 $\widetilde{\mathcal{J}}^U$.

半群 S 的右理想 I 称为 S 的 U-允许右理想, 如果关于任意 $a \in I$, 有 $\widetilde{R}_a \subseteq I$. 类似地, 半群 S 的左理想 I 称为 S 的 U-允许左理想, 如果关于任意 $a \in I$, 有 $\widetilde{L}_a \subseteq I$. 若 $a \in S$, 则 S 的含元素 a 的主 U-允许左理想定义为 S 的含元素 a 的所有 U-允许左理想的交, 简记为 $\widetilde{L}(a)$. 对偶地, 可定义 S 的含元素 a 的主 U-允许右理想, 并记为 $\widetilde{R}(a)$.

沿用上述记法, 称半群 S 的理想 I 为 S 的 U-允许理想, 如果 I 既为 S 的 U-允许右理想, 又为 S 的 U-允许左理想. 易证, S 的任何 U-允许理想的交要么为 S 的 U-允许理想, 要么为空集. 因此, 我们定义 S 的含元素 a 的主 U-允许理想为 S 的含元素 a 的所有 U-允许理想的交, 简记为 $\widetilde{\mathcal{J}}(a)$. 显然, 关于任意 $a \in S$, $\widetilde{L}(a) \subseteq \widetilde{\mathcal{J}}(a)$ 及 $\widetilde{R}(a) \subseteq \widetilde{\mathcal{J}}(a)$.

半群 S 上的关系 $\widetilde{\mathcal{J}}^U$ 定义为

$$(a,b) \in \widetilde{\mathcal{J}}^U, \quad 当且仅当 \quad \widetilde{\mathcal{J}}(a) = \widetilde{\mathcal{J}}(b) \quad (a,b \in S).$$

定义 17.1　U-富足半群 (S,U) 称为 U-超富足半群, 如果 (S,U) 的每一 $\widetilde{\mathcal{H}}^U$-类含 U 中的元素.

定义 17.2　半群 (S,U) 称为 $\widetilde{\mathcal{J}}$-单半群, 如果 $\widetilde{\mathcal{J}}^U$ 为 (S,U) 上的泛关系.

定义 17.3　U-富足半群 (S,U) 称为完全 $\widetilde{\mathcal{J}}$-单半群, 如果 (S,U) 为 U-超富足的, 且为 $\widetilde{\mathcal{J}}$-单的.

早在 1941 年, Clifford 证明了半群 S 为完全正则的, 当且仅当 S 为完全单半群的半格. 后来, Fountain 将 Clifford 的这一重要结果推广到了超富足半群. U-超富足半群是完全正则半群和超富足半群的一个共同推广. 本章首先给出关于 U-超富足半群的广义 Clifford 定理, 即半群 (S,U) 为 U-超富足半群, 当且仅当 (S,U) 为满足一定条件的完全 $\widetilde{\mathcal{J}}$-单半群 $S_\alpha(\alpha \in Y)$ 的半格 Y. 其次, 建立 $\widetilde{\mathcal{J}}$-单半群的结构.

17.2　若 干 准 备

本节主要陈述 U-超富足半群的一些基本性质. 首先给出 $\widetilde{J}(a)$ 的一个刻画.

引理 17.1　令 $a \in S$. 则 $b \in \widetilde{J}(a)$, 当且仅当存在 $a_0, a_1, \cdots, a_n \in S, x_1, x_2, \cdots,$ $x_n, y_1, y_2, \cdots, y_n \in S^1$, 使得关于 $i = 1, 2, \cdots, n$, 有 $a = a_0, b = a_n$, 且 $(a_i, x_i a_{i-1} y_i) \in$ $\widetilde{\mathcal{D}}^U$.

证明　令 B 为半群 S 中所有满足所给条件的元素 b 的集合. 假设 $b \in B$. 那么存在 $a_0, a_1, \cdots, a_n \in S$, $x_1, x_2, \cdots, x_n, y_1, y_2, \cdots, y_n \in S^1$, 使得关于 $i = 1, 2, \cdots, n$, 有 $a = a_0$, $b = a_n$, 且 $(a_i, x_i a_{i-1} y_i) \in \widetilde{\mathcal{D}}^U$. 若 $a_{i-1} \in \widetilde{J}(a)$, 则因 $\widetilde{J}(a)$ 为理想, 得 $x_i a_{i-1} y_i \in \widetilde{J}(a)$. 由 $(a_i, x_i a_{i-1} y_i) \in \widetilde{\mathcal{D}}^U$, 知存在 $z_1, z_2, \cdots, z_m \in S$ 使得 $(x_i a_{i-1} y_i, z_1) \in$ $\widetilde{\mathcal{L}}, (z_1, z_2) \in \widetilde{\mathcal{R}}^U, \cdots, (z_m, a_i) \in \widetilde{\mathcal{R}}^U$. 又由 $\widetilde{J}(a)$ 为 S 的 U-允许理想和 $x_i a_{i-1} y_i \in \widetilde{J}(a)$, 得 $z_1 \in \widetilde{J}(a)$. 类似地, 得到 $z_2, \cdots, z_m, a_i \in \widetilde{J}(a)$. 换句话, 我们证明了 $a_{i-1} \in \widetilde{J}(a)$ 蕴涵 $a_i \in \widetilde{J}(a)$. 因 $a_0 = a \in \widetilde{J}(a)$, 则关于 $i = 1, 2, \cdots, n, a_i \in \widetilde{J}(a)$. 特别地, $b = a_n \in \widetilde{J}(a)$. 因此 $B \subseteq \widetilde{J}(a)$. 易知, 若 $b \in B$, 则关于任意 $x, y \in S^1$, $xby \in B$. 而且, 有 $\widetilde{L}_b \subseteq B$ 及 $\widetilde{R}_b \subseteq B$. 这样, B 为 S 的一个 U-允许理想. 又显然, $a \in B$. 因此, 据定义, $\widetilde{J}(a) \subseteq B$. 这证明了 $\widetilde{J}(a) = B$.

据完全 $\widetilde{\mathcal{J}}$-单半群的定义易知, 完全 $\mathcal{J}^*$-单半群是完全 $\widetilde{\mathcal{J}}$-单半群的真子类. 下面的例子可以说明这一点.

例 17.1　令 $a = \begin{pmatrix} 1 & 1 \\ 0 & 0 \end{pmatrix}, S_\alpha = \{a, a_n = 3^n a \mid n \geqslant 1 \ \& \ n \in N \ \}$.

在通常矩阵乘法下, 易验证 S_α 为可消幺半群, 且 a 为 S_α 的恒等元. 又令

$$S = \{e, f, g, h, u, v, a, a_n \mid n \geqslant 1\}$$

的乘法表如下, 其中 $a_n = 3^n a, a_m = 3^m a (n, m \geqslant 1)$.

$*$	a	a_n	e	f	g	h	u	v
a	a	a_n	e	f	g	h	u	v
a_m	a_m	a_{m+n}	e	f	g	h	u	v
e	e	e	e	f	g	h	u	v
f	f	e	e	f	g	h	u	v
g	g	g	g	h	u	v	e	f
h	h	g	g	h	u	v	e	f
u	u	u	u	v	e	f	g	h
v	v	u	u	v	e	f	g	h

由上述乘法表知, a 为 S 的恒等元, a, e, f 为 S 的全部幂等元. 据 9.3 节, 知 S_α 及 $S_\beta = \{e, f, g, h, u, v\}$ 均为特殊的完全 $\mathcal{J}^*$-单半群, 且易证关于任意 $x \in S_\alpha \setminus \{a\}$, 总

有 $a\mathcal{R}^*(S_\alpha)x$, 但 $(a,x) \notin \mathcal{R}^*(S)$, $(e,x) \notin \mathcal{R}^*(S)$, $(f,x) \notin \mathcal{R}^*(S)$. 因此 S 不是富足半群. 此时, 令 $U = \{a\}$ 为 S 的投射集. 易证 $\widetilde{\mathcal{H}}^U = S \times S$. 因此, S 是完全 $\widetilde{\mathcal{J}}$-单半群, 故 S 是 U-超富足半群, 但不是超富足半群.

引理 17.2 若 (S,U) 为 U-超富足半群, 且 $a \in (S,U)$, 则 $\widetilde{J}(a) = SeS$, 其中 $e \in \widetilde{H}_a \cap U$.

证明 据引理 17.1, $e \in \widetilde{J}(a)$. 又由 $\widetilde{J}(a)$ 的定义, 得 $SeS \subseteq \widetilde{J}(a)$. 故只需证理想 SeS 为 (S,U) 的一个含元素 a 的 U-允许理想. 显然, 由 $a = ae \in SeS$, 知 SeS 包含元素 a. 任取 $b = uev \in SeS$, 其中 $u,v \in (S,U)$, 且取 $f \in \widetilde{H}_{ue} \cap U$. 则由 $ue\widetilde{\mathcal{L}}^U f$, 知 $ue \cdot e = ue$ 蕴涵 $fe = f$. 因 $\widetilde{\mathcal{L}}^U$ 为 (S,U) 上的右同余, 有 $b\widetilde{\mathcal{L}}^U fv$. 取 $g \in \widetilde{H}_{fv} \cap U$, 由 $f \cdot fv = fv$ 和 $fv\widetilde{\mathcal{R}}^U g$, 得 $fg = g$. 从而, $g = fg = feg \in SeS$. 注意到 $fv\widetilde{\mathcal{L}}^U g$, 有 $b\widetilde{\mathcal{L}}^U g$. 取 $h \in \widetilde{H}_b \cap U$. 则 $g\widetilde{\mathcal{L}}^U h$. 据引理 15.2, 有 $g\mathcal{L}h$. 因此, $h = hg = hfeg \in SeS$. 若 $x \in \widetilde{L}_b$, 则显然 $x\widetilde{\mathcal{L}}^U h$. 据引理 15.1, 得 $x = xh$. 由 $h \in SeS$, 得 $x \in SeS$ 及 $\widetilde{L}_b \subseteq SeS$. 类似地, 若 $y \in \widetilde{R}_b$, 则有 $y = hy \in SeS$. 因此, $\widetilde{R}_b \subseteq SeS$. 这样, SeS 为 (S,U) 的含元素 a 的 U-允许理想. 因此, $SeS = \widetilde{J}(a)$.

引理 17.3 在任意 U-超富足半群 (S,U) 上, $\widetilde{\mathcal{J}}^U = \widetilde{\mathcal{D}}^U$.

证明 据引理 17.1 和 $\widetilde{\mathcal{J}}^U$ 的定义, 知 $\widetilde{\mathcal{D}}^U \subseteq \widetilde{\mathcal{J}}^U$. 令 $a,b \in (S,U)$, 且 $a\widetilde{\mathcal{J}}^U b$. 则据引理 17.2, 存在幂等元 $e \in \widetilde{H}_a \cap U$ 和 $f \in \widetilde{H}_b \cap U$, 使得 $SeS = SfS$. 这样, 存在 $x,y,u,v \in S^1$, 使得 $e = xfy, f = uev$. 取 $g \in \widetilde{H}_{xf} \cap U$ 及 $h \in \widetilde{H}_{ev} \cap U$. 显然 $xf \cdot f = xf$ 和 $g\widetilde{\mathcal{L}}^U xf$ 蕴涵 $gf = g$. 类似地, $eh = h$. 易知, fg 和 he 是幂等元且满足 $fg\mathcal{L}g$ 和 $he\mathcal{R}h$. 因 $\mathcal{L}$ 为右同余, $\mathcal{R}$ 为左同余, 得 $fge\mathcal{L}ge$ 和 $fhe\mathcal{R}fh$. 又因 $g \in \widetilde{H}_{xf} \cap U$, 显然 $g\widetilde{\mathcal{L}}^U xf$ 和 $g\widetilde{\mathcal{R}}^U xf$. 因此, 据引理 15.1, $(xf)g = xf = g(xf)$, 且有 $ge = gxfy = gxf \cdot y = xfy = e$. 类似地, $fh = uevh = u \cdot evh = uev = f$. 所以, $e\mathcal{L}fe\mathcal{R}f$. 由 $\mathcal{L} \subseteq \widetilde{\mathcal{L}}^U$ 和 $\mathcal{R} \subseteq \widetilde{\mathcal{R}}^U$, 得 $a\widetilde{\mathcal{L}}^U e\widetilde{\mathcal{L}}^U fe\widetilde{\mathcal{R}}^U f\widetilde{\mathcal{R}}^U b$. 这导致 $a\widetilde{\mathcal{D}}^U b$. 从而 $\widetilde{\mathcal{J}}^U \subseteq \widetilde{\mathcal{D}}^U$. 这样, 我们证明了 $\widetilde{\mathcal{J}}^U = \widetilde{\mathcal{D}}^U$.

引理 17.4 令 (S,U) 为 U-超富足半群. 则 $\widetilde{\mathcal{J}}^U$ 为 (S,U) 上的半格同余.

证明 若 $a \in (S,U)$, 则存在幂等元 $e \in U$ 使得 $a\widetilde{\mathcal{L}}^U e$ 且 $a\widetilde{\mathcal{R}}^U e$. 据引理 15.1, $a = ae = ea$. 因 $\widetilde{\mathcal{L}}^U$ 和 $\widetilde{\mathcal{R}}^U$ 分别为 (S,U) 上的右同余和左同余, 所以 $a^2\widetilde{\mathcal{L}}^U ea = a$ 和 $a^2\widetilde{\mathcal{R}}^U ae = a$. 因此, $a\widetilde{H}^U a^2$. 从而, $\widetilde{J}(a) = \widetilde{J}(a^2)$. 若 $a,b \in (S,U)$, 则 $\widetilde{J}(ab) = \widetilde{J}(abab)$. 据引理 17.1, $abab \in \widetilde{J}(ba)$. 从而, $\widetilde{J}(ab) \subseteq \widetilde{J}(ba)$. 对称地, 有 $\widetilde{J}(ba) \subseteq \widetilde{J}(ab)$. 因此, $\widetilde{J}(ab) = \widetilde{J}(ba)$.

现取 $e \in \widetilde{H}_a \cap U$ 及 $f \in \widetilde{J}_b \cap U$. 据引理 17.2, $\widetilde{J}(a) = SeS$ 及 $\widetilde{J}(b) = SfS$. 取 $d \in \widetilde{J}(a) \cap \widetilde{J}(b)$, 则存在 $x,y,s,t \in (S,U)$ 使得 $d = xey = sft$. 因此, $d^2 = xeysft \in SeysfS \subseteq \widetilde{J}(eysf) = \widetilde{J}(feys) \subseteq \widetilde{J}(fe) = \widetilde{J}(ef)$, 亦即, $d^2 \in \widetilde{J}(ef)$. 但 $d\widetilde{H}^U d^2$, 从而, $d \in \widetilde{J}(ef)$. 因 $a\widetilde{\mathcal{L}}^U e$ 和 $\widetilde{\mathcal{L}}^U$ 为 (S,U) 上的右同余, 得 $ab\widetilde{\mathcal{L}}^U eb$. 类似地, 有 $eb\widetilde{\mathcal{R}}^U ef$. 由此得 $ab\widetilde{\mathcal{D}}^U ef$. 据引理 17.3, $d \in \widetilde{J}(ab)$. 这证明了 $\widetilde{J}(a) \cap \widetilde{J}(b) \subseteq \widetilde{J}(ab)$. 显然,

$\widetilde{J}(ab) \subseteq \widetilde{J}(a) \cap \widetilde{J}(b)$. 因此, $\widetilde{J}(a) \cap \widetilde{J}(b) = \widetilde{J}(ab)$.

容易看出, (S, U) 的所有主 U-允许理想 $\widetilde{J}(a)$ 的集合在集合交运算下形成一个半格 Y. 所以, 我们考虑从 (S, U) 到半格 Y 上的映射 $\varphi : a \mapsto \widetilde{J}(a)$. 易证映射 φ 为从 (S, U) 到 Y 上的半群同态, 从而 $\widetilde{\mathcal{J}}^U$ 为 (S, U) 上的半格同余. 这完成了证明.

由定义, 易得下面的引理.

引理 17.5 令 (S, U) 为 U-超富足半群. 则 $\widetilde{\mathcal{D}}^U = \widetilde{\mathcal{L}}^U \circ \widetilde{\mathcal{R}}^U = \widetilde{\mathcal{R}}^U \circ \widetilde{\mathcal{L}}^U$.

现在我们考虑半群 (S, U) 的一个子集:

$$\mathrm{Reg}_U(S) = \{a \in (S, U) \mid (\exists e, f \in U) \; e\mathcal{L}a\mathcal{R}f\}.$$

易知, $\mathrm{Reg}_U(S)$ 中的元素是正则的. 若 $a \in \mathrm{Reg}_U(S)$, 则集合

$$V_U(a) = \{a' \in V(a) \mid a'a, aa' \in U\} \neq \varnothing.$$

引理 17.6 令 (S, U) 为半群. 则下述两款成立:

(i) $\widetilde{\mathcal{L}}^U \cap (\mathrm{Reg}_U(S) \times \mathrm{Reg}_U(S)) = \mathcal{L} \cap (\mathrm{Reg}_U(S) \times \mathrm{Reg}_U(S))$;

(ii) $\widetilde{\mathcal{R}}^U \cap (\mathrm{Reg}_U(S) \times \mathrm{Reg}_U(S)) = \mathcal{R} \cap (\mathrm{Reg}_U(S) \times \mathrm{Reg}_U(S))$.

引理 17.7 若 (S, U) 为 U-超富足半群, 则 $\mathrm{Reg}_U(S)$ 中每个元素是完全正则的.

证明 关于任意 $a \in \mathrm{Reg}_U(S)$, 一定存在投射元 $e \in U$ 使得 $a \in \widetilde{H}_e^U$. 又据引理 17.6 知, $a \in H_e$. 因此, $\mathrm{Reg}_U(S)$ 中每个元素 a 都是完全正则的.

引理 17.8 若 (S, U) 为 U-超富足半群, 则 (S, U) 中每一 $\widetilde{H}^U$ 类为幺半群.

证明 令 (S, U) 为 U-超富足半群, 则其任意 $\widetilde{H}^U$-类可表示为 $\widetilde{H}_e^U$, 其中 $e \in U$. 假定 $x, y \in \widetilde{H}_e^U$, 则有 $x\widetilde{\mathcal{L}}^U e$. 因 $\widetilde{\mathcal{L}}^U$ 为 (S, U) 上右同余及 $y\widetilde{\mathcal{R}}^U e$, 据引理 15.1, 得 $xy\widetilde{\mathcal{L}}^U ey = y$. 类似地, $y\widetilde{\mathcal{R}}^U e$, 因 $\widetilde{\mathcal{R}}^U$ 为 (S, U) 上左同余及 $x\widetilde{\mathcal{L}}^U e$, 据引理 15.1, 亦得 $xy\widetilde{\mathcal{R}}^U xe = x$. 因此 $xy \in \widetilde{R}_x^U \cap \widetilde{L}_y^U = \widetilde{R}_e^U \cap \widetilde{L}_e^U = \widetilde{H}_e^U$, 从而半群 (S, U) 的每一 $\widetilde{H}^U$ 类为子半群.

再假定 $a \in \widetilde{H}_e^U$, $e \in U$. 据引理 15.1, 因 $a\widetilde{\mathcal{L}}^U e$ 及 $a\widetilde{\mathcal{R}}^U e$, 得 $ae = ea = a$. 因此, $\widetilde{H}_e^U$ 为含恒等元 e 的幺半群.

引理 17.9 令 (S, U) 为 U-超富足半群, $e, f \in U$. 则下述两款成立:

(i) 若 $a\widetilde{\mathcal{R}}^U b$, 且 $a \in \widetilde{H}_e^U$, $b \in \widetilde{H}_f^U$, 则关于任意法正则元 $u \in \widetilde{H}_a^U \cap \mathrm{Reg}_U(S)$, 存在 u 的逆元 $u' \in V_U(u) \cap \widetilde{H}_b^U$, 使得 $uu' = f$ 及 $u'u = e$.

(ii) 若 $a\widetilde{\mathcal{L}}^U b$, 且 $a \in \widetilde{H}_e^U$, $b \in \widetilde{H}_f^U$, 则关于任意正则元 $u \in \widetilde{H}_a^U \cap \mathrm{Reg}_U(S)$, 存在 u 的逆元 $u' \in V_U(u) \cap \widetilde{H}_b^U$, 使得 $uu' = e$ 及 $u'u = f$.

证明 因 (ii) 的证明类似于 (i), 仅证 (i). 据引理 15.1, 由 $e\widetilde{\mathcal{R}}^U f$, 得 $e\mathcal{R}f$. 特别地, 关于任意正则元 $u \in \widetilde{H}_a^U \cap \mathrm{Reg}_U(S) = \widetilde{H}_e^U \cap \mathrm{Reg}_U(S)$, 则 $u \in H_e$. 据文献 [6]

的命题 2.3.5, 知在 $\mathcal{H}$-类 H_f 中存在 u 的逆元 u', 使得 $uu' = f$ 及 $u'u = e$. 显然 $u' \in V_U(u) \cap H_f \subseteq V_U(u) \cap \widetilde{H}_f^U = V_U(u) \cap \widetilde{H}_b^U$. 因此 (i) 得证.

引理 17.10 若 (S, U) 为 U-超富足半群, $a, b \in (S, U)$, 且 $a\widetilde{\mathcal{R}}^U b$, 则存在正则元 $u \in \widetilde{H}_a^U \cap \mathrm{Reg}_U(S)$ 及逆元 $u' \in V_U(u) \cap \widetilde{H}_b^U$, 使得右平移 $\rho_u|_{\widetilde{L}_b^U} : x \mapsto x\rho_u = xu$ 及 $\rho_{u'}|_{\widetilde{L}_a^U} : x \mapsto x\rho_{u'} = xu'$ 分别为从 $\widetilde{L}_b^U$ 到 $\widetilde{L}_a^U$ 及从 $\widetilde{L}_a^U$ 到 $\widetilde{L}_b^U$ 的互逆保持 $\widetilde{\mathcal{R}}^U$-关系的双射.

证明 若 (S, U) 为 U-超富足半群, 且 $a\widetilde{\mathcal{R}}^U b$, 则存在 $e, f \in U$ 使得 $a \in \widetilde{H}_e^U$ 及 $b \in \widetilde{H}_f^U$. 令 u 为 $\widetilde{H}_a^U \cap \mathrm{Reg}_U(S)$ 中的一个正则元. 则据引理 17.9, 存在 u 的逆元 $u' \in V_U(u) \cap \widetilde{H}_b^U$ 使得 $uu' = f$ 及 $u'u = e$.

若 $x \in \widetilde{L}_b^U$, 则显然 $x\widetilde{\mathcal{L}}^U f$. 但 $\widetilde{\mathcal{L}}^U$ 为 (S, U) 上的右同余, 从而有 $xu\widetilde{\mathcal{L}}^U fu = u$. 因此, $x\rho_u = xu \in \widetilde{L}_u^U = \widetilde{L}_a^U$. 这表明右平移 $\rho_u : x \mapsto x\rho_u = xu$ 为从 $\widetilde{L}_b^U$ 到 $\widetilde{L}_a^U$ 的映射. 类似地, $\rho_{u'}|_{\widetilde{L}_a^U} : x \mapsto x\rho_{u'} = xu'$ 为从 $\widetilde{L}_a^U$ 到 $\widetilde{L}_b^U$ 的映射. 考虑复合映射 $\rho_u|_{\widetilde{L}_b^U} \circ \rho_{u'}|_{\widetilde{L}_a^U} : \widetilde{L}_b^U \to \widetilde{L}_b^U$. 由于 $x\widetilde{\mathcal{L}}^U b\widetilde{\mathcal{L}}^U f$ 及 f 为 $\widetilde{L}_b^U$ 的右恒等元, 则关于任意 $x \in \widetilde{L}_b^U$, $x\rho_u\rho_{u'} = xuu' = xf = x$. 因此, $\rho_u|_{\widetilde{L}_b^U} \circ \rho_{u'}|_{\widetilde{L}_a^U}$ 为 $\widetilde{L}_b^U$ 上的恒等映射. 类似地, 我们可证 $\rho_{u'}|_{\widetilde{L}_a^U} \circ \rho_u|_{\widetilde{L}_b^U}$ 为 $\widetilde{L}_a^U$ 上的恒等映射. 这样, $\rho_u|_{\widetilde{L}_b^U}$ 和 $\rho_{u'}|_{\widetilde{L}_a^U}$ 分别为从 $\widetilde{L}_b^U$ 到 $\widetilde{L}_a^U$ 及从 $\widetilde{L}_a^U$ 到 $\widetilde{L}_b^U$ 上的互逆双射.

现证这些映射保持 $\widetilde{\mathcal{R}}^U$-关系. 假设 $x \in \widetilde{L}_b^U$, 根据上述证明, 可知 $x\widetilde{\mathcal{L}}^U f$ 及 $u\widetilde{\mathcal{R}}^U e\widetilde{\mathcal{R}}^U f$. 因 $\widetilde{\mathcal{R}}^U$ 为 (S, U) 上的左同余, 故 $xu\widetilde{\mathcal{R}}^U xf = x$. 这表明右平移 $\rho_u|_{\widetilde{L}_b^U}$ 为从 $\widetilde{L}_b^U$ 到 $\widetilde{L}_a^U$ 上的保持 $\widetilde{\mathcal{R}}^U$-关系的双射. 类似地, 可证 $\rho_{u'}|_{\widetilde{L}_a^U}$ 为从 $\widetilde{L}_a^U$ 到 $\widetilde{L}_b^U$ 上的保持 $\widetilde{\mathcal{R}}^U$-关系的双射.

下述引理为引理 17.10 的对偶, 证明类似.

引理 17.11 若 (S, U) 为 U-超富足半群, $a, b \in (S, U)$, 且 $a\widetilde{\mathcal{L}}^U b$, 则存在正则元 $u \in \widetilde{H}_a^U \cap \mathrm{Reg}_U(S)$ 及逆元 $u' \in V_U(u) \cap \widetilde{H}_b^U$, 使得左平移 $\lambda_u|_{\widetilde{R}_b^U} : x \mapsto x\lambda_u = ux$ 及左平移 $\lambda_{u'}|_{\widetilde{R}_a^U} : x \mapsto x\lambda_{u'} = u'x$ 分别为从 $\widetilde{R}_b^U$ 到 $\widetilde{R}_a^U$ 及从 $\widetilde{R}_a^U$ 到 $\widetilde{R}_b^U$ 的互逆保持 $\widetilde{\mathcal{L}}^U$-关系的双射.

引理 17.12 若 (S, U) 为 U-超富足半群, 则关于任意 $a, b \in (S, U)$ 满足 $a\widetilde{\mathcal{J}}^U b$, 我们有 $\widetilde{H}_a^U \simeq \widetilde{H}_b^U$.

证明 假设 (S, U) 为 U-超富足半群, $a, b \in (S, U)$ 且 $a\widetilde{\mathcal{J}}^U b$. 据引理 17.5, 存在 $c \in (S, U)$ 使得 $a\widetilde{\mathcal{R}}^U c\widetilde{\mathcal{L}}^U b$. 亦存在投射元 $e, f \in U$, 使得 $c \in \widetilde{H}_e^U$ 及 $b \in \widetilde{H}_f^U$. 又据引理 17.10 及引理 17.11, 存在正则元 $u \in \widetilde{H}_c^U \cap \mathrm{Reg}_U(S)$ 及逆元 $u' \in V_U(u) \cap \widetilde{H}_b^U$ 使得 $uu' = e$ 及 $u'u = f$, 且存在映射 $\rho_u|_{\widetilde{H}_a^U} : \widetilde{H}_a^U \to \widetilde{H}_c^U$ 使得 $x \mapsto xu$ 及映射 $\lambda_{u'}|_{\widetilde{H}_c^U} : \widetilde{H}_c^U \to \widetilde{H}_b^U$ 使得 $x \mapsto u'x$, 从而复合映射 $\varphi = \rho_u|_{\widetilde{H}_a^U} \circ \lambda_{u'}|_{\widetilde{H}_c^U} : \widetilde{H}_a^U \to \widetilde{H}_b^U$ 使得 $x \mapsto u'xu$ 为双射. 实际上, φ 为同态. 因为若 $x_1, x_2 \in \widetilde{H}_a^U$, 由 $x_2\widetilde{\mathcal{R}}^U e$, 即 $ex_2 = x_2$, 可得 $(x_1\varphi)(x_2\varphi) = u'x_1uu'x_2u = u'x_1ex_2u = u'x_1x_2u = (x_1x_2)\varphi$. 因此,

$\widetilde{H}_a^U \simeq \widetilde{H}_b^U$.

引理 17.13　若 (S, U) 为 U-超富足半群, 且 $a\widetilde{\mathcal{D}}^U b$, 则 $ab \in \widetilde{R}_a^U \cap \widetilde{L}_b^U$.

证明　若 (S, U) 为 U-超富足半群, 且 $a\widetilde{\mathcal{D}}^U b$, 则存在投射元 $e, f \in U$ 使得 $a\widetilde{\mathcal{H}}^U e$ 及 $b\widetilde{\mathcal{H}}^U f$. 据引理 17.5, 存在投射元 $g, h \in U$ 使得 $\widetilde{H}_g^U = \widetilde{R}_a^U \cap \widetilde{L}_b^U$ 及 $\widetilde{H}_h^U = \widetilde{L}_a^U \cap \widetilde{R}_b^U$. 显然, $a\widetilde{\mathcal{L}}^U h$. 又据引理 15.1 及 $\widetilde{\mathcal{L}}^U$ 是右同余, 可得 $ab\widetilde{\mathcal{L}}^U hb = b$, 于是 $ab \in \widetilde{L}_b^U$. 类似地, 由 $b\widetilde{\mathcal{R}}^U h$ 及 $\widetilde{\mathcal{R}}^U$ 是左同余, 可得 $ab\widetilde{\mathcal{R}}^U ah = a$, 于是 $ab \in \widetilde{R}_a^U$. 因此, $ab \in \widetilde{R}_a^U \cap \widetilde{L}_b^U$.

17.3　广义 Clifford 定理

据引理 15.3, 我们先来观察半群 (S, U) 上的关系 $\widetilde{\mathcal{L}}^U$ 和 $\widetilde{\mathcal{R}}^U$ 的一些特性.

(i) 若 (S, U) 为富足半群, 且 $U = E(S)$, 则在 (S, U) 上 $\widetilde{\mathcal{L}}^U = \mathcal{L}^*$ 及 $\widetilde{\mathcal{R}}^U = \mathcal{R}^*$. 从而, 在 (S, U) 上 $\widetilde{\mathcal{H}}^U = \mathcal{H}^*$ 及 $\widetilde{\mathcal{J}}^U = \mathcal{J}^*$. 在此情形下, $\widetilde{\mathcal{L}}^U$ 和 $\widetilde{\mathcal{R}}^U$ 分别为 (S, U) 上的右同余和左同余. 这样, (S, U) 为 $E(S)$-富足半群.

(ii) 若 (S, U) 为正则半群, 且 $U = E(S)$, 则在 (S, U) 上 $\widetilde{\mathcal{L}}^U = \mathcal{L}$ 及 $\widetilde{\mathcal{R}}^U = \mathcal{R}$. 从而, 在 (S, U) 上 $\widetilde{\mathcal{H}}^U = \mathcal{H}$ 及 $\widetilde{\mathcal{J}}^U = \mathcal{J}$. 在此情形下, $\widetilde{\mathcal{L}}^U$ 和 $\widetilde{\mathcal{R}}^U$ 分别为 S 上的右同余和左同余. 因此, (S, U) 为 $E(S)$-富足半群.

定理 17.14　半群 (S, U) 为 U-超富足半群, 当且仅当 (S, U) 为完全 $\widetilde{\mathcal{J}}$-单半群 S_α $(\alpha \in Y)$ 的半格 Y, 且关于 $\alpha, \beta \in Y$ 满足下述条件:

(i) 关于每一 $a \in S_\alpha, \widetilde{L}_a(S) = \widetilde{L}_a(S_\alpha)$ 及 $\widetilde{R}_a(S) = \widetilde{R}_a(S_\alpha)$;

(ii) 关于任意 $a, b \in S_\alpha$ 和 $x \in S_\beta$, $(a, b) \in \widetilde{\mathcal{L}}^U(S_\alpha)$ 蕴涵 $(ax, bx) \in \widetilde{\mathcal{L}}^U(S_{\alpha\beta})$, 及 $(a, b) \in \widetilde{\mathcal{R}}^U(S_\alpha)$ 蕴涵 $(xa, xb) \in \widetilde{\mathcal{R}}^U(S_{\alpha\beta})$.

证明　**充分性**　若 (S, U) 为上述半群 S_α 的半格 Y, 则由条件 (i) 知, 关于每一 $\alpha \in Y$, (S, U) 的每一 $\widetilde{\mathcal{H}}$-类恰好是 S_α 的 $\widetilde{\mathcal{H}}$-类. 由条件 (ii), 易知 (S, U) 满足同余条件. 因 S_α 的每一 $\widetilde{\mathcal{H}}$-类包含投射集 U 中的元, 从而 (S, U) 一定为 U-超富足半群.

必要性　据引理 17.4, 易知 U-超富足半群 (S, U) 为半群 $S_\alpha (\alpha \in Y)$ 的半格 Y, 其中 $S_\alpha (\alpha \in Y)$ 为 (S, U) 的 $\widetilde{\mathcal{J}}$-类.

令 $\alpha \in Y$. 假设 a, b 为 (S, U) 的 $\widetilde{\mathcal{J}}$-类 S_α 的元素, 且满足 $(a, b) \in \widetilde{\mathcal{L}}^U(S_\alpha)$. 取 $e \in \widetilde{H}_a(S) \cap U$ 及 $f \in \widetilde{H}_b(S) \cap U$. 易知, $e, f \in S_\alpha$, 进而可得 S_α 为 V-超富足半群, 其中投射集 $V = U \cap S_\alpha$. 显然, $(a, e) \in \widetilde{\mathcal{L}}^U(S)$ 蕴涵 $(a, e) \in \widetilde{\mathcal{L}}^U(S_\alpha)$ 及 $(b, f) \in \widetilde{\mathcal{L}}^U(S)$ 蕴涵 $(b, f) \in \widetilde{\mathcal{L}}^U(S_\alpha)$. 因此, $(e, f) \in \widetilde{\mathcal{L}}^U(S_\alpha)$. 从而, 据引理 15.2, 有 $(e, f) \in \mathcal{L}(S_\alpha)$, 即, $ef = e, fe = f$. 这导致 $(e, f) \in \mathcal{L}(S) \subseteq \widetilde{\mathcal{L}}^U(S)$ 以及 $(a, b) \in \widetilde{\mathcal{L}}^U(S)$. 这证明了 $\widetilde{\mathcal{L}}^U(S_\alpha) \subseteq \widetilde{\mathcal{L}}^U(S) \cap (S_\alpha \times S_\alpha)$. 进而得 $\widetilde{\mathcal{L}}^U(S) \cap (S_\alpha \times S_\alpha) \subseteq \widetilde{\mathcal{L}}^U(S_\alpha)$. 从而, 关于任意 $a \in S_\alpha$, 有 $\widetilde{L}_a(S) = \widetilde{L}_a(S_\alpha)$. 类似地, 可证 $\widetilde{R}_a(S) = \widetilde{R}_a(S_\alpha)$. 因此, 条件 (i) 成立, 且 $\widetilde{H}_a(S) = \widetilde{H}_a(S_\alpha)$.

由上可知, 因 (S, U) 为 U-超富足半群, 显然 (S, U) 的每一 $\widetilde{\mathcal{J}}$-类 S_α 为 V-超富足半群, 其中 S_α 的投射集 $V = U \cap S_\alpha$. 为证每一 S_α 为完全 $\widetilde{\mathcal{J}}$-单的, 假设 $a, b \in S_\alpha$. 显然, $(a, b) \in \widetilde{\mathcal{J}}(S)$. 据引理 17.3, 显然 $(a, b) \in \widetilde{\mathcal{D}}^U(S)$. 因此, 存在 $x_1, x_2, \cdots, x_k \in (S, U)$, 使得 $a \widetilde{\mathcal{L}}^U(S) x_1 \widetilde{\mathcal{R}}^U(S) x_2 \cdots x_k \widetilde{\mathcal{R}}^U(S) b$. 由前面的证明, 知 $a \widetilde{\mathcal{L}}^U(S_\alpha) x_1 \widetilde{\mathcal{R}}^U(S_\alpha) x_2 \cdots x_k \widetilde{\mathcal{R}}^U(S_\alpha) b$. 这样, $(a, b) \in \widetilde{\mathcal{D}}^U(S_\alpha)$, 即, a, b 在 V-超富足半群 S_α 中是 $\widetilde{\mathcal{D}}^U$ 相关的. 又据引理 17.3, 知 $(a, b) \in \widetilde{\mathcal{J}}(S_\alpha)$. 从而, S_α 为 $\widetilde{\mathcal{J}}$-单的. 因此, 据定义知, S_α 为完全 $\widetilde{\mathcal{J}}$-单半群. 又注意到 (S, U) 满足同余条件, 显然, 条件 (ii) 成立. 这完成了证明.

综上观察和定理 17.14, 我们有下面的推论. 这些推论可分别看作定理 17.14 在完全正则半群和超富足半群上的应用.

推论 17.15 半群 S 为超富足半群, 当且仅当 S 为完全 $\widetilde{\mathcal{J}}$-单半群 $S_\alpha (\alpha \in Y)$ 的半格 Y, 且关于 $\alpha \in Y$ 和 $a \in S_\alpha$, 有 $L_a^*(S) = L_a^*(S_\alpha)$, 且 $R_a^*(S) = R_a^*(S_\alpha)$.

推论 17.16(Clifford 定理) 半群 S 为完全正则半群, 当且仅当 S 为完全单半群的半格.

17.4 完全 $\widetilde{\mathcal{J}}$-单半群

本节给出完全 $\widetilde{\mathcal{J}}$-单半群的一个结构定理.

令 T 为带恒等元 e 的幺半群, e 所在的群记为 G_e, I 和 Λ 为非空集, $P = (p_{\lambda i})$ 为 $\Lambda \times I$ 矩阵. 幺半群 T 上的 Rees 矩阵半群 $\mathcal{M} = \mathcal{M}(T, I, \Lambda; P)$ 定义如下:
$$(i, x, \lambda)(j, y, \mu) = (i, x p_{\lambda j} y, \mu).$$
矩阵 P 称为正规的, 如果存在 $1 \in I \cap \Lambda$, 关于任意 $i \in I$, $\lambda \in \Lambda$, 使得 $p_{1i} = p_{\lambda 1} = e$, 且 $p_{\lambda i} \in G_e$, 其中 e 为幺半群 T 的恒等元. Rees 矩阵半群称为正规的, 如果 P 为正规的.

以下假定 $\mathcal{M} = \mathcal{M}(T, I, \Lambda; P)$ 为幺半群 T 上的正规 Rees 矩阵半群. 为确保 Rees 矩阵半群 $\mathcal{M} = \mathcal{M}(T, I, \Lambda; P)$ 为完全 $\widetilde{\mathcal{J}}$-单半群, 取 M 的投射集为

$$U = \{(i, p_{\lambda i}^{-1}, \lambda) \mid p_{\lambda i} \in G_e\}.$$

显然, $U \subseteq E(\mathcal{M})$. 实际上, 若 T 为幂幺半群, 则 $U = E(\mathcal{M})$.

引理 17.17 令 $\mathcal{M} = \mathcal{M}(T, I, \Lambda; P)$. 则下述两款成立:

(i) $(i, x, \lambda) \widetilde{\mathcal{L}}^U (j, y, \mu)$, 当且仅当 $\lambda = \mu$;

(ii) $(i, x, \lambda) \widetilde{\mathcal{R}}^U (j, y, \mu)$, 当且仅当 $i = j$.

证明 假设 $(i, x, \lambda) \widetilde{\mathcal{L}}^U (j, y, \mu)$. 据 $\widetilde{\mathcal{L}}^U$ 的定义, 关于任意 $(k, p_{\nu k}^{-1}, \nu) \in U$,

$$(i, x, \lambda)(k, p_{\nu k}^{-1}, \nu) = (i, x, \lambda), \text{ 当且仅当 } (j, y, \mu)(k, p_{\nu k}^{-1}, \nu) = (j, y, \mu).$$

因此, $(i,x,\lambda)\widetilde{\mathcal{L}}^{U}(j,y,\mu)$ 当且仅当 $\lambda=\mu$. 这证明了 (i). 类似可证明 (ii).

关于任意 $(i,x,\lambda)\in\mathcal{M}$, 据 P 的正规性和引理 17.17, 易证存在投射元 $(i,p_{\lambda i}^{-1},\lambda)\in U$ 使得 $(i,x,\lambda)\widetilde{\mathcal{H}}^{U}(i,p_{\lambda i}^{-1},\lambda)$. 因此, 下面的结论是显然的.

引理 17.18　$\mathcal{M}=\mathcal{M}(T,I,\Lambda;P)$ 的每一 $\widetilde{H}^{U}$ 类均含有 U 中的元素, 其中 U 为 $\mathcal{M}$ 的投射集.

引理 17.19　半群 $\mathcal{M}=\mathcal{M}(T,I,\Lambda;P)$ 满足同余条件, 即 $\widetilde{\mathcal{L}}^{U}$ 为 $\mathcal{M}$ 上的右同余, $\widetilde{\mathcal{R}}^{U}$ 为 $\mathcal{M}$ 上的左同余.

证明　仅需证 $\widetilde{\mathcal{L}}^{U}$ 为 $\mathcal{M}$ 上的右同余, 类似可得 $\widetilde{\mathcal{R}}^{U}$ 为 $\mathcal{M}$ 上的左同余.

假设 $(i,x,\lambda),(j,y,\lambda)\in\mathcal{M}$, 且 $(i,x,\lambda)\widetilde{\mathcal{L}}^{U}(j,y,\lambda)$. 任取 $(k,u,\mu)\in\mathcal{M}$, 则

$$(i,x,\lambda)(k,u,\mu)=(i,xp_{\lambda k}u,\mu)$$

及

$$(j,y,\lambda)(k,u,\mu)=(j,yp_{\lambda k}u,\mu).$$

据引理 17.17, 有 $(i,x,\lambda)(k,u,\mu)\widetilde{\mathcal{L}}^{U}(j,y,\lambda)(k,u,\mu)$. 这表明 $\widetilde{\mathcal{L}}^{U}$ 是 $\mathcal{M}$ 上的右同余.

定理 17.20　幺半群 T 上的正规 Rees 矩阵半群 $\mathcal{M}=\mathcal{M}(T,I,\Lambda;P)$ 为完全 $\widetilde{\mathcal{J}}$-单半群.

证明　据引理 17.18 及引理 17.19, 显然, $\mathcal{M}=\mathcal{M}(T,I,\Lambda;P)$ 为 U-超富足半群. 为说明 $\mathcal{M}$ 为完全 $\widetilde{\mathcal{J}}$-单半群, 由其定义知, 只需证 $\widetilde{\mathcal{J}}^{U}$ 是 $\mathcal{M}$ 上的泛关系. 任取 $(i,x,\lambda),(j,y,\mu)\in\mathcal{M}$. 则存在 $(i,p_{\mu i}^{-1},\mu)\in\widetilde{H}_{i\mu}^{U}$ 使得 $(i,x,\lambda)\widetilde{\mathcal{R}}^{U}(i,p_{\mu i}^{-1},\mu)\widetilde{\mathcal{L}}^{U}(j,y,\mu)$. 因此,

$$(i,x,\lambda)\widetilde{\mathcal{D}}^{U}(j,y,\mu).$$

于是 $(i,x,\lambda)\widetilde{\mathcal{J}}^{U}(j,y,\mu)$. 这样, $\mathcal{M}=\mathcal{M}(T,I,\Lambda;P)$ 是完全 $\widetilde{\mathcal{J}}$-单半群.

假设 (S,U) 为完全 $\widetilde{\mathcal{J}}$-单半群. 则据引理 17.3, 关于任意 $a,b\in(S,U)$, 有 $a\widetilde{\mathcal{D}}^{U}b$. 再据引理 17.8— 引理 17.11, 半群 (S,U) 存在类似正则 $\mathcal{D}$-类的 "蛋盒" 图, 且每一 $\widetilde{H}^{U}$ 类同构于一个幺半群.

现在, 我们来证明一个完全 $\widetilde{\mathcal{J}}$-单半群与幺半群上 T 的正规 Rees 矩阵半群 $\mathcal{M}=\mathcal{M}(T,I,\Lambda;P)$ 是同构的.

定理 17.21　令 T 为带恒等元 e 的幺半群, e 所在的群记为 G_e, I 和 Λ 为非空集, $P=(p_{\lambda i})$ 为 $\Lambda\times I$ 矩阵, 且 P 为正规的. 则正规 Rees 矩阵半群 $\mathcal{M}=\mathcal{M}(T,I,\Lambda;P)$ 为一完全 $\widetilde{\mathcal{J}}$-单半群.

反过来, 每个完全 $\widetilde{\mathcal{J}}$-单半群同构于幺半群 T 上的正规 Rees 矩阵半群 $\mathcal{M}(T,I,\Lambda;P)$.

证明　据定理 17.20, 定理的直接部分得证. 仅需证每一完全 $\widetilde{\mathcal{J}}$-单半群可表示为正规 Rees 矩阵半群 $\mathcal{M}(T,I,\Lambda;P)$.

令 (S, U) 为完全 $\widetilde{\mathcal{J}}$-单半群. 用 I 和 Λ 分别表示 (S, U) 的 $\widetilde{\mathcal{R}}^U$-类和 $\widetilde{\mathcal{L}}^U$-类的集合且 $I \cap \Lambda = 1$, 并用 $\widetilde{R}_i^U (i \in I)$ 和 $\widetilde{L}_\lambda^U (\lambda \in \Lambda)$ 分别表示其 $\widetilde{\mathcal{R}}^U$-类和 $\widetilde{\mathcal{L}}^U$-类. 记 $\widetilde{H}_{i\lambda}^U = \widetilde{R}_i^U \cap \widetilde{L}_\lambda^U$. 由其定义及引理 17.8, (S, U) 的每一 $\widetilde{H}^U$ 类同构于一个幺半群, 且 $S = \cup\{\widetilde{H}_{i\lambda}^U | (i, \lambda) \in I \times \Lambda\}$. 不失一般性, 不妨假定 $\widetilde{H}_{11}^U$ 为含恒等元 e 的幺半群. 关于任意 $i \in I$ 及 $\lambda \in \Lambda$, 据引理 17.7 及引理 17.13, 存在完全正则元 $r_i \in \widetilde{H}_{i1}^U \cap \mathrm{Reg}_U(S)$ 及 $q_\lambda \in \widetilde{H}_{1\lambda}^U \cap \mathrm{Reg}_U(S)$, 使得 $q_\lambda r_1 = q_1 r_i = e$. 其中 $q_\lambda \, (\lambda \in \Lambda)$ 及 $r_i \, (i \in I)$ 都是 (S, U) 的完全正则元. 又据引理 17.10, 知关于任意 $x \in \widetilde{H}_{11}^U$, 映射 $x \mapsto xq_\lambda$ 为从 $\widetilde{H}_{11}^U$ 到 $\widetilde{H}_{1\lambda}^U$ 的双射. 类似地, 据引理 17.11, 关于任意 $y \in \widetilde{H}_{1\lambda}^U$, 映射 $y \mapsto r_i y$ 为从 $\widetilde{H}_{1\lambda}^U$ 到 $\widetilde{H}_{i\lambda}^U$ 的双射. 于是, $\widetilde{H}_{i\lambda}^U$ 中每个元素均可唯一地表示为 $r_i x q_\lambda (x \in \widetilde{H}_{11}^U)$. 令 $T = \widetilde{H}_{11}^U$ 并记 T 中含恒等元 e 的 $\mathcal{H}$-类为 G_e, 并定义 $P = (p_{\lambda i})$ 为 $\widetilde{H}_{11}^U$ 上的 $\Lambda \times I$ 矩阵, 其中 $p_{\lambda i} = q_\lambda r_i$. 我们将说明 $p_{\lambda i} = q_\lambda r_i \in G_e$. 若 f 为 $\widetilde{H}_{11}^U$ 中唯一投射元. 显然, $r_i \widetilde{\mathcal{R}}^U f \widetilde{\mathcal{L}}^U q_\lambda$ 及 $r_i \widetilde{\mathcal{L}}^U e \widetilde{\mathcal{R}}^U q_\lambda$. 据引理 17.6, 得 $r_i \mathcal{R} f \mathcal{L} q_\lambda$ 及 $r_i \mathcal{L} e \mathcal{R} q_\lambda$. 又因 $\mathcal{R}$ 为左同余及 f 为它所在 $\mathcal{L}$-类的右恒等元, 所以 $q_\lambda r_i \mathcal{R} q_\lambda f = q_\lambda \mathcal{R} e$. 于是 $q_\lambda r_i \in R_e$. 类似地, 可证 $q_\lambda r_i \in L_e$. 因此, $q_\lambda r_i \in H_e = G_e$. 这样, 我们得到了幺半群 $T = \widetilde{H}_{11}^U$ 上的正规 Rees 矩阵半群 $\mathcal{M}(T, I, \Lambda; P)$.

现考虑从 $I \times T \times \Lambda$ 到 (S, U) 的映射 $\varphi: (i, x, \lambda) \mapsto (i, x, \lambda)\varphi = r_i x q_\lambda$, 其中 $x \in T$. 显然 φ 是双射. 易验证 φ 为正规 Rees 矩阵半群 $\mathcal{M}(T, I, \Lambda; P)$ 到完全 $\widetilde{\mathcal{J}}$-单半群的同构.

最后, 作为定理 17.21 两个特例, 我们可得关于完全单半群和完全 $\mathcal{J}^*$-单半群的结构定理.

在定理 17.21 中, 若 S 为完全单半群, 且取 $U = E(S)$, 则在 S 上, $\widetilde{\mathcal{L}}^U = \mathcal{L}$, $\widetilde{\mathcal{R}}^U = \mathcal{R}$. 这样, 文献 [6] 中的 Rees 定理立得.

推论 17.22 令 S 为完全单半群. 则 S 同构于群 G 上的正规 Rees 矩阵半群 $\mathcal{M}(G, I, \Lambda; P)$.

若 S 为完全 $\mathcal{J}^*$-单半群, 且取 $U = E(S)$, 则 $\widetilde{\mathcal{L}}^U = \mathcal{L}^*$, $\widetilde{\mathcal{R}}^U = \mathcal{R}^*$. 这样, 关于完全 $\mathcal{J}^*$-单半群的结构定理立得.

推论 17.23 令 T 为带恒等元 e 的可消幺半群, I, Λ 为非空集, $P = (p_{\lambda i})$ 为正规的 $\Lambda \times I$ 矩阵. 则正规 Rees 矩阵半群 $\mathcal{M} = \mathcal{M}(T, I, \Lambda; P)$ 为一完全 $\mathcal{J}^*$-单半群.

反过来, 每一个完全 $\mathcal{J}^*$-单半群同构于可消幺半群 T 上的正规 Rees 矩阵半群 $\mathcal{M}(T, I, \Lambda; P)$.

第18章 U-充足 ω-半群

本章主要讨论 U-充足 ω-半群. 这种半群是 U-富足半群的一个子类, 它是正则半群类中的双单逆 ω-半群和富足半群类中的 $*$-双单型 A ω-半群在 U-富足半群类中的一个共同推广. 我们讨论这类半群的性质, 并证明半群 S 为 U-充足 ω-半群, 当且仅当 S 可表示为幺半群上的弱 Bruck-Reilly 扩张.

18.1 准 备

在第 15 章, 我们已指出满足同余条件, 且投射元集形成半格的弱 U-富足半群称为 Ehresmann 半群. 在 U-富足半群类中, Ehresmann 半群是一个重要的子类. 实际上, Ehresmann 半群是逆半群在 U-富足半群类中的一个自然推广.

易知 Ehresmann 半群中每一 $\widetilde{\mathcal{L}}^U$-类和每一 $\widetilde{\mathcal{R}}^U$-类含投射集 U 中唯一投射元. 因此, 我们用 a^* 和 $a^\dagger$ 分别表示 $\widetilde{L}_a^U$ 类和 $\widetilde{R}_a^U$ 类中的唯一投射元. 假设 (S,U) 为 Ehresmann 半群, $a,b \in (S,U)$. 则 $a\widetilde{\mathcal{L}}^U b$, 当且仅当 $a^* = b^*$; $a\widetilde{\mathcal{R}}^U b$, 当且仅当 $a^\dagger = b^\dagger$.

据定义, 易证关于 Ehresmann 半群的下述性质.

引理 18.1 令 (S,U) 为 Ehresmann 半群. 则下面各款成立:

(i) 关于任意 $a,b \in (S,U)$, $(ab)^* \leqslant b^*$, $(ab)^\dagger \leqslant a^\dagger$;

(ii) 关于任意 $a,b \in (S,U)$, $(ab)^* = (a^*b)^*$, $(ab)^\dagger = (ab^\dagger)^\dagger$;

(iii) 关于任意 $a \in (S,U)$, $e \in U$, 有 $(ae)^* = a^*e$, $(ea)^\dagger = ea^\dagger$.

假定 (S,U) 为带有投射集 U 的 Ehresmann 半群, $e \in U$. 记 $\langle e \rangle = \{x \in U \mid x \leqslant e\}$. 据 15.5 节, 关于任意 $a \in (S,U)$, $a^* \in \widetilde{L}_a^U(S) \cap U$ 和 $a^\dagger \in \widetilde{R}_a^U(S) \cap U$, 定义映射 $\alpha_a : \langle a^\dagger \rangle \to \langle a^* \rangle$ 为

$$x\alpha_a = (xa)^* \quad (x \in \langle a^\dagger \rangle), \tag{18.1}$$

映射 $\beta_a : \langle a^* \rangle \to \langle a^\dagger \rangle$ 为

$$y\beta_a = (ay)^\dagger \quad (y \in \langle a^* \rangle). \tag{18.2}$$

据 15.5 节, 一个 Ehresmann 半群 (S,U) 为 U-充足半群, 如果关于任意 $a \in (S,U)$, $e \in U$, 总有 $ea = a(ea)^*$ 和 $ae = (ae)^\dagger a$.

又据引理 15.18, 知带有投射集半格 U 的 Ehresmann 半群 (S,U) 为 U-充足半群, 当且仅当关于任意 $a \in (S,U)$, 映射 α_a 和 β_a 互逆同构. 实际上, 若 (S,U) 为 U-充足半群, 则 $\alpha_a \in T_U$, 其中 T_U 是 Munn 半群.

引理 18.2　若 (S, U) 为带有投射集半格 U 的 U-充足半群, T_U 为 Munn 半群, 则映射 $\phi : (S, U) \to T_U$ 使得 $a\phi = \alpha_a$ 为同态.

证明　任取 (S, U) 中元素 a, b. 据引理 15.1, 引理 18.1, 式 (18.1) 和式 (18.2), 有

$$
\begin{aligned}
\mathrm{dom}(\alpha_a \alpha_b) &= (\langle a^* \rangle \cap \langle b^\dagger \rangle)\alpha_a{}^{-1} \\
&= \langle a^* b^\dagger \rangle \beta_a \\
&= \langle (aa^* b^\dagger)^\dagger \rangle \\
&= \langle (ab)^\dagger \rangle \\
&= \mathrm{dom}(\alpha_{ab}).
\end{aligned}
$$

又由引理 18.1, 关于任意 $x \in \langle (ab)^\dagger \rangle$,

$$
x\alpha_{ab} = (xab)^* = ((xa)^* b)^* = (x\alpha_a b)^* = x\alpha_a \alpha_b.
$$

这表明 ϕ 是从 (S, U) 到 T_U 的同态.

为了给出上述映射 ϕ 的核, 需要考虑半群 (S, U) 上包含在 $\widetilde{\mathcal{H}}^U$ 中的最大同余 μ.

在第 15 章, 我们给出半群 (S, U) 上关系 μ_l 和 μ_r 如下:

$$
(a, b) \in \mu_l \Longleftrightarrow (ea, eb) \in \widetilde{\mathcal{L}}^U \quad (\forall e \in U)
$$

和

$$
(a, b) \in \mu_r \Longleftrightarrow (ae, be) \in \widetilde{\mathcal{R}}^U \quad (\forall e \in U).
$$

现在, 令 $\mu = \mu_l \cap \mu_r$.

引理 18.3　令 (S, U) 为 Ehresmann 半群. 则下述各款成立:

(i)　$\mu_l = \{(a, b) \in S \times S \mid (xa)^* = (xb)^* \ (\forall x \in U)\}$ 是包含在 $\widetilde{\mathcal{L}}^U$ 中的最大同余;

(ii)　$\mu_r = \{(a, b) \in S \times S \mid (ax)^\dagger = (bx)^\dagger \ (\forall x \in U)\}$ 是包含在 $\widetilde{\mathcal{R}}^U$ 中的最大同余;

(iii)　$\mu = \{(a, b) \in S \times S \mid (xa)^* = (xb)^*, (ay)^\dagger = (by)^\dagger \ (\forall x, y \in U)\}$ 是包含在 $\widetilde{\mathcal{H}}^U$ 中的最大同余.

引理 18.4　假定 (S, U) 为 U-充足半群, T_U 为 Munn 半群. 则映射 $\phi : (S, U) \to T_U$ 使得 $a\phi = \alpha_a$ 为同态, 且核为 μ, 即 $\mathrm{Ker}\phi = \mu$.

证明　据引理 18.2, 映射 $\phi : a\phi = \alpha_a$ 是从 (S, U) 到 T_U 的同态. 为证 ϕ 的核是 μ, 假定 $a, b \in (S, U)$ 且 $(a, b) \in \mu$. 则 $(a, b) \in \mu_l \subseteq \widetilde{\mathcal{L}}^U$ 及 $(a, b) \in \mu_r \subseteq \widetilde{\mathcal{R}}^U$. 由于 (S, U) 中每一 $\widetilde{\mathcal{L}}^U$-类和每一 $\widetilde{\mathcal{R}}^U$-类含唯一来自 U 的投射元, 故 $a^\dagger = b^\dagger$, $a^* = b^*$. 又据引理 18.3(i) 和式 (18.1), 知 $\alpha_a = \alpha_b$. 因而 $(a, b) \in \mathrm{Ker}\phi$.

反之, 若 $(a, b) \in \mathrm{Ker}\phi$, 则 $a\phi = b\phi$, 即 $\alpha_a = \alpha_b$. 显然, $\mathrm{dom}(\alpha_a) = \mathrm{dom}(\alpha_b)$, 且 $\mathrm{Im}(\alpha_a) = \mathrm{Im}(\alpha_b)$, 即 $\langle a^\dagger \rangle = \langle b^\dagger \rangle$, 且 $\langle a^* \rangle = \langle b^* \rangle$. 这表明 $a^\dagger = b^\dagger$ 和 $a^* = b^*$. 因此, 关于任意 $y \in U$, 由引理 18.1 及 $ya^\dagger \in \langle a^\dagger \rangle$, 有 $(ya)^* = (ya^\dagger a)^* = (ya^\dagger b)^* = (yb^\dagger b)^* = (yb)^*$. 再据引理 18.3(i), 得 $(a, b) \in \mu_l$. 类似可得 $(a, b) \in \mu_r$. 这样 $(a, b) \in \mu$.

在 U-充足半群 (S, U) 上, 我们考虑集合

$$\mathrm{Reg}_U(S) = \{a \in (S, U) \mid (\exists e, f \in U)\ e\mathcal{L}a\mathcal{R}f\}.$$

引理 18.5   假定 (S, U) 为 U-充足半群, $a \in \mathrm{Reg}_U(S)$. 则存在 $e, f \in U$, $a' \in V(a) \cap \mathrm{Reg}_U(S)$ 使得 $a'a = e$, $aa' = f$.

证明   若 $a \in \mathrm{Reg}_U(S)$, 则由定义, 存在 $e, f \in U$ 使得 $e\mathcal{L}a\mathcal{R}f$. 由 [6] 中的命题 3.6, 存在 $a' \in V(a)$ 使得 $aa' = f\mathcal{L}a'\mathcal{R}e = a'a$, 且 $a' \in D_a$. 因此, $a' \in \mathrm{Reg}_U(S)$ 使得 $a'a = e$, $aa' = f$.

现在, 我们考虑投射集形成 ω-链的一类特殊 U-充足半群.

假定 (S, U) 为 U-充足半群, 且 $U = C_\omega$, 即, 关于任意 $e_m, e_n \in U$, $m, n \in N^0$, $e_m \leqslant e_n$, 当且仅当 $n \leqslant m$.

此时, 我们记半群 (S, U) 中包含投射元 $e_n \in U$ 的 $\widetilde{\mathcal{L}}^U$-类 (或 $\widetilde{\mathcal{R}}^U$-类) 为 $\widetilde{L}_n^U$ (或 $\widetilde{R}_n^U$), 即

$$\widetilde{L}_n^U = \{a \in (S, U) \mid a\widetilde{\mathcal{L}}^U e_n\}, \quad \widetilde{R}_m^U = \{a \in (S, U) \mid a\widetilde{\mathcal{R}}^U e_m\}.$$

记

$$\widetilde{H}_{m,n}^U = \{a \in (S, U) \mid e_n \widetilde{\mathcal{L}}^U a \widetilde{\mathcal{R}}^U e_m\} = \widetilde{L}_n^U \cap \widetilde{R}_m^U. \tag{18.3}$$

显然, 若 $\widetilde{H}_{m,n}^U \neq \varnothing$, 则 $\widetilde{H}_{m,n}^U$ 就是 (S, U) 的一个 $\widetilde{\mathcal{H}}^U$-类. 同时, 若 $a \in \widetilde{H}_{m,n}^U$, 则 $a^\dagger = e_m$, $a^* = e_n$. 关于任意 $e_n \in U$, $n \in N^0$, 由 $e_0 e_n = e_n e_0 = e_n$, 可知 e_0 为 U 的恒等元.

现在我们给出如下定义.

定义 18.1 U-充足半群 (S, U) 称为 U-充足 ω-半群, 如果下述两款成立:

(i) U 为一 ω-链;

(ii) (S, U) 的每一 $\widetilde{\mathcal{H}}^U$-类包含 $\mathrm{Reg}_U(S)$ 中的元.

首先给出 U-充足 ω-半群的一些基本性质.

引理 18.6   若 (S, U) 为 U-充足 ω-半群, 则 $\widetilde{\mathcal{D}}^U = \widetilde{\mathcal{L}}^U \circ \widetilde{\mathcal{R}}^U = \widetilde{\mathcal{R}}^U \circ \widetilde{\mathcal{L}}^U$.

证明   设 $a\widetilde{\mathcal{D}}^U b$. 则存在 $c_1, c_2, \cdots, c_n \in (S, U)$ 使得 $a\widetilde{\mathcal{L}}^U c_1 \widetilde{\mathcal{R}}^U c_2 \cdots \widetilde{\mathcal{L}}^U c_n \widetilde{\mathcal{R}}^U b$. 由 U-充足 ω-半群的定义 18.1 (ii), 选取元素 $\bar{x} \in \mathrm{Reg}_U(S)$ 使得 $\bar{x} \in \widetilde{H}_x^U$, 其中 $x = c_1, c_2, \cdots, c_n, a, b$. 由引理 15.3(i), 知 $\bar{a}\mathcal{L}\bar{c}_1\mathcal{R}\bar{c}_2 \cdots \mathcal{L}\bar{c}_n\mathcal{R}\bar{b}$, 故 $\bar{a}\mathcal{D}\bar{b}$. 因此, 存在元 $c \in (S, U)$ 使得 $\bar{a}\mathcal{L}c\mathcal{R}\bar{b}$. 再由引理 15.3(i), 有 $a\widetilde{\mathcal{L}}^U \bar{a}\widetilde{\mathcal{L}}^U c\widetilde{\mathcal{R}}^U \bar{b}\widetilde{\mathcal{R}}^U b$. 因此, $(a, b) \in \widetilde{\mathcal{L}}^U \circ \widetilde{\mathcal{R}}^U$. 对偶地, 有 $(a, b) \in \widetilde{\mathcal{R}}^U \circ \widetilde{\mathcal{L}}^U$.

引理 18.7　若 (S,U) 为 U-充足 ω-半群, 则 $\widetilde{\mathcal{H}}^U = \mu$, 即, $\widetilde{\mathcal{H}}^U$ 为 (S,U) 上的同余.

证明　据引理 18.3, 知 μ 为包含在 $\widetilde{\mathcal{H}}^U$ 中的最大同余. 这表明 $\widetilde{\mathcal{H}}^U \subseteq \mu = \mathrm{Ker}\phi$. 假定 $(a,b) \in \widetilde{\mathcal{H}}^U$, 则存在 $e_m, e_n \in U$ 使得 $a^\dagger = b^\dagger = e_m, a^* = b^* = e_n$. 这表明 $\langle a^\dagger \rangle = \langle b^\dagger \rangle = \langle e_m \rangle, \langle a^* \rangle = \langle b^* \rangle = \langle e_n \rangle$. 因此, $\mathrm{dom}(\alpha_a) = \mathrm{dom}(\alpha_b), \mathrm{Im}(\alpha_a) = \mathrm{Im}(\alpha_b)$, 其中 $\alpha_a, \alpha_b \in T_U$. 因 $\alpha_{m,n} \in T_U$ 是从 $\langle e_m \rangle$ 到 $\langle e_n \rangle$ 的唯一同构, 必有 $\alpha_a = \alpha_b = \alpha_{m,n}$, 即, $(a,b) \in \mathrm{Ker}\phi$. 这就证明了 $\widetilde{\mathcal{H}}^U \subseteq \mu$.

引理 18.8　令 (S,U) 为 U-充足 ω-半群. 若 $a \in \widetilde{H}^U_{m,n}, b \in \widetilde{H}^U_{p,q}$, 则

$$ab \in \widetilde{H}^U_{m-n+t, q-p+t},$$

其中 $t = \max\{n, p\}$.

证明　假设 (S,U) 为 U-充足 ω-半群. 则可令 $U = C_\omega = \{e_0, e_1, e_2, \cdots\}$. 因 T_U 是投射元的半格 U 生成的 Munn 半群, 由 [6] 的第 5 章例 4.6, 知 T_U 同构于一个双循环半群, 即 $T_U = \{\alpha_{m,n} \mid m,n \in N^0\}$, 其中 $\alpha_{m,n}$ 是从 $\langle e_m \rangle$ 到 $\langle e_n \rangle$ 的唯一同构, 使得 $e_k \alpha_{m,n} = e_{k-m+n}$ 及 $\alpha_{m,n} \alpha_{p,q} = \alpha_{m-n+t, q-p+t}$, $t = \max\{n,p\}$. 据引理 18.4 和引理 18.7, 若映射 $\phi : (S,U) \to T_U$ 为 $a \mapsto \alpha_a$, 则 $\mathrm{Ker}\phi = \widetilde{\mathcal{H}}^U = \mu$. 换言之, 关于任意 $a \in \widetilde{H}^U_{m,n}$, 显然, $a\phi = \alpha_a = \alpha_{m,n}$. 原因在于 $a^\dagger = e_m, a^* = e_n$, 且 $\alpha_{m,n}$ 是从 $\langle e_m \rangle$ 到 $\langle e_n \rangle$ 的唯一同构, 即 $\widetilde{H}^U_{m,n} \phi = \alpha_{m,n}$. 现在令 $a \in \widetilde{H}^U_{m,n}, b \in \widetilde{H}^U_{p,q}$. 则 $(ab)\phi = a\phi b\phi = \alpha_{m,n} \alpha_{p,q} = \alpha_{m-n+t, q-p+t}$, 其中 $t = \max\{n,p\}$. 于是, 再由引理 18.4 和引理 18.7, 有

$$ab \in \widetilde{H}^U_{m-n+t, q-p+t}.$$

引理 18.9　假定 (S,U) 为 U-充足 ω-半群. 则 (S,U) 中每个元素都能唯一表示为 $a^{-m} x a^n$, 其中 $m,n \in N^0$, $x \in \widetilde{H}^U_{0,0}$, $a \in \mathrm{Reg}_U(S) \cap \widetilde{H}^U_{0,1}$.

证明　假定 (S,U) 为 U-充足 ω-半群. 则 ω-链 $U = \{e_0, e_1, e_2, \cdots\}$ 具有性质: $e_m \leqslant e_n$, 当且仅当 $n \leqslant m$, 且 e_0 为恒等元.

若 $u \in \widetilde{H}^U_{0,1}$, 则由引理 18.8, $u^2 \in \widetilde{H}^U_{0,2}$. 据假定 $u^m \in \widetilde{H}^U_{0,m}$ 及引理 18.8, 得 $u^{m+1} = u^m u \in \widetilde{H}^U_{0,m} \widetilde{H}^U_{0,1} \subseteq \widetilde{H}^U_{0,m+1}$. 因此, 关于任意正整数 n, 有 $u^n \in \widetilde{H}^U_{0,n}$.

据定义, 半群 (S,U) 的每一 $\widetilde{\mathcal{H}}^U$-类包含 $\mathrm{Reg}_U(S)$ 中的元. 选取 $a \in \mathrm{Reg}_U(S) \cap \widetilde{H}^U_{0,1}$. 据假设和引理 15.3(i), 有 $e_1 \mathcal{L} a \mathcal{R} e_0$. 又据引理 18.5, 存在 $a^{-1} \in V(a) \cap \mathrm{Reg}_U(S)$ 使得 $e_0 \mathcal{L} a^{-1} \mathcal{R} e_1$, 即 $a^{-1} \in \widetilde{H}^U_{1,0}$. 从前面的证明, 易得 $a^2 \in \widetilde{H}^U_{0,2}$. 再由引理 18.8 和假定, 有 $a^m \in \widetilde{H}^U_{0,m}, a^{-m} \in \widetilde{H}^U_{m,0} (m \in N^0)$, 这里定义 a^0 为 e_0. 同时, 关于所有 $m \in N^0$, 有 $a^m \cdot a^{-m} = e_0 \in \widetilde{H}^U_{0,0}$ 及 $a^{-m} \cdot a^m = e_m \in \widetilde{H}^U_{m,m}$.

令 $x \in \widetilde{H}^U_{0,0}$. 由引理 18.8, $a^{-m} x a^n \in \widetilde{H}^U_{m,0} \widetilde{H}^U_{0,0} \widetilde{H}^U_{0,n} \subseteq \widetilde{H}^U_{m,n}$. 因此, 定义映射 $\sigma : \widetilde{H}^U_{0,0} \to \widetilde{H}^U_{m,n}$ 使得 $x\sigma = a^{-m} x a^n$. 关于任意 $x_1, x_2 \in \widetilde{H}^U_{0,0}$, 若 $a^{-m} x_1 a^n = a^{-m} x_2 a^n$,

则 $a^m a^{-m} x_1 a^n a^{-n} = a^m a^{-m} x_2 a^n a^{-n}$. 因此, $x_1 = e_0 x_1 e_0 = e_0 x_2 e_0 = x_2$. 这表明映射 σ 是单的. 关于任意 $u \in \widetilde{H}^U_{m,n}$, 存在元素 $x = a^m u a^{-n} \in \widetilde{H}^U_{0,m} \widetilde{H}^U_{m,n} \widetilde{H}^U_{n,0} \subseteq \widetilde{H}^U_{0,0}$ 使得 $a^{-m} x a^n = a^{-m}(a^m u a^{-n}) a^n = e_m u e_n = u$. 因此, σ 为双射. 据式 (18.3), 有 $S = \cup \widetilde{H}^U_{m,n}$, 且 (S, U) 中的每个元可唯一表示为 $a^{-m} x a^n$.

18.2　弱 Bruck-Reilly 扩张

为建立 U-充足 ω-半群的结构, 我们先介绍半群的弱 Bruck-Reilly 扩张的概念. 令 T 为含幺元 $e = 1_T$ 的幺半群, θ 为 T 上的自同态. 则集合 $S = N^0 \times T \times N^0$ 在下面乘法下构成半群:

$$(m, a, n)(p, b, q) = (m - n + t, a\theta^{t-n} b\theta^{t-p}, q - p + t), \tag{18.4}$$

其中 $t = \max\{n, p\}$, $\theta^0 = 1_T$. 如上构造的半群 S 称为在幺半群 T 上的弱 Bruck-Reilly 扩张, 记为 $S = \mathrm{WBR}(T, \theta)$.

注解 18.1　令 $\mathrm{WBR}(T, \theta)$ 为幺半群 T 上的弱 Bruck-Reilly 扩张. 在 $\mathrm{WBR}(T, \theta)$ 中, 若 T 为可消幺半群, 则 $\mathrm{WBR}(T, \theta)$ 为可消幺半群 T 上的广义 Bruck-Reilly 扩张; 若 T 为群 G, 则 $\mathrm{WBR}(G, \theta)$ 为群 G 上的 Bruck-Reilly 扩张 (见 [6]).

下面关于 $\mathrm{WBR}(T, \theta)$ 的基本性质可直接从式 (18.4) 得到.

引理 18.10　假定 $S = \mathrm{WBR}(T, \theta)$. 则

(i)　S 的恒等元为 $(0, e, 0)$;

(ii)　S 中元 (m, x, n) 为幂等元, 当且仅当 $m = n$, $x \in E(T)$.

令

$$U = \{(m, e, m) \in \mathrm{WBR}(T, \theta) \mid m \in N^0, e \text{为} T \text{的恒等元}\}. \tag{18.5}$$

易知, U 为半群 $S = \mathrm{WBR}(T, \theta)$ 的幂等元集 $E(S)$ 的子集. 令 U 为 $\mathrm{WBR}(T, \theta)$ 的投射元集.

引理 18.11　若半群 $S = \mathrm{WBR}(T, \theta)$, 则 $U \simeq C_\omega$.

证明　据式 (18.4), 关于任意 $m, n \in N^0$, $m \geqslant n$, 显然有

$$(m, e, m)(n, e, n) = (n, e, n)(m, e, m) = (m, e, m).$$

这表明 U 是投射元的半格. 进一步, 记 $e_m = (m, e, m)$. 显然, $U \simeq C_\omega$. 因此, $e_m \leqslant e_n$, 当且仅当 $n \leqslant m$.

引理 18.12　假定 T 为幺半群, $S = \mathrm{WBR}(T, \theta)$ 为 T 上的弱 Bruck-Reilly 扩张. 则

(i)　$(m, x, n) \widetilde{\mathcal{L}}^U (p, y, q)$, 当且仅当 $n = q$;

(ii)　$(m, x, n) \widetilde{\mathcal{R}}^U (p, y, q)$, 当且仅当 $m = p$.

证明 由于 (ii) 的证明类似于 (i), 我们仅证 (i). 假定 $(m,x,n)\widetilde{\mathcal{L}}^U(p,y,q)$. 显然,

$$(m,x,n)(n,e,n) = (m,x,n).$$

据 $\widetilde{\mathcal{L}}^U$ 的定义, 由 $(p,y,q)(n,e,n) = (p,y,q)$, 得 $q \geqslant n$. 类似地, 因 $(p,y,q)(q,e,q) = (p,y,q)$, 从而 $(m,x,n)(q,e,q) = (m,x,n)$. 因此, $n \geqslant q$. 这样, 我们有 $n = q$.

反过来, 当 $n = q$ 时, 欲证 $(m,x,n)\widetilde{\mathcal{L}}^U(p,y,q)$. 关于任意 $(i,e,i) \in U$, 现假定

$$(m,x,n)(i,e,i) = (m,x,n).$$

则由式 (18.4), 得 $n \geqslant i$. 因此, $(p,y,q)(i,e,i) = (p-q+t, y\theta^{t-q}e\theta^{t-i}, t)$. 由于 $n = q, t = \max\{q,i\} = q$, 于是 $(p,y,q)(i,e,i) = (p,y,q)$. 类似地, 若 $(p,y,q)(i,e,i) = (p,y,q)$, 则关于任意 $(i,e,i) \in U$, 有 $(m,x,n)(i,e,i) = (m,x,n)$. 这表明 $(m,x,n)\widetilde{\mathcal{L}}^U(p,y,q)$.

引理 18.13 假定 $S = WBR(T,\theta)$ 为幺半群 T 上的弱 Bruck-Reilly 扩张. 则 S 的每一 $\widetilde{\mathcal{R}}^U$-类和每一 $\widetilde{\mathcal{L}}^U$-类含 U 中唯一投射元.

证明 据引理 18.12 和式 (18.5) 易得.

关于任意 $a = (m,x,n) \in WBR(T,\theta)$, 由引理 18.12, 知 $a^\dagger = (m,e,m)$, $a^* = (n,e,n)$.

引理 18.14 假定 $S = \mathrm{WBR}(T,\theta)$ 为幺半群 T 上的弱 Bruck-Reilly 扩张. 则 (S,U) 满足定义 18.1 的款 (ii), 其中 U 由式 (18.5) 确定.

证明 令 $(m,x,n) \in S = N^0 \times T \times N^0$. 由上述引理 18.12, 存在元素 (m,e,n) 使得 $(m,x,n)\widetilde{\mathcal{H}}^U(m,e,n)$. 由于 (m,e,n) 为正则元, 从而定义 18.1 的款 (ii) 满足.

引理 18.15 令 $S = \mathrm{WBR}(T,\theta)$. 则 $\widetilde{\mathcal{L}}^U$ 为 (S,U) 上的右同余, $\widetilde{\mathcal{R}}^U$ 为 (S,U) 上的左同余.

证明 关于任意 $(m,x,n),(p,y,n) \in (S,U)$, 假定 $(m,x,n)\widetilde{\mathcal{L}}^U(p,y,n)$. 则关于任意 $(k,z,l) \in (S,U)$, 据式 (18.4), 有 $(m,x,n)(k,z,l) = (m-n+t, x\theta^{t-n}z\theta^{t-k}, l-k+t)$ 及 $(p,y,n)(k,z,l) = (p-n+t, y\theta^{t-n}z\theta^{t-k}, l-k+t)$, 其中 $t = \max\{n,k\}$. 于是据引理 18.12, 得 $(m,x,n)(k,z,l)\widetilde{\mathcal{L}}^U(p,y,n)(k,z,l)$. 这表明 $\widetilde{\mathcal{L}}^U$ 为 (S,U) 上的右同余. 类似地, 可证 $\widetilde{\mathcal{R}}^U$ 为 (S,U) 上的左同余.

引理 18.16 假定 $S = \mathrm{WBR}(T,\theta)$ 为幺半群 T 上的弱 Bruck-Reilly 扩张. 则关于任意 $a \in S, u \in U$, 有 $ua = a(ua)^*$, $au = (au)^\dagger a$.

证明 令 $a = (m,x,n) \in S$. 则有 $a^* = (n,e,n)$ 及 $a^\dagger = (m,e,m)$. 那么, 关于任意 $u = (i,e,i) \in U$, 有 $ua = (i,e,i)(m,x,n) = (t, x\theta^{t-m}, n-m+t)$, 其中 $t = \max\{m,i\} \geqslant m$. 因此, $(ua)^* = (n-m+t, e, n-m+t)$ 及 $a(ua)^* = (m,x,n)(n-m+t, e, n-m+t) = (m-n+t', x\theta^{t'-n}, t')$, 这里 $t' = \max\{n, n-m+t\} = n-m+t$. 从而, $ua = (t, x\theta^{t-m}, n-m+t) = a(ua)^*$. 类似地讨论, 有 $au = (au)^\dagger a$.

这样, 我们得到半群 WBR(T, θ) 的如下性质.

定理 18.17　假定 T 为幺半群, $S =$ WBR(T, θ) 为由 θ 确定的 T 上的一个弱 Bruck-Reilly 扩张. 则 (S, U) 为一个 U-充足 ω-半群, 其中 U 由式 (18.5) 给出.

18.3　结　　构

本章, 我们主要建立弱 Bruck-Reilly 扩张上的 U-充足 ω-半群的一个结构定理. 前面对 U-充足 ω-半群结构的刻画已经证明了下述这个定理的直接部分.

定理 18.18　若 $S =$ WBR(T, θ) 为由 θ 确定的幺半群 T 上的一个弱 Bruck-Reilly 扩张, 则 (S, U) 为一个 U-充足 ω-半群, 其中 U 由式 (18.5) 给出.

反过来, 每个 U-充足 ω-半群都可以这样构作.

证明　只需证明定理的后半部分. 令 (S, U) 为 U-充足 ω-半群, 其投射元集半格 $U = \{e_0, e_1, e_2, \cdots\}$ 为 ω-链. 又令 $T_U = \{\alpha_{m,n} \mid m, n \in N^0\}$, 即, 半格 U 上的 Munn 半群. 据引理 18.4 和引理 18.7, 存在同态 $\phi : (S, U) \to T_U$, 其核为 μ, 且有 $\mu = \widetilde{\mathcal{H}}^U$.

据式 (18.3), 易知 (S, U) 的 $\widetilde{\mathcal{H}}^U$-类为

$$\widetilde{H}_{m,n}^U = \{a \in S \mid e_m \widetilde{\mathcal{R}}^U a \widetilde{\mathcal{L}}^U e_n\}.$$

因此, 映射 ϕ 将元 $a \in \widetilde{H}_{m,n}^U$ 映射为 $\alpha_a \in T_U$, 其前域和像分别为 $\langle a^\dagger \rangle = \langle e_m \rangle$ 和 $\langle a^* \rangle = \langle e_n \rangle$, 即, $\widetilde{H}_{m,n}^U \phi = \alpha_{m,n}$. 这表明在 (S, U) 中, $\widetilde{H}_{m,n}^U \widetilde{H}_{p,q}^U \subseteq \widetilde{H}_{m-n+t, q-p+t}^U$, 其中 $t = \max\{n, p\}$.

首先, 用 $\widetilde{H}_{0,0}^U$ 来记含 T 中恒等元 e 的幺半群. 令 $u \in \widetilde{H}_{0,1}^U$. 据定义 18.1 和引理 18.5, 选取并固定正则元 $a \in \widetilde{H}_{0,1}^U$, $a^{-1} \in \widetilde{H}_{1,0}^U$ 使得 $e_1 \widetilde{\mathcal{L}}^U a \widetilde{\mathcal{R}}^U e_0$ 和 $e_0 \widetilde{\mathcal{L}}^U a^{-1} \widetilde{\mathcal{R}}^U e_1$. 因此, $a^n \in \widetilde{H}_{0,n}^U, a^{-n} \in \widetilde{H}_{n,0}^U (n \in N^0)$ 使得 $a^n a^{-n} = e_0 \in \widetilde{H}_{0,0}^U$ 和 $a^{-n} a^n = e_n \in \widetilde{H}_{n,n}^U$, 其中 a^0 定义为 e_0.

据引理 18.9, $\widetilde{H}_{m,n}^U$ 中的每个元可唯一表示为 $a^{-m} x a^n$, 其中 $x \in \widetilde{H}_{0,0}^U$. 于是, 存在双射 $\psi : (S, U) \to N^0 \times T \times N^0$ 使得

$$(a^{-m} x a^n)\psi = (m, x, n). \tag{18.6}$$

因此, 关于任意 $x \in \widetilde{H}_{0,0}^U = T$, 有 $ax \in \widetilde{H}_{0,1}^U \widetilde{H}_{0,0}^U \subseteq \widetilde{H}_{0,1}^U$. 于是 ax 也唯一表为 $a^0 x' a^1 = x'a$, 其中 $x' \in \widetilde{H}_{0,0}^U$. 反之, 定义映射 $\theta : T \to T$ 使得 $ax = (x\theta)a$. 显然, 关于任意 $x_1, x_2 \in T$,

$$[(x_1 x_2)\theta]a = a(x_1 x_2) = (ax_1)x_2 = (x_1\theta)ax_2 = (x_1\theta)(x_2\theta)a = [(x_1\theta)(x_2\theta)]a.$$

右乘 a^{-1}, 注意到 $aa^{-1} = e_0$, 于是 $(x_1 x_2)\theta = (x_1\theta)(x_2\theta)$. 因此, θ 为 T 上的自同构.

又由

$$a^m x = a^{m-1}ax = a^{m-1}(x\theta)a = a^{m-2}(x\theta^2)a^2 = \cdots = (x\theta^m)a^m$$

及 $xa^{-n} \in \widetilde{H}_{0,0}^U \widetilde{H}_{n,0}^U \subseteq \widetilde{H}_{n,0}^U$, 有

$$xa^{-n} = e_n xa^{-n} = a^{-n}a^n xa^{-n} = a^{-n}(x\theta^n)a^n a^{-n} = a^{-n}(x\theta^n),$$

其中 $x \in T$, $m, n \in N^0$.

关于任意 $x, y \in T$, 假定 $a^{-m}xa^n, a^{-p}ya^q \in (S, U)$. 若 $n \geqslant p$, 则

$$\begin{aligned}
(a^{-m}xa^n)(a^{-p}ya^q) &= a^{-m}xa^{n-p}ya^q \\
&= a^{-m}x(y\theta^{n-p})a^{n-p}a^q \\
&= a^{-m}x(y\theta^{n-p})a^{q-p+n}.
\end{aligned}$$

若 $n \leqslant p$, 则

$$\begin{aligned}
(a^{-m}xa^n)(a^{-p}ya^q) &= a^{-m}xa^{-(p-n)}ya^q \\
&= a^{-m}a^{-(p-n)}(x\theta^{p-n})ya^q \\
&= a^{-(m-n+p)}(x\theta^{p-n})ya^q.
\end{aligned}$$

因此,

$$(a^{-m}xa^n)(a^{-p}ya^q) = a^{-(m-n+t)}(x\theta^{t-n})(y\theta^{t-p})a^{q-p+t},$$

其中 $t = \max\{n, p\}$.

实际上, 我们已经证明了由式 (18.6) 所给的映射 ψ 为一个同态. 因此, 映射 $\psi : (S, U) \to N^0 \times T \times N^0$ 为从 (S, U) 到 $\mathrm{WBR}(T, \theta)$ 的同构.

据引理 15.1, 半群 (S, U) 上的 $\widetilde{\mathcal{L}}^U$ 和 $\widetilde{\mathcal{R}}^U$ 关系有下面性质.

(i) 若 S 为富足半群, 且 $U = E(S)$, 则 $\widetilde{\mathcal{L}}^U = \mathcal{L}^*$, $\widetilde{\mathcal{R}}^U = \mathcal{R}^*$. 因此, 有 $\widetilde{\mathcal{H}}^U = \mathcal{H}^*$.

(ii) 若 S 为正则半群, 且 $U = E(S)$, 则 $\widetilde{\mathcal{L}}^U = \mathcal{L}$, $\widetilde{\mathcal{R}}^U = \mathcal{R}$. 此时, 有 $\widetilde{\mathcal{H}}^U = \mathcal{H}$.

结合这一章前面的证明和注解, 易知由 N. R. Reilly 给出的双单逆 ω-半群和 U. Asibong-Ibe 给出的 $*$-双单型 A ω-半群的结构是定理 18.18 的直接推论.

推论 18.19 令 S 为一 $*$-双单型 A ω-半群, 且 $\mathcal{D}^* = \widetilde{\mathcal{D}}$. 则 $S \simeq \mathrm{BR}^*(M, \theta)$, 其中 M 为可消幺半群.

推论 18.20 令 G 为群, θ 为 G 上的自同构, $S = \mathrm{BR}(G, \theta)$ 为由 θ 确定的 G 上的 Bruck-Reilly 扩张. 则 S 为双单逆 ω-半群.

反过来, 任意双单逆 ω-半群同构于某个 $\mathrm{BR}(G, \theta)$ 半群.

参 考 文 献

[1]   Von Neuman J. On regular rings. Proc Nat Acad Sci U S A, 1936, 22: 707–713.

[2]   Clifford A H. Semigroups admiting relative inverse. Ann of Math, 1941, 42: 1037–1042.

[3]   Clifford A H, Preston G B. The algebraic theory of semigroups. Amer Math Soc, V.I, V.II, 1961,1967.

[4]   Protic P, Bogdanović S. A structural theorem for (m, n)-ideal semigroups. Proc Symp n-ary Struatures, Skopje, 1982: 135–139.

[5]   Hmelnitsky I L. On semigroups with the idealizer condition. Semigroup Forum, 1985, 32: 135–144.

[6]   Howie J M. An Introduction to Semigroup Theory. London: Academic Press, 1976.

[7]   Howie J M. Fundamentals of Semigroup Theory. Oxford: Clarendon Press, 1995.

[8]   Bogdanović S. Semigroups with a system of subsemigroups. Novi Sad, 1985.

[9]   Bogdanović S, Gilezan S. Semigroups with completely simple kernel. Zbornik Radova PMF Novi Sad, 1982, 12: 429–445.

[10] Trotter P G. Congruences on regular and completely regular semigroups. J Austral Math Soc Ser A, 1982, 32: 388–398.

[11] Petrich M. Congruences on completely regular semigroups. Can J Math, 1989, 41: 439–461.

[12] 任学明, 郭聿琦, 朱平. E-矩形性拟正则半群. 数学学报, 1988, 31 (3): 396–403.

[13] 郭聿琦, 任学明. E-理想拟正则半群. 中国科学, A 辑, 1989, 32 (5): 397–406.

[14] 朱聘瑜, 郭聿琦, 岑嘉评. 左 Clifford 半群的特征和结构. 中国科学, A 辑, 1991, 34 (6): 582–590.

[15] Fountain J B. Right pp monoids with central idempotents. Semigroup Forum, 1977, 13: 229–237.

[16] Ren X M, Guo Y Q. E-ideal quasi-regular semigroups. Sci. China Ser A, 1989, 32 (12): 1437–1446.

[17] Ren X M, Guo Y Q, Shum K P. On the structure of left $\mathcal{C}$-quasiregular semigroups. Words, Languages and Combinatorics, II (Kyoto, 1992), 341–364, World Sci. Publishing, 1994.

[18] Ren X M, Shum K P, Guo Y Q. On spined products of quasi rectangular groups. Algebra Colloquium, 1997, 4 (2): 187–194.

[19] Ren X M, Guo Y Q, Shum K P. Congruences on ideal nil-extension of completely regular semigroups. Chinese Sci Bull, 1998, 43 (5): 370–381.

[20] Shum K P, Ren X M, Guo Y Q. On $\mathcal{C}^*$-quasiregular semigroups. Communications in Algebra, 1999, 27 (9): 4251–4274.

[21] Ren X M, Shum K P. On generalized orthogroups. Communications in Algebra, 2001,

29 (6): 2341–2361.

[22] Shum K P, Guo Y Q, Ren X M. Admissible congruences pairs on quasiregular semi-groups. Algebras Groups Geom, 1999, 16 (2): 127–144.

[23] 郭聿琦, 任学明, 岑嘉评. 左 C-半群的又一结构. 数学进展, 1995, 24(1): 39–43.

[24] 任学明, 郭聿琦, 岑嘉评. 完全正则半群诣零扩张上的同余. 科学通报, 1998, 43 (1): 26–28.

[25] 任学明, 郭聿琦, 岑嘉评. 拟 Clifford 半群. 数学年刊, A 辑, 1994, 15 (3): 319–325.

[26] Yamada M. Construction of inverse semigroups. Mem Fac Lit Sci Shimane Univ Natur Sci, 1971, 4: 1–9.

[27] Warne W J. On the structure of semigroups which are unions of groups. Trans Amer Math Soc, 1973, 186: 385–401.

[28] Petrich M, Reilly N R. Completely Regular Semigroups. New York: John Wiley Sons, 1999.

[29] Clifford A H, Petrich M. Some classes of completely regular semigroups. J of Algrbra, 1977, 46: 462–480.

[30] Petrich M. A structure theorem for completely regular semigroups. Proc Amer Math Soc, 1987, 99(4): 617–622.

[31] Fountain J B. Adequate semigroups. Proc Edinburgh Math Soc, 1979, 22: 113–125.

[32] Fountain J B. Abundant semigroups. Proc Lond Math Soc, 1982, 44 (3): 103–129.

[33] Ren X M, Shum K P . The structure of superabundant semigroups. Science in China, Ser A, 2004, 47 (5): 756–771.

[34] Ren X M, Shum K P. The structure of $\mathcal{L}^*$-inverse semigroups. Science in China Ser A, 2006, 49 (8): 1065–1081.

[35] Ren X M, Shum K P. On superabundant semigroups whose set of idempotents forms a subsemigroup. Algebra Colloquium, 2007, 14 (2): 215–228.

[36] Ren X M, Shum K P. The structure of $\mathcal{Q}^*$-inverse semigroups. J of Algebra, 2011, 325: 1–17.

[37] Guo Y Q, Gong C M, Ren X M. A survey on the origin and developments of Green's relations on semigroups. Journal of Shandong University, 2010, 45 (8): 1–18.

[38] 任学明, 岑嘉评. 超富足半群的结构. 中国科学, A 辑, 2003, 33 (6): 551–561.

[39] 任学明, 岑嘉评. $\mathcal{L}^*$-逆半群的结构. 中国科学, A 辑, 2006, 36 (7): 745–756.

[40] Hall T E. Orthodox semigroups. Pacific J Math, 1971, 39: 677–686.

[41] El-Qallali A, Fountain J B. Idempotent-connected abundant semigroups. Proc Roy Soc Edinburgh, Sect A, 1981, 91: 79–90.

[42] El-Qallali A, Fountain J B. Quasi-adequate semigroups. Proc Roy Soc Edinburgh, Sect A, 1981, 91: 91–99.

[43] Guo X J, Shum K P, Guo Y Q. Perfect rpp semigroups. Communications in Algebra, 2001, 29 (6): 2447–2459.

[44]   Guo Y Q, Shum K P, Zhu P Y. The structure of left C-rpp semigroups. Semigroup Forum, 1995, 50: 9–23.

[45]   Guo Y Q. The right dual of left C-rpp semigroups. Chinese Science Bulletin, 1997, 42 (19): 1599–1602.

[46]   Guo Y Q, Shum K P, Zhu P Y. On quasi-C-semigroups and some special subclasses. Algebra Colloquium, 1999, 6 (1): 105–120.

[47]   Guo Y Q. Structure of the weakly left C-semigroups. Chinese Science Bulletin, 1996, 41 (6): 462–467.

[48]   Guo Y Q, Shum K P, Zhu P Y. On quasi-C-semigroups and some special subclasses. Algebra Colloquium, 1999, 6 (1): 105–120.

[49]   Guo Y Q, Shum K P, Gong C M. On $(*, \sim)$-Green's relations and ortho-lc-monoids. Communications in Algebra, 2011, 39 (1): 5–31.

[50]   Guo Y Q, Gong C M, Kong X Z. $(*, \sim)$-good congruences on regular ortho-lc-monoids. Algebra Colloquium, 2014, 21(2): 235–248.

[51]   Ren X M, Shum K P. Structure theorems for right pp-semigroups with left central idempotents. Discussions Math. General Algebra and Applications, 2000, 20: 63–75.

[52]   Ren X M, Shum K P. The translational hull of a strongly right of left adequate semigroups. Vietnam Journal of Mathematics, 2006, 34 (4): 441–447.

[53]   Shum K P, Ren X M. The structure of right C-rpp semigroups. Semigroup Forum, 2004, 68: 280–292.

[54]   Shum K P, Ren X M. Abundant semigroups with left central idempotents. Pure Math Appl, 1999, 10 (1): 109–113.

[55]   Armstrong S. The structure of type A semigroups. Semigroup Forum, 1984, 29: 319–336.

[56]   Lawson M V. The structure of type A semigroups. Quart J Math Oxford, 1986, 37(2): 279–298.

[57]   Bailes G L. Right inverse semigroups. J of Algebra, 1973, 26: 492–507.

[58]   Venkatesan P S. Right (left) inverse semigroups. J of Algebra, 1974, 31: 209–217.

[59]   Yamada M. Orthodox semigroups whose idempotents satisfy a certain identity. Semigroup Forum, 1973, 6: 113–128.

[60]   Lawson M V. The natural partial order on an abundant semigroup. Proc Edinburgh Math Soc, 1987, 30: 169–186.

[61]   El-Qallali A. $\mathcal{L}^*$-unipotent semigroups. J Pure and Applied Algebra, 1989, 62: 19–23.

[62]   任学明, 岑嘉评, 郭聿琦. 半群的广义 Clifford 定理. 中国科学, A 辑, 2009, 39 (10): 1211–1215.

[63]   马思遥, 任学明, 袁莹. 完全 $\tilde{\mathcal{J}}$-单半群. 数学学报, 2011, 54 (4): 643–650.

[64]   任学明, 王艳慧, 岑嘉评. U-纯正半群. 中国科学, A 辑, 2009, 39(6): 647–665.

[65]   宫春梅, 任学明, 袁莹. The $(*, \sim)$-good congruences on normal ortho-lc-monoids. 数学

进展, 2015, 44 (3): 369–378.

[66] Gong C M, Guo Y Q, Ren X M. The structure of ortho-lc-monoids. Communications in Algebra, 2011, 39 (11): 4374–4389.

[67] Ren X M, Wang Y H, Shum K P. On U-orthodox semigroups. Science in China Ser A, 2009, 52(2): 329–350.

[68] Ma S Y, Ren X M, Yuan Y. On U-ample ω-semigroups. Front Math China, 2013, 8(6): 1391–1405.

[69] Ren X M, Yin Q Y, Shum K P. On U^{σ}-abundant semigroups. Algebra Colloquium, 2012, 19(1): 41–52.

[70] Ren X M, Shum K P, Guo Y Q. A generalized Clifford theorem of semigroups. Science China Ser A, 2010, 53(4): 1097–1101.

索　引